中国白求恩精神研究会 编

纪念文集

生活·讀書·新知 三联书店

**图书在版编目（CIP）数据**

白求恩纪念文集／中国白求恩精神研究会编 . —北京：
生活·读书·新知三联书店，2018.11
ISBN 978 - 7 - 108 - 06410 - 3

Ⅰ . ①白…　Ⅱ . ①白…　Ⅲ . ①白求恩（Bethune, Norman 1890—1939）–纪念文集
Ⅳ . ① K837.116.2-53

中国版本图书馆 CIP 数据核字（2018）第 224303 号

责任编辑　李静韬
装帧设计　徐　洁　康　健
责任印制　徐　方
出版发行　**生活·讀書·新知** 三联书店
　　　　　（北京市东城区美术馆东街 22 号 100010）
网　　址　www.sdxjpc.com
经　　销　新华书店
印　　刷　河北鹏润印刷有限公司
版　　次　2018 年 11 月北京第 1 版
　　　　　2018 年 11 月北京第 1 次印刷
开　　本　635 毫米 × 965 毫米　1/16　印张 37.25
字　　数　515 千字　图 10 幅
印　　数　0,001 - 2,000 册
定　　价　120.00 元
（印装查询：01064002715；邮购查询：01084010542）

# "纪念白求恩"系列图书编委会:

毛泽东　"救死扶伤，实行革命的人道主义"　1941年

1941年，毛泽东为延安中国医科大学题写了"救死扶伤，实行革命的人道主义"，号召全党学习白求恩为人民服务的牺牲精神。

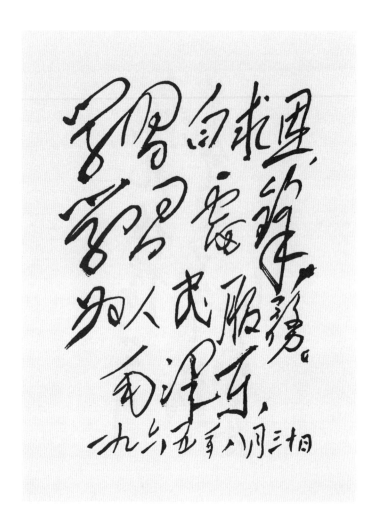

毛泽东 "学习白求恩，学习雷锋，为人民服务。" 1965年8月30日

1965年，毛泽东为钟学坤题词："学习白求恩，学习雷锋，为人民服务。"

叶剑英 "无私的援助　光辉的榜样"　1979年9月10日

为纪念白求恩大夫逝世40周年题写，现珍藏于中国人民解放军白求恩国际和平医院白求恩纪念馆。

白求恩精神光耀千秋！

宋庆龄
一九七九年

宋庆龄 "白求恩精神光耀千秋！" 1979年

为纪念白求恩大夫逝世40周年题写。

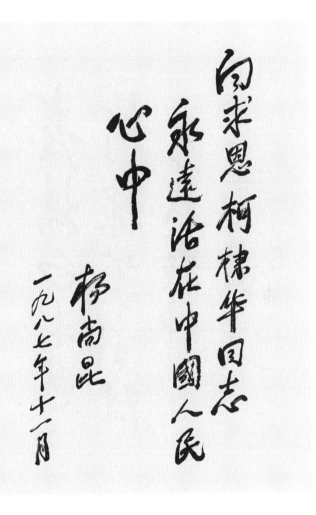

杨尚昆　"白求恩柯棣华同志永远活在中国人民心中"　1987年11月

为纪念中国人民解放军白求恩国际和平医院建院50周年题写，现珍藏于该院白求恩纪念馆。

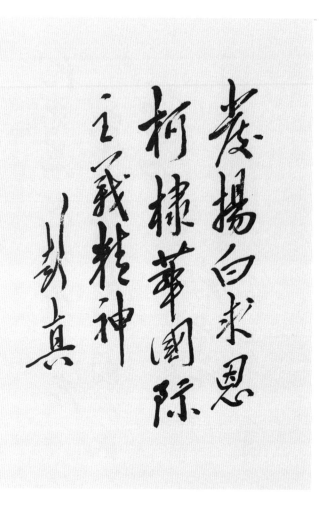

彭真 "发扬白求恩柯棣华国际主义精神"

为纪念白求恩大夫逝世40周年题写，现珍藏于中国人民解放军白求恩国际和平医院白求恩纪念馆。

白求恩同志为国际
共产主义而英勇
奋斗牺牲的精神，
是中国人民永远
怀念和学习的榜
样！

徐向前
一九七九年六月

徐向前 "白求恩同志为国际共产主义而英勇奋斗牺牲的精神，是中国人民永远怀念和学习的榜样！" 1979年6月

为纪念白求恩大夫逝世40周年题写，现珍藏于中国人民解放军白求恩国际和平医院白求恩纪念馆。

聂荣臻 "学习白求恩同志的革命精神 学习白求恩同志的科学态度" 1979年6月

为纪念白求恩大夫逝世40周年题写，现珍藏于中国人民解放军白求恩国际和平医院白求恩纪念馆。

伟大的共产主义战士白求恩在中国共产党领导的
军队里抗击日本侵略军的英勇牺牲精神永远活在中国人民心中

王震　"伟大的共产主义战士白求恩在中国共产党领导的
军队里抗击日本侵略军的英勇牺牲精神永远活在中国人民心中"
1987年3月4日

为纪念中国人民解放军白求恩国际和平医院建院50周年题
写，现珍藏于该院白求恩纪念馆。

杨成武　"白求恩精神永放光辉"　1997年6月

1997年6月11日，由钱信忠、刘明璞等发起的中国白求恩精神研究会（原）在北京成立，杨成武作为名誉会长为大会题词。

# 目录

序言

# 光辉的榜样　不朽的精神

今年是中国人民抗日战争和世界反法西斯战争胜利七十周年，为深切缅怀伟大的国际主义战士白求恩为中国人民抗日战争和世界反法西斯战争胜利做出的特殊贡献，为记录中国和世界人民对纪念白求恩、弘扬白求恩精神活动的思想成果，并从中吸取丰富的文化建设、思想建设和道德建设的营养，推动社会主义核心价值体系建设的深入开展，我们编辑了这本纪念白求恩文集。

中国人民奋起抗击日本侵略者的伟大救国战争，赢得了世界进步力量和友好人士的广泛同情和大力支持。苏联、美国、英国等反法西斯盟国为中国人民提供了宝贵的人力物力支持。朝鲜、越南、加拿大、印度、新西兰、波兰、丹麦以及德国、奥地利、罗马尼亚、保加利亚、日本等国的一大批国际友人，发扬国际主义和人道主义精神，从世界各地投身中国抗战。他们把中国人民的解放事业当作自己的事业，与中国军民患难与共，并肩战斗，许多人为此献出宝贵生命。他们在中国人民抗日战争史和世界反法西斯战争史上，留下了光辉的一页。白求恩作为其中最杰出的代表，在中国不到两年的时间里，以无私利人、不怕牺牲、极端热忱、极端负责的伟大精神，在抗日前线救死扶伤，最后以身殉职。毛泽东及历代党和国家领导人都对白求恩给予高度评价。古人云："人亡典型在，百世留清尘。"白求恩这一伟大名字、光辉榜样和不朽精神，已经深深地镌刻在中国人民心中。白求恩是医疗卫生界学习的榜样，也是我们每一位公民学习的榜样，更是全体共产党员学习的榜样。白求恩精神已经融入中华民族的血脉，并成为社会主义核心价值观的重要源头和组成部分。学习白求恩，做一个高尚的人，一个纯粹的人，一个有道德的人，一个脱离了低级趣味的人，一个有益于人民的人，应当成为我们人生的最高追求。

我们深信，在新的历史条件下，大力弘扬和践行白求恩精神，对构建社会主义核心价值体系，提升全民族的思想道德水平，建设与发展中国软实力，推动中国人民与世界各国人民的友谊，实现中国梦，建设和谐世界，将会发挥越来越重要的作用。

白求恩永远活在中国人民和世界人民心中！白求恩精神永放光芒！

白求恩精神研究会会长　袁永林

# 第一部分

# 纪念白求恩

毛泽东　1939年12月21日

　　白求恩同志是加拿大共产党员，五十多岁了，为了帮助中国的抗日战争，受加拿大共产党和美国共产党的派遣，不远万里，来到中国。去年春上到延安，后来到五台山工作，不幸以身殉职。一个外国人，毫无利己的动机，把中国人民的解放事业当作他自己的事业，这是什么精神？这是国际主义的精神，这是共产主义的精神，每一个中国共产党员都要学习这种精神。列宁主义认为：资本主义国家的无产阶级要拥护殖民地半殖民地人民的解放斗争，殖民地半殖民地的无产阶级要拥护资本主义国家的无产阶级的解放斗争，世界革命才能胜利。白求恩同志是实践了这一条列宁主义路线的。我们中国共产党员也要实践这一条路线。我们要和一切资本主义国家的无产阶级联合起来，要和日本的、英国的、美国的、德国的、意大利的以及一切资本主义国家的无产阶级联合起来，才能打倒帝国主义，解放我们的民族和人民，解放世界的民族和人民。这就是我们的国际主义，这就是我们用以反对狭隘民族主义和狭隘爱国主义的国际主义。

　　白求恩同志毫不利己专门利人的精神，表现在他对工作的极端的负责任，对同志对人民的极端的热忱。每个共产党员都要学习他。不少的人对工作不负责任，拈轻怕重，把重担子推给人家，自己挑轻的。一事当前，先替自己打算，然后再替别人打算。出了一点力就觉得了不起，喜欢自吹，生怕人家不知道。对同志对人民不是满腔热忱，而是冷冷清清，漠不关心，麻木不仁。这种人其实不是共产党员，至少不能算一个纯粹的共产党员。从前线回来的人说到白求恩，没有一个不佩服，没有一个不为他的精神所感动。晋察冀边区的军民，凡亲身受过白求恩医生的治疗和亲眼看过白求恩医生的工作的，无不为之感动。每一个共产党员，一定要学习白求恩同志的这种真正共产主义者的精神。

白求恩同志是个医生，他以医疗为职业，对技术精益求精；在整个八路军医务系统中，他的医术是很高明的。这对于一班见异思迁的人，对于一班鄙薄技术工作以为不足道、以为无出路的人，也是一个极好的教训。

我和白求恩同志只见过一面。后来他给我来过许多信。可是因为忙，仅回过他一封信，还不知他收到没有。对于他的死，我是很悲痛的。现在大家纪念他，可见他的精神感人之深。我们大家要学习他毫无自私自利之心的精神。从这点出发，就可以变为大有利于人民的人。一个人能力有大小，但只要有这点精神，就是一个高尚的人，一个纯粹的人，一个有道德的人，一个脱离了低级趣味的人，一个有益于人民的人。

（注：本文原为毛泽东为八路军政治部、卫生部于1940年出版的《诺尔曼·白求恩纪念册》所撰写的《学习白求恩》。新中国成立后编入《毛泽东选集》时题目改为《纪念白求恩》。本文选自《毛泽东选集》第2卷，北京：人民出版社，1991年，第659—661页。）

# 第二部分

# 中共中央吊唁白求恩

聂荣臻同志转白求恩大夫追悼会：

加拿大共产党员白求恩同志，不远万里来华参战，在晋察冀边区八路军服务两年，其牺牲精神，其工作热忱，其责任心均称模范。因医治伤员中毒，不幸于中华民国二十八年十一月十三日*在晋察冀边区逝世。我全党同志、全国同胞须知，白求恩大夫忠实伟大的英国民族之光荣的代表，英国民族的统治者，是帝国主义资产阶级，但这是少数人，英国民族之光荣的代表者实是英国无产阶级与加拿大无产阶级及其领袖，英国共产党与加拿大共产党，而白求恩同志正是加拿大共产党派遣来华参加抗战的第一人。白求恩同志这种国际主义的精神值得中国共产党全体党员的学习，值得中华民国全国人民的尊敬。今闻逝世，谨致哀诚。

中国共产党中央委员会

一九三九年十一月二十一日

（注：白求恩逝世日期应为1939年11月12日，此处原文如此。本文集中凡涉此问题处均保留原文。）

# 中国共产党中央委员会
# 慰问白求恩医师家属电

加拿大共产党中央委员会转白求恩医师家属：

白求恩老医师，自遥远的加拿大来到中国，曾为我英勇抗战而伤病的八路军将士服务将近两年，亲历艰苦，不辞劳顿，深得前方将士的信仰，他和许多同情中国抗战的国际朋友给了中国抗战以有力的援助。不幸白医师突于本年十一月十三日因施行手术不慎，致中毒死于晋察冀边区，这是我们一个重大的损失。

我们悼念白医师为世界人类解放事业与对中国抗战的伟大贡献，表示深切的敬意，除在各地表扬功绩、举行追悼大会外，特电慰问。

中国共产党中央委员会

一九三九年十一月二十三日

# 国民革命军第十八集团军
# 慰问白求恩大夫家属电

加美援华委员会转白求恩大夫家属：

　　加拿大共产党之优秀代表白求恩大夫，为维护正义和平，援助中国人民之解放事业，不辞艰辛远道来华，曾在敝军服务，两年于兹，功绩卓著，深得全军爱慕。乃不幸于治疗伤员施行手术时，割伤指部以致中毒，于本年十一月十三日于晋察冀边区逝世。敝军将士闻此噩耗莫不深为哀痛。盖此不仅我国抗日战争一大损失，亦世界人类解放事业之一大损失也。除通令全军举行壮烈的哀悼外，谨电驰陈唁籍电慰问。

国民革命军第十八集团军

总司令员朱德

副总司令员彭德怀　叩

中华民国二十八年十一月二十三日

# 延安各界追悼白求恩大夫筹备委员会慰问白求恩大夫家属电

加美援华委员会转白求恩大夫家属：

加拿大人民之优秀代表，加拿大共产党之优秀党员白求恩大夫，远道来华，助我抗战，其为中华民族与世界人类之解放事业而奋斗之伟大的国际主义精神，深为敝国人民之钦仰与赞慕。白大夫自参加八路军的医务工作以来，成绩卓著，全军感奋。乃不幸于本年十一月十三日，因施行手术，致中毒殒命于晋察冀边区，噩耗传来，全延安党政军民学各界人士，均认为这是中华民族与全世界人民之重大损失，极表哀痛，除举行追悼大会，并表扬劳绩外，特电致慰问之意。

延安各界追悼白求恩大夫筹备委员会　叩

一九三九年十二月一日

（注：以上四则唁电文稿选自《八路军军政杂志》第12期特辑。）

# 白求恩大夫祭文

维

　中华民国二十有九年一月五日，聂荣臻谨率晋察冀军区全体指战员，悼于加拿大医学家伯琴同志之灵前，曰：呜呼！伯琴以天赋之英才，造医学之极峰；抱高尚远大之理想，献身革命。高爵不足羁其鸿志，厚禄不足系其雄心，誓讨佛朗哥之不义，投身西班牙之战争。地中海边，波浪未平；太平洋上，烽火方殷。君不辞劳，万里东征，深入敌后，赞助吾军。寒衣土布之服，饥餐粗粝之粮，救死枪林之下，扶伤炮火之场。运斧神于轮匠，奏刀妙于庖丁。无轻伤不速愈，虽重创而皆生。日劳病榻之间，夜书膏火之旁，行遇路人之疾，止予治疗之方。医术精于华佗，精神比于墨翟。非热爱乎人类，谁曾至于此极。革命未竟，英雄先亡。噩耗传来，云胡不伤。为君执绋，送葬军城。临穴涕泣，不知所云。

一九四○年一月五日

　（注：此文原刊1940年1月4日晋察冀军区政治部的《抗敌三日刊》，并曾于1940年1月5日在唐县军城南关召开的白求恩大夫追悼大会上宣读。）

# 纪念白求恩同志

朱德

诺尔曼·白求恩同志逝世三周年了!

白求恩同志是加拿大的共产党员,是有国际声誉的医生,是北美洲的四大名医之一。他是用他的高明的技术服务于世界人民反法西斯事业的坚强战士。一九三六年西班牙人民反抗德意法西斯侵略战争时,白求恩同志曾亲赴西班牙,为政府军服务医疗工作,在马德里、巴塞隆那组织了输血运动,由于他的努力,曾经救治了数万受伤的兵士、妇女和儿童的性命。民国二十六年,我国抗日战争爆发,为了帮助中国的抗日战争,受加拿大和美国共产党的派遣,他又远涉重洋,来到中国,自二十七年春即赴山西、河北战地我军中工作,领导我军医疗工作,不幸因施行手术中毒,于二十八年十一月十三日在晋察冀军区逝世。白求恩同志之死,使我们永怀无限痛惜和伤感,觉得这是我党、我军、中国人民和世界人民反法西斯事业的一个巨大损失!

白求恩同志是真正充满着共产主义国际主义精神的优秀党员,从他身上,表现了共产党人的高尚纯朴的品质。

白求恩同志是富于国际主义精神的模范。他清楚的知道,无产阶级如果不能解放一切劳动人民、解放一切民族、解放全人类,就不能解放自己,所以他忠诚的帮助一切被压迫人民、一切被压迫民族争取自己解放的斗争。他曾经参加了西班牙人民反对德意法西斯侵略者和反对本国反革命军阀的斗争，又参加了中国人民的抗日战争。他把中国人民的解放当作他自己的事业。在他致毛泽东同志的一封信中热烈的表示："我在此间不胜愉快，且深感我们应以英勇的中国同志们为其美丽的国家而对野蛮搏斗的伟大精神，来解放亚洲。"白求恩同志这种国际主义的伟大精神，每个中国共产党员都应该学习。

白求恩同志的高尚的共产主义品质，还表现在他对工作的无限责任心，他的实际主义作风，和对同志对人民的无限热忱。他已五十多岁了，不顾战地各种危险和困难，亲自跑到火线附近，在炮火下抢救受伤的将士，他说："一个革命医生坐在家里等着病人来叩门的时代已经过去了，医生应该跑到病人那里去，而且愈早愈好。"甚至在意外的情形下，即使不能赶到作战地区，至少也可以在半路上找到伤兵运回后方。他的技术高明，在我军中为第一位，但仍精益求精，研究在游击战争环境下如何进行医疗工作。他不但以这种极端负责任的精神来执行自己的业务，并且教育了他周围一切人，从医生、护士到勤务、马夫，告诉他们："没有那一件工作是小的，没有那一件工作是不重要的"，鼓励他们每个人"要学习独立工作，不要那半斤八两的帮助"。

白求恩同志，是一个富于实际主义精神的人，他看到我军许多医生技术水平低，便把教育和提高医生、护士作为自己的职务，他自己写课本，办学校，走到那里，教到那里，没有夸夸其谈、言多于行的坏习气。他说："空谈代替不了行动，话是人们发明来描写行动的，照它底本来的目的去用它吧。"白求恩同志的工作和著述中正充满着这种明亮清透的实际主义的光辉。

白求恩对同志对人民满腔热忱，坦白正直。他对一切伤病员、一切同志、劳动人民，表现了他无限的忠诚热爱和无条件的帮助他们，平等的看待他们中的任何人，体贴关心，无微不至。他也最能坦白正直，批评他们的缺点，严正的指斥工作中的毛病，帮助改正。凡是受过他治疗或看见过他工作的人，莫不为之感动，至今晋察冀的军民心中，仍怀念着白求恩这个亲切的名字。

白求恩同志离开我们已经三年了，然而我们将永远记得白求恩这个伟大的国际主义战士。也诚如加拿大民主书报俱乐部古柏先生来函所说："加拿大的人民，因为有如此伟大光荣的子孙而感觉骄傲。"世界一切反法西斯战士，首先是我党党员，应当学习和发扬白求恩同志这种国际主义精神和许多优良品质，来最后战胜法西斯主义，完成白求恩同志未了的伟大事业。

（注：本文原刊 1942 年 11 月 13 日《解放日报》。）

# 我们时代的英雄

宋庆龄

　　和过去的人类世界相比，我们的世界极其复杂。由于交通极其发达，在地球上每一部分和人类社会中的各种重大事件均有密切的联系。没有孤立的灾难，也没有一种进步不是会促成全面进步的。这种情况反映在人们的思想里。人们的思想内容在范围和复杂的程度上现在也具有世界性。一个为自己的人民和国家谋福利的人若单单联系毗邻的国家来考虑本国的形势是不够的。世界大势包围着我们每一个人，我们必须投身其中并有所贡献才能够左右自己的前途。今天人类最崇高的任务是：认清反动和死亡的势力，并同它进行斗争，加强并实现今天的世界所提供的、以前的世界从未有过的、给所有的人一个美满的生活的种种可能性。

　　任何时代的英雄都是这样一种人：他们以惊人的忠诚、决心、勇气和技能完成了那个时代放在人人面前的重要任务。今天这些任务是世界性的，因此当代英雄——无论是在本国或外国工作——也是世界英雄，非但在历史上是如此，而且现在也是如此。

　　诺尔曼·白求恩就是这样一位英雄。他曾在三个国家里生活、工作和斗争——在加拿大，他的祖国；在西班牙，各国高瞻远瞩的人士曾成群结队地去那儿参加人民反抗纳粹主义和法西斯主义的黑暗势力的、第一次伟大的斗争；在中国，他曾在这儿协助我们的游击队，在日本法西斯军人自以为已经被他们征服的地区，夺取并建立了民族自由与民主的新根据地，并且协助我们锻炼出终于解放了全中国的、强大的人民军队。在一种特殊的意义上，他属于这三个国家的人民。在更广泛的意义上，他属于和对国家对人民的压迫进行斗争的一切人。

诺尔曼·白求恩是一位医生，他曾用他所最熟悉的武器在医务方面进行斗争。在他本人的科学范围内，他是一位专家和创导者——他把他的武器保持得锋利如新。而且他，自觉而一贯地，把他的伟大的技能贡献给反抗法西斯主义和帝国主义的斗争的先锋。对他来说，法西斯主义是一种比任何其他疾病对人类危害更大的疾病，一种摧毁千千万万人的身心的疫病，并且它既否认人的价值，也就是否认了一切为人的健康、活力和生长服务的科学的价值。

诺尔曼·白求恩在日军炮火之下传授给中国学生的技术的价值，决定于它们使用的目的。德国和日本是科学技术高度发达的国家，但是因为它们曾为人类进步的敌人所领导，它们的科学与技术只给人类带来了灾难。人民的战士有掌握最高的专门技术的责任，因为只有在他们的手中技术才能够真正为人类服务。

白求恩大夫是第一个把血库送到战场上去的医生，他的输血工作曾为西班牙共和国挽救了数以百计的战士的生命。在中国，他提出并实践了这个口号："医生们！到伤员那儿去！不要等他们来找你们。"在一个与西班牙完全不同的而且远比西班牙落后的环境里，他组织了一种游击队的医疗机构，挽救了成千成万的我国最优秀最英勇的战士。他的计划和实践不仅建立在医疗的科学和经验的基础上，而且也建立在对军事和政治的研究以及人民战争中战场上的经验之上。在西班牙和中国的白求恩是医学战场上的一员先锋。

他充分了解了这种斗争的形势，战略、战术和地势，同时他也知道，对于那些为了自己的家庭和前途而与其他自由的人们并肩作战的自由的医务工作者，人们可以抱着什么希望。他训练出来的医生、护士、护理员在他的教导之下，不仅将自己看作技术助理人员，而且看作前线战士，和战斗部队担负着同样重大的任务。

这些工作白求恩是在万分困难的情况下完成的，一个医生对自己的任务如果没有多方面的认识是绝不可能克服这些困难的。他在中国最落后的地区的山村里完成了这些工作，事前对中国语言及中国人民几乎一无所知，而且在他自己为肺病侵蚀的身体里，除了他的炽热的信心和钢铁的意志以外别无其他力量。

是什么杀害了白求恩大夫？白求恩大夫是在反抗法西斯主义和反动势力的斗争当中牺牲的，他为那个斗争献出了他的热情、技能和力量。他工作的地区当时不仅被日寇封锁，而且同时被蒋介石的反动政府封锁，那个政府始终宁可与敌人妥协，放弃胜利，而不愿进行人民的战争。白求恩为之斗争的那些人不仅被认为不配使用武器弹药，甚至不配使用医药器材来救治伤员。他们因为得不到现代的抗毒药品而死于传染病。

白求恩死于败血病，这是动手术未戴橡皮手套而又无磺胺制剂可用以医疗的结果。

白求恩大夫创立的国际和平医院，现在在中国终于获得了自由的新情况下进行工作。但是白求恩死后，曾和他在西班牙共同工作的吉西大夫奉派继任，却被蒋介石的封锁阻止而未能到任。印度医疗队的柯棣华大夫终于担任了白求恩大夫设立的一个医院的院长，英勇地继续了他的工作，后来也死在岗位上——也是因为缺乏可用来为他医治的药品。白求恩大夫和柯棣华大夫是许多牺牲者中的两位，这些牺牲者，如果当时没有封锁，可能现在仍旧活着为全世界自由人民的事业进行斗争。

我很荣幸来介绍诺尔曼·白求恩大夫的生平，让为数更多的人能够认识这位当代英雄——他如此崇高地象征着所有人民在争取自由的斗争中的共同利害。他的生、死和他所遗留的事业与我个人关系特别密切，这不仅由于他对我国人民的民族解放战争的伟大贡献，而且由于我个人在由我任主席的保卫中国同盟内的工作。保卫中国同盟正在为继续白求恩的事业的白求恩和平医院及白求恩医学院获得援助而工作。

新中国永远不会忘记白求恩大夫。他是那些帮助我们获得自由的人中的一位。他的事业和他的英名永远活在我们中间。

（注：本文作于1952年，是为泰德·艾伦、塞德奈·戈登合著的《手术刀是武器》即《外科解剖刀就是剑》一书所写的序言。标题为编者所拟。）

# 今天仍然需要提倡白求恩精神

聂荣臻　1989年11月13日

　　今年11月12日是伟大的国际主义战士诺尔曼·白求恩逝世五十周年。时间过得真快，抗日战争的烽烟，白求恩大夫在晋察冀前线抢救伤病员无私无利的形象，都还历历在目。虽然已是半个世纪过去了。与半个世纪以前相比，我们的祖国和世界的形象发生了巨大的变化，中国已从帝国主义、封建主义和官僚资本主义三座大山的压迫下解放出来，走上了社会主义建设的光辉道路。今天，我们来纪念他，就是要继续提倡白求恩的高尚精神。中国共产党和全体中国人民都应当发扬白求恩的精神。

　　五十年前，白求恩同志因公殉职时，毛泽东同志曾在延安举行的追悼会上发表了感人至深的讲话，这便是那篇产生广泛影响的《纪念白求恩》的文章。在毛泽东同志的倡导下，一个时期里，白求恩同志的事迹在我国家喻户晓，尽人皆知，白求恩的国际主义、共产主义精神，激励着中国人民为祖国的解放和社会主义建设事业的胜利英勇奋斗。

　　今天，我们面临着坚持四项基本原则，坚持改革开放，建设有中国特色的社会主义的伟大事业。这是一项宏伟的事业，也是一场持久的复杂的斗争，比当年打垮日本侵略者，推翻三座大山的斗争任务还要艰巨。完成这项宏伟的事业不靠天，不靠地，就靠我们自己，即：要靠中国共产党的正确领导，要靠全国人民发扬革命传统，这中间就包括毛泽东同志在《纪念白求恩》一文中所倡导的"毫不利己、专门利人"的精神，"对工作的极端的负责任，对同志对人民的极端的热忱"，"对技术精益求精"的精神。毛泽东同志满怀革命激情地发出号召："我们大家要学习他毫无自私自利之心的精神。从这点出发，就可以变为大有利于人民的人。一个人能力有大小，但只要有这点精神，就是一个高尚的人，一个纯粹的人，一个有道德的人，一个脱离了低级趣味的人，一个有益于人民的人。"毛泽东同志这里倡导的白求恩的精神是我们党动员人民、克敌制胜的一个极可宝贵的精神武器。

面临着新形势新任务，我们的党和大多数同志继承了党的光荣革命传统，发扬党的传统革命精神，永葆革命青春，为人民的事业作出了新的贡献。但不用讳言，我们的队伍里，也有极少数人经不住执政和改革开放环境的考验，在为自己、为子孙谋私利，甚至为达到利己的目的不惜丧失国格、人格；我们社会从整体上说是蓬勃向上的，但也有种种坏风气，在严重地损害着我们的事业。这种作风和毛泽东同志倡导的白求恩精神背道而驰。如果听任这些腐败现象和风气发展、泛滥，国家还有什么前途？社会主义还有什么希望？所以，值此伟大的国际主义战士白求恩同志逝世五十周年之际，我认为很有必要在全国范围里，广泛宣传白求恩同志的事迹，大力提倡白求恩的革命精神。这对我国人民，尤其是对青少年的思想、道德教育，对全国的社会主义精神文明建设，都是非常有意义的。

作为与白求恩同志共同战斗过的一名老战士，半个世纪以来，我一直怀念着他。白求恩的精神永远活在我心里，活在中国人民的心里。

（注：本文原刊 1989 年 11 月 13 日《瞭望》周刊，第 46 期。）

# 致纪念白求恩逝世六十周年、纪念毛主席《纪念白求恩》发表六十周年座谈会暨《白求恩精神永放光芒》首发式的贺信

组委会并全体与会代表：

　　来人来函悉。你们11月12日在北京隆重举行纪念白求恩逝世六十周年、纪念毛主席《纪念白求恩》发表六十周年座谈会暨《白求恩精神永放光芒》首发式，感到非常高兴！我因事不能参加这次具有重要意义的会议，谨致歉意。谢谢你们的邀请，并对这次隆重热烈而又简朴的活动表示最衷心的祝贺。

　　白求恩是一位伟大的历史人物，白求恩精神是我党我军我国人民宝贵的精神财富。希望你们积极响应江泽民总书记的号召，重读《纪念白求恩》，一定要把白求恩精神一代一代传下去，为推动新世纪社会主义精神文明建设作出更大的贡献！

　　预祝会议圆满成功！并祝与会的同志们、朋友们身体健康，工作顺利。

杨成武

1999年11月12日

# 不灭的薪火

吴阶平　2007年9月

　　中国白求恩精神研究会从筹备、成立至今已近十三年。相信只要你看过这本图文并茂的小册子便一定不会怀疑，在这物欲横流、言必及利等风气充斥部分现实生活的情况下，还真有那么一群人在孜孜以求白求恩精神的回归！

　　要说，那还是十几年前的事了。那时，许多人对社会上出现的一些见利忘义以至损人利己的现象非常担忧，特别是对一些医务人员从患者身上攫取私利的不良行为十分厌恶。为此，在白求恩医科大学北京校友会几位老同志的倡议下，于1991年、1994年分别组织了两次全国白求恩精神研讨会，围绕新时期如何继续大力弘扬白求恩精神进行了认真探讨。后来，在国家卫生部领导的支持下，一个推动这一工作的长效机构——中国白求恩精神研究会应运而生了。

　　然而，十几年过去了，以上问题仍然困扰着人们。特别是有人质疑，都搞市场经济了，还提倡白求恩精神，这是不是有点不识时务？应当看到，社会上不少人有这种看法。这也许正是某些不良现象能够生存以至肆虐的社会基础。

　　其实，一些人真的是误解了。白求恩那优秀的精神最初正是萌于资本主义的加拿大。他义无反顾奔赴西班牙反法西斯战场，以至最终为中国人民的解放事业献出了生命，是其精神发展和臻于成熟的继续。

许多人可能还不了解，自20世纪70年代以来，加拿大政府一直十分珍视白求恩这份精神遗产。他们最终克服了意识形态偏见，以政府名义赎回白求恩故居辟为纪念馆，并在白求恩生活工作过的地方建起纪念标记，把白求恩的名字列入加拿大名人堂。尤其是2000年又在白求恩故乡格雷文赫斯特市广场竖立了一尊白求恩铜像，而且总督武冰枝女士亲自参加铜像揭幕仪式并发表热情洋溢的讲话，她说："他（白求恩）的一生，从某种意义上讲，其真谛已超越了国界，已升华到了不仅仅代表着国际主义精神，而实际体现了一种宇宙般的宽阔胸怀。如今这宇宙般的胸怀已为世人所公认。"这难道不足以回答一些国人对市场经济条件下依然应当弘扬白求恩精神的质疑吗？

事实证明，白求恩已融于中华民族，白求恩精神已成为中华民族宝贵精神不可分割的一部分，无论是战争年代，还是和平建设时期，以至改革开放实行市场经济的今天，白求恩精神都具有极大的活力，社会进步离不开它，广大人民群众永远需要它。

为此，自毛泽东主席1939年12月21日发表《纪念白求恩》之后，又有许多党和国家领导人一再表达过向白求恩学习的愿望和要求。中国白求恩精神研究会的同志们顺应时代潮流，坚定地举起向白求恩学习的火种，尽其所能，奋力播燃，做了许多有益的工作。特别是其中有些同志已年届耄耋，但仍克服各种困扰，无怨无悔，不计报酬，矢志不移地做着弘扬白求恩精神的工作，实为难能可贵。

《庄子·养生主》是用这样一句话结尾的："指穷于为薪，火传也，不知其尽也。"愿白求恩精神这簇不灭的薪火，代代相传，绵绵无绝！

（注：本文是作者于2007年9月，为《不灭的薪火》一书所作序。）

# 弘扬白求恩精神　培育践行社会主义核心价值观

## 在白求恩精神研究会成立大会上的讲话

陈竺　2014年1月11日

　　我谨对白求恩精神研究会的成立，表示衷心祝贺！并向长期以来为弘扬白求恩精神作出重要贡献的各位老领导、各位国际友人、各位同志以及全体会员单位致以崇高的敬意！

　　白求恩精神是毛泽东主席等老一辈革命家倡导的伟大精神。七十多年前，毛泽东在《纪念白求恩》一文中提出：白求恩精神就是国际主义精神，就是毫不利己、专门利人的共产主义精神。表现为对工作极端负责、对同志对人民极端热忱、对技术精益求精。1959年，毛泽东题词："学习白求恩，学习雷锋，为人民服务。"白求恩同志逝世七十多年来，中国经历了革命、建设、改革开放三个重要历史发展时期，白求恩精神一直是全党全军全国人民，特别是广大医疗卫生人员的宝贵精神财富。1997年以来，在钱信忠、刘明璞、李超林老会长领导下，白求恩精神研究会经历了中国白求恩精神研究会、研究分会两个发展阶段。在全体会员单位和全社会的共同努力下，白求恩精神在新的形势下得到大力弘扬。我相信，新的白求恩精神研究会成立后，在各级领导关怀指导下，在广大社团组织和全社会大力支持下，研究会的工作一定会开创新局面，发挥更重要的作用。

　　在此，我谨对白求恩精神的研究和弘扬工作谈四点希望，供同志们参考。

第一，大力弘扬白求恩精神，推进社会主义核心价值体系建设。白求恩精神所蕴含的进步正义、不怕牺牲、无私奉献、敬业精业、极端负责、敢为人先的价值追求，与党的十八大提出的社会主义核心价值观高度契合，与中国特色社会主义发展要求高度契合。新的形势下，在全社会大力弘扬和倡导白求恩精神，对培育践行社会主义核心价值观，筑牢马克思主义在意识形态领域的指导地位，巩固全社会共同奋斗的思想基础，凝聚强大的正能量，实现民族伟大复兴的中国梦都具有重大意义。白求恩精神研究会作为以弘扬践行白求恩精神为宗旨的社团组织，使命光荣、责任重大，应紧密结合新形势、新任务，紧紧围绕深化医药卫生体制改革的重点工作，在全社会进一步弘扬白求恩精神，为培育和践行社会主义核心价值观作出贡献，为推动我国卫生事业改革与发展提供坚实的思想基础。

第二，大力弘扬白求恩精神，推进社会公德和职业道德建设。白求恩精神是高尚人格的标尺、公德的标杆和医德的标准。白求恩说："让我们把盈利、私人经济利益从医疗事业中清除出去，使我们的职业因清除了贪得无厌的个人主义而变得纯洁起来。让我们把建筑在同胞们苦难之上的致富之道，看作是一种耻辱。"这些在半个多世纪之前关于端正医疗之风的一系列话语无疑是他的警句，无疑是对沉溺于私利不能自拔的某些医务人员的一声断喝，重温这些话，让人警醒，更让人重新铭记从医誓言，至今仍有着震撼人心、唤醒良知的力量。在新形势下大力弘扬践行白求恩精神，对于加强社会公德，形成崇德向善、诚信敬业、修身律己、服务他人的社会风尚也具有非常重要的意义。我期望，白求恩精神研究会能够发挥社会组织的优势，发掘宣传更多医疗卫生领域的先进个人和先进集体，引导全社会，特别是医疗卫生战线的同志们学习他们身上的白求恩精神，努力做"一个高尚的人，一个纯粹的人，一个有道德的人，一个脱离了低级趣味的人，一个有益于人民的人"，为促进社会文明进步、营造和谐医患关系发挥更大的作用。

第三，大力弘扬白求恩精神，坚定不移深化医药卫生体制改革。白求恩说："让我们重新来规定医务界的道德标准——不是作为医生之间职业上的一种成规，而是作为医务界和人民之间的基本道德和正义准则。"白求恩的思想超越于他所处的那个时代，他不仅关注当时普通民众的就医困境，更把深邃的目光投入到了造成这种困境的不合理的医疗制度乃至社会制度，在大量调查研究的基础上，他在医疗社会化和卫生经济学方面提出了很多至今仍对我们具有指导意义的重要思想。正如李斌主任已经引证白求恩的话，"政府应该把保护公众健康看作自己对公民应尽的首要义务和职责"。白求恩还指出，社会化医疗，就是解决这个问题的现实做法，社会化医疗意味着保健变成公共事业。他不仅是一位医生，更是一位伟大的社会学家和革命家。在我们攻坚克难，全力深化医药卫生体制改革的今天，特别是当我们面临一些重大的改革难题和挑战之时，弘扬白求恩精神就尤其具有重要的现实意义，我们学习白求恩精神，就要胸怀人民疾苦，勇于走在时代前列，就要深入调研思考，善于把握问题本质，就要解放思想，实事求是，坚定不移，务求突破。唯其如此，改革才能成功，事业才能发展。

第四，大力弘扬白求恩精神，提升中华文化的国际影响力。白求恩不远万里援华抗战，体现了伟大的国际主义精神。中国人民一贯把支持世界人民的正义事业作为义不容辞的使命和责任，白求恩身上的国际主义精神已经融会进新中国的血脉，成为中华民族文化的时代内涵，也在我国向六十多个发展中国家派遣的医疗队员身上得到了最生动的体现。半个世纪以来，新中国向六十六个国家和地区派出医疗队两万三千人次，累计诊治患者两亿七千万人次。促进了受援国医疗事业的发展和人民健康水平的提高。今年3月，习主席访问刚果（布）期间，高度评价了援外医疗队工作，提炼总结出"不畏艰苦，甘于奉献，救死扶伤，大爱无疆"的中国医疗队精神，这一概括，闪烁着白求恩精神的光芒，彰显了中华文化的博大胸怀。希望同志们从文化建设必须坚持面向现代化、面向世界、面向未来的高度认识向世界传播白求恩精神的重大意义。通过宣传白求恩，让世界了解中国人民的世界观和价值观；通过宣传白求恩式的医务工作者和援外医疗队，让世界了解中国白衣战士的人道主义精神和大爱情怀；通过宣传中国医疗体制改革的方向和重点，向世界展示中国卫生事业的进步。同时，我也呼吁更多的高水平医学专家投入到卫生援外的伟大事业中来，使白求恩精神不仅在中国家喻户晓、落地生根，而且对世界的和平与发展发挥更加深远的影响。

同志们，党的十八大明确提出要提高人民健康水平，强调健康是促进人的全面发展的必然要求。我们要将弘扬白求恩精神与学习贯彻十八大和十八届三中全会精神有机结合起来，培育践行社会主义核心价值观，用健康梦助力中国梦，让白求恩精神在当今这个伟大的时代谱写更加光辉的篇章。

（注：本文原刊《学习白求恩》杂志2014年第1期。作者为第十二届全国人大常务委员会副委员会长。）

# 英名远播　侠骨遗香

陈竺　2015年5月

　　2015年是中国人民抗日战争和世界反法西斯战争胜利七十周年，在此背景下，编辑出版一本以反映白求恩大夫波澜壮阔一生为内容的大型画册，以深切缅怀这位伟大的国际主义战士，是具有特殊历史意义的。

　　白求恩大夫的一生是伟大的一生，仅从他来华支援中国人民民族解放斗争的伟大实践就足以证明。

　　20世纪30年代末，白求恩大夫作为北美著名胸外科专家，放弃了十分优越的工作和生活条件，来华支援中国人民抗击日本法西斯的斗争，在不足两年时间里，为中国人民的解放事业作出了卓越贡献，最终以身殉职，献出了自己宝贵的生命。毛泽东主席对白求恩大夫的国际主义精神予以高度评价。从此，他的名字深深镌刻在中国人民心中。

　　白求恩是国际社会支援中国抗战的先驱者，是最早投身中国抗日战场的外国医生。正是由于他的呼吁和身体力行，推动了国际社会更多有识之士投身中国战场。此后印度友人柯棣华、奥地利友人罗生特等一大批优秀医务工作者来到中国，支援抗战。白求恩是敌后战场救死扶伤的组织者和实践者，冒着生命危险，在前线抢救伤员，做了大量手术，拯救了数以千计战士的生命。他是战地医疗技术的发明者，从游击战争的实际出发，改进医疗手段，革新医疗器械，研制医药用品，组织群众输血队。他是推进八路军医疗卫生工作走向正规化、现代化的开拓者，他参与创办的野战医院和卫生学校，为晋察冀军民留下了一支永远不走的医疗队，由他创建的医疗体系和医学教育模式，由他培养的医学人才和医学管理人才，奠定了新中国和人民军队卫生事业的基础。

白求恩虽然逝世七十多年了，但他从来没有离开我们。当年他提倡的为保障人民健康必须实行"医疗制度社会化"的先进理念，在新中国建立后得以实现，其核心价值观与当前推进全面深化医疗体制改革的方向高度契合。他对工作极端负责、对病人极端热忱、对技术精益求精的精神财富，已融入中国卫生行业的职业精神，成为医德医风建设的基本遵循。他以支援世界人民和平解放事业为己任的博大胸怀，已成为我国卫生界从业人员的自觉行动。从20世纪至今五十多年来，我国先后向近七十个国家和地区派出医疗队员两万三千余人，累计诊治病人两亿七千万人次，在这期间有六十多名援外医疗队员因战乱、疾病献出了宝贵生命。习近平主席评价道："他们像白求恩一样安葬异国，与受援国人民永远相守。"白求恩的伟大人格力量，对当代中国社会主义精神文明建设产生着重要影响。白求恩已成为中国亿万民众崇敬的榜样，学习白求恩，做一个高尚的人，一个纯粹的人，一个有道德的人，一个脱离了低级趣味的人，一个有益于人民的人，已成为中华儿女的自觉行动。

高山仰止，景行行止。

白求恩不仅属于加拿大、中国和西班牙，也属于全世界。我非常赞同加拿大前总督伍冰枝女士对白求恩大夫的评价："他的一生，从某种意义上讲，其真谛已超越了国界，已升华到了不仅仅代表着国际主义精神，实际上也体现了一种宇宙般的宽阔胸怀。如今这宇宙般的胸怀已为世人所公认。"白求恩无私利人的奉献精神、热忱负责的服务精神、精益求精的科学精神、不断探索的创新精神，具有普世价值，为越来越多不同民族、不同国家、不同肤色、不同阶层民众广泛认同。

愿此画册的出版发行为白求恩精神薪火相传，发扬光大，走向世界作出新的贡献。我深信，白求恩和他的伟大精神必将在为推进人类文明进步中大放异彩！

（注：本文是作者为大型画册《诺尔曼·白求恩》所作序。）

# 白求恩精神仍然是我们时代的主旋律
## 在白求恩精神研究会成立大会上的讲话

张梅颖　2014年1月11日

　　参加今天白求恩精神研究会成立大会，有机会和大家一起分享这庄严时刻，我感到十分荣幸。感谢白研会①理事会给予我荣誉会长这一至高无上的荣誉，谢谢大家！

　　首先，我对白求恩精神研究会的成立表示热烈祝贺，向长期以来为弘扬白求恩精神，努力推动社会主义精神文明建设的同志们表示崇高的敬意！

　　白求恩精神是毛泽东、邓小平、宋庆龄等老一辈革命家大力倡导的时代精神，它和井冈山精神、延安精神一样，教育和感召了无数优秀中华儿女为民族解放、国家富强、人民幸福而牺牲奋斗。七十多年过去了，白求恩精神并没有因为硝烟散尽而光芒褪色，也没有因为发展社会主义市场经济而被历史尘封。白求恩精神仍然是我们社会的主流核心价值，仍然是不断激励我们为实现中华民族复兴的伟大中国梦不懈奋斗的内在动力。因此，我认为，白求恩精神研究会的成立，正逢其时，意义非同寻常。

---

① 白求恩精神研究会的简称，下同。——编者注

第一，白求恩精神彰显了中国共产党人的政治理念，与中共十八大、十八届三中全会倡导的社会主义核心价值体系一脉相承，高度契合。"全心全意为人民服务"的精神，在新的历史条件下被赋予了新的时代内涵，成为"立党为公、执政为民"的宗旨，也正转化成为当前深入开展群众路线教育活动的实际行动。第二，白求恩精神是一座道德的高标。"毫不利己、专门利人"的崇高境界，艰苦奋斗、无私奉献的工作作风，极端负责、精益求精的科学态度，既是我们今天社会缺乏的，也是我们特别需要大力提倡、继承和发扬光大的时代精神。在社会主义市场经济条件下，道德仍然是鼓励人心向善的精神源泉，仍然是衡量人类文明的重要尺度，仍然是社会进步的伟大推动力。第三，白求恩精神突显了国际主义的时代风范。特别是在全球化的今天，在中国成为世界第二大经济体的背景下，国际社会期待我们履行更多的国际义务，我们开展的国际救灾、国际救援行动，如中国海军和平方舟远航菲律宾的医疗救助，正是白求恩精神的体现，它为我们向国际社会释放善意、树立负责任的大国形象发挥着越来越重要的作用。

白求恩精神是全国各族人民的共同财富，白求恩精神告诉我们，如何做人，如何做事，如何做医生。正因为有白求恩精神这把尺子，全社会对医生的社会公德、职业道德有着更高的要求。广大医务工作者一定要从我做起，切实加强医德医风建设，成为引领知荣辱、讲正气、做奉献、促和谐的时代风范。同时，作为医药体制改革的实践者，我也希望广大医务人员发扬白求恩精神，积极投身医改事业，做全面深化改革的促进派。我期望白求恩精神研究会成立后，要深入研究新时期弘扬白求恩精神的意义、特点和规律，广泛宣传白求恩式的典型人物和先进集体，为推动医疗风气好转、提高医疗卫生队伍服务能力和服务质量发挥积极作用；要认真贯彻医药卫生体制改革的方针、政策，为推进医疗改革建言献策，为落实党和政府提出的民生目标贡献力量。同时，我也期望白求恩精神研究会承担起更大的社会责任，为白求恩精神走向世界，不断提升中华文化软实力的国际影响发挥积极作用。

同志们、朋友们，弘扬白求恩精神是一个伟大的事业，高尚的事业，有益于人民的事业，我祝你们成功，我也相信你们一定成功。

（注：本文原刊《学习白求恩》杂志2014年第1期。作者为第十、第十一届全国政协副主席。）

# 第三部分

# 纪念白求恩同志

聂荣臻

　　白求恩同志是英国皇家学会的会员，是加拿大共产党的一个同志；他具有高明的医学技术和优良的革命品质，他是大众的科学家和政治家。

　　他更是无产阶级最英勇的战士之一和被压迫民族最忠诚的战友；他在加拿大人民的革命斗争中，在西班牙人民反法西斯的伟大斗争中，在中国人民抗日救国的神圣事业中，都用尽心力，作了许多实际的光辉的革命贡献。

　　他具有高度的工作热情与责任心；经常到战争最前线救护伤员，他不管如何的酷寒烈暑，不管如何的狂风大雪，不怕雨天黑夜，不怕高山急流，都要立即赶到炮火的前线，冲破一切危险与困难，给伤员以及时的救治。

　　他非常爱护伤病员，经常日夜不息忘掉疲倦与饥渴地施行手术和治疗，并一夜数起检查与安慰伤病员，注意他们病情的变化；他企图用所有的力量，使伤病员迅速恢复健康，重上前线，他并以同样的热情，诊治一般贫民。

　　他具有良好的科学组织性与纪律性，生活虽极紧张，工作虽极忙碌，但有条不紊；在积极进行医治之余，不停息地打字写文章，把此时此地工作的经验教训作成许多的宝贵著作与建议及详明的统计与报告，成为他的珍贵遗产。

他虽然过过某些外国人的优裕生活，有丰富的外国收入，但为着革命并无丝毫积蓄，且在军区工作则极其艰苦，每月花费极少，食物常以烧饼山药蛋之类，住处也不过是瓦房草庐，而且经常徒步行军，但他都愉快异常，愿意而且习惯于八路军一个战士的生活。

他并以同志的资格，站在工作的立场上，及时正确地无情地给对医务工作疏忽或怠惰的分子以严厉的指责与教育，对于整个医务工作亦作了精确的批评和提议，因而促进了军区医务卫生的改革与进步，提高了医务人员的技术水平，改善了工作作风。

白求恩同志在军区一年多的工作过程中，由于有了高超的政治品质与医疗技术，他的严肃的工作作风与战斗精神，他的热烈的阶级友爱与对中国人民的同情心，深深地印入全体医务人员及伤病员的心坎，我们全军区的指战员以及中国的广大人民亦深刻感激与敬佩，对于白求恩同志的死，深表哀悼与惋惜！

我们准备把军区卫生学校改名白求恩学校，并准备以军区一个模范医院定名为白求恩医院，以永远纪念我们这位伟大的国际朋友。

我们要学习白求恩同志！

（注：聂荣臻时任晋察冀军区司令员，本文原刊 1940 年 1 月 4 日的《抗敌三日刊》。）

# 《游击战争中师野战医院的组织和技术》序言

聂荣臻　1940年春

　　这本书是伟大的国际主义者、造诣宏深的医学家、模范的共产党员白求恩同志的最后遗著。

　　我们最敬爱的这位伟大的死者，生前为八路军和晋察冀军区的万千指战员与伤员，为了人类解放的正义战争，从加拿大到西班牙，从西班牙到中国，远渡重洋，跋涉崇山，到达我们的敌后华北平原和太行山地区。在炮火硝烟的最前线，寒暑奔忙，不计尽夜，殚精竭虑，苍白了须发，救死扶伤，捐输了自己圣洁的血液，他尽了对人类最大的责任，发扬了崇高的革命道德，深深激动了战斗的人群，当他最后为抢救伤员而不幸中毒临逝的一刹那，在山村陋室的卧榻上，关切地叮咛后死者的周详备至。由他的一纸遗书和二三传语中，寄托着人间至上的真情与热爱，在战斗的人心里更留下了无穷的感痛。

　　令人不能忘却的一个炎热的暑天，当他最后一次从前线施了无数手术之后回到后方，不肯稍事休息，他照例又忙于写作：根据敌后游击战争的环境和具体困难条件，把他在战地实际工作中最可珍贵的经验和他广博丰富的医学造诣融汇一起，以将近半个月的时间，日日不断狂吸着纸烟，不断挥流着热汗，完成了一部著作，这就是现在翻译出版的这一册《游击战争中师野战医院的组织和技术》。这是他一生最后的心血的结晶，也是他给我们每一个革命的卫生工作者和每一个指战员和伤员的最后不可再得的高贵的礼物。

今天，我们谨以无限的赤诚，向着伟大的死者崇高的布尔什维克敬礼，我们要从实际工作中珍重接受死者遗留的这一伟大的礼物，我们更永远要以死者对革命的坚强毅力与深厚的热情为模范，我们相信昨天在白求恩同志救护下的千百伤员既已获得了安全的保障，明天必定更有无数的革命战士将从伤病的痛苦与危难中得到拯救。革命的势力永远健康活泼，白求恩同志永远光荣！

# 听毛主席的话，向白求恩学习

聂荣臻　1965年3月12日

在中国人民反抗日本法西斯侵略战争的艰苦岁月里，诺尔曼·白求恩同志怀着崇高的共产主义理想和无产阶级国际主义精神，远涉重洋，从加拿大来到中国解放区，参加中国共产党领导的敌后抗日游击战争，直到献出自己的生命。白求恩逝世已经二十六年了，我们全党同志和全军指战员永远怀念着他。

白求恩同志1938年初来中国，同年4月到达延安，后转到敌后抗日根据地——晋察冀边区。从那时起，他就同我们一起度过了将近两年的战斗生活，成为我们亲密的战友。

白求恩同志到达晋察冀军区司令部的第二天，就要求到部队医院开始工作。他帮助我们全面地改进了军区、各军分区后方医疗和前线医疗的工作，热心培养和指导我军的医务人员，亲自编授，对于提高军区的医疗工作水平作出了卓越的贡献。当时，我们在敌人后方、在极其艰苦困难的条件下进行游击战争。白求恩同志经常冒着种种危险，克服一切困难，深入前线，抢救伤员，并且直接指导战地的工作。哪里有战斗，他就去哪里。他对伤病员、对战士、对群众都极端热忱，亲如手足。他把自己的全部精力、全部时间和卓越的医学技术，献给了中国人民和世界人民共同的正义事业。

白求恩同志是真正马克思列宁主义者。他到中国以来，对中国共产党和毛泽东同志领导中国革命路线、方针和政策，非常注意学习、研究，并坚决执行。他特别注意调查研究，从实际出发，根据当时当地的客观情况，决定具体工作的方针和办法。他起初在晋察冀边区精心建设一个模范医院，后来在敌人残酷的进攻中，模范医院遭到了破坏。他很快就根据新的情况，改变了办法，建立"战地流动医疗队"，以适应游击战争的环境。他在工作中处处表现出高度的自我牺牲精神，满腔的革命热忱，严格、认真、负责的工作作风。这些都受到了晋察冀边区军民的一致称赞。1939年11月12日，他因医治伤员中毒，在河北省唐县逝世。他在临终前，对中国人民和世界人民的革命事业，仍然抱着无限的信心和希望。他无愧为一个卓越的无产阶级国际主义战士。

毛主席在1939年12月写了《纪念白求恩》一文，对白求恩同志作了高度评价。号召我们学习白求恩同志的国际主义精神、共产主义精神；学习白求恩同志的毫不利己、专门利人的精神。毛主席的这篇著作，一直是教育和鼓舞我们进行革命斗争的巨大的精神力量，现在已经成为指引我国青年向革命道路前进的有力的思想武器。

革命化的青年，是无产阶级革命事业的接班人。毛主席、党和人民对我国革命青年寄予极为殷切的期望。我们一定要听毛主席的话，向白求恩同志学习，全心全意为我国和全世界的绝大多数人服务。这就要求我们青年坚定地沿着革命化和劳动化的方向前进，坚定地和工农群众站在一起，投身于阶级斗争、生产斗争和科学实验的三大革命运动中去，为社会主义革命和建设服务。这就要求我们青年，和全世界一切被压迫被剥削的人民站在一起，积极支援世界人民的革命斗争，为共产主义的彻底胜利而斗争到底。

白求恩同志是加拿大共产党员，是一个无产阶级的国际主义战士。所以，他不仅为加拿大人民服务，而且为全世界一切被压迫、被剥削的人民服务。当1936年德、意法西斯侵犯西班牙时，他就奔赴前线，为英勇斗争的西班牙人民服务。西班牙的斗争失败了，他毫不气馁。1937年，中国人民抗日战争爆发后，他又率领医疗队到中国解放区来，投入新的战斗。这就是他的国际主义精神和共产主义精神的具体表现。学习这种精神，在今天，具有极其重要、极其深刻的意义。

我们在日常生活和工作中，要像毛主席在《纪念白求恩》一文所教导的那样，对工作要极端负责任，对同志对人民要极端的热忱。要勇于承担最艰难艰苦的任务，踏踏实实，埋头苦干，把革命的热情和严格认真的科学态度结合起来，做一颗永不生锈的革命螺丝钉。不管做什么工作，都要认识到这是伟大的革命事业的一部分。要热爱自己的革命工作，坚定自己的岗位，并且虚心向群众学习；在工作中精益求精，不断改进和革新，提高工作能力。要像白求恩那样，用革命的精神钻研业务，尽自己最大的能力来为革命事业奋斗。要在斗争中锻炼自己，严格要求自己，培养自己的强烈的无产阶级感情。要像白求恩那样，把人民群众看作是自己最亲切的人，满腔热忱地为人民群众服务。

我们要自觉地改造自己的非无产阶级思想，抵制资产阶级思想的侵蚀，同资产阶级思想坚决斗争。要成为一个真正的共产主义者，就要从毫无自私自利之心做起。毛主席在《纪念白求恩》一文中说："我们大家要学习他毫无自私自利之心的精神。从这点出发，就可以变为大有利于人民的人。一个人能力有大小，但只要有这点精神，就是一个高尚的人，一个纯粹的人，一个有道德的人，一个脱离了低级趣味的人，一个有益于人民的人。"我们要记住毛主席的这个教导。

白求恩同志说过，中国共产党、中国人民的革命斗争给了他深刻的影响。在战争环境里，在繁重的战地医疗工作中，他尽管在语言文字上有很大困难，还是抓紧一切时间，认真地艰苦地研读当时辗转传递来的珍贵的毛主席和我党的指示和文件，联系他自己的工作与当时的斗争来学习和实践。今天的条件和那时比有很大的不同了。我们毛泽东时代的青年是幸福的。党给我们开辟了学习和运用毛泽东思想的无限广阔的天地。毛泽东思想在全中国乃至世界发出了越来越灿烂的光芒。带着阶级感情，带着改造客观世界和主观世界的革命意志，反复地深入地学习毛主席著作；听毛主席的话，按毛主席的指示办事；投身到工农群众中去，投身到火热的革命斗争中去，这就是我们青年革命化的根本途径。

让我们遵循毛主席的教导，向白求恩同志学习，向又红又专的道路前进，全心全意地为中国和世界人民的革命事业奋斗到底。

白求恩同志永远活在我们心里，白求恩同志的革命精神永远是我们学习的榜样。

（注：作者时任第三届全国人大常务委员会副委员长）

# "要拿我当一挺机关枪使用"

## 怀念白求恩同志

聂荣臻　1979年5月10日


一想起伟大的国际主义战士白求恩同志，我对他的崇敬和怀念之情，就久久不能平静。

毛泽东同志在《纪念白求恩》的文章里，对他的光辉形象和高贵品质，作了最概括最本质的论述。

我在晋察冀同白求恩同志有过多次接触，并且多次听到关于他舍身忘己，救死扶伤，以及在晋察冀敌后医务建设和培训医务人员工作中的许多动人业绩。说他为晋察冀以至中国人民作出了卓越的贡献和建立了伟大的功绩，是一点也不夸大的。

不能忘记，1938年6月，他从延安来到晋察冀，我在山西五台的金刚库村第一次见到他。高高的个子，虽然还不到五十岁，却已苍苍白发，但目光炯炯，精神奕奕，是那样严肃而又热情。我看到他跋涉千里，旅途一定很劳累了，劝他多休息几天再谈工作。他这样回答我："我是来工作的，不是来休息的，你们要拿我当一挺机关枪使用。"这句洋溢着革命者战斗激情的回答，至今还回荡在我的耳际。

不能忘记，那年9月的一天，我接待了从战地回来的白求恩同志。我向他讲了军区部队刚刚在石盆口打了一个漂亮的伏击战，打死了日寇指挥官清水少将，歼灭了日伪军七八百人，缴获了一批武器弹药。他听了高兴地称颂毛泽东同志的战略、战术。同他一起吃饭的时候，又谈起了他建立的模范医院，在日寇"扫荡"中被烧毁了。他以坦率的自我批评，讲了他在残酷的敌后游击战争环境里建立正规化医院的想法，是不合实际的。我说："是啊，我们是要建立正规化医院的，但敌人不让啊。后方医院的建设，要更加从实际出发，注意内容。"他频频点头。此后不久，他根据毛泽东同志关于游击战争的光辉思想和他切身的实践经验，编写了《游击战争中师野战医院的组织和技术》一书，给敌后医务工作者留下了珍贵的礼物。他就是这样，用科学家的求实精神，共产党员诚恳的自我批评，严格要求自己的。

不能忘记，1939年7月1日，在晋察冀边区党的代表大会上，他以特邀代表身份从冀中平原赶来参加大会。他在发言中说："我们来中国，不仅是为了你们，也是为了我们。……我决心和中国同志并肩战斗，直到抗战最后胜利。我们努力奋斗的共产主义事业，是不分民族，也没有国界的。"他就是用这样质朴的语言，表达了他的共产主义胸怀和国际主义精神。

不能忘记，当党中央已经同意他的要求，回加拿大去一趟，向全世界揭露日本法西斯在中国的血腥暴行，争取欧美人民给英勇的中国抗日军民以更多的物质和技术援助的时候，他给我写了一封热情洋溢的信，大意是要求到各医院进行一次巡视，说"在做完这项工作以前，我决不离开"。他还表示，回国前希望与我面谈一次。接信后，我到前方医院去看望了他。他恳切地说，到中国以后，一直忙于医疗工作，对中国革命的许多问题，没有来得及深入思考，但在同中国同志的并肩战斗中，对中国革命有很深刻的印象；他很钦佩毛泽东同志的正确领导，表示深信，不管环境再残酷，道路再艰苦，斗争再持久，有中国共产党和毛泽东同志的正确领导，革命是一定会胜利的。为了进一步理解中国革命，希望在回国前找个时间，同我详细地面谈一次，由他提问题，我来解答。我被他这种探求真理的革命热情深深感动，表示很高兴与他共同探讨有关中国革命的各种问题。但不久，日寇对我边区的冬季"大扫荡"开始，他不顾同志们的劝告，毅然参加反"扫荡"战斗。就在这次紧张的战场救护工作中，在一个接一个的繁忙手术中，他划破了手指，链球菌侵入伤口，限于敌后的医药条件，尽管当时我们进行了全力的抢救，终于没有能够挽救他的生命。我热切期待着的与这位伟大国际主义战士的谈话，因此未能实现，成为终身憾事。

白求恩同志虽然离开我们四十年了，但至今，当时在他周围的同志们还铭记着他最后的遗言："不要难过……你们……努力吧……向着伟大的路，……开辟……前面的事业！"他给我的最后的信中写着："最近两年是我生平最愉快、最有意义的时日，……让我把千百倍的谢忱送给你，和其余千百万亲爱的同志！"他心里装着的是全中国人民。

"青山处处埋忠骨，何必马革裹尸还。"中国人民为了永远纪念他，把他的陵墓建在石家庄。

他是一位杰出的外科医生。他毫不因循守旧，而是用革命的创新精神来不断改革外科手术和外科器械。

他是一个伟大的共产主义战士。他从作为医生的社会实践中，来解剖资本主义社会。他说过："富人可以照顾自己，谁来照应穷人呢？""最需要医疗的人，正是最出不起医疗费的人。"他看到了人民的疾病不能得到医治的社会根源。他最光辉的时刻，是在西班牙反法西斯战场上和在中国的延安、晋察冀敌后度过的。他从帝国主义这个最凶恶的敌人那里，更清楚地认识到一个共产主义者对人类解放事业应尽的责任。他不空谈政治，而是把政治凝聚在他的手术刀里，用革命的人道主义，救死扶伤。他用外科手术刀作武器，向敌人进行英勇的、忘我的战斗。他在晋察冀的一次战斗中，曾连续六十九个小时为一百一十五名伤员动了手术。哪里最艰苦，哪里最需要他，他就到哪里去。在残酷的战争中，他丝毫不顾个人的安危，而把不能挽救一个人的生命看作是对他最大的痛苦折磨。法西斯使人们流血，他要为人们献血，直至献出自己的生命。法西斯要民主西班牙死亡，要中国沦亡，他要用他的双手，要民主西班牙生存，要中国生存。

他所以成为一个伟大的共产主义战士，绝不是偶然的。他对自己的工作采取了严肃的态度。他是一个医学科学家，不仅用科学态度行医治学，并且通过自己的社会实践，去解剖社会，追求科学真理。正因为这样，当他找到了革命道路以后，就成为一个百折不挠的忠诚的革命战士。我从来不相信一个以自己的工作作为追求名利的敲门砖的人，能够成为一个真正的革命者，尽管这样的人可以欺骗人们于一时。

假如说，一个人有一分热放一分光，那么，白求恩同志所迸发出的耀眼的光芒，则是用比铀更贵重的元素——共产主义精神作为燃料的，特别是他一生在西班牙和中国度过的最后几年里。

在纪念白求恩同志逝世四十周年的时刻，我们要遵循毛泽东同志的教导，认真学习白求恩同志高尚的共产主义和国际主义精神，为在我国实现四个现代化，为社会主义和共产主义事业在全世界取得更大的胜利，而努力奋斗！

# 悼白求恩同志

左权　1940年1月

　　加拿大四大名医之一，优秀共产党员，白求恩博士死了，八路军失掉了一位最亲爱的国际友人，一个生命的救护士，全世界失掉了一个最忠实的革命者，杰出的科学家。

　　白大夫是在中国抗战发生后最先来华参加八路军救护工作的国际友人的一员，他参加八路军工作，为的是帮助中华民族的解放，帮助中国革命的成功，更直接为的是从日本帝国主义枪炮下抢救中华民族优秀战士的生命，他的革命同志的生命。他与八路军共同生活了两年，八路军的生活是艰苦的，而白大夫的生活更格外的艰苦，以一个异国的科学家过着与中国最艰苦的战士同等的生活，这只有国际主义者才能办得到的。他从清晨工作到天黑，以高超的医学技术来弥补八路军战士的创伤，来滋育八路军战士的生命，他工作着，以无比的热情工作着，他精力的消耗，超过其生命所能允许的限度。他的死，不仅是八路军的最大的损失，而且是全中华民族、全人类的损失。

　　他是在革命中死的，是在中国抗战、中国革命事业中死的。他帮助晋察冀边区的创立，而死时还看到了疯狂的日本强盗对边区的围攻；他帮助中国抗战、中国革命，而竟不幸未能见到中国抗战、中国革命的胜利。全八路军战士为白大夫的死而同声痛哭，我们将以更艰苦卓绝的精神来继续白大夫未竟的革命事业，报答白大夫对于我们的期望。

（注：作者时任八路军前方指挥部参谋长。）

# 青山不老　浩气长存

王震　1984年10月

白求恩同志离开我们四十五周年了。

半个世纪来，世界发生了重大的变化。抗日战争、解放战争胜利的中国人民，欢度了三十五周年国庆，满怀信心地在向社会主义现代化进军。第三世界人民在国际政治舞台上崛起，打乱了霸权主义、扩张主义的战略部署。历史正朝着光明和进步的方向推进。这表明伟大的国际主义战士白求恩为之献身的事业是永垂不朽的。我们纪念白求恩，首先是要发扬国际主义和共产主义，像毛泽东同志教导的那样，做一个高尚的人，纯粹的人，有道德的人，脱离了低级趣味的人，有益于人民的人。

白求恩出生于宗教家族，长在资本主义社会。少年时期他摆脱了宗教的"创世纪"说，接受了科学的进化论说。青年时期他加入了加拿大的远征军，在第一次世界大战的法兰西战场上，"浪费了青春"，但是却开始认识到帝国主义战争的本质，进一步探求人生的真谛。

真理是具体的。每个伟大的人物总是从亲身的实践中探求、比较和逐渐领悟客观真理，直至为真理而毕生奋斗。生活在纷繁、复杂的资产阶级社会中的白求恩，认识到真理的过程是曲折的。第一次世界大战后，他挂牌行医，企图以高超的医术为人类谋利益。但他从手术台旁，在病例登记中，发现最需要治疗的是劳苦大众，最缺乏医疗的也是劳苦大众；资本主义社会的医疗设施是为有产者服务的，而被人们视为崇高职业的医生，只不过是"现金交易"的技术"佣仆"。"这不是医生个人的过错，整个都错了"，这是白求恩学习了马克思主义之后对资本主义社会所作的判断。他感到拯救世界光靠医学不行，而是需要马克思主义，需要群众的觉悟，需要革命的运动。从此，他抛弃金钱、荣誉和优越的物质生活条件，投身于工人运动的洪流，逐渐成为共产主义者。

一个真正的马克思主义者，必然是国际主义者。因为马克思主义是指明人类社会发展规律的科学，它不分地域、民族和国界的限制。因此，当1936年，希特勒、墨索里尼支持独裁者佛朗哥镇压西班牙民主政权时，白求恩说："只要有法西斯存在，世界就没有安宁的地方。"他立即奔赴西班牙，参加反法西斯战争。而后日本军国主义在世界的东方发动了全面侵略中国的战争，他又投身到中国解放区的抗日前线。他的武器是手术刀。

我认识白求恩大夫是1938年冬在晋察冀抗日前线。当时，日本军国主义来势汹汹，国民党军队节节败退，华北重镇失守，南京陷落，大好河山沦落敌手。共产党领导的八路军，在毛泽东同志的战略决策下，发动群众，开展敌后游击战争，不久便在晋察冀建立了抗日根据地。1937年8月，由贺龙、关向应同志领导的中国工农红军第二方面军改编为八路军第一二〇师，下辖三五八、三五九两个旅。我是三五九旅的旅长兼政委。1938年春，一二〇师粉碎了万余名敌军对晋西北的围攻，先后收复了宁武、神池等七个县城，建立和巩固了晋西北根据地，打通了与晋察冀根据地的联系。5月底，三五九旅奉中央军委之命，向恒山、雁山、五台山地区挺进，任务是在聂荣臻司令员指挥下开辟桑干河以南浑源、广灵、灵丘、蔚县、涞源一带的抗日根据地。9月，日本侵略军围攻晋察冀军区的心脏五台山区，我旅和晋察冀军区的部队一起，在广大人民群众配合下，多次粉碎了敌人的围攻，并在广灵、灵丘之间进行了伏击战，击毙敌第二混成旅旅长常冈宽治少将，军威大震。11月，敌人发动"冬季扫荡"。为了切断敌人的运输线，我们准备在蔚县、广灵之间的公路上伏击敌人。当时，战斗频繁，伤员甚多，而八路军的医疗条件又十分困难。不但没有正规化的医院，没有训练有素的军医，连常用的药品也非常缺乏。正在这时，聂司令员派来了以白求恩为首的医疗队，这对我旅的指战员是莫大的鼓舞。

11月20日，我初次会见白求恩大夫。他身穿土布制服，脚蹬草鞋，完全是一个八路军战士的模样，令人难以相信站在我面前的竟是驰名欧美大陆的胸外科权威。在谈话时，我们希望他帮助我旅训练医务人员，提高他们的技术水平。白求恩欣然同意，但他说："医生应当到前线去，到伤员那里去；我的战斗岗位应当在前线。"当他意识到我们为了他的安全，对他上前线去有所犹豫时，他坚持说："毛泽东同志交给你们的不仅是步枪、机关枪，最重要的是经过二万五千里长征的有丰富经验的干部和坚决抗日的战士。"他对八路军指战员深厚的阶级感情，溢于言表。我答应下一次战斗行动时，请他参加战地医疗。

11月下旬的一个晚上，蔚县、广灵伏击战前夕，白求恩率医疗队赶到旅部；翌晨，即进入离火线十二华里的黑寺手术室。战斗打响后，我旅两个团在蔚县、广灵公路上与敌拼搏，白求恩大夫则在手术室里夜以继日地给从前线下来的伤员做手术，连续四十多小时不休息，共做了七十一例手术。三五九旅旅部一位侦察参谋和营教导员，负伤过重，不得不截去手臂。在临近火线的临时手术室里，做这么大的手术，是非常艰巨的，白求恩大夫却以高明的技术，出色地完成了任务。事后，他向毛泽东和聂荣臻同志报告，七十一名伤员中只有一名死亡，百分之八十五的伤员疗效是良好的（这份报告是董越千、赵安博同志翻译的）。此情此景，我至今记忆犹新。

白求恩同志为中国人民的解放事业献身已经四十五周年了。许多和他并肩战斗的同志如翻译董越千，三五九旅卫生部的顾中正、潘世征等已经作古了。时代在前进，形势在变化。中日两国的关系已经进入了和平、友好、信任、合作的新阶段。但是历史不能抹杀，白求恩的崇高的国际主义精神、共产主义精神，以及他的许多优秀品德，将作为中国人民和世界人民的财富，世代相传。

国内记述白求恩事迹的书籍有好几本，像《白求恩传略》这样较为系统的尚不多见。特别是这部传略是由白求恩的战友们，如叶青山、游胜华、董越千、郎林、林金亮、王道乾、何自新等同志提供的第一手材料，以及作者章学新从国内外有关方面广泛搜集资料撰写成的，因此读来感到分外真实、亲切。传略的出版，为我们学习白求恩同志提供了生动的教材。

青山不老，浩气长存。白求恩同志永远活在中国人民心中！

（注：本文是作者于1984年10月为《白求恩传略》一书所作序。作者时任中共中央党校校长，1988年当选为中华人民共和国副主席。）

# 无私无畏　光耀千秋

## 纪念白求恩诞辰一百零五周年暨来华五十七周年

杨成武

在世界反法西斯战争和中国抗日战争胜利五十周年之际，正是白求恩诞辰一百零五周年暨来华五十七周年，我不禁想起《黄土岭战斗纪念碑文》上的一段话："伟大的国际主义战士白求恩同志，率领医疗队亲临战场，出色地完成了救护伤员的任务。他把毕生精力无私地奉献给了中国人民的抗日事业。"

思绪回到了和白求恩交往的岁月，那时他是晋察冀军区卫生顾问，在晋察冀边区抗日民主根据地为八路军伤病员服务，以高超的医术救死扶伤，并培养了大批医务干部。在指战员的心目中，他是起死回生的"观音菩萨"。他经常踏着硝烟，到战火纷飞的一分区来检查和指导医疗工作，跋山涉水到战地救护所视察和救治伤员。

我一次又一次接待了他，有时还陪着他下部队，帮助他解决开展医疗工作的一些问题。我们之间建立了真正的革命友谊，成为很要好的朋友。他很幽默，又很豪爽，我俩几乎无话不谈。我们谈工作、谈人生、谈中华民族的解放，乃至全人类的解放，心里充满着对美好未来的憧憬。

一分区的山山水水，留下了他的足迹，也留下了我们战斗友谊的见证。

他常说："作为一名称职的医生，应具备像鹰一样的眼睛，对病看得准；有一个狮子般的胆，对工作大胆果断；有一双绣女似的手，做手术灵活轻巧；有一颗慈母般的心，无微不至地体贴和关心伤病员。"

为了了解手术是否做得成功，给伤病员第一次换药，他总是要亲自动手。

为了抢救失血过多的伤病员，施行急救手术前，他主动献血。

他认为：对抢救伤病员来说，时间就是生命，能抢救一名伤员，为伤员减少一分痛苦，就是医务工作者最大的乐趣。

他既是白衣使者、外科专家，又是共产党员、反法西斯战士。哪里有战斗、有伤员，他就出现在哪里。

他还对身边的医务工作者说："如果我们能自己救活一个战士，那就胜于打倒十个敌人。前方战士从不因为敌人轰炸而停止战斗，我们也不能因为敌人轰炸而停止手术。"

他毫不利己、专门利人，为中国人民解放事业出生入死。1938年秋季反"围攻"作战，阜平保卫战，东、西庄战斗，大龙华战斗，及1939年雨季反"扫荡"，雁宿崖、黄土岭战斗等一分区的许多重大的战役和战斗，他都参加了。

每当战斗激烈进行的时候，战地医院也紧张地进行着对伤员的急救和包扎。白求恩大夫出现在哪里，哪里的伤员就感到无比的温暖。

常常前面战斗打得很激烈，他在战地做手术，手术没做完，敌人冲上来了，我们通知他撤都来不及，只好派部队掩护他把手术做完。

这位反法西斯战士、加拿大共产党员，长期地和我们并肩作战，以他对共产主义、人类解放事业的赤诚和精湛的医术，治愈了我们许多同志。他的献身精神，一直鼓舞着我们的指战员勇往直前。

尤其是击毙日"蒙疆驻屯军"总司令兼独立混成第二旅团旅团长阿部规秀中将的黄土岭战斗前后，我和他最后的几次接触，给我留下了不可磨灭的记忆，那是……1939年秋。山野的颜色在变，山顶上的草木先黄，渐渐蔓延到山坡山脚，最后整座山都染上了秋色，显得萧瑟了，宁静了。

在一分区坚持敌后抗战最艰难的岁月里，白求恩大夫带领着手术队从战地医院救治完雁宿崖战斗的伤员又来求战了。

这天午夜，我刚刚拧暗油灯，想抓紧时间睡几个钟头，只听外面有人敲门，打开门看，分区卫生部长张杰站在门口，喜悦地说："司令员，白求恩大夫来啦！带着医疗队来的！"

"哦？！"我又惊又喜，急忙奔出门，心想，"白求恩大夫来了，这可真是雪中送炭啊！"

当时，我们医疗条件十分困难，仅有的一些药品是从战斗中缴获来的，伤员们经常在没有麻药的情况下接受手术，奎宁、止血剂都是难得的宝贝，一支针剂往往就决定一位战士的生命。分区医院大手术不能做，重伤员只好连夜送往军区五台医院，因为伤重路远，常常在半路上伤员就因为流血过多牺牲了。每当战斗结束后，我望着民工用担架抬着伤员急步朝山中走去时，心中就像刀剜似的难受，不知道那些负重伤的战友能不能再回来。

白求恩大夫来了，将会为我们挽救多少伤员的生命啊！黑暗中，一个高大身影跳下马，阔步走来。啊，是白求恩大夫。我急忙迎上去，握住他的手说："您怎么到我们这里来了？"

说心里话，白求恩大夫在战斗前夕来到一分区，我又欢喜又担心。欢喜的是，他的医术精湛，许多伤员可以在他手下起死回生；担心的是，他在前方医院工作，那里往往也在敌人火炮射程之内，万一发生不测，这损失可就太大了。

白求恩大夫似乎看出了我的心思，说："你们不要拿我当古董，我是来工作的，你们要拿我当一挺机关枪来使用。"

翻译翻着他的话，我却已经察觉到白求恩大夫身体不如以前了，神情疲倦，握手不像过去那样有力，指间还裹着白纱布，看来是一处刀伤。

白求恩大夫声音却依然洪亮，说："聂司令员派我来了。说你这里要打个大仗，是不是？"

"已经打了一个……"

"仗打得怎么样?"

我告诉他,11月3日,当敌人进入雁宿崖地区后,我全线发起战斗,很快就将迁村宪吉大佐所率日军独立混成第二旅团第一大队和一个炮兵中队、一个机枪中队六百多人包围全歼。而我军伤亡很小,士气很高。针对敌人的报复,可能还要再打一仗。

"那么,我来对了。"他挥着手得意地说。

我笑道:"是你自己要求来的吧?"

"是我要求的,聂司令员批准了。"他点着头,显得很得意,接着又认真地补充说,"战士们在前方倒下,我们应该在前方救治他们。要是我们在后方医院等伤员,有些伤员就会死在路上。"

白求恩大夫身披土黄色粗布军袄,腰间扎一条宽皮带,下身却没有穿棉裤,只在单裤外面紧紧地扎着裹腿。脚上是山里人自己做的那种两三斤重的砍山鞋,鞋底足有半寸多厚,用麻线纳得十分细密,连小伙子也弯不动。初穿这种鞋的人,脚会磨出血来,可是白求恩大夫穿着它上马下马,噔噔走来,却显得步步精神。看他这装束,谁会相信他竟是英国皇家医学院的院士呢。

白求恩大夫进屋刚刚坐定,就开口用中文说:"杨,我跟你要东西来了。"

"要什么,说吧。"

"五百副夹板,一千副绷带,还有担架、拐杖……"他说了一大串名目。

"什么时候要?"

"明天中午十二点!"他做了个手势,表示坚定不移。

我可真有些吃惊,那么多东西,一下子怎么拿得出来呀?不过;我还是应承了:"好吧,明日十二点交给你东西!"

白求恩大夫笑了,立即站起身和我握手告别:"你我都忙。我走啦!"

送到院门口,他又叮嘱我一句:"十二点。"

这下子，我也睡不成了，连忙找来卫生部长张杰和供给部长董永清，要他们想方设法在明日十二点以前，把白求恩大夫要的东西赶制出来，以供医疗队使用。

第二天中午，白求恩大夫匆匆赶来，问我东西做好了没有。凌带他去验收，当他看到所需要的医疗工具和医疗器材全部按他的要求准备好了时，高兴得连连点头："好！好极了！我十分快活。让我把伤病员的感谢转赠给你，我亲爱的杨！"

验收完这批器具，我请他吃了一顿午饭，桌上最好的菜就是一盘炒鸡蛋，这是当时我们唯一能弄到的美味佳肴了。

吃饭时，根据他的要求，我向他介绍了敌情和我们的部署："眼下，驻张家口日军独立混成第二旅团所属各部，约一千五百多人，分乘九十多辆卡车急驰涞源，企图寻我主力决战，进行报复性'扫荡'。我拥有一、二、三、二十五、特务团，还有游击支队和分区直属炮兵部队，周围还有兄弟部队二十、二十六、三十四团在钳制敌人，我们准备大踏步后退，诱敌深入，在黄土岭地区打一个更大的歼灭战。"

"好啊！"他说，"我立即赶赴战地，安排抢救伤员的工作。"

吃罢饭，白求恩大夫率领医疗队，带着供给部和卫生部赶制的医疗器具出发了。

黄土岭上已传来了隆隆炮声，白求恩大夫带着手术队赶赴甘河净分区医院，刚要动身，忽然发现一个头部负伤的伤员患了颈部丹毒合并头部蜂窝组织炎，若不立即动手术，便有生命危险。

为了抢救这个伤员，他立即卸下绑在牲口上的手术器械，为这个伤员施行手术。经过抢救，这位伤员安全脱险了，而他自己手上的伤口却受到了这种病毒的感染。

到了甘河净分区医院，白求恩大夫发起了高烧，可他一声不吭，带着高烧、病痛，夜以继日地救治黄土岭战斗中下来的伤员，为重伤员动手术。

这时，我部队在黄土岭地区经过反复冲杀，已将敌人压缩在上庄子附近的山沟里。在围攻的过程中，发现黄土岭东那个叫教场的小村庄是敌人的指挥部，我炮兵集中火力射击。敌酋阿部规秀这个被日军誉为"名将之花"的中将就在我们神勇的迫击炮兵的排炮下"花落瓣碎"了。他那绣着两颗金星的黄呢大衣和金把钢质指挥刀也都成了我们的战利品。

在胜利的喜悦中，我听说白求恩大夫连日高烧，病得不轻，还在战地医院抢救伤员，坚持为重伤员做手术，便将这一情况向聂司令员作了汇报。聂司令员要我动员他走，于是我几次派人通知他，赶紧回后方医院检查治疗，不要耽误。

可是，说什么白求恩大夫也不肯离开自己的工作岗位。

这消息立刻传遍整个战地，白求恩大夫忘我的精神，感召着我们的指战员奋勇杀敌。

当我赶到甘河净分区医院时，白求恩大夫带着高烧还在为伤员做手术，我不禁对他产生了一种由衷的敬佩之情。我劝他早点到后方医院去检查治疗。

不料，他却说："不必了，我是医生，我知道我患的是脓毒败血症，能用的办法都用了，还是让我抓紧时间多抢救几个伤员吧。"

"不行！你必须离开这里。"

他做完手术，郑重地问："你这是建议，还是命令？"

我说："是命令！"

他说："我是奉聂司令员命令来的，不过，你是这里的战区司令官，我服从你的命令。"

这时，医务人员抬来一副担架，示意他躺下。他无可奈何地头一偏，肩一耸，拖着疲倦的身子，摇摇晃晃地躺了下去。

同志们给他盖了一条被子，我给他往上拉了拉，并告诉他："从11月3日至8日，六天连续取得雁宿崖歼灭战和黄土岭围攻战的胜利，共歼灭日军一千五百多人，击毙日蒙疆驻屯军阿部规秀中将，还缴获了一大批武器装备和军用物资。"

他点点头，露出了满意的微笑。

不料，白求恩大夫离开甘河净之后，由于病情恶化，11月12日在唐县和我们永别了。

噩耗传来，我心情异常悲痛，原想反"扫荡"胜利后，把白求恩大夫请到分区司令部来好好休息几日，再请他为我们一分区卫生工作作些指导，谁知竟不能如愿了，留下终生的遗憾！他曾以他的卓越医术和无私无畏的共产主义精神，支持和激励着我们的指战员在黄土岭英勇杀敌。他献身于黄土岭战斗。他的名字和黄土岭战斗的胜利是紧密相连的。

今天，我们纪念白求恩，就是要宣传和学习白求恩的国际主义精神、共产主义精神，毫不利己专门利人的精神，继承和发扬我党，我军的优良革命传统，团结一致，奋发图强，为建设有中国特色的社会主义作出更大的贡献。

（注：本文原刊1995年5月31日《光明日报》，第3版。作者为第六届全国政协副主席。）

# "我唯一的希望是能够多有贡献"

## 纪念伟大的共产主义战士白求恩

吕正操　1979年7月

伟大的共产主义战士白求恩同志以身殉职已经四十年了。抗日战争年代，为了援助中国人民的解放事业，他抛弃了优裕的生活，远涉重洋，来到中国抗战最前线，救死扶伤，同中国军民结下了深厚的革命情谊。他在冀中虽然只有短短四个月，但是他那舍己为人的献身精神，热忱负责、一丝不苟的工作作风，精益求精、勇于创新的科学态度，至今仍深深铭刻在我们心中。

1939年春天，正在晋察冀边区从事医疗工作的白求恩同志，带领东征医疗队，穿过平汉铁路封锁线，于2月19日，来到冀中前线。当时，我们的司令部住在河间和肃宁之间的一个村子马湾。听说他来了，我们都非常高兴，特意做了四样菜，除了白菜粉条，还杀了两只鸡，满满地盛了四瓷盆。这在当时，要算最丰富、最隆重的招待了。厨师的手艺也说不上高明，白求恩同志却吃得津津有味。不等吃完饭，白求恩同志就要求立刻去工作。我想他经过长途行军，路上积雪很深又不好走，一定很劳累了，便说："先休息一下，工作有的是。"他斩钉截铁地回答："我是来工作的，不是来休息的。"接着就拿出拟好的到部队检查医疗情况、施行手术的计划给我看。原来他在行军途中就把工作计划订好了。我看他救治伤员的心情这样急切，便不再劝阻了。

白求恩同志来到冀中平原，正是敌我斗争十分尖锐、激烈的时候。日本侵略者占领武汉以后，一方面对国民党政府采取了以政治诱降为主的政策，另一方面，调集了大量兵力，对华北各抗日根据地进行"围剿"。冀中地区是敌人"清剿"的重点之一。这里处在津浦、平汉、平津、石德四条铁路之间，西面与北岳山区相邻，又受到敌人严密封锁。日军凭借其机械化装备，在广大平原上横冲直撞，到处乱窜。我们为了阻击敌人，发动和组织群众把公路挖成深约一米至一米七，宽只能行大车而不能行汽车和坦克的纵横交错的道沟，对坚持平原作战，发挥了很大作用（那时地道还没有发展起来）。可是，由于战斗频繁，交通不便，正规医院始终没有建立起来，原有的三个医院，为防备敌人的突袭，也都迁到冀西山区去了。这里的伤员都分散隐蔽在群众的家里，由分区卫生队负责治疗。这种极端分散的状况，给白求恩同志的工作增添不少困难和麻烦。但白求恩同志却不顾艰难险阻，十分乐观地投入了工作。东征医疗队只有十八人，到冀中前线后，白求恩同志就把医疗队分成两部分，一队随贺龙同志的一二〇师活动，一队随冀中军区部队活动。为了适应战争环境的需要，白求恩同志设计了一种桥形的木架子，搭在马背上，一头装药品，一头装医疗器械。他把这种自制设备风趣地叫作"卢沟桥"。到一个地方，卸下架子，随时可以做手术。缺少治疗的装置和裹伤的夹板，他就自己动手制造。看一看在短短四个月里的工作量，就不难想象白求恩同志具有多么顽强的革命毅力。他在工作总结中写着，四个月做战地手术三百一十五次；行程一千五百零四里；建立手术室和包扎所十三处。此外，给医护人员授课传艺，找门路采购药品，他都当作义不容辞的责任。他说："我唯一的希望是能够多有贡献。"这崇高的愿望，从他一生的革命实践中得到最有力的证明。

白求恩同志把救死扶伤看作医生最神圣的职责。他坚决主张手术医生上火线，要尽可能在当时当地给伤员施行手术，这就能减少死亡和缩短滞院时间。别的医生不上火线，他不能容忍，甚至会发脾气，谁要阻止他到火线去，他就勃然大怒。他言行一致，说到做到。枪声就是命令，哪里有枪声，他就往哪里跑。这期间，冀中最著名的一些战斗，如吕汉、大团丁、齐会、宋家庄等战斗，他都参加了。"一切为伤员着想"，是他工作的出发点。他的手术台总是设在离火线最近的地方，最远不到八里，近的只有二三里。每一次大手术都是他亲自来做。齐会战斗时，白求恩同志跟随贺龙同志的指挥所，在离前线五里的一个小庙里，建立了手术室，身边不时有弹片或流弹飞过，有一颗炮弹打来，把小庙的外墙炸塌了，白求恩同志依然镇定从容，不肯后撤。他始终全神贯注地工作，连续三天三夜，没有离开手术室。仅这一次，就为一百多名伤员做了手术。他还带领医疗队，深入到贴近敌人据点的隐蔽地治疗伤员。有一次，敌人从村东头进来，他刚刚从西头出村，在部队掩护下才脱险。只要工作需要，他总是奋不顾身，把个人安危置之度外。

最使人难忘的是，白求恩同志在冀中度过了一个最有纪念意义的日子。3月3日，是他四十九周岁生日，也是他生前最后一个生日，这天完全是在战斗中度过的。头一天，敌人在河间附近发动"扫荡"，激战到黄昏，下来不少伤员。白求恩同志连续做了十九个重伤员的手术，直到第二天早晨六点钟，才上床休息。午后醒来，才记起这天是他的生日。我们来不及专门为他庆贺。但是，这次战斗的胜利，毙敌五十名，缴枪四十支，挽救了几十名伤员的生命，对白求恩同志来说，是最好的生日贺礼。他在日记中自豪地说："在前线我是年纪最大的战士。"

作为一个革命家，白求恩同志把自己的外科手术刀当作最重要的武器。他关心群众的疾苦，甚于关心自己。当时，冀中乡间的医疗条件很差，加上没个固定的医院，经常转移，许多伤员伤口化了脓，臭味很大。可是白求恩同志一点不嫌弃，丝毫没有"专家、权威"的优越感。他热心地为每一个人治疗，有时还亲自护理伤员，包扎伤口，照料起卧，给伤员喂饭，甚至给伤员端屎端尿。他不知道休息，工作夜以继日，同普通战士一样粗衣淡饭。他怀着最真挚的感情，对待每一个阶级弟兄。6月底，白求恩同志和医疗队在冀中完成了任务，由一个连护送他们返回冀西，途中在铁路边的清风店隐蔽休息，准备天黑时通过封锁线。白求恩同志偶然发现有个老乡在墙角痛苦地呻吟着，经过检查是患胸脓肿。白求恩同志决定立刻开刀治疗。这个村子处在封锁线上，铁路上经常有敌人的铁甲车往来巡逻，四处打炮。万一暴露目标，就会发生危险。但是一切劝说都无效，白求恩同志坚持要做好手术再走。不得已，只好把手术器具卸下来，布置了简单的手术室，就在敌人眼皮底下，白求恩同志仅用二十分钟就成功地做完了手术。这是他在冀中地区做的最后一次手术。

1939年秋天，我到冀西参加晋察冀军区召开的会议时，又一次见到了白求恩同志。他本来因病到后方去休息，路过这里，听说我来了，特意跑到住处看我。我留他一起吃饭。分别四五个月，他的模样有了很大变化，面容憔悴，身体衰弱，但是，目光依然炯炯有神。随行的同志说，白求恩同志在摩天岭战斗中抢救伤员时，左手中指受了伤，最近又患了感冒，聂荣臻司令员接他到司令部去休养治疗。这时候，远处忽然传来激烈的枪炮声。白求恩同志猛地站起来，问："有没有伤员？"为了照顾他的健康，同志们回答说没有。但是，他再也坐不住了。他匆匆告别，就向枪响的方向奔去。走出不远，正碰上前方抬下来一名头部负伤的伤员，伤口已经发炎化脓。白求恩同志一见就发了火，责问为什么不告诉他有伤员。于是他马上停下来为伤员做手术。因为是回军区司令部休养，手术器具不在身边，就临时找了些工具来代替，手术时没有戴手套，原来受伤的手指感染中毒，转为败血症。11月12日，为人类解放事业奋斗终生的英勇战士白求恩同志，终于献出了自己最宝贵的生命。

在生命的最后一息，白求恩同志知道自己没有治好的希望，就给聂荣臻同志写了最后一封信，把自己使用的手术器械都送给军区医疗部门，并把个人物品分送给中国同志，送给我一双长筒马靴和马裤作纪念。在弥留之际，他仍念念不忘部队的医疗工作，告诉身边的同志，在平津采购药品价格太贵，要另开门路，为部队节省开支。不几天，护送白求恩同志遗体的队伍，从我住处经过。我看到他那庄严刚毅的遗容，心情非常沉痛。他常说的"我唯一的希望是能够多有贡献"这句话始终萦回在我的脑海里。

白求恩同志的牺牲，使晋察冀军民感到无限悲痛。大多数淳朴的农民虽然不常听说加拿大，却很熟悉白求恩，从这里才知道加拿大是白求恩出生的国土。白求恩牺牲时，北岳区的反"扫荡"战斗还没有结束，葬礼未能立即举行。反"扫荡"胜利结束后，我见到聂司令员，谈起白求恩同志的事迹。聂荣臻同志说：我们要给他修一个墓，永远纪念他。很快，在唐县军城山上为白求恩同志建立了一座陵墓。墓顶是一个地球，象征着白求恩伟大的国际主义精神。墓边有聂荣臻等同志的题词。我也题写了"人类解放战线上最英勇的战士"。以后在大"扫荡"中，白求恩墓被敌人破坏，他留给我的遗物，坚壁在张各庄山洞中，可惜后来在长期复杂的"扫荡"与反"扫荡"战争中都遗失了。现在的墓是按原样重修的。白求恩同志的遗体，解放后重又安葬在石家庄烈士陵园。

白求恩同志的一生，是战斗的一生。他具有最彻底最坚强的自我牺牲精神，无限热爱人民，无比憎恨法西斯。他在西班牙参加反法西斯战争后，身上带着炮火的硝烟，又来到中国抗日战场，与敌后军民同生死，共患难。他以自己不朽的崇高行为增进了中国人民和加拿大人民乃至世界进步人民之间的友谊和互相了解。他的一生又是不断创造的一生。他医术精湛，拥有三个博士头衔，在国际上享有盛名。但是他从不自满，总是在不断探索，不断前进，坚持面向实际，不断总结经验，改进工作。直到停止呼吸前片刻时间，他还忍着伤痛坚持补充和修改自己的医疗著作。可以说他是为工作而活着，又是为工作而死去的。工作和他的全部生活是无法分开的。这正是一个真正共产主义者的一生。也是为国际共产主义事业艰苦卓绝、英勇奋斗的一生。中国人民将世代铭记白求恩同志的伟大功绩。在向四个现代化进军的今天，我们更需要学习白求恩这种革命精神，去排除万难，夺取胜利。

（注：作者曾任第六届全国政协副主席。）

# 接受白求恩同志给我们留下的宝贵遗产

饶正锡　1940年3月

一

白求恩同志在八路军服务的两年中，对于八路军医务工作，不论在技术上，工作上，都有伟大的贡献，这些贡献不仅是八路军的，而应该是全中国的。

白求恩同志不是一个单纯的直接的技术工作者，他有着共产党人的国际主义精神，高度的工作热忱与责任心；把他高明的技术与丰富的工作经验，以循循善诱的教育精神，普遍地灌输了我们以新的医疗技术，同时又以新的观点创造了在极端困难环境中进行医疗工作的组织形式与工作方法。

他是个前进的医学家，我们工作的榜样，他领导我们的医疗技术工作，向着新的方向发展迈进。

然而不幸仅仅两年，短短的两年在他的领导下我们正举步向前迈进的时候，他竟离开我们长逝了。

他的死，我们比任何人感觉更悲痛，好像孩子丢失了亲爱的母亲一样，因为他曾如慈母一样的爱我们、抚育我们、教导我们。

纪念他仅仅悲痛哀悼是不够的，我们的责任是如何继承他的革命精神，诚恳地接受他给我们留下的宝贵遗产，完成他未完成的事业，这才是每一位医务工作者纪念白求恩同志应采取的态度与决心。

二

白求恩同志给我们留下些什么宝贵的遗产呢？

第一，优良的技术工作风度

（一）白求恩同志具有卓越超人的技术，然而从来没有以卓越超人而自骄自满，也绝不因技术高超而清高，把任何简单的创伤都不轻易放过，他不因创伤简单而治疗忽略，因为他深知自己比其他医生知道得多些，同时感觉要在实际工作中进行教育必须如此。一个伤者需行手术或者进行特殊治疗时，他事前必定非常细心地诊查、考虑，在没有诊查清楚以前绝不轻易施行的。有三十多年工作经验的老医师工作中尚且以如此虚心、谨慎态度处理问题，是值得我们青年医生努力效法的。

我们部分医生常常由于在学习与工作中存在着"好高骛远"的习气，产生对技术不虚心去脚踏实地地学习，与不耐烦于细小治疗工作的毛病，而发生两种不正确的倾向：一种是工作不慎重，碰了钉子而灰心失望；一种似是而非的"自满"。我们要技术进步就必须克服这些不正确的倾向，以白求恩做榜样，不自满不骄傲，养成虚心谨慎的作风。

（二）正因为白求恩同志的虚心谨慎，他在技术上总是抱着精益求精的态度，从来不满足于他自己的成就。他一面工作，一面研究；总想得出好而又好的方法，获得进而又进的发展，因此特别富于创造性。当他到晋察冀边区不久，根据工作的观察，针对战场救护的缺点，著作一本极切实际的教育材料《创伤初步治疗》，同时改进了许多技术上、工作上的作风，创造了在游击战中许多新的组织形式与工作方法。

近年来我们工作有着显著的进步，然而在某些方面仍然存在着许多严重的弱点。这些弱点的形成，一方面固然是客观上物质的困难，另一方面是受着主观上陈旧的保守的狭隘的观点所阻碍。为着要在新的环境，适应新的工作要求，我们应该注意在实际工作中学习、研究，从过去的与现在的经验教训中，学习白求恩同志的工作精神，创造新的工作方式与方法来进一步发展我们的事业。

（三）"狮子的心肠，妇人的手"这句话是用以形容一个医生必备的风格，就是说一定要勇敢、大胆、健壮、敏捷而沉着，同时也要温和、仁慈、细心。白求恩同志是这种风格的典型人物。为了在二十四小时内为伤员施行初步的手术，他帐篷式的野战手术室，就布置在离火线八里的地方，虽然炮弹落在附近，飞机在天空中盘旋，他置若罔闻，勇敢沉着，进行着他的手术，有一次险些做俘虏，然而他毫不畏怯。

对待病人，他说："你必须看他们每个人都是你的兄弟，你的父亲。因为就真理说，他比兄弟父亲更亲切些，他是你的同志。"白求恩同志用了比父亲兄弟的更高的爱，爱护着所有的病人，对病人的温和仁慈，细心的态度，使得受伤将士在医院中，把他当作母亲一样的离不开他。学习白求恩同志这种风格，必须努力于我们品格的修养，克服在技术工作中轻浮、疏忽、苟且敷衍的坏习惯，养成守纪律负责任、沉着勇敢、紧张朴素、仁慈细心的作风。

第二，工作的热忱与责任心

（一）白求恩同志，共产党员，做医务工作有三十多年，虽然他对政治方面有很好的研究与了解，然而他没有"见异思迁"放弃他的技术工作的想法，相反地更积极从事于他技术的研究与工作。因为他充分了解革命工作的向前推进，不是单方面可以达到目的的。他理想着，实践着从革命斗争胜利的需要上，用他的技术达到他远大的政治愿望——全人类最后解放的共产主义社会。因此他始终如一地忠于他的技术，用技术来表现他对革命工作的热诚，用技术来争取革命的胜利。

白求恩同志从政治上深刻地认识了技术在革命过程中的重要性，并积极地努力他的技术工作，得到对革命的伟大的贡献，证实着一部分技术工作人员对技术工作没有兴趣、没有前途的论调是没有意义的，是歪曲的。

（二）对病人的爱护关心。白求恩同志用了他全部的精力和时间，不仅关心病人的医药治疗，而且关心病人生活中的一切：除了手术治疗以外，绝大部分的时间是实际做或者想如何从各方面——医院设备、工作制度、组织机构，到病人的食饭、穿衣、睡觉等等——来使病人减少痛苦，舒适地休养，求得迅速治愈，早日出院归队，而对自己的生活毫不介意。虽然我们估计到他是一个外国人，而且年纪很大，给他以生活上的特殊优待，可是他屡次地拒绝，要求降低，与一般医生一样地艰苦生活。

他的工作时间，完全依据病人的需要，没有规定，只要病人需要他的时候，他就不顾一切疲劳及自己生活，有时忘记了吃饭，洗脸，没有时间睡觉，跑到病人面前，耐心解决病人的问题。在前线常常走了很远的路，刚一到就碰到伤兵需要手术，他就立刻准备一切，等到手术完毕后，才谈到自己的生活。因为他是把病人的痛苦当作他自己的痛苦一样，刻不容缓地要解除它。

如果一个医务工作者，他只了解到一个革命的同志受伤、生病，与他除了治疗上的关系而外，再没有别的关系，这就是说为了看病而看病的观点，是非常错误的，应该从政治上了解到还有更深一层的亲密的同志关系，像白求恩同志一样的态度。有些人因为没有很好地更深一层地了解到这一点，所以对病人往往采取漠不关心的态度，除治疗而外，很少对病人生活上精神上的关心，这是必须严格纠正的。

（三）白求恩同志的艰苦工作的精神战胜了一切困难，做到了一般人所不能想象的工作。根据治疗战伤的经验，要避免创伤传染，缩短治疗时间，在二十四小时以内为伤者进行一次初步手术，是最可靠的办法。白求恩同志以其高度工作热情与责任心，下定决心要实行这个办法，在着手实行的时候，他认为首先必须革新医务人员的工作观点与责任。他说，"医生坐在家里，等待病人来叩门的时代已经过去了"，同时根据这一个革新的观点，他提了一个有历史意义的口号，那就是："我们要到受伤的人那里去，不要等受伤的人来找我们。"这口号的提出是很容易的，要实行起来却很艰难，如果有很完善的交通路线与交通工具，如汽车、火车、轮船甚至飞机，则不足为奇。可是白求恩同志工作的地区，是在落后的中国北部崎岖不平的山地，没有汽车、没有火车，更没有飞机，唯一的交通工具是骡马，而所进行的战斗，又是忽东忽西的游击战。在这样的环境中，要来实行这个口号，须具有高度的工作热诚，及大无畏的牺牲精神与坚强不屈的艰苦工作意志的人才能做到的；可是我们的国际友人白求恩同志及他的助手——我们艰苦工作的医生，却真正实行了。

为了实行这个口号，仅仅是工作的观点及责任的革新还不够，还需要有一定的组织形式相适应，才能达到目的。因此，白求恩同志根据战争的性质，规定出一个医疗的组织形式，携带药材用具须简单轻便，同时也须够一个战斗的需要，这组织的名称叫作"战地流动医疗组"。下面是他亲自率领的一个组的人员数目表：

流动医疗组的组织表

| 医生 | 3 |
|---|---|
| 施麻醉者 | 1 |
| 手术室护士 | 1 |
| 勤务员 | 2 |
| 炊事员 | 1 |
| 饲养员 | 2 |
| 共计人数 | 10 |

外驮马五匹

器械材料的数量

| 名称 | 数量 |
|---|---|
| 手术台 | 1具 |
| 外科器械 | 1具 |
| 麻醉药 | 15磅 |
| 消毒药 | 15磅 |
| 消毒纱布棉花 | 100磅 |
| 木质夹板 | 50个 |
| 托马氏夹板 | 50个 |

其他手术换药用具等等

以上的材料可供给五百伤兵之用，只要三匹骡子驮，可以随部队流动，非常轻便灵活。此外尚有两匹马，医生轮流骑，其余人员步行。

当他接到某处战斗开始的消息后，即刻率领这个组动身，而且规定每小时走十五里，他说："纵然赶不到前线救护，至少可在途中碰着。"

这种对伤员救治的紧张艰苦的作风，真如军事指挥员遇着紧急战斗为争取先机之利，不可耽误一分一秒的时间一样的迅速紧张，白求恩同志是真正站在最前线把握着他的技术，配合了战争。

艰苦工作的作风，是八路军医务人员固有的风格，光荣的传统。这传统、风格是花费了无数时间精力与无数的医务工作同志牺牲流血的代价所换来的。我们经历过各种复杂不同的战争与战斗形式，游击战、运动战、阵地战等等，遭遇着有后方与无后方的作战的场合，过草地、爬雪山、二万五千里的长途跋涉，直到现在所进行的残酷的抗日战争。在上述一切情况中产生的困难，往往是难以预料的；要克服这困难，必然是很艰苦的。我们十年来工作的过程，就是与困难搏斗的过程，战胜困难，获得了工作的开展，完成了应尽的义务的。

可是十年来我们的发展受到技术缺乏的限制，虽然用了无限的艰苦精神工作，而所得到的却是有限的成绩。

我们学习白求恩同志这种艰苦工作的精神，除了保持与发扬我们的优良传统以外，尚需努力提高技术水准，用我们固有的艰苦工作精神，配合着新的技术，必能收获艰苦工作更大的效果，发挥创造的精神。

（四）为了救治抗日的负伤将士，他的工作热忱是达到了从来未有的高度，这就是他在晋察冀边区工作中伟大的创举输血。他说："前方将士为国家民族打仗，可以流血牺牲，难道我们在后方的工作人员取出一点血液补充他们，有什么不应该吗？况且对身体的健康并无妨碍。"当时他说完了这一段话后，即刻以身作则，取出了自己的血二百毫升，为一个垂危伤员注射，挽救这个战士的生命，于是感动了所有在他周围的人们。他们由奇异、敬佩、兴奋，直到流泪。"流泪"这不过是对这位国际友人的牺牲精神，从心坎中激动出一时无所报答的诚挚敬爱的表示，他们将更坚决、更勇敢、团结一起为中华民族解放，为世界人类解放事业努力奋斗，来回答这伟大的国际主义者的同情与爱护。

我们要用白求恩同志这种舍己为人的精神，来反对个别人员自私自利的现象。他们没有或者不认真"一切为着病人而工作"的观念，往往把个人生活看得很重，反而对病人的困难，总是以物质缺乏为借口推诿，不积极负责，没有在现有的物质条件下尽心尽力地求得改善，是应该纠正的。

白求恩同志为了救治伤员，不仅牺牲了他全部精力和时间，进行治疗的技术工作，而且牺牲了他宝贵的血液，这对于自私自利的人，岂不愧死。

第三，耐心的教育精神

白求恩同志在实际工作中使他很快地了解到八路军自行培养的工农分子的医务工作人员，技术质量低于政治质量，他说："你们政治上是好的，但技术太差。"然而他明了这不是他们的错误，而是社会的缺点，许多弱点的暴露，使他更深地感觉八路军整个医务工作上的进步。首先，必须对这些技术不足的医务人员给予与实际理论紧密联系的技术教育，于是毅然决定担任起了这一任务。

当然他这种自觉性绝不是偶然的，第一由于他已经是一个无产阶级的医学家，对技术并不看作神秘的东西，只要在教学两方面努力，虽然文化程度低，也可以接受的。第二就是无产阶级党布尔什维克的阶级友爱的发扬，他广博的学识与经验，毫不悭吝地倾注给每一个医务人员同志们，他理想着把他们的技术提高到与他一样的程度。因此他并不轻视他们技术的低落，鄙弃他们工农的成分，他用了最通俗、最实际、耐心的方法教育了他们。为此他苦心孤诣创办了一个特别外科医院，一方面治疗重伤，一方面为着实际的教育。他的手术室经常挂着一块白布，当他指定某一医生施行某种手术以前，首先要问你这个手术如何施行，如果答得对，就准许你做，否则在白布上绘出图来，指明如何切开，神经血管之所在，如何缝合，以及其他应该事项，加以解释。

在他这种实际耐心的教育精神之下，两年的工作过程中训练了一批他所理想的外科医生，分赴各战场跟他一样地工作。

这些医生不仅学得了他的技术，而且学得了他的工作作风与工作精神；指示了他们不仅要保持艰苦工作的优良传统，而且要正确地向前发展艰苦工作的效能。

可是为了纠正我们技术工作坏的习惯，除了耐心教育外，同时进行严格的批评。他说："你们的技术领导者，与实际技术工作者某些方面倾向于官僚主义的习气，工作不实际，学习方面不细心、不耐烦，没有严格的经常工作精神。"有时因为这些问题大发脾气，可是一经工作完毕之后，却很亲切和蔼地解释，他说："关于医疗技术工作必须如此严格，不可有丝毫的马虎，否则你们就不会成为一个好的外科医生。"由此可见他这种严厉的批评与斥责，正是对我们另一种积极的教育，这也正表示出他对我们诚挚的爱。

我们应当伸出技术贫乏的手，为革命医务卫生事业奋斗的心，热烈地、诚恳地接受这个伟大的爱，努力于理论的学习，耐心于实际工作；把理论与实际密切联系起来，不断地学习，不断地研究。如果以为科学的医学深奥莫测不得拱门而入，立于门外，畏缩不前，或者进门后不勇敢耐心地下手拿取自己所需要的东西徘徊张望，那是不能成为一个好的技术工作者的。白求恩同志技术的高超及他精于巧妙的肺部手术并不是完全依赖于理论的学习，而最重要的是在于实际工作中不断地探求与研究所获得的宝贵经验。这样才能创造新的工作方法。理论的学习只不过是"进门"而已。

我们要以白求恩同志为模范，不断地学习、研究；教育自己、教育别人；养成技术优良与政治坚定，为民族解放人类解放而彻底奋斗的技术工作者。

第四，科学、艺术的工作报告与统计

报告和统计是工作的成绩和弱点的具体总结，从这些成绩和弱点中可以获取工作的经验教训，由经验教训中获取改进工作的方法，配合着具体实际情况就成为工作向前推动发展的方向。

因此报告统计成为我们研究与改进工作的有力实际的依据，同时也是最具体、最现实的工作教育武器。

白求恩同志的历次工作的报告和统计含有决定一切意义的，是我们的模范，应当学习和研究。

（一）报告具体。他每一工作报告中一般的是从那里的实际环境，工作情况，一方面看出工作的成绩，同时毫不隐瞒地暴露工作的弱点，并具体说明成绩如何得来，弱点如何产生，发展的前途如何，同时也提出具体的办法改进，简洁明确，一目了然。

（二）统计方法的科学。一看了他的统计表格，他工作的实际、耐烦、细心的精神，就浮动在你的眼前。其所以使我们有如此的感觉，就是因为他艺术的科学方法，对伤员的统计，他不用各个战斗的统计，而是将各个战斗伤员作分别统计。兹录一次经统计的战斗，作为一个例子。

加美医疗队一个战斗中在最前线40小时内所施行手术的71名伤员病状分析如下：

从前线到医院

| 已到医院者 | 63 |
|---|---|
| 未到医院者 | 4 |
| 死者 | 1 |
| 留在前线者 | 2 |
| 不必施手术者 | 1 |
| 合计 | 71 |

经过初步治疗后，到医院的63名伤兵现状分类如下

| 第一类 | 伤干净无感染现象者 | 22 | 34.9% |
|---|---|---|---|
| 第二类 | 感染现象甚轻者 | 21 | 33.4% |
| 第三类 | 中等度的（一般的）感染现象者 | 20 | 31.7% |

发热情形统计

| 第一类伤兵中 | 6%发热 |
|---|---|
| 第二类伤兵中 | 44%发热 |
| 第三类伤兵中 | 50%发热 |

他从这个统计中得出三点工作上的结论：

1. 有三分之一的伤兵手术后，没有感染化脓，这是很大的进步。

2. 伤员由前线到达救护站（活动医疗组所在地），搬运的时间最短是7.15小时，最长的40小时，平时24小时。在山路崎岖交通不便的条件之下获得如此成绩，实甚满意。

3. 假如能克服两个困难：（1）从战场运到救护站上耽误的时间；（2）从前线救护站到医院因途中无药站而耽误的治疗时间，我们相信感染现象者必少于33.4%，而不是现在的65.1%，如此可节省许多住院时间。

上面这一个别战斗中救护情况报告的统计是如何实际、科学，而富于改进工作的研究价值；同时这个统计，不是不细心、不耐烦、不热忱、不负责的实际工作者所能做出。

然而这不是夸耀自己的功劳，故意显示自己的成就，而是为了工作更进一步地改善与发展；同时这个实际统计中警惕着医务人员工作改善，使军事指挥员对伤员的照顾更有把握的实际注意。

统计报告是我们工作中最弱的一环，例如在工作报告中"有进步"、"差不多"、"也还好"等空洞、浮滑之词，满布于每一条文之间，缺乏具体的内容；至于统计则笼统含混不清，精确的医药数目与比例不切实际，因此埋头苦干的工作精神所具体表现的成绩，在这些数目字与报告中反映不出来。这固然有许多的客观的原因，但是一般的还是对这一方面的工作忽视。

我们应当认识报告和统计是工作中的经验才识，用文字表达出来的结晶，同时也是一个历史的记载，应当严重注意这个工作，改进这个工作。

## 三

白求恩同志的生平事迹值得我们学习的太多了，我这里只不过就其在八路军中两年过程中的事迹，根据个人的感觉简单地写出这些，供大家作研究的参考。

白求恩同志在晋察冀服务的两年中，不论在医务技术上、工作作风上、政治上都是我们医务工作者的模范，值得我们学习。

为了改进我们的工作，发展我们的事业，白求恩同志的工作作风、精神，就是我们改进发展的指南针。虽然白求恩同志这种工作精神与作风，我们早已知他的存在，可是绝不能因此自满。所以我们希望全体医务工作者，站在工作的立场上，用自我批评的精神，热烈地对白求恩同志的工作各方面成就加以深刻的讨论与研究，并且落实到工作中去。这样白求恩同志便没有死，永远活在我们心里，活在我们实际工作中！

（注：本文原刊1940年3月《国防卫生》，第1卷第2期。作者时任军委后勤部卫生部部长。）

# 白求恩同志和周恩来一夕谈

王炳南　1979年7月

　　1938年1月，抗日的烽火正在中国华北、华东的广大地区到处燃烧，日本侵略军向南步步进逼，国民党军队则节节败退，连国民党政府的临时首都武汉，也已经处于日本飞机的轰炸和骚扰之中。就在中华民族这一生死存亡的危急时刻，伟大的国际主义战士白求恩同志率领一支三人组成的加、美援华医疗队，从加拿大动身前来中国。1月底他们抵达武汉。我当时随周恩来同志在我党驻武汉的办事处工作，知道白求恩同志一行已抵达武汉，办事处派我立即去同白求恩同志接头。在一个国际友好人士的家中，我第一次会见了这位和蔼可亲、充满活力的国际主义战士。和他一起来华的女护士琼·尤恩和另一位医生，都是受加拿大共产党和美国共产党派遣来援助中国人民的抗日战争的。我见了他们后，立即带着他们的组织致中共中央的介绍信，报告了周恩来同志。当时我们正处于艰苦的战争环境，党为了取得抗战的胜利，一直通过各种渠道争取国际援助，对于来自一切友好国家的人员或物质的支援都是欢迎的。周恩来同志听说白求恩同志要去解放区工作，尤其感到高兴。虽然周恩来同志工作繁忙，还是挤出时间很快地接见了白求恩一行。我带着他们来到了周恩来同志的办公室，见面后，周恩来同志首先代表党中央欢迎他们去解放区帮助中国人民抗战，向他们详细谈了抗日战争的形势和我党的政策。白求恩全神贯注地听着，并仔细地在他的小本子上作了笔记。周恩来同志还问到西班牙反法西斯战争的情况，白求恩也认真地作了详细介绍。就这样一直谈到深夜。最后，周恩来同志表示希望他们在后方先参观一些医疗机关，然后再去解放区。但白求恩同志去解放区的心情十分急切，恳切地说："我来中国是要去解放区工作的，现在抗战形势紧迫，请你尽快安排我上前线去！"在白求恩同志的一再要求下，周恩来同志终于同意了。他指定我为他们办理去延安的手续并安排专人护送。那时候国共抗日统一战线刚形成不久，我们的人从武汉乘火车去西安是自由的，没有什么限制。但敌军正自华北向南进犯，铁路沿线经常遭到敌机的轰炸扫射，在这种情况下，北上是要有很大的勇气的。后来我听说白求恩同志和尤恩护士两人在离开武汉的一个月里饱经战乱，克服了重重困难，才于3月底到达延安。

我同白求恩同志在武汉的接触虽然短暂，但他给我留下的印象是深刻的。白求恩同志是继马海德大夫之后到我解放区参加战地医疗工作的第二个外国医生，对于这样不畏艰险、不怕牺牲的国际主义战士，我们解放区军民上下都怀有由衷的敬意。我当时特别感到白求恩有一股渴望献身于中国民族救亡运动的战斗精神，热爱自己的工作，在他的心目中手术刀就是他杀敌制胜的武器，上前线工作是他唯一的要求。

在等待出发的日子里，白求恩同志抓紧时间学习，经常关在房间里认真地看有关中国的材料和写笔记，关心来自解放区的每一条消息。他对武汉的都市风光全无兴趣，有人问他为什么不出去看看，他严肃地表示，他不愿浪费他的宝贵时间，为了能更好地在解放区工作，必须了解有关中国的新的、更多的情况。

我同白求恩同志从武汉一别就再没有见面。但由于我是最初结识他的人，一直关心他到解放区后的情况。我听说他在晋察冀边区工作得很出色，原则性很强，医疗技术很高。他要求自己特别严格，对一些责任心不强的人，批评起来也毫不留情。我还听说他为了揭发我们工作中的缺点和拖拉作风，曾给毛主席写了许多封信，反映各种情况，真正是把中国人民的革命事业当作他自己的事业。虽然他有时显得疾言厉色，但凡同他相处较久的同志，都对他这种对工作极端负责，对同志对人民极端热忱的高贵品德，深感敬佩。

1938年10月，我在武汉又一次见到同白求恩同志一道去延安的护士尤恩女士，当时她路经武汉去香港。尤恩见我时也谈到白求恩的工作，说他在晋察冀受到聂荣臻司令员的高度评价，工作很有成绩。当时武汉形势紧急，国民政府已迁到了重庆，各部几乎都迁移完毕，尤恩女士随同我们和八路军办事处最后一批撤离人员搭"新升隆"号离开了武汉。这条船第二天就被敌机炸毁，由于我们事前上岸躲避，才幸免于难。最后大家只得找几条小民船辗转十多日才到达长沙。在长沙见到了周恩来同志。周恩来同志根据日方炸船的广播，原以为我们已遇难牺牲，见到我们安然前来会合时，心情非常激动，一一同我们握手拥抱。周恩来同志从尤恩那里打听了白求恩在解放区的工作和生活情况，对白求恩同志忘我地为中国人民服务的精神十分赞佩。第二天，我们又同尤恩一起自长沙乘卡车去桂林，在那里与她分手了。

一年以后，我听到了白求恩同志在河北唐县以身殉职的不幸消息，心情非常沉痛。现在白求恩同志逝世已整整四十周年了。四十年来，中国已经发生了翻天覆地的变化，白求恩同志为之献身的事业已经取得了胜利，新中国已经进入了一个新的发展时期。白求恩伟大的国际主义和共产主义战士的光辉形象，四十年来一直活在亿万中国人民的心里。他的献身精神，责任心和工作热忱，一直是我们学习的榜样。今天，白求恩的名字不仅在中国家喻户晓，而且已成为把中国人民和加拿大人民紧紧连在一起的纽带。近几年，白求恩同志的家属、亲友和许多加拿大友人先后来中国访问了白求恩生活和战斗过的地方，亲身体验到中国人民对白求恩同志的深切怀念，和白求恩精神所给予我们的巨大的鼓舞力量。中国人民和加拿大人民，都为我们两国之间不断增长的友好关系和日益频繁的往来感到高兴。在纪念白求恩同志逝世四十周年执笔为文之际，我不禁又想起1938年武汉那次历史性的一夕长谈。此景此情，每念及此，总有古人所谓"如饮醇醪，不觉自醉"的感受。他们那派高尚、热情、豪迈、求实的革命气度和作风，将永远引导和教育中国加拿大两国人民世世代代友好下去。

（注：作者时任中国人民对外友好协会会长。）

# 白求恩大夫在晋察冀军区工作经过

叶青山

白求恩大夫是加拿大多伦多人，今年五十岁。一九三八年四月，他由延安出发，渡过了黄河，越过了重山，冲破了敌人封锁线，而于六月间顺利地达到了我们晋察冀军区。

六月十七号到军区司令部，十八号到达了后方医院。当时，他虽然是刚刚经过了两个月的行军；但他丝毫不觉得疲劳，更不需要什么休息，第二天就开始工作了。

在第一周内，他一共检查了五百二十多个伤员和病员。第二周开始行手术，紧接着四个星期的时间，一百多个曾经在医院里停了很久的伤病员同志都带着健康的身体奔赴前线了。这里，简单地把他在军区十八个月的工作情况分作四个时期叙述在下面：

第一个时期是从一九三八年七月十日到九月十五日。在这两个月中他的中心工作口号是：建立模范医院。每天他很早就起床，一直不知疲倦地工作到夜晚，除了给伤病员诊治以外，他还要指导木匠工人做腿骨折牵引架，病人木床以及其他许多木料器具。还要监督铁匠工作制造许多托马氏铁夹板和洋铁盆桶；还要检查裁洗工作，替伤员同志缝洗衣服、被子、枕头；总之，他不愿自己有一分钟的时间闲着。

这时，他把医院内部分成了两个医院，一个是中山医院，一个是毛泽东医院。同时把医院内部一切应有的设备都初步地布置好了，于是，模范医院，便在九月十五日于松岩口正式宣告落成。

在空前盛大的落成典礼会上，有许多部队和人民参加，边区政府宋主任，军区聂司令员都莅临了，而且在会后他们参观了病室，亲自慰问了伤病员。

模范医院的成立，使医生看护的技术大大地提高一步，尤其是对于外科敷药和消毒方面。伤病员死亡率也减少了，而出院却增加了半倍以上。这时期，白大夫一共施行了三百多个伤病员的手术。

第二个时期是从九月十六日到一九三九年的元旦。这时期他的工作中心口号：创造特种外科医院。九月底，敌人就开始向边区进攻了。他九月二十五号离开军区医院，二十八号到了四分区卫生部后方医院，在这里他工作了一个多月，施行了六十多人的手术，而且他不客气地批评了这个医院里的一切不良的情形，使医院后来得到了很大的进步。

接着他亲自到前线参加救护工作，共施行手术二十多名。对于作战地区群众被敌人烧杀的痛苦，他更关心地亲热地去慰问。

十月下旬，他回到军区医院，当时山地医院的建设和工作方式，仍保持了他的模范医院的传统与作风，这使他感到万分高兴！他愉快地在这里又工作了一个星期。

十一月九日，他到了军区北线杨家庄军区医院的第一所，工作不到三天，就接到三五九旅王旅长的电报通知他前方战斗的情形，他得到这个消息，连饭都不吃，黑夜赶上前线，实施了初步疗伤。这样，他又在三五九旅的医院里工作了十几天。

后来他回到了第一所，这时他的中心口号是：迅速完成特种外科医院的建设。当时那里收容了三百多名重伤员，这些伤员的治疗，完全是在白大夫亲自指挥与监督下进行的；同时，每天他都要施行十个伤员以上的手术，并给伤员换药，把许多伤势很危险的同志的生命挽救了。他把自己每月的津贴费送给他们做营养费，安慰他们，尤其是，他曾几次把自己身上的血输给危险的伤员。由于他的热情的影响，许多医务人员和地方群众也自愿输血给伤员，于是白大夫便组织了"自愿输血队"。十二月十五日，这个特种外科医院的建设宣告完成。关于医院的建设完全保持以前模范医院的作风，某些地方还超过。十六号发出通知，要各分区卫生机关派人来参观，而且紧接着，特种外科医院的实习周便在一九三九年一月十三日开幕了。

在实习周内，他每天上午讲各种骨折牵引法，外科手术，举行临床实习。下午他领导全体实习员开讨论会，晚上开总结会，使分区派来的实习员得到了许多丰富的医学知识和经验。

实习结束了，一月十五日他到了一分区，当时，一分区因为作战较少，所以他只停了一天，施行了两个伤员的手术，第二天便到三分区。

在三分区的花塔医院，他工作了十多天，初步地建设特种第二线外科医院。这时，西线五台石盆口战斗打响了，于是他立刻赶回车前领军区后方医院，继续不断地开始他的工作。石盆口伤员大半经过他施行手术，这一时期，他一共行了大小手术三百余例。

第三个时期是从二月十五日到六月三十日。这时期他得到军区首长的批准到冀中去工作，他的中心口号是：组织东征医疗队，开展平原游击战争中的医疗卫生工作。二月十五日，他率领着十八个卫生干部，高举着"晋察冀军区东征医疗队"的旗帜，便冒着北国的寒风，向平汉路上推进了。

二月十九日深夜，他们突过了敌人的封锁线，走上冀中平原，而于二十二日到达了冀中军区的司令部。

三月三号，他们的医疗队到了冀中区的后方医院，一天内就检查了二百多个伤员，三天内行了四十多人的手术。接着他们又到了一二〇师的卫生部，当天施行手术的也不下六十余人。

这时敌人正向冀中疯狂地进攻，我们的部队伤员大部都分散了，白大夫为了减轻伤员同志的痛苦和使工作适合于游击战争的环境，所以决定把医疗队分成两队，一队为作战区救护之医疗队（本队他亲自带领），一队为后方医疗队。这样，他们艰苦奋斗了两个多月。

五月上旬，一二〇师在河间齐会与敌大战，白大夫听到消息，立刻赶赴前线，三天三晚，施行了二百多人的手术。特别是有个干部同志，腹内中了九粒子弹，四点钟内，抬到手术队，由白大夫施行手术，在最短期内得到痊愈。

后来经过他的帮助，冀中区自己的医疗队也成立起来了。在这个时期里，白大夫白天治疗，每天晚上都要抽出一点时间来给医生看护们上课，使他们获得不少新的知识。原来在人员技术上都很薄弱的冀中区卫生工作，经过他的帮助，得到了很大的进步；出院增多，死亡减少，这一时期，他行手术四百多例。

第四个时期由一九三九年七月到十月二十日。这期间他的工作中心是注意军区整个卫生机关的全面工作，对军区卫生部也提出许多富足的具体的意见，如怎样创设卫生学校解决医务干部的困难，怎样组织卫生材料厂等。而且，他亲自到外边去收集了许多药品器材，解决了不少物质上的困难。他又明确地指示我们军区卫生部对各分区的卫生机关应如何严格检查和推动他们的工作，以及如何加强每个干部本身的工作能力，对那些工作不负责任的医务人员应如何与他们作无情的斗争。

七月至九月中间，他集中全部精力编写关于外科医生前线适用的书籍和新的《初步疗伤》及《模范医院标准法》等书籍。九月中旬，他把这些讲义全部完成了。

九月十八日他提出成立卫生部视察团，视察并且扶帮各分区部队的卫生工作：内有团员五人，军区卫生部负责人多数参加。二十五日由花盆出发，首先到第三分区卫生部第二所于家寨医院检查工作。四天后，又到了二团卫生队及各营卫生所举行检查，并召集全体卫生人员会议，由白大夫演示各种夹板的使用及战场救护防毒等方法。

接着他们又检查了二十团，骑兵营，一支队，老姑医院，及冀中区的冀西后方医院的卫生医疗工作。

十月十日，他们由北到一分区，检查了一、三团卫生队卫生所，独立支队卫生部以及各部卫生机关的工作情形。

这一时期他的主要工作中心是：密切卫生机关上下级的关系，实际培养初步的医疗人才。

十月下旬，敌人向我们军区的"扫荡"开始了，一分区部队首先在北线与敌人开始接触。白大夫和过去作战时一样，他得到这个消息，立刻黑夜出发，向北前进。第三天到达了孙家庄，紧接着就开始为前方运送下来的伤员施行手术，一共三百多人。

而就在这天，白大夫左手的中指第三节，意外地被小刀割伤了，他中了毒。

不幸，由于毒素的发展夺去了我们敬爱的国际友人的生命，与我们永别了。

白大夫肉体已死而精神长存！我们将在工作中永远保持着他的精神，完成他未竟的事业。

（注：作者时任晋察冀军区卫生部长，本文原刊 1940 年 2 月《抗敌三日刊》。）

# 白求恩在华北抗日前线

叶青山 1981年

　　诺尔曼·白求恩同志为了支援中国的抗日战争，受加拿大和美国共产党的派遣，远渡重洋艰苦跋涉，在1938年6月17日下午，到达晋察冀军区司令部驻地山西省五台县金刚库村。我当时任晋察冀军区卫生部长，跟随聂荣臻司令员一起热情地欢迎了这位加拿大劳工进步党（即共产党）党员、世界著名的胸部外科专家。这位身材高大、态度非常谦逊的第一流的外科专家，曾随加拿大志愿军参加过西班牙人民反佛朗哥正义战争。回国刚刚三个月，就启程来中国。当时他身穿灰布的中国式服装，高高的鼻梁上架着一副金丝眼镜，头发虽已斑白，精神却依然十分健旺。

　　谈话一开始，白求恩便急切地提出医疗方面的一连串问题。那时军区的卫生医疗事业处于初建时期，医务工作人员很少，而伤员却有六百多名。更困难的是，我们医务人员的技术水平较低，器械和药品非常缺乏，组织机构和工作制度也不健全。聂司令员介绍了这些情况后，当场请他担任晋察冀军区卫生顾问，以加强军区的卫生工作建设。翻译还没有把话讲完，白求恩同志就一口答应了下来。

　　他急于要工作，第二天便来到军区卫生部，随后就到了后方医院。一连四个星期，他成天忙着给伤员们进行治疗，并且向院方提出了许多改进工作的意见。他一面工作，一面思考着如何在现有物质条件的基础上，把原来的一所后方医院改建成一所模范医院。他的计划得到聂司令员的热烈赞扬。白求恩立即投入了紧张的筹备工作。他每天一大早就起来，除了给伤病员诊治外，便忙着指挥和帮助工人们盖手术室，做骨折牵引架和托马氏夹板，打探针、镊子等等。甚至连裁缝做衣服、床单，他也要亲自过目、查问。晚饭后，他还要给医务人员上课。深夜，山村已经完全沉寂了，他的紧张的工作还没有结束。在暗淡的灯光下，他用极快的速度赶写适合我们医务人员需要的医学教科书，给毛主席、聂司令员和美国、加拿大党组织写工作报告，或是孜孜不倦地学习。有一次我去看他，他正在看书，我说："你年过半百，要注意休息！"他笑嘻嘻地握着我的手说："你们中国有句俗话说得好，活到老学到老嘛！"就是这样，白求恩以高昂的热情为中国人民的抗日斗争辛勤地工作着。两个月以后，模范医院建成了。在落成典礼上，他以主人的身份登台讲话。他说："伤员们为我们打仗，我们也必须替他们打仗，我们要打倒的敌人就是'死亡'。因为他们打仗，不仅是为了挽救今日的中国，而且是为实现明天的伟大、自由、没有阶级的新中国……"

会后，白求恩领大家参观了刚刚落成的模范医院：伤员接待室，内外科室，奥尔氏治疗室，罗氏牵引室，托马氏夹板室，等等。各种设备，虽然简陋，但却整齐、清洁、井井有条。接着，他又在广场上做了一次实际的手术和换药示范，人员分工、工作顺序、进行速度，都使人们惊叹不止。这天，来参加医院落成典礼的各军分区卫生部长、各医院院长和医生、护士都得到极大的启发，都说：回去后一定要按照白大夫的做法，把我们的医院办好。

勇于克服困难，艰苦朴素，是白求恩一贯的作风。为了减轻伤员的痛苦，他提倡下病房换药，并创造出一种用木板制成的药篮子（我们称为"白求恩篮子"），下病房换药时用它非常方便。对于敷料和绷带消毒的工作，虽然在白求恩来边区以前我们也做过，但不够完善。有些消毒棉花，纱布使用过一次便扔掉了，浪费很大。他来后经过一段摸索研究，提出了"消毒十三步"的建议。这个办法不但把用过的纱布、消毒棉花更合理、更充分地使用起来，节省了大量材料，而且使敷料和绷带消毒的工作更趋完善。以后，为了适应战地流动环境，他又苦心设计了一种可以用两个牲口驮运的轻便手术室设备，其中包括一张能折叠的手术台，一整套外科器械以及可以做一百次手术、上五百次药的药品和敷料。

白求恩同志的工作态度非常认真严肃。有一次，他发现护士换药时，瓶里的药和瓶签不一致，他生气地立刻用软膏刀把瓶签刮掉。护士站在那里愣了一会儿，白求恩同志和蔼地拍拍他的肩膀说："亲爱的小同志，我刚才做的是对的，就是态度不太好。要知道，这种粗枝大叶的作风会置人死地的，今后绝不允许再有类似事情发生。我们要对病人负责啊！"护士听了非常感动。

当时敌后的生活非常艰苦。党为了照顾白求恩的健康，每月给他一百元（晋察冀边区）津贴。但他马上写信给毛主席，谢绝了，而且建议把这笔钱作为伤员的营养费。他的理由是：聂司令员每月才五元钱津贴，自己是一个共产主义战士，不应有特殊的享受。他在日记中这样写道："我不需要钱，可是我万分幸运，能够来到这些人中间工作。我已经爱上他们了，我知道他们也爱我。"


1938年9月下旬，日军以步兵、骑兵、炮兵共两万三千多人，配合空军和机械化部队分十路向我晋察冀抗日根据地进攻。白求恩同志振臂而起，向医生们提出了响亮的口号："到伤员那里去！哪里有伤员，我们应该在哪里！"在他的主持下，军区成立了几个医疗队，分赴各地。

白求恩率领一个医疗队，来到了军区医院第一所。工作还不到三天，第三五九旅王震旅长自雁北打来电报，告诉他前线的战况。他一听到那里战斗频繁，饭也没有顾得吃，黑夜便出发了。11月的雁北已是严寒气候。白大夫走了四十公里的山路，披着一身雪花，黄昏才到达驻在山西省灵丘河淅村的旅后方卫生部。一进村他就急忙问旅卫生部顾正钧部长："病房在哪儿？"顾部长说："不远，吃完饭再去吧。"

"吃饭还有多久？"

"二十分钟。"

"那太久了，先去看病号。"

他检查了一些伤病员，其中有几个是刚从前线抬下来的。一个叫肖天平的伤员躺在手术台上，脸色苍白，腿上的伤口发出一股腥气，看来是没有得到及时的治疗。白求恩激动地说："是哪个医生负责？为什么不上夹板？中国共产党交给八路军的不是什么精良的武器，而是经过二万五千里长征锻炼的干部和优秀战士，对于他们，我们必须加倍爱护，宁可自己累一点，饿一点，也不能让伤员受痛苦。"说着，他俯下身去惋惜地对伤员说："时间太久了腿要切掉的呀，好孩子！"

直到深夜十二点钟，把全部手术做完他才离去。当他刚脱下外衣准备吃饭时，又跑回了病房，用生硬的中国话问那些刚动过手术的伤员："好不好？"伤员个个很平静，都说："好！"他快乐得简直跳了起来，对旅卫生部潘世征政委说："只要伤员告诉我一声好，我就不知该怎么快乐了。"

吃饭的时候，他还在为那个伤员的腿惋惜："假使一个连长丢掉一挺机关枪，那不消说是会受到处罚的。可是，枪还可以夺回来，而一个生命，一条腿失去以后，就不能再挽回了。我们花了多少年的工夫，工作、学习，就为的是保护自己同志的生命和健康……"这时候，他在想着如何缩短运送时间，使伤员得到及早治疗、避免不必要的损失。最后，他决定在沿途设立救护站。这样，便使伤员们得到了及时的治疗，大大减少了伤员的死亡。

从三五九旅回到一所，白求恩忙着筹备建立特种外科医院，培养一批医务人员，给三百多名重伤员进行治疗。他差不多每天要给十个以上的重伤员动手术。

有一次，一个股骨骨折的伤员需做离断手术。可是，这个伤员因流血过多，体温很高，精神萎靡，看样子难以经得住这种手术。为了抢救这个伤员的生命，白求恩决定给伤员输血。

当时，血的来源比较困难。我要求输血，可是白求恩却对我说："你刚输过血不久，不能再输你的血了。我是 O 型血，万能输血者，这次输我的。"我们考虑他的年纪大了，而且身体又不太好，因此都不同意输他的血。这时白求恩严肃地说："前方将士为了国家民族，可以流血牺牲，我在后方工作拿出一点点血，有什么不应该的呢？以后，我们可以成立自愿输血队，把血型预先检查好。现在，不能再耽误时间了，抢救伤员要紧，来快动手吧！"说罢，便伸出了他那青筋隆起的瘦弱的手臂。于是，加拿大人民的优秀儿子诺尔曼·白求恩同志的 300 毫升血液，徐徐地流到了中国人民战士的身上。国际无产阶级朋友的血，使这个战士获得了第二次生命。

此后，根据白求恩的倡议，志愿输血队组织起来了。医院的政委、翻译、医生、护士，甚至附近的老乡也都争先恐后地报了名。白求恩大夫也报名参加了这个志愿输血队。从此，输血在晋察冀边区逐渐推广，不少伤员因此从生命垂危的边缘上被挽救过来。

不久，特种外科医院建成了。为了加速训练卫生干部，白大夫提议各部派人来学习。1939 年 1 月 3 日，实习周开始了，这是白大夫对边区医务人员进行集体的实际教育的一个运动周。同志们不论职别，分着什么就干什么。大家非常融洽，认真地替伤员端屎尿盆、扫地、剪指甲。白大夫每天给大家讲"离断术"、"腐骨摘除术"、"赫尔尼亚手术"等，一边讲，一边做，用实际例子说明问题。伤员做手术后，白大夫叫学员们每个人都感觉空空而来，满载而归……他们回到自己的单位，都按照白求恩的方式，展开了同样的实习周。

这时，日军正对我冀中抗日根据地发动疯狂的进攻。白求恩见全军区的医疗、卫生、训练干部、治疗伤员等各方面的工作已处理得有了头绪，便请求去冀中参加战地救护工作。得到聂司令员的批准后，他便和晋察冀军区卫生部的十八个同志一起，组成了"东征医疗队"，于1939年2月19日，冒着危险，穿过平汉路敌人的封锁线，到达冀中。

像在山西的丛山里一样，在这里的平原上、茅屋里、战壕里，早就传开了这个令人崇敬的名字：白求恩！有一次，正战斗的冀中的第一二〇师贺龙师长请白大夫看戏，想不到这个戏演的正是白大夫的事。戏刚演完，贺师长当场宣布："白求恩同志就在这里！"会场顿时轰动了，人们把他簇拥上台，和战士们见了面。于是，前线的每个角落里，立即传遍了这个喜讯："白求恩来了！"

4月下旬，齐会战斗打响了。一天夜晚，白求恩的医疗队就在河间温家屯村边的一个庙里布置好手术室。白大夫穿上手术衣，围上橡皮围裙，头上戴好小电池灯，又忘我地忙碌起来。突然，一颗炮弹在手术室的后面爆炸，震得庙宇的瓦片咯咯作响。一二〇师卫生部曾育生部长劝白大夫转移到后方去做手术。白大夫毫不在意地说："前面有队伍，不要紧。做军医工作的，就要亲临前线。你去看看，有头部、胸部和腹部负伤的，不必登记，马上告诉我。"

一会儿，火线上下来一个腹部受伤的伤员——第七一六团三连连长徐志杰，他在冲锋时中了步枪弹，肠膈膜动脉管破裂，腹部大量出血，眼看就要死亡。白大夫把他的腹部剖开，发现横结肠和降结肠有十个穿孔和裂隙，便用羊肠线一一缝好。白大夫还拿出木匠工具，自己动手替徐连长做了一副靠背架。过去，他经常教育医务人员："一个医生，没有任何事情是不屑一做的。"这时，他又一边锯一边说："一个战地外科医生，同时还要会做木匠、缝纫匠、铁匠和理发匠的工作。这样，才能算是好的外科医生。"他把徐连长安置好，又回来做手术，还每隔一小时去看一次。他自己吃很简单的点心，把省下来的荷兰牛乳和咖啡给徐连长吃，把别人送给自己的梨子放在徐连长的枕边，把香烟放在徐连长的嘴里，给他点火。部队行动时，他叫人抬着徐连长，跟着一块走。二十八天以后，徐连长的伤口已没有问题了，白大夫这才叫人把他送到后方休养。徐连长抓住白大夫的手，感动得放声大哭，舍不得离开。白大夫给他擦干了眼泪，徐连长哽咽着说："我以后只有多杀几个敌人来报答你！"

在冀中短短几个月，经白求恩救护治疗的伤员就有一千多人，其中不少伤员像徐连长一样，是在死亡的边缘被抢救过来的，白求恩的动人事迹，在部队传颂着，大大鼓舞了同志们的斗志。在战场上，同志们高喊："冲啊！白大夫就在后边！"

7月1日，白求恩回到冀西山地。

聂司令员得到好几次报告说白大夫工作太累，不肯休息，在冀中时，曾经一连六十九个小时为一百五十多个伤员做手术，生活很艰苦，气色很不好。聂司令员为他的健康担心，便请他回到军区司令部来，休息几天。

他从聂司令员那里知道，国际援华委员会曾从纽约给医疗队汇钱，宋庆龄女士也从南方设法运了一批药品来，有些外国和中国的医生也曾极力想法到敌后来，但是这一切都被蒋介石国民党政府扣留了、阻止了。他气愤至极，痛心地想到：现在，药品快用光了，在齐会战斗时，就已经没麻醉药了。那些为了国家民族的自由独立而在战场上负伤的八路军战士，还得在手术台上忍受痛苦，必须有一个适应前线条件的计划。他想开办一个新的医科学校来迅速造就大批中国医生和护士；同时建立自己的合作工厂，以便制造几种主要的器械和一些简单的药品。为此，他提议亲自去美洲一趟，募集经费、药品、器械和书籍。

他的提议，不久便得到党中央的批准。他一面忙着治疗伤员，一面做各种赴美洲的准备工作，还为未来的学校写了《游击战争中师野战医院的组织和技术》、《模范医院组织法》等教材，筹办了制造纱布、假腿等的合作工厂。

10月20日，是白求恩预定启程回国的日期。这时日军突然发动了大规模的冬季"扫荡"。白求恩说："我不能在战斗的时候离开部队，等这场战斗结束，我再启程。"于是他毅然率领战地医疗队来到第一军分区。

从摩天岭前线下来的伤员，来到了涞源县的孙家庄。白求恩把手术室设在孙家庄的戏台上，台上挂起几幅白布。白大夫又开始了紧张的工作。

前线激烈的枪炮声十分清晰。战斗的第二天下午，一个哨兵突然跑进了手术室，报告北面山上发现了可疑的活动。军区卫生部的游胜华副部长立刻去村北观察，果然看到对面山顶上有许多像是敌人钢盔似的东西在闪闪发光。他马上回来告诉白求恩："敌人从我们后方袭击过来了，离这儿不远！"

白求恩一面继续着手中工作，一面问："外面还有多少没有动手术的伤员？"

"十个，大部分是重伤。"

白求恩下命令："把已经动过手术的伤员立刻抬走；马上在这儿添两张手术台，把伤员抬上来，一次三个。派一卫兵去北面放哨，另一个卫兵照顾民夫把骡子收拾好，准备随时出发。"

这时翻译说："白大夫，现在的情况和以前在齐会不一样，如果有必要，我们大家都愿意留下来。可是你……"

"可是什么？"白求恩打断了他的话，"如果我们现在走，岂不是增加伤员的痛苦和危险？我们并不是没有时间，敌人暂时不会到，我们还可以给剩下的伤员做完手术。"说着，他走到台边，对护理员喊道："把伤员抬上来！"

三张手术台上，同时进行着工作。除了手术的器械声，一点点声音也听不到。

几分钟后，哨兵又来报告，至少有七百名日军下山来了。白求恩专心工作，没有讲话。

山谷里突然响起一阵枪声，仿佛就在身边。

这时，白求恩同志正在抢救一名伤员。

"糟糕！"白求恩生气地说了一声。大家飞快地转过身来。但是，他让大家继续工作："没什么，我的手指被碎骨刺破了。"他举起左手，浸进旁边的碘酒溶液里，然后又继续工作。

原来，白求恩为了弄清他大腿粉碎性骨折的情况，将左手伸进伤口探索，不幸中指被碎骨刺破。

二十分钟以后，剩下了一个腿负伤的年轻人，被抬上白大夫的手术台。枪声又响了，这回更近。哨兵又跑回来嚷道："白大夫，您一刻也不能逗留了！"林大夫扯着白求恩的胳臂："我来接替你……你不能再停留了……"游副部长也跑来急促地说："快！走！白大夫。"手术台上那个年轻的伤员也抬起头来，恳求说："白大夫，你走吧，我伤得不很厉害。把我带走、丢下都可以，但是你千万快走吧！"

"好孩子，只需要一会儿工夫。"白大夫温和地说，"如果现在花几分钟，以后我还可以给你治疗；要不你这条腿就完了。"

激烈的机枪声越来越近。这时，手术已经做完，伤员都被抬走了。白求恩骑上那匹棕红色的骏马，走在担架后面。伤员们刚刚进入山沟，敌人的先头部队就冲进了那个村庄。


医疗队回到一分区卫生处第一所。白大夫虽然刺伤左手中指，局部发炎，仍然继续给伤员动手术。11月1日那天，他检查了一个外科传染病人（颈部丹毒合并头部蜂窝织炎）。白大夫给病人做手术时没顾得上戴橡皮手套，可能他那受了伤的中指，这时受了感染。几天后患部恶化起来，肿胀，痛得厉害。王大夫把他发炎的中指切开，放出脓来。

11月7日，日军猛烈向我军进攻，前线的战斗更加激烈。他不顾自己的病，急着要到前线去。大家劝他多休息几天，他却发起脾气来："你们不要拿我当古董，我可以工作，手指上这点小伤算什么？你们要拿我当一挺顶呱呱的机关枪使用！"

任何人的劝解都没有效果，医疗队又出发了。白求恩骑在马上，摇摇晃晃。路上有一些伤员从前线抬下来，他难过得连声责备自己："来迟了！来迟了！"到达王家庄一个团的卫生队，那手指肿得越发厉害，肘关节下发生转移性脓疡，体温增高。他服了一些药，又顽强地支撑起来。这儿到火线没有电话，他叫翻译派通信员去通知各战斗部队，把所有的伤员一起送到他这儿来。同时，他命令一定要把头部、胸部、腹部受伤的伤员抬来给他看，即使睡着了，也要叫醒他。

11月9日，他把左肘转移性的脓疡割开，精神稍好些。但到了下午体温又增高。敌人从五亩地、白家庄袭来，必须转移。但是白求恩不肯走："几个钟头以后，我就又能动手术了！"直到这个团的季光顺团长赶来慰问他，同时命令部队转移，他才没有话说了。他躺在担架上，在密集的枪弹声中，离开了王家庄。途中，他浑身发冷，呕吐了好几次，说话也没条理了。

11月11日，他们宿营在唐县黄石村。这时，聂司令员派人送来了急信，要部队不惜任何代价安全地把白求恩同志送出这个在敌人威胁下的区域，挽救白求恩同志的生命。军区卫生部也派人来了。

长期疲劳和疾患的折磨，使白求恩同志清瘦的面孔越发瘦削了，面色越发苍白了，四肢冰冷，身体已到了最坏的程度。医疗队的大夫采取一切紧急措施和外科处理，但病情仍不见好转。绝望之余，他们建议把左臂割掉。

白求恩摇摇头："不要治了，我是信任你们的。只要能活得下去，我牺牲两条胳膊都愿意。同志，已经不单是胳膊的问题了，我的血里有毒，败血病，没有办法了……请你们出去一会，让我一个人安静一下。"

全村人都知道白求恩病重，聚集在院墙外面倾听着，谁也不说话。这时候，有一支部队经过董石口，听到白求恩同志病在这里的消息，都不走了。他们中间有好多是受到白求恩的治疗而归队的战士，有的人血管里还流着白求恩同志的血液。他们商量好，派了几个代表来到院子里。医生们只允许他们从窗孔里看一看白求恩大夫。代表们挤在窗台前，悄悄地张望着，看到了他们所熟悉的、日夜思念的那张外国人的脸，看到了他那翘起的胡须和那只瘦骨嶙峋的、已经变青的手臂，都流泪了。走的时候，他们要求医生们一定要治好白大夫的病，并说："我们要用战斗来帮助你们治疗他的病，他听到胜利的消息一定会高兴的。"

到了晚上，村里的人们在黑暗中隔着院墙注视着翻译和医生，还是一动不动，还是一声不响。

白求恩同志勉强坐了起来，深重地呼吸着，开始写他的长篇遗嘱。他向聂司令员建议："立刻组织手术队到前方来做战地救护……千万不要再往北平、天津、保定一带去购买药品，因为那边的价钱比沪、港贵两倍！"他请聂司令员转告加拿大劳工进步党和美国共产党："我十分快乐，我唯一的希望，是能够有贡献……"遗嘱最后说："最近两年是我生平最愉快最有意义的时日……让我把千百人们的谢忱送给你和其余千百万亲爱的同志。"

黄昏，他把写好了的遗嘱交给翻译转给聂司令员，解下手上的夜光表赠送给翻译，作为最后的礼物。他脸上浮起微笑，谆谆对翻译和医生们说："努力吧，向着伟大的路，开辟前面的事业！"

夜幕笼罩着山野，寒风怒吼，屋子里却静悄悄的。白大夫床头那支黯淡的烛光，映着白垩的墙壁，烛油眼泪似的一滴滴滚落下来……

1939年11月12日清晨5时20分，在这安静的黎明，加拿大人民优秀的儿子，勇敢、热情的国际主义战士，我们的白求恩大夫，结束了他光辉的生命！

消息从八路军的无线电网传播出去。在军区司令部里，聂司令员和许多同志流下了眼泪；在前线上，战士们高呼着白求恩的名字向日军冲去；在军区医院里，医务工作人员把悲痛变成力量，用白求恩的精神工作着。

毛泽东同志在延安听到白求恩同志逝世的消息，十分悲痛，写了《纪念白求恩》一文，寄托哀思。在这篇文章中，毛泽东同志高度地评价了白求恩同志的光辉业绩，号召每一个中国共产党员学习白求恩，学习他的"国际主义精神""共产主义的精神""毫不利己专门利人的精神""对技术精益求精的精神"。

白求恩同志光辉的一生是永远值得我们学习的。

# 抗日烽火中的白求恩

游胜华 1965年3月

1938年初夏，抗日烽火燃遍华北的平原和山冈。晋察冀边区人民在党中央和毛主席全面抗战的号召下，拿起钢枪、土炮、梭镖奔赴抗日战场。到处是我们的游击队，到处是我们的民兵，群众的抗日情绪十分高涨。特别是平型关大捷后，边区人民和全国人民一样，斗志更加高昂。就在这样的大好时刻，我们的国际友人——加拿大人民的优秀儿子、共产党员诺尔曼·白求恩同志来到了晋察冀边区。

当时，晋察冀敌后抗日根据地诞生仅仅半年的时间，一切等于初创，困难当然不少。随着形势发展，部队迅速扩大，今天成立一个营，明天成立一个团，医药卫生工作也在党的领导下不断向前发展。但是，从边区成立的第一天起，敌人的"扫荡"没有停止过，我军反"扫荡"的战斗越来越频繁，伤员日益增多，医疗工作的任务日益加重了。在党和军区首长的领导下，我们想出了各种办法，克服前进中的困难。

白求恩同志是著名的外科专家。在这样的时刻，他率领医疗队，带了一批医药器械，来到根据地，不论在医疗技术方面，还是在医院组织工作方面，无疑对我们的工作起了极重要的推动作用。而更重要的，是他那种国际主义精神给了我们莫大的鼓舞。

6月18日上午，五台县的河北村里异常热闹。村里的群众都聚集在道路两旁，准备迎接这位国际战友。红红绿绿的标语贴满了墙，锣鼓声震山谷。11时左右，白求恩同志在边区卫生部长的陪同下，穿过夹道欢迎的人群，走进了卫生部的办公室。他，身材魁梧，头发半白，高高的颧骨上架着一副金丝眼镜。蓄着短短的胡须，穿着一件米黄色的夹克。虽然经过两个月的旅行，渡过黄河，越过同蒲铁路敌人的封锁线，从陕北高原的延安来到五台山，但是丝毫没有疲劳的样子。只见他精神抖擞，满脸堆着笑容，和欢迎的同志热情地一边握手，一边用生硬的中国话说："你好！"

这时，白求恩同志已受聘为军区的卫生顾问，要在我们这里工作一个较长的时期。我们表示热诚欢迎，并且希望他休息几天，再进行工作。他摇头说："不用休息，一点也不累。我希望立刻进行工作。还是快些带我到伤员那里去吧！"

后方医院有五百多名伤员，有些是平型关战役时挂的彩，他们分别住在松岩口、河北、河西三个村子里。河西、河北的伤员都住在老乡的暖炕上，松岩口的伤员则住在一个庙里。因为设备简陋，伤员们睡的是用门板搭的通铺。这里没有正规的手术室，也没有一套完整的外科手术器械，更不要说 X 光机和显微镜了。纱布、绷带是用过了又洗，消毒以后再用。刀子、钳子、镊子等一般的外科器械大都是自制的。药品的一部分是通过城工部的关系，从平、津、保等敌占区购买的，一部分是从商贩那里高价购买的，还有部分是自制的丸膏丹。仅有的一批医生和护士，大都没有经过专门的训练。他们虽然医学水平不高，但有一股为阶级兄弟服务的热情，不畏艰险，不怕困难，肯学肯钻。

白求恩同志了解了这些情况，心里既高兴又焦急。他说："中国共产党交给八路军的不是什么精良的武器，而是经过二万五千里长征锻炼的革命战士。有了这样的革命精华，我们就有了一切。技术水平低，可以学习提高，今天不懂的知识，明天就会懂。没有设备，也不怕，我们有一双劳动的手，可以制造。但是形势逼人，时间不能等待。"他一开始就不顾我们的劝阻，每天工作到深夜。

　　不久，他拟订了一个改进医院的计划，准备把一个设备简陋的后方医院改建成一个模范医院。他觉得抗日根据地应该有一个正规的医院，这是战争的实际需要，不但可以使伤员得到良好的治疗，而且可以起到示范的作用。他觉得从现有的设备出发，因陋就简，再加上他带来的一批器械，建立一个比较好的正规化医院是完全可能的。按照他的计划，现有的通铺应该改成单人病床，每个床位要有两套铺盖、床单、枕头，每个床位还要有洗脸盆、便盆和痰盂，伤病员应该穿医院的衣服。医院还应设立换药室、治疗室、手术室、医生办公室、伤员接待室等等，而这些房子都要求刷新，重安玻璃门窗。白求恩同志的这一系列想法，完全出自他对中国抗战的热忱，他的心意是无可厚非的。但是，他对晋察冀根据地面临的形势和游击战争的特点毕竟不够了解。自从日寇在平型关吃了败仗后，其进攻中国之锐气虽然已经受挫，但是由于晋察冀敌后游击根据地像是插在敌人咽喉里的一把尖刀，直接威胁着日寇华北的战略基地，敌人为了巩固其占领区，反复派重兵对我们的根据地进行"大扫荡"，企图加以消灭。根据地的各机关团体，随时都有转移的可能。在这样的情况下，要想有计划地建设正规医院，是困难的。我们把这些情况告诉了白求恩同志后，他耸了耸肩膀，爽朗地笑了起来，说："这里四周都是一两千米的高山，既没有公路，又没有铁路，日本强盗未必能来得了吧！"

　　我们又告诉他说："军区的分布面积很大，运送伤员又是靠担架和毛驴子。如果要把平西、平北、冀中几个军区的伤员运到五台山，还要穿过敌人的封锁线，少说也要走个把月，就是靠近的四分区，也有十天路程。要把伤员集中在这里，是有困难的！"

　　"困难，困难，可我们这么大的军区，没有一所正规的医院，这是难以想象的。我是医生，我的责任就是使病人迅速恢复健康，恢复力量。当在前线上打仗的同志问：'在抗日战争中你做了些什么？'我们回答：'我们医救伤兵，治疗病人。'他们可以问：'你做得好吗？'我们要回答：'尽我们所知道的去做啊！'那么，我们是不是照我们所能做的做了呢？"他两手摆动，嘴角上的短须一抖一抖，显然是有些激动了。

看来一时不容易说服他，再说，他的计划在改进医务工作方面，还是很有价值的，卫生部党委便请示军区领导。领导上经过反复考虑后，指示我们，应该尽力支持白求恩同志，不妨先搞得小点，搞好点。并且决定在松岩口后方医院进行试办。于是，白求恩同志连日赶拟了一个创建模范医院的"五星期计划"。为了创建模范医院，军区还派了人到平津一带去采购必要的建设器材、医药用品等。

松岩口的古庙热闹起来了，全村的群众也都忙起来了。有的整理环境卫生，有的动手盖简单的手术室，有的在庙堂里开窗户，妇女们自告奋勇动手缝制被子和枕头。白求恩同志更忙。他除了像平时一样，给伤员动手术，进行治疗外，还夜以继日地画制图样，指导木工做病床、担架，告诉锡匠怎样打探针、镊子、钳子等，向铁匠解释托马氏夹板的制造方法。只见他有时活跃在洪炉旁，有时出现在木工的身边，两手比划着，向工人说明图纸的规格，遇到解释不清楚的地方，他就亲自拉锯子、抢铁锤做出样板。人们开玩笑地问他说："白求恩同志曾经当过工匠吧？"

他轻松地回答说："一个外科医生，应该学会木工、铁工的一切技术，只有这样，才能根据伤员的需要，改进医疗设备！"

训练医生护士的工作同时开始进行。每隔一天，当太阳快要西沉的时候，医务人员盘腿坐在他面前，细心地听他的讲授。他一边在黑板上飞快地画着图，一边讲生理学、解剖学、创伤治疗等基本的医学知识。直到太阳沉入山后，山沟里升起了暮霭时，大家才结束学习。

"五星期计划"迅速地进展着。在这些日子里，白求恩同志睡得很晚。我们提醒他要充分地注意休息时，他说："我休息得很好。我在做我所要做的事。我要把每一分钟的时间都占据来做重要的工作。"

9月15日，松岩口这个二百来户的小山村，充满了节日的气氛。"模范医院"落成了。

古庙前的广场上挤满了两千多人。军区聂司令员，边区政府的代表和附近的群众都来参加这个隆重的典礼。主席台中央是悬挂着中国人民伟大领袖毛主席的画像。聂司令员首先作了重要指示。各方面的代表相继讲话之后，接着是白求恩同志讲话。这一天，他穿着军装，腰里束着宽皮带，臂上佩戴着白底蓝字的"八路"的符号，当主持人宣布后，他整了整风纪扣，正了正帽檐，慢慢地走到讲桌旁边向同志们致以军礼，开始了他的演讲："……你们同我们都是国际主义者。没有任何种族、肤色、语言、国家的界限能把我们分开。法西斯们在威胁世界和平。我们必须击败他们。"

"他们（指战士）为我们打仗，我们为回答他们，也必须为他们打仗。我们要打的敌人是死亡、疾病和残废。"

"一个医生，一个护士，一个照护员的责任是什么？……那责任就是使你的病人快乐，帮助他们恢复健康，恢复力量。你必须把他们看作是你的父兄。实在说，他们比父兄还要亲切些，因为他们是你的同志。在一切的事情中，要把他们放在最前头。你不把他们看得重于自己，那么你就不配从事卫生事业，也简直不配在八路军里工作。"

"对这些同志（八路军和游击队的伤病员）我们只有用最大的体贴、爱护和技术，才能报答他们，因为他们打仗、受伤是为了我们，不仅是为了挽救今日的中国，而且是为了实现明天的伟大、没有阶级压迫的新中国……他们和我们都在用自己今天的行动帮助新中国的诞生。"

会议上充满着国际主义气氛。每一个到会的同志，都为白求恩同志高度的国际主义、共产主义精神深深感动着。

会后，白求恩同志兴致勃勃地带领着来宾参观"模范医院"。这里整齐、清洁、井井有条，虽然因陋就简，但已经初具规模。每一项设施都凝结着白求恩同志的心血。会后，白求恩同志还向大家作了一次手术示范。

通过"五星期计划"的实行，我们的医务人员技术水平有了提高。伤员的死亡、残废率降低了，出院的人数增加了。

9月下旬，人们还沉浸在喜悦里。军区参谋处突然来电话说："有紧急情况，立即准备转移。"原来日寇华北派遣军司令部调集了三个师团和一个混成旅共五万多，分成若干路向晋察冀根据地进行"大扫荡"。敌人以步、骑、炮兵二万三千人，配合空军和机械化部队，向军区的腹地五台山进攻。敌人的矛头直指向军区的首脑机关，野心勃勃地企图一举消灭整个根据地。日寇所到之处，采取了极端野蛮的烧光、杀光、抢光的三光政策，斗争十分残酷。我们把这个紧急情况告诉白求恩同志时，他惊愕了片刻，然后说："我们不是有大部队吗？为什么不打？"

我们告诉他："要打的，只是我们暂时要避开敌人的锐气，等待有利时机，各个歼灭敌人。"接着，我们把毛主席批示的消灭敌人保存自己的原则告诉他，说明这次转移，正是军区根据主席的战备思想所采取的对策。白求恩同志听了，立刻问道："伤员怎么办呢？"

"请你放心！军区指示，全部伤员转移到河北平山。担架民夫已经组织好了，准备立即行动。"

三天时间，我们把伤员安全地转移到新的地区。白求恩同志也骑着枣红大马和我们一起离开了松岩口村。临走时，他依依不舍地、不时回头看看他苦心经营了两个多月的"模范医院"，说道："法西斯强盗多么可恶，竟连一个山沟都不让我们久住。"

一路上翻山越岭，经过许多村庄，虽然面临敌人的"大扫荡"，但是我们的人民异常镇定、斗志十分昂扬，民兵照常在那里放哨练武，儿童团照常在那里站岗检查路条。

"在密密的树林里，到处都安排同志们的宿营地，在高高的山冈上，有我们无数的好兄弟。……"

嘹亮的歌声，到处可以听到。这些事实，深深地感动了白求恩同志。他说："毛泽东同志说过，中国人民是勤劳勇敢的人民。现在，我进一步体会了这个论断。我相信，胜利一定属于中国人民！"

消息传来，日寇在9月25日进驻了金刚库松岩口村一带。这时，八路军像是"人民大海中的游鱼一般"，悄悄地转移到新的营地，避开了敌人进攻的锋芒，重新在敌人侧翼集结，伺机歼敌。日寇虽然杀气腾腾，但他们除了放火烧毁了一些经过坚壁清野的山村外，什么也没有得到。

又一个消息传来，在离开松岩口村七八里的石盆口，我军一次伏击，歼敌七八百人。

白求恩同志高兴地说："英明，英明，毛泽东同志真是伟大的舵手。中国人民有这样的领袖，多么幸福。"

我们到了平山。这时，军区司令部已经到达平山的蛟潭庄。一天，我陪同白求恩同志去见聂司令员。聂司令员首先安慰了白求恩同志，告诉他说："反'扫荡'胜利结束了，部队不但没有损失，反而得到了一批装备。日本强盗采取穷凶极恶的'三光'政策，绝不能扑灭燃烧在各个根据地的熊熊烈火。他们最终必将为人民的抗日烈火化为灰烬，最后胜利是中国的。这就是毛主席告诉我们的战争的结局。"

白求恩同志高兴地回答："对！很对！战争的结局只能是这样。"话题转到了"模范医院"被烧的情况时，白求恩同志坦率地说："我过去不了解游击战争的特点，也低估了法西斯强盗的残暴。你们的意见是正确的。在敌后要建设正规化的医院，这种想法是不够全面的。"

聂司令员说："是啊！我们是要建设的，总是敌人不允许我们建设。只有打退了敌人，才能建设你理想中的正规化医院。"

白求恩同志衷心地点点头。他这种虚心精神，使我想起了另一件事。记得在松岩口时有同志反映白求恩同志性急，白求恩同志听到后说："性急，不，毋宁说是脾气大。每逢工作进行得不顺利或者看到别人做事动作慢时，我总是发脾气。我想，我以后再不发脾气了。"当时，他还向翻译同志说："请你以后经常提醒我这一点。"只有一个共产主义者，才有这种光明磊落的胸襟；只有一个毫无利己之心的战士，才有如此坦率的心地。

这天，聂司令员请白求恩同志吃了饭。他们一边吃着，一边谈着，话题从西班牙的反法西斯战争到中国的抗日，从历史上的英雄到一个科学工作者的态度。聂司令员说："一个科学工作者，只有从实际出发，才能更好地发挥作用。这就是毛主席教导我们的实事求是的精神。今后，后方医院的建设，要更加从实际出发，注意内容。"

"完全正确，要从实际出发，讲究内容。"

白求恩同志在杨家庄的后方医院工作时期，有力贯彻了"实事求是"这个思想。

杨家庄是个二百来户人家的山村，傍山建房。后方医院的一所就在这个村里。开始时，三百多名伤员，分散住在老乡家里，无论换药和检查伤员都感到很不方便。经我们和老乡商量，老乡们自动提出几家合并一院居住，将村东面的民房全都腾出来给医院。他们说："八路军为了保卫我们，在前方流血牺牲，我们这样做是应尽的义务啊！"全村群众立即行动起来，迅速地腾空了房屋，还用白土将空房刷了一番，连村子里的街道，也垫平加宽。杨家庄顿时出现了新面貌。

伤员中有一部分是从雁北平绥战斗下来的重伤员，有不少需要输血。医院的工作人员已经抽了好几次血，连白求恩同志也自告奋勇给重伤员输了血。但是，光靠少数医务工作人员给血，血源还是不够。怎么办？这时，我们和村长、农救会主任、妇救会等干部一起开会商量。会上，我们向群众讲明了输血的政治意义，白求恩同志也向大家解释道："土里没有种子，长不出小米来；身体没有血，生命就会发生危险。伤员身体里失去了大量的血，只有补给他们，才能把他们医好。从一个健康人的身上，取一点儿血，对于身体，并没有妨碍，因为它能很快给自己补上。如果我们能用自己的血，救活一个战士，胜于打死十个敌人。"

当大家知道白求恩同志和我们已经给伤员输过血的事实后，村长和妇救会主任立即自告奋勇地说："我们给！我们给！"接着又召集了群众大会，进行动员。一下子就有四十多个人报名输血，一支群众性的"志愿输血队"立即建立起来了。我们给每个志愿输血的人检验了血型，告诉他们，什么时候需要再通知他们。医院还规定了凡是输过血的人，每人发给一百个鸡蛋、一斤红糖，作为营养补助。

血源的问题彻底解决了。这件事，深深地感动了白求恩同志。两年以前，白求恩同志在西班牙战场上参加反法西斯战争，他专门负责战地输血工作的。那时，血液是城市人民志愿输给的。要把血液运到前线，而又不使它凝结，需要一套冷藏设备，而且还要克服战地运输上的困难。现在，他在中国的解放区战场上，看到的却是另一种景象。他感慨地说："群众是我们的血库，这样的情况在外科医学的历史上，简直是创举。在西班牙，我们没有想到这一招。毛主席说发动群众依靠群众什么困难都可以战胜，这是多么伟大的思想啊！我钦佩中国人民的觉悟水平，也钦佩你们的组织动员工作。"

就在这个时候，我们的战斗口号是建立"特种外科医院"。这个医院的特征，首先是充分依靠群众进行建设。病室里需要的桌、椅用具，都是向群众借用的；病房的铺草也是群众供给的；手术台是用两张八仙桌拼搭成的；手术室、治疗室都设在民房里。虽然因陋就简，但是经过整理、粉刷和消毒，并不亚于松岩口的"模范医院"。医院还吸收了一部分群众，参加护理工作。伤病员换下的衣服和纱布、绷带，由村里的妇救会员负责洗涤。医院的警卫工作由村里的民兵担任。医院呢，免费给老乡治病，不但供给药品，连老乡住院期间的膳食都由医院负担。军民关系宛如鱼水一般。

这种军民同心协力办医院的情况，促使白求恩同志考虑一个问题，怎样改变医院的管理方法。

有一天，他提出一个建议，由医院的领导者、医务人员代表、群众代表和伤病员代表等联合建立管理机构，共同商讨决定医院的重大事情，定期检查工作，使医院组织和地方组织完全融合在一起。

他兴致勃勃，因为他多少年来追求着的理想，将要在中国的一个小山村里，开始得到实现。还在加拿大的时候，他虽然是欧美著名的外科专家，但是他并不满意这样的处境。因为他感到他的服务对象大量的是有产阶级；而千千万万贫民窟里的人民，受着饥饿的折磨和病菌的侵袭，他们迫切需要医疗，可是无力就医。于是他毅然地去民间为穷人治病。渐渐地他又感到要拯救穷人的命运，只有改革社会制度。他说："一个一个地做手术，还不如到大街上去宣传。"而改革社会制度，靠他单枪匹马行动是无济于事的。不久，他便加入了加拿大共产党。1935年夏天，白求恩到苏联列宁格勒参加国际生理学大会。他以极大的兴趣，接触到斯大林领导下的第一个社会主义国家。他看了一种崭新的社会制度，看到了这个国家里先进的医疗制度。两个月的逗留，他的收获与其说是在医学方面，不如说是在政治方面。他大大增强了革命信仰。西班牙反法西斯战争爆发后，他觉得要拯救世界，首先要打倒法西斯。于是他参加了国际纵队，到了西班牙战地。1937年，中国的抗日战争爆发后，他又来到了中国共产党领导下的解放区战场。多少年来，白求恩同志出生入死地追求真理，追求他理想中的医疗制度。现在他在中国的山村里看到了一个真正属于人民的医院的诞生，虽然简陋，但它是和人民有血肉关系的。他看到了全民的医疗制度在山村里冒头，虽然还是萌芽，但它是有充沛的生命的。他以极大兴奋的心情草拟了个民主管理医院的计划。院部领导经过研究后，告诉他说："这个精神很好，符合毛主席关于群众路线的思想，这个管理机构不妨把它叫做医院'院务委员会'。"

白求恩同志同意了这个意见。"院务委员会"吸收了村长、党支部书记、群众代表、伤病员代表为委员，村长担任医院的副院长，党支部书记担任医院的副政委。每个星期，"院务委员会"召集一次会议，检查优缺点，安排工作。每次会议，白求恩同志都亲自参加。他曾说："过去，关于改进医务工作方面，我说的很多，但我的意见不一定对。为了阶级弟兄的健康，今后，让大家共同来出主意吧。这就是我们经常说的民主制度，真正的民主制度。"

他还说："我们应该经常检查工作，寻求方法，改进工作。假若不如此，就不懂辩证法，也不能成为布尔什维克主义者。"

从此，医院的各项制度更加健全了，医院和村里的群众的协作更加密切了。群众不但参加医院的管理，分担医院的勤务，还协助医院开展政治思想工作。伤员入院时，群众主动组织慰问队，到病房慰问，伤员出院时，军民联合开大会欢送。许多伤员离院时，感动地说："我们重返前方后，只有努力杀敌，来报答大家的热心关怀，来报答白求恩同志给予我们的治疗。"

特种外科医院另一件有意义的事，就是举办实习周，训练各军分区后方医院的医务骨干。白求恩同志考虑到，作为一个外国医生，纵然能亲自为抗战做出一些事情，毕竟还不是最好的办法。最好的办法是在这同时，尽快地帮助八路军的同志，提高技术，训练人才。只有中国的同志自己掌握了技术，那么，即使有一天，他离开了中国，中国的同志们仍然能够掌握良好的医疗技术。

1939年1月3日，实习周开始了。参加实习周的同志共二十三人，大多是第一、第三军分区和三五九旅卫生部的部门领导骨干和各后方医院的外科主任和医生。他们虽然都有一定的临床经验，但是，不少人都是在实际工作中摸索出来的。有的同志在参加革命以前，是农村的放牛娃，开始担任医务工作时不识几个字，就凭着革命的责任心和顽强的毅力，逐渐掌握了一定的技术。现在，有机会得到世界著名的外科专家直接教导，大家心里是多么高兴呀！

实习活动开始了。白求恩同志规定，实习科目应该包括从照护员、护士到医生的全部内容。大家不分职别、年龄，一律轮流担任各项职务。第一天，先由一部分同志担任照护员，到病房去打扫，为伤员端屎端尿，洗脸，剪指甲。第二天，原来当照护员的调任护士，为病人换药，洗澡，上夹板等；原来当护士的调任医生；原来当医生的去当照护员。白求恩同志谆谆告诫大家说："上药、动手术、给病人洗澡，每一件工作都有正确的做法，也有错误的做法。正确的做法叫作好的技术，不正确的做法叫作不好的技术。你们必须学会好的技术。"

他又说："你们都是领导者。只有你们掌握了各个过程的全部技术，你们才能正确地指导别人工作，发现那里的问题，纠正别人的错误。"

白求恩同志对待工作是非常严格的。在病房里，他要求全体工作人员绝对地肃静，把全部注意力集中到工作中去，稍有疏忽，他就不客气地批评。听说在晋西工作时，有一个医生在手术室削梨吃，白求恩同志看到后，严肃地批评了这个同志，有时有些小节我们不够注意，白求恩同志却是一丝不苟。有一次，我们在观摩别的同志做手术，有位同志把手插在裤兜里，白求恩同志看到了立即说道："病房的工作人员，不能将手插在兜里，要将两手伸出来，做随时准备的姿势。这里没有旁观者。"事实确是如此。就连他的翻译同志，也不是手术的"旁观者"。白求恩同志让他学习麻醉技术。每当做手术时，他一身二任，既是翻译，又是熟练的麻醉师。

在实习周，每个学员，都轮流做三到五个手术。每次手术开始时，白求恩同志首先对医生进行详细考问，答对了，便让动手。答得不对，他立刻指着预先绘出的图谱，告诉你怎样切开，神经血管在哪里，怎样缝合等。手术完毕后，他毫不例外地让你开十个处方，然后由他一一进行修改。同时，他自己也开出十个处方，让大家学习比较。

除了病房实习，临床讲解以外，每天晚上，白求恩同志还给大家讲课，讲各种骨折牵引法，讲离断术……边学边做，边做边学，理论联系实际。短短的七天实习，每个同志都感到收获很大。有的同志在日记中写道："这七天之中，也许是太兴奋的缘故，总觉得日子太短，一天天很快就过去了。然而我想每一个代表在这七天之中实地学习的收获，胜于读了七个月书。甚至于……每个代表都感觉空空而来，满载而归。……"

大家离开特种外科医院时，都感到依依不舍。临走时，代表们去向白求恩同志告别。他满脸笑容，亲切地说："这七天里，你们也许会说我太严格了吧！可是，同志们，医疗工作必须如此，不应有丝毫的马虎。否则你就不能成为一个好医生。"最后，他满意地跟大家一一握手告别。


1938年11月，日寇又发动了"冬季大扫荡"。广灵到灵丘的公路上，敌人的运输十分频繁。切断这条敌人的补给线，对粉碎敌人进犯晋察冀、晋西北根据地有着重要的战略意义。

鬼子在公路的两旁布下重兵，日夜派装甲查道车巡视。王震旅长指挥下的三五九旅部队，早已根据战斗计划神速地埋伏在公路两旁的小山上，一部分留在后面作增援。

11月28日深夜，接到了王震旅长的信，要我们和白求恩同志在第二天务必赶到前线，执行疗伤任务。我们看了一下表，时间是下半夜一点多钟，杨家庄离前线大约有一百一十多里路，沿途崇山峻岭，崎岖小路，行走非常困难，要及时赶到，非采取紧急措施不可。医院的领导同志商量以后，一面通知做饭和喂马，一面收拾必需的医疗器械。这时白求恩同志已经入睡。我们为了照顾他的休息，没有立刻通知他。等各项准备就绪，已是后半夜三点钟了。我们叫醒了白求恩同志。他听了情况，不假思索地说："我完全服从王旅长的命令，现在马上出发。"

雁北酷寒，气温在零下二三十度。山头上山谷里白茫茫地盖着一层雪，呼呼的西北风迎面刮来，夹着雪花，简直叫人眼都睁不开。白求恩同志穿着聂司令员送给他的一套航空皮服（击落敌机之后缴获的胜利品），衣服连着帽子，只露出脸上的器官。

我们一行骑着马，牵着药驮子，经过绵延不绝的高山和山谷。只听得马蹄嘚嘚地在山谷里发出一阵细碎的回声。翻过几个山头，天渐渐亮了。我们呼出的热气，很快化为白蒙蒙的水汽。在白求恩同志的胡子上，水汽凝结成冰碴，仿佛是一丛雪白的胡须。他回过头来诙谐地说："瞧，这回让我扮圣诞老人，可不用化装了！"逗得大家一阵欢笑。

这一天，我们翻过五座山，遇到山路陡险冰雪滑蹄的地方，马行不便，我们只好下马步行。一路上，除了中午在一个村里，向老乡要了点开水，吃了一点干粮，一直是马不停蹄地赶路。直到晚上十一点钟左右，才到达旅司令部。王震旅长没有睡，专门等我们的到来。他见到白求恩同志很高兴，连连说："辛苦了，辛苦了！"

白求恩同志一进门就问："我们的阵地在哪儿？快领我们去。"

"战斗没有打响，现在先休息，明天早晨五点钟出发。"王震旅长说。

第二天中午，我们到了叫黑寺的小山沟里。这里，离广灵、灵丘公路前线阵地只有十二里路。指挥所还在我们的前面，离前线只有八九里路。山沟里满共五户人家，有一座小庙，庙的周围有一片柏树，我们的手术室就布置在庙里。头顶罩着白布单，手术台旁燃起熊熊的炭火，白求恩同志穿着白色工作服，扎着橡皮围裙，和我们一起，做好了一切准备工作，等候伤员的到来。

这时阵地上已经打响了。机枪声、手榴弹的爆炸声响成一片。白求恩同志焦急地不时走到庙门口去望有没有担架到来。下午一点多钟，第一批伤员到达黑寺，我们立刻投入战斗。手术室里除了钳子、剪子轻微的叮当声，和白求恩同志短促的指示声外，显得紧张而又安静。伤员一批接一批到来，手术一个接着一个进行，白求恩同志全神贯注，简直连吃饭都忘了。晚上，白求恩同志在暗淡的灯光下，继续进行手术。我们几次劝他休息，他说："伤员的生命要紧，我少休息一会儿有什么关系。"

手术不断地进行到第二天上午。天空传来一片嗡嗡声，四架敌机盘旋在我们的上空。"轰！轰！"敌机投弹了，气浪冲击，手术台上的帐顶哗哗乱动，担架和民夫开始隐蔽。我们劝白求恩同志去隐蔽。他坚定地说："前线的战士，能不能因为空袭而停止作战？不！我们的战斗岗位是手术台，离开手术台就是离开阵地，要坚守阵地。"说着，仍继续进行手术。

敌机来回盘旋，民夫们趁着敌机盘旋的空隙，抬着伤员，继续飞跃前进。伤员逐渐增多，山沟里显得有些混乱。敌机发现了目标后，疯狂地轰炸。突然，轰的一声，小庙仿佛剧烈地跳动了一下。接着哗啦一片尘土落在手术台旁。警卫员进来，呼吸急促地说："一个炸弹落在庙后四十米的地方，庙的后墙被震塌了。"

我们都为白求恩同志的安全担心。三五九旅政治部的同志再一次劝说："白求恩同志，赶紧隐蔽一下吧，我们要为你的安全负责。"

白求恩同志岿然不动地说:"闹革命就不能先顾个人安全。和法西斯作战,就不安全。如果为个人安全,我就不到中国来了。只有消灭法西斯,才有最可靠的安全。共产党员不能首先为个人的安全着想。"

白求恩同志正气凛然的语言,深深感动着我们。我们每个人的心情更加平静,大家只有一个念头:一切为了伤病员,一切为了战斗。

这天下午六时光景,王震旅长从指挥所来到黑寺。他带来了香烟、罐头等战利品,还告诉我们一个好消息说:"战斗基本结束了,阵地上正在打扫战场。如果敌人增援不多,我们就吃掉它。你们要做好转移的准备。"

"我们还有二十多个伤员没有做手术呢!"白求恩同志说。

"不要紧,前方还有部队,做完了再走也来得及。"王震回答。

王震同志走后,手术加紧进行。这一夜白求恩同志又没有休息。直到第三天,我们才离开黑寺,到下湾寺。

在这次战斗里,白求恩同志两天两夜没有合眼,先后给七十一个伤员做手术。到了下湾寺后,他又逐个给伤员检查伤口,发现治疗效果非常好。75%的伤员伤口没有发炎、化脓,10%的伤员伤口只是轻度炎症,这就是说85%的伤员情况是良好的。他十分兴奋地对我们说:"这一次治疗,开创了世界的新纪录。比西班牙战场上的疗效高多了!可见,时间就是力量,时间就是阶级兄弟的生命!"

他又兴奋地说:"医生坐在家里,等待病人来叩门的时代已经过去了。我们今后的战斗口号是:到前线去,到伤员那儿去。哪儿有伤员,我们就到哪儿去。"

后来,他又用两个伤员的治疗情况做例子教育我们说:"这两个伤员,受伤的情况几乎是相同的。子弹都是从脐部平行的地方进入腹内,肠子都有十个穿孔和裂隙,粪便侵入腹腔。两个人肠间膜动脉管都破裂了,因此大量出血,使腹内积满了血。第一个伤员是在受伤后十八个小时实施手术,他第二天就牺牲了;第二个伤员是在受伤后八个小时实施手术的,但他平安地痊愈了。生与死就是八个小时和十八个小时的区别。"

从此，白求恩同志就考虑如何组织"战地流动医疗队"的问题。他考虑到游击战争流动性较大，战斗忽东忽西，而且又没有先进的交通工具，唯一的工具就是骡子和小毛驴。从这个实际出发，要实现"哪儿有战斗到哪里去"的口号，必须有一系列的措施。在高度革命精神和高度创造精神支配下，他草拟了"战地流动医疗队"的组织和配备表。医疗队包括十个人：其中医生三人，麻醉师一人，手术室护士一人，勤务员、饲养员各二人，炊事员一人。携带的器材包括一个手术室、一个包扎室和一个药房的全部必需品，这些用品足够施行一百次手术，五百次包扎之用。这些用品只用两头骡子来驮运。其中一筐比较简单，和老乡常用的驮筐差不多，专门用来装敷料。另一个驮子是他专门设计的，外形像一座桥，用木板做成。"桥"顶上装着各种外科用的夹板。"桥"的两旁是两个小箱子，打开箱门，里边各有三个抽屉，每个抽屉里又有若干小间隔，里面装各种手术器械和药品。应用的时候，把"桥"从骡子背上搬下来，放到手术室，取下箱子门，盖在"桥"顶上，这就是一个"换药台"。他给它起了一个有意义的名字，叫"卢沟桥"。一方面，因为它的外形像桥，另一方面因为是在参加中国抗日战争时设计的，所以叫"卢沟桥"。

我们看了他的设计后，个个赞扬说："白求恩同志的创造精神，真是值得我们学习！"

他回答说："不，这不是我个人的创造，我是从群众那里'偷'来的。是群众的粪驮子启发了我。毛泽东同志说，要先当群众的小学生，然后才能当群众的先生。这就是我设计'卢沟桥'的关键所在！"

1939年的春天，保卫冀中根据地的战斗就要开始了，白求恩奉命，立即组织一个"东征医疗队"深入冀中平原配合战斗，开展医疗工作。我们暂时分手了。他紧紧握着我的手说："希望你把严格的作风和所学的技术永远在实际工作中保持和发扬，再见！"

"再见！白求恩同志……"

在和白求恩同志相处的日子里，我们不但在医疗技术上得到严格而良好的教导，更重要的是他从一个著名的外科医生到成为一个伟大的革命战士，从马德里保卫战到中国的抗日战争，这种高度的国际主义、共产主义精神给我们留下了永不磨灭的印象。

毛主席在《纪念白求恩》一文中说："一个外国人，毫无利己的动机，把中国人民的解放事业当作他自己的事业，这是什么精神？这是国际主义的精神，这是共产主义的精神，每一个中国共产党员都要学习这种精神。"又说："白求恩同志毫不利己专门利人的精神，表现在他对工作的极端的负责任，对同志对人民的极端的热忱……每一个共产党员，一定要学习白求恩同志这种真正共产主义者的精神。"毛主席的指示，不仅有伟大的历史意义，而且有巨大的现实意义。我们一定要遵照毛主席的指示，认真学习伟大的国际主义战士、我们亲密的战友诺尔曼·白求恩同志的优秀品质，为我国的社会主义建设，为世界革命贡献自己的一切。

（注：作者当年担任晋察冀军区卫生副部长。）

# 生命像火一样燃烧

江一真　1979年11月12日

　　1938年4月，我带着骑兵连，从延安出发，渡过黄河，去山西接运伤员到后方治疗。回来不久，军委卫生部忽然通知我去接待加美医疗队的白求恩大夫。我听说白求恩大夫是外科专家，英国皇家外科医学会会员，美国胸外科协会理事，医术很高明，他到延安后，已经会同马海德大夫做过几次大手术。当时平型关战役中下来不少伤员，我遇到许多疑难病例，正想找人求教。这个机会太难得了。

　　白求恩大夫的住处，在凤凰山下一个院子里。他随身带来几大箱医药用品，还有一台X光机，屋子里堆得满满的。他是个"引人入胜"的人，灰白的头发，蓝色的眼睛，又平又扁的鼻子，模样很慈祥仁爱；但是突出的前额，宽阔的下巴，又显得刚毅顽强。他穿着短外套，长筒皮靴，既威武又潇洒，像个武士，也像个诗人。见了面，他递给我一张名片，我连忙表示歉意，因为我没有名片。他听说前线下来很多伤员，也就不顾这些礼仪了，急匆匆地提起药箱，催我快走。

　　延安的春天，常刮西北风，把那些连绵起伏的山峦刮得光秃秃的，就像剃过一样。高山背阴处，还留有残雪，但是延河川里，却是苗青水秀，鸟语花香。我们的伤病员都散居在延安东边的二十里铺一带。军委卫生部还住着一个伤员林彪。英雄的八路军在平型关战役大败日寇之后，他骑着一匹从日军手中缴获的大洋马，穿着黄呢军大衣，威风凛凛地往回走，阎锡山军队误为日本鬼子来了，给了他一枪，子弹从右锁骨后侧射入，于胸脊椎左侧穿出，差点要了他的命。我是主治大夫，因此要求名医复查一下。白求恩大夫和马海德大夫一起，仔细对他作了检查，认为伤口愈合良好。这使林彪大为不满，因为他有轻微的咳嗽，怀疑把肺打烂了。两位名医反复查了几次，又照X光，证明肺部正常，他还不相信，一怒之下，跑到苏联去"治伤"。在抗日战争最紧张的时刻，他在国外整整住了五年。

当时医院里有大批伤员亟待初步治疗。他们分散居住在山沟几十个窑洞里，炕上只铺一把谷草，重伤员才有一条破棉被，轻伤员只盖一块破棉套。医疗器械残缺，连最普通的药品酒精、麻醉药、橡皮膏，都找不到。至于肥皂、毛巾，更属于高级奢侈品，难以想望。白求恩大夫随我从这条拐沟跑到那条拐沟，所见都相同。我说："我们条件太差了！"白求恩大夫神情严肃地说："这是事实，正因为条件差，才需要工作。我一到延安，就有人对我说，不能用西方标准来衡量八路军的医疗工作，跟外边大医院也不能比，把正规医院的办法搬来行不通。我已经看到了，也相信了。可是，怎样才能求得进步呢？我们能不能远处着眼、近处着手，来改变这种局面呢？"他指着撑拐杖走路的人说："你不觉得，残疾人太多吗？"

我也注意到，这些人多半是大腿、小腿受伤，由于料理失当，而成了残废。我坦率地回答说，这是医疗技术极差造成的。因为我们医生当中，很少有人上过正规大学或专科学校，也很少有人在现代化医院工作过。他问我是怎样当上医生的，我就照实说，十年前，在红军医院当过学徒，后来上过江西红色卫生学校，自己还没有学好，又留校教书。因为我有点文化基础，可以照本宣科。长征路上，伤员成千上万，无医无药，我看着难过，就拿把裁缝剪子，给自己的阶级弟兄开刀，以后从敌人那里缴获一副手术刀剪，边干边学。我还算幸运的，现在很多护理人员甚至没有进行过消毒防腐基本知识的训练，也不懂应用夹板的常识，因此有很多断肢伤员得不到适当的诊治。白求恩大夫聚精会神地倾听着，忽然紧握我的手说："在如此简陋的情况下，你们忠于职守，使我很感动。应该办个学校，训练医务人员。我相信，这里伤员的残废，许多是可以避免的。如果在前线负伤二十四小时内，立刻将伤处开刀，将折骨用夹板夹起来，他们的腿就不会截掉！"接着又说："我已经向毛泽东同志要求，组织战地医疗队，使75%的重伤员恢复健康。你觉得怎样？"

这是一个大胆的设想，因为世界上还没有达到这么高的治愈率。显然，一种新的医疗思想，在他脑子里酝酿成熟了。他说，看到这里的状况，觉得更应该快些到前线去。不能等伤员拖到无法挽救的地步，再来表现自己的仁慈。他们渴望恢复健康，重上战场，医生怎能叫他们扶双拐走路？

一连几天，白求恩大夫除了给重伤员做手术，还和我们一起整顿医院，腾出两间大屋，扫干净作手术室，又用棉布缝了几条垫褥，把谷草包裹起来，剩下的布头就剪成毛巾、纱布块、口罩，都放到蒸锅里消毒。同时又把几十个伤员的伤情分了类，以便有条不紊地进行工作。我感觉到白求恩大夫工作的目的性十分明确，不是为装潢门面做样子。他懂得按科学原则工作，善于引导别人同他一起行动。

可惜他的富有创新精神的设想还没有为大家所理解，因此，对待他组织战地医疗队的请求，讨论了几次都没下文。有的说，延安需要他；有的说，敌后太艰苦；有的又说，年近半百跑不动了，需要照顾。越讨论下去，越觉得问题复杂。如果不是他以一种出奇的举动，结束了这场讨论，类似的理由也许可以举出几百条。当他听到对他需要特别照顾的时候，忽然跳起来，抄起圈椅，朝窗户掷过去，椅子砸断了窗棂子，落到院子里，他怒气冲冲地叫道："我不是为享受生活而来的！连实现我的理想，都抛弃了！需要照顾的是伤员，不是我自己！"全场惊愕失色。可是那么复杂难解决的问题，也一下子变得简单了。大家异口同声说："好！上前线！"

事后，马海德大夫好意劝他，举动太莽撞。马海德原是美国人，1936年同斯诺一起到陕北保安，就留下参加了红军，是个老革命，很懂得一点

"组织纪律性"。但是白求恩大夫却嬉笑着说:"我可以向大家道歉,但是你们也要向扶拐杖走路的残废人道歉!"

问题就这样以一种"白求恩方式"解决了。在二十里铺为他做出发准备。供给处把必需的药品、器材装了满满十三个骡子驮,他还嫌少。但听说要过封锁线,东西已经十分笨重,他又同意把X光机留下来。5月2日,白求恩大夫像凯旋的将军一样,雄赳赳地率领着他那支浩浩荡荡的运输大军出发了。商定由马海德大夫充当他和国外的联络员。他兴高采烈,得意非凡。我去送行,他拉着我的手说:"医生在后方等待伤员的时期已经过去了。医生的工作岗位是在前线上!"

不久,我也带着八路军卫生部的手术队出发到西线去了。当时国民党顽固派不但对边区进行严密的经济封锁,还派政治土匪潜入边区骚扰破坏,不断进行武装挑衅。他们在陇东庆阳地区制造摩擦,残酷杀害边区军民,耿飚等同志率领的三五八旅奋起反击,那里有大量伤员需要救治。白求恩大夫到五台山后来电要我去晋察冀,但我们却被顽军拖住腿,无法脱身。

8月,我刚回到延安,朱总和彭总号召医务人员到前方去,卫生部门迅速组织三个医疗队,姬鹏飞同志带一队到新四军,孙仪之同志带一队到一二九师,我带一队到晋察冀根据地。临行前,马海德大夫让我们给白求恩大夫带加拿大香烟、巧克力糖,还有一筒可可粉,一管刮脸膏。当初没带走的X光机,也装上了驮子。我们冒着盛暑骄阳上路。可是一到晋绥,我们又滞留下来。三个月前,白求恩大夫路过这里,已经建立了手术室,作了伤情分类和手术记录,还说要回来做手术。当时忻县有三百伤员,岚县有六百伤员,总共只有两名外科医生。国民党军溃逃后,八路军已成为敌后战场抗日主力。伤员猛增,有的战士不过十七八岁,头上包着羊肚子手巾,还没有来得及穿上军衣,就负了伤。就像白求恩大夫说的那样,他们满腔热血,无所畏惧,在人生道路上,甚至还没有体验过"失望"是什么滋味。医生是不能令人失望的。因此,我们不能不留下来进行抢救。

　　眼看就到冬天，白求恩大夫又来电催促。我们背上背包，向五台山进军。刚过长城，就遇上了暴风雪。天地间银龙飞舞，山山水水尽披银装。山间羊肠小路，本来崎岖难走，现在大雪封山，路也消失了。骡驮子几次跌倒在雪沟里，我们死命扯着尾巴拉着辔头往上拖。我们光担心把骡子尾巴冻掉了，却没有提防背包结成了冰疙瘩。夜间宿营时，我们满身挂着冰凌，背包也解不下来，还不敢硬拉，怕把冻僵的胳膊也拉断；又不敢烤火，怕冷热夹攻生冻疮。我患了重感冒，发着高烧，也不知这一夜怎么熬过的。

　　第二天又兼程前进。11月25日，我赶到灵丘县下关村，这里是晋察冀军区后方医院二所所在地。敌机在村上盘旋扫射，广灵到灵丘公路上的伏击战打响了。我们决定改变路程，迎着枪声，赶往战场。当我们到达黑寺的时候，白求恩大夫在手术台旁已不间断地工作了四十个小时，这里距离伏击阵地十二里，是三五九旅王震旅长选定作手术室的地方。敌人上有飞机，下有坦克助战，还灭绝人性放毒气。王震旅长担心这里不安全，亲自来组织战地救护，手术室设在一座破庙里，抬来的担架把庙门也堵住了。做手术的只有白求恩大夫一个人，因为做麻醉手术的翻译累倒了，助手给伤员输了血，被他强令休息。庙里没有汽灯，只点了两盏马灯，灯光昏暗。白求恩大夫眼花，又连续熬夜，做手术看不清楚，还得用手电筒照着，俯下身子查看伤口。那么冷的天，他额角却沁出汗珠子，嘴唇裂得出了血。我顾不得卸骡驮子支手术台，也顾不得说话。我跑上去，从他手中接过手术刀，把他顶替下来。他从地上捡起王震旅长送的那顶皮帽子，离开了手术台。他已十分疲惫，几乎站也站不稳了。

　　战斗十分激烈。我军歼敌七八百人，自己的伤员也有六七百。我们又紧张地工作了一天一夜，才把伤员处理完。12月7日，我们回到杨家庄，白求恩大夫也从曲回寺后方医院检查回来。原来，他离开手术台后，根本就没有休息。他一见到我，就紧紧抱着我的肩头，兴高采烈地夸耀说："真了不起！我刚刚检查过在前线动手术的伤员，七十一个动过手术的只有一个死亡！而且没有一个受感染！这是一件空前的事，一个巨大的进步！"

在延安时，他当面向毛泽东同志谈过，只要作战时把手术室建在靠近前线的地方，就能使75％的伤员恢复健康。消息传出后，就有人背地叽咕说："这是吹牛！"他们习惯于头痛医头、脚痛医脚，宁肯抱残守缺，也不敢多走一步，这种麻木不仁的表现，比肉体的创伤更难医治。但是仅仅过了半年多，白求恩大夫通过自己的实践，实现了医学史上的创举，并且还远远超过了那个比例数，他怎能不欣喜呢！他还说在延安、晋绥检查伤员，没有一个腹部伤，这说明他们在运往后方医院的途中就死去了。这一次，有个腹部被子弹射穿的伤员，在受伤后八个小时动的手术，被救活了，另一个在十八个小时后动的手术，没有救活。生死之差就在十个小时，当天他就给他最尊敬的聂荣臻司令员写报告，详细汇报了取得的成果，当天他还说："我们还可以做得更好些！"这就是他的格言：好些，再好些！如果今天不比昨天好，生活也就淡然无味！

白求恩大夫到前线几个月，不仅比过去消瘦、憔悴，也变得"土气"了。穿着灰布军装，打着绑带，长一脸又粗又硬的灰白胡子，也显得更苍老，但也显得更愉快，更活泼。等他稍微安静下来，我就向他点交从延安带来的物品，这时我才发现X光机没有直心器，不知是临行时疏忽忘记带来，还是中途丢失了。这么贵重的物件，竟成了废物。白求恩大夫没有责怪我们，反而宽慰说："这里没有发电机，X光机不能用。"他拿起刮脸膏，不禁放声大笑了："我留了胡子，用不着刮脸膏了！"

他为没有带来书报杂志感到很失望。知识的饥渴最令他烦恼。他说："我宁愿用这堆好东西去换一张报纸！"过了一会儿，他又生硬地夹杂着刚刚学会的几个中文单词，快活地叫嚷起来："我很幸福，很快乐，很满足，我一切都有了：山药蛋，火炉子，煤，木柴，马，马鞍子，皮帽子，我生活得像一个国王了！"

离开延安的时候，马海德大夫曾打趣说：白求恩是个"危险人物"。因为他喜欢捣乱，爱闯祸，自己不安静，也不让别人安静。连他的同事也抱怨说："结交这样一个朋友实在累死人。"他走到哪里，就使一切静止凝固的东西遭到破坏。在我对白求恩的身世略有了解以后，我也觉得他的确是旧世界、旧观念、旧传统的叛逆，他身上永远充满创造的活力。

白求恩大夫生长在温柔富贵的家庭，祖父是医生，父亲是牧师，母亲是传教士。他上学前就学做生物解剖，研究人体。成年后，他开始收藏美术品，获得厚利，眼看要变成富豪了，他却感到厌恶，跑到美国底特律挂牌行医，给穷人治病，结果生活潦倒不堪，因为穷人出不起诊费，他还常常掏腰包给病人买饭吃。有些"名医"趁机把自己治不了或治坏了的病人，介绍到他的诊所来，从中索取"回佣"。于是，白求恩大夫的声望越来越高，收入也多起来。这时，他发现那些"名医"为了多捞钱，故意把患者的腿骨接错，他就向这种罪恶行为宣战，主张实行"送医上门"的社会医疗制度。后来，他逃脱了发财致富的机会，投入到西班牙人民反法西斯的斗争中。他一生都在追求、探索，为创造美好的社会而献身。他的生命，像烈火一样燃烧。

现在他又来中国和我们并肩战斗。他并不把自己当作外国人，总喜欢人家叫他"八路"，也喜欢把战士叫作"我的孩子"，他把自己的特殊照顾看作是对他不尊重，他见发给他的零用钱比别人多，就严厉抗议。他到晋察冀半年多，就把医疗卫生工作组织得井井有条，创办了模范医院，制定了各种规章、制度、守则。他每天工作十八小时，平均一天做七八个手术，大小事情都下手干。编教材，订计划，写诗作画，还写小说。他根本不计较日常生活上的困难。这里没有收音机，没有沙发椅，没有洗澡盆，没有娱乐活动，没有报纸，由于语言不通，甚至也找不到人谈心。有的是跋山涉水，弹雨枪林，但他不以为苦，反以为乐。因为他在这里找到了最珍贵的"共产主义圣徒一般的同志"。他觉得同这些人一起生活，一起工作，是毕生最大的幸福。

但是他和人相处并不始终都是和谐的。他为伤员端屎端尿，和颜悦色，像慈母一样体贴；但是一看到办事拖拉，优柔寡断，敷衍了事，他就要大发雷霆。特别是看到对伤员不负责的现象，他更不能容忍。有一次，一个医生用手术刀削梨吃，他愤怒地把医生推出屋，禁止他做手术。因为手术刀不洁净，容易造成感染。有个医生没有给伤员上夹板，还挨过一巴掌。因为不上夹板，伤员就会落残疾。不少人因此抱怨他"脾气大"。他常说："医生要有狮子的勇敢，慈母的心肠。"他对伤员是慈母，像教徒对上帝一样虔诚。对那些不把伤员放在心上的人，就是一头暴怒的狮子！

显然，这些习以为常的纠纷、争吵，也使白求恩大夫感到不安。部队里很多医务人员还是文盲，他们宁肯相信良心，而不肯相信科学。最好的解决办法，不是暴跳如雷，或一走了之，而是提高医务人员的技术业务水平。在延安时，他就向毛主席建议过，要加强对医务人员的训练，当时还希望能送到大城市去培养。过黄河后，他就认识到这想法太脱离实际了，所以，一到晋察冀，他就给党中央和军区领导写信，提议"设立完善的医学校"，培养训练医务人才。然而"完善"又谈何容易，只好因陋就简，先办特种外科实习周，轮训卫生干部。

1939年1月3日，实习周正式开课，学员一期二十多人，白求恩大夫要我去教书。因为他语言不通，讲课有困难。更重要的是他想到前线去，推广组织战地医疗队的经验。我知道他打电报催我来，就是要办学校，只得答应说："试试看吧！"他见我同意了，高兴地叫道："那么，我又有一个化身了。"我也开玩笑说："我不是你的化身，而是替死鬼！"他听翻译说完，就哈哈大笑。

春节的夜晚，吃罢饺子，白求恩大夫带着东征医疗队向战斗最残酷的冀中平原挺进，天寒地冻，大雪飘飘。他戴上心爱的皮帽子，放下帽耳，把脸包得严严的。他矫健的身影隐没在漫天风雪中。

我们在外科实习周的基础上，着手筹建卫生学校，从各军分区卫生队、休养所抽调学员来学习。第一期就集中了五百人。我们总算前进一大步了。

接着，卫校迁移到唐县神北村。

这年夏天，连降大雨，唐河一带荒山秃岭，每逢下雨，山洪暴发，泥流浊浪把沿岸四十八滩淹没了。神北村在唐河东岸，依山面水，也被洪水所困，连一块上课的干地方也找不到。6月底，白求恩大夫返回冀西山区，不几天，就以军区卫生顾问的名义，到学校检查工作。我向他详细汇报了卫校筹建的情况和存在的问题。他表示很满意，因为他原来设想每期只招收两百人，没想到规模会搞这么大。白求恩大夫同我们详细谈了卫校的组织方法和教学分科问题，还谈了新医生的培养、旧医生的训练，以及护士、特别护士、麻醉师、调剂师和病房、手术室护士长的课程安排。最后，他又拿出为学校准备的各种表册，原来还在冀中的时候，他就把这些文件制定好了。其中还有教学方针、教学计划、作息时间表、课程表。这使我十分惊异，当这里还像一团乱麻的时候，他却早已抓住线头了。他不尚空谈，讲求效率，不停地思考，不停地行动，而且善于把每一个思考都化为行动。这正是我们所缺少的东西。

我看了教学计划，就提意见说："这些文件好是好，可是谁来教课呢？"白求恩大夫胸有成竹地说："你！"我为难了。这一大摊子，仅仅日常事务工作，就要把我缠住，何况学校处于战争环境，敌人说来就来，要掌握敌情变化，指挥行军打仗，哪有时间备课，研究学问。但是白求恩大夫是不易改变主意的，他说："你是校长，最重要最有价值的任务就是直接培养训练人才！"他打开公文袋，掏出一份在冀中战地编写好的《外科教材》递给我。他不仅给我安排了课程，连教材都为我准备好了。他那个公文袋像个万宝囊，谁能估量里面装着他多少心血！他自己总嫌担子轻，也往别人肩上加重量。他工作起来总是有声有色。只有在这种时候，他才感到最大的愉快和满足。

白求恩大夫说，他已经请求军区从冀中调来五六个专家、教授来教书，那些人都是学有专长的人。卫校应该把第一流人才集中起来，培养医务干部，这不仅是战争的需要，也是将来建设新中国的需要。他想得那么远那么深又那么细，他把我的名字排在功课表的头一名，就是要我以身作则，起带头作用。

整个7月，白求恩大夫都是在神北村度过的，一边审查改编各种教材，一边编写他的重要著作《游击战争中师野战医院的组织和技术》。他住在村头一间不到六平方米的小屋里，天气死热，阴暗潮湿，蚊子又多，他把桌子搬到树林边上，光着膀子，紧张地工作。（有趣的是，当时光着膀子拍下的照片，在前几年出版的书籍上刊出时，却给他加了一件背心，这样是"雅观"一些了，但在那样艰难困苦的环境里，白求恩大夫却无法获得这样一件背心。）他自幼喜欢森林，喜欢夏日的天空，工作得累了，不是跑到山坡上作太阳浴，就是倚着椅背，仰望着对面的罗浮山。那里，山上奇峰怪石，像莲花瓣倒披着，在云中忽隐忽现，幻化出千姿百态。传说那是葛洪炼丹的地方，以后这个葛公服了仙丹飞升了。山上建有清虚宫，因此又叫葛公山或清虚山。而白求恩不远万里，来到这个荒僻的山沟，不是为了出世，而是为了入世，这是多么鲜明的对比！那种幻想长生的人，显得多么渺小啊！

紧张的工作还没有结束，白求恩大夫又在计划下一步的行动了。有一天，他对我说，这里工作告一段落，他准备回加拿大。我说："你想家了吗？"他毫不掩饰地说："想。"我曾听说，十年前，他得过严重的肺结核，在生命垂危的时候，他恳求年轻的妻子同他离了婚，以免拖累她。他孤单一人从底特律回到故乡蒙特利尔，一边躺在疗养院里等死，一边同死神作战，他用自己的身体实验一种新技术——气胸疗法，终于治好了肺结核。而今，他还在思念这些往事，可是那个家不会再有了。他解释说，他想回去，并不是寻找过去的生活，也不是在这里生活得腻烦了。在他看来，看着虱子在腿上爬，比观赏芭蕾舞更有趣；在一座残破的小庙里，背后有一个二十尺高的没有表情的神像盯着他做手术，比在一间有绿瓷砖墙、自来水、电灯和设备齐全的现代化医院做手术更有意义；在神仙的炼丹炉旁按动打字机编讲义也更富有浪漫色彩。他的牙齿坏了，一只耳朵聋了，眼镜也坏了，手指多次感染，都没有使他忧愁，但他却为只剩下二十多根羊肠线而焦虑不安。如果都用完了，将采用什么代用品来缝伤口呢？他准备回去，就为这个：中国革命是世界革命的一部分，进步人类理应把中国人民的斗争看作是自己的斗争。因此，他要返回加美，揭露日本侵略者的残暴行径，动员人力物力财力，来支援浴血奋战的八路军。白求恩大夫说："这儿是我的生活领域，这儿需要我，我一定还回来。我在这里有用，为什么不回来呢！"

不久，敌人在神北村南边的洪城安了据点，卫校转移到山高谷深的牛眼沟。唐河正发大水，我们只好把簸箩绑在梯子上当小船，把药品、器材运到西岸。白求恩大夫也泅渡抢运，还帮助不会游水的女同志渡河。9月18日，晋察冀军区卫生学校正式成立。10月，延安抗大女生队和军委卫校开到敌后，和晋察冀卫校合并，学员增加到一千多人，牛眼沟住不下，卫校又迁移到罗浮山下和敌人据点隔河相望的葛公村。白求恩大夫组织巡回检查团，到各分区检查医疗工作，还来卫校了解教学进展情况。

10月下旬，敌人发动了冬季"扫荡"，已经决定回国的白求恩大夫临时改变计划，带医疗队奔赴涞源前线。这时，卫校也离开葛公村，同敌人打游击。大概是11月10日，我从卫生部知道白求恩大夫因左手中指受伤和遭受致命感染的消息。聂荣臻司令员下令，要不惜一切代价组织抢救。我们正要出发，12日，噩耗传来，他已经于凌晨逝世了。他曾经给我那样多的帮助，在遗嘱中还特意要我挑选两件遗物作纪念，而我在他病危之际竟没尽一点力量，每想到这里，我总是追悔莫及，忍不住要落泪！

11月17日，反"扫荡"战斗间歇，军区在于家寨为白求恩举行隆重殡殓殡殓典礼。卫校正式转移到离于家寨不远的和家庄。我和同学们一起，排着整齐的队伍，迈着沉重的步伐来到会场。下午5点，典礼开始，会场上响起一片抽泣声，当大家排队随着聂荣臻司令员绕过白求恩的遗体向他告别时，一些同志竟失声痛哭了。

时已深秋，落叶纷纷，河滩上笼罩着一片肃穆悲哀的气氛。我站在白求恩的遗体前，久久凝望着他那眼窝塌陷、双颊消瘦的面容，默默地思索：白求恩大夫在我们边区不过工作了二十个月，他何以如此感动了我们的战士和群众？我认为就是他那种为实现共产主义理想所表现出来的不顾一切的精神。

为了永远纪念白求恩大夫，1940年2月，军区决定将卫校命名为白求恩卫生学校，任命我为第一任校长。在那个艰苦的战争年代，我亲眼看到同志们以做白求恩式的革命者，做白求恩式的科学家自勉，为祖国的解放事业贡献力量。今天，白求恩离开我们整整四十年了，但他生命的火花，仍闪耀着光芒，他的崇高精神仍然是值得我们学习的。我愿和同志们一起，把白求恩精神继承下去，并且在为实现社会主义现代化的斗争中发扬光大。

（注：作者当年担任晋察冀军区白求恩卫生学校校长。）

# 五次见到白求恩大夫的回忆

贺云卿　1995年8月18日

中国人民的亲密的战友，伟大的国际主义战士白求恩大夫，离开我们已经整整五十五年。五十五年前，他在中国敌后抗日根据地晋察冀军区卫生部工作期间的许许多多模范事迹，给抗日军民留下了不可磨灭的印象。当时我在晋察冀军区第二分区工作，前后五次见到白求恩大夫，亲身感受到他的伟大精神，并聆听他的指导，今天回想起来，仍然感到十分亲切，当年艰苦岁月里白求恩大夫令人难忘的事迹又一幕幕重新涌现在眼前。

## 第一次见到白求恩大夫

1938年，正当中华民族处于灾难深重的时刻，白求恩同志受加拿大共产党和美国共产党的派遣，不远万里到中国，到了革命圣地延安，并且受毛主席的委托，在郭天民副参谋长陪同下，从延安出发，渡过黄河，越过同蒲铁路，6月中旬安全到达晋察冀军区第二军分区司令部所在地山西省五台县豆村镇。我接到分区司令部电话，要我赶紧到供给部去。我一到供给部，白求恩大夫已经坐在那里，我向他问了好，他满面笑容地同我握了握手，问我"姓什么？""多大岁数了？"，我告诉他二十三岁了。他随即就问我："你是医生吗？"我回答白求恩大夫："我是军医，是红军军委卫生学校毕业的军医，是这个军分区的卫生部长。"白求恩大夫听了很高兴，接着就问："你们这个部队有几个医院？"我说有两个医院。"有多少伤病员？""四百多名伤病员。"白求恩大夫说："那你准备一下，我们一会儿去看伤病员。"这时已经过了中午，白大夫他们赶了好几天路，今天又走了一上午，没有休息，没有吃饭，我就请白求恩大夫先吃午饭再说。这样，吃完午饭他又要我和他一起去医院看伤员。我就向他介绍了情况，说明这是前方，现在伤员在后方安全地带，交通不大方便，今天半天的工夫，怕回不来。郭天民副参谋长也向他解释说：明天一早我们还要离开这里，赶到军区司令部找聂司令员，是不是今天就不去了，这样才说服了白大夫。第二天，天蒙蒙亮，他们就继续赶路去军区司令部了。临别时，白大夫还说："你们部队打仗时，我一定再来。"

这第一次见面，给我留下的深刻印象是，白求恩来到敌后第一天，首先想到的是工作，想到伤员同志的健康，是一个满腔热忱，对工作十分认真的人。

### 第二次见到白求恩大夫

1938年秋天，凶恶的日寇向我五台县耿镇地区疯狂进攻，军分区军民英勇顽强反击敌人。我卫生部野战医院驻五台县马家庄，担负着接受这次战斗伤员的任务。战斗开始后不久，接到上级电报，白求恩大夫要到我们野战医院来参加救护工作。我们医院的同志闻讯十分振奋。当天晚上8时，白求恩大夫和翻译董越千同志及手术队其他同志从阜平县，经过龙台县，翻山越岭赶来了。我们请白大夫休息一会儿喝点水，他不肯休息，马上要我陪他查病房，同时通知手术的同志赶紧准备消毒。

白求恩大夫技术是很高明的，有着丰富的野战外科的实践经验。他对我说："对伤员的早期手术处理得好，这对于伤员恢复健康，早日返回到前方，具有决定性的意义，我们必须尽一切努力做好早期手术处理。"就在这次战斗中，许多伤员经过他的检查，需要手术的，立即得到合理的手术，然后才转送到后方。

敌人的炮声离我们医院越来越近，前方司令部电话指示，要我们保证白求恩大夫的安全，在第二天凌晨4点以前保护白求恩大夫，连同整个医院向指定的地方转移。我把上级的指示转告了白求恩大夫。白大夫语气坚定地对我说："上级的命令要执行，工作任务也要完成。"这一天白求恩大夫不顾极度劳累、不顾个人生命安危，在一个普通老百姓的民房改成的手术室内，沉着应战，在汽灯照明下，通宵进行手术，把所有需要手术的重伤员都处理完毕，这时已是凌晨3点了。

战役结束后，我同白求恩大夫离别时，我送给他一副红军时期的担架床，他很高兴，并且写给我一封感谢信。可惜这封信在1942年敌人"大扫荡"时遗失了。可是这些往事，今天回想起来仍然像昨天发生的事情一样。

### 第三次见到白求恩大夫

我第三次见到白求恩大夫是他创办模范医院的期间。

白求恩来敌后工作时间不久，看到我们各军分区医院后送的一些伤员，反映出存在不少困难和问题，如治疗外伤药品少，麻醉缺乏经验，伤员恢复慢；医疗技术水平不高，有些骨折伤员处理得不好，影响正常功能，直接影响前方战斗力。白求恩非常着急，他请示上级，在军区后方医院驻地（山西五台县耿镇松岩口村）利用一个破庙，在极端困难的条件下，因陋就简建设了一个良好的模范外科医院。开院的那天，晋察冀军区首长和各军分区卫生部领导同志都参加了开院典礼大会，我也参加了，并且参加了整个学习参观过程，这一次给我留下深刻印象的有下列几方面：

白求恩大夫向我们介绍了模范医院如何本着自力更生、艰苦奋斗的精神创办起来的经过，这对我来说确实是一次教育，看到一间间重伤员编组的病房，使用着白大夫带来的以及自制的各种外用药品，解决了重伤员的痛苦，给我留下了深刻的印象。

白求恩大夫做了手术示范，对骨折病人作处理。另外有一名肾脏负伤的伤员，白大夫给他进行了一侧肾脏摘除术，挽救了伤员的生命，各分区来参观的干部和医生都对白大夫的高超手术技巧和手术室良好的组织称赞不已。

在敌后抗战的八路军指战员，由于物质条件限制，许多人没有衬衣穿，部队好生疥疮病，互相传染，影响战斗力。白求恩的模范医院，分别收容疥疮病患者。他亲自用猪油和硫黄配成软膏，给病人涂擦，然后用木柴火烤，经过八到十天就一个个治愈出院。

我们还看到白大夫非常关心伤员生活和搞好护理工作。他亲自到炊事班抓伤员的伙食。他发现护理员中一些年轻孩子力气小，做事又不仔细，护理重伤员不合适，就在村里动员一些年岁大一点的老头儿来当重伤员的护理员，结果效果很好，伤员住在模范医院里感到很舒适。

还有一件小事。开院典礼的那天晚上，抗敌剧社举行文艺晚会，招待医院、学校的干部。白大夫对于来院学习的同志要求很严，处处要求理论与当时当地实际相结合，同时又十分注意基本功的训练。比如护理伤员换药的方法和顺序，洗绷带、纱布和晾晒的方法（共十三步），都要求很细。学习手术技术，如何先当助手，然后再当手术者，都得按照他的规定进行。通过向白大夫学习，使整个晋察冀军区的医务人员思想水平和业务水平大大提高了一步。

### 第四次见到白求恩大夫

1939年春天到了，白求恩来到晋察冀边区也快一年了。一天，军区卫生部在河北省唐县某地召开全军卫生部长会议。叶青山部长主持会议。叶部长很尊重卫生顾问白求恩，请他做指示。我记得白求恩同志一上台就诚恳地说："我讲一讲吧，不过是先讲优点，还是先讲缺点呢？"叶部长和到会同志一致要求请白求恩同志先讲缺点。他突出地讲道：我们各地医院对骨折伤员没有认真按照医学科学的要求处理，结果伤员的外部创伤愈合了，可形成了临时的和永久的残废，伤员不能回到前方的部队，影响部队战斗力，这是一个很大的损失，责任在我们的医生。为什么形成残废呢？有托马氏夹板吗？我们回答附近没有，要走十几里地才有铁匠铺。白大夫不相信，随即请翻译郎林同志和他把托马氏夹板背上，向老乡打听，走了两公里多路，找到了铁匠铺。按照科学要求，把托马氏夹板修理好了，中午饭也没有吃，又赶回了开会地点，告诉大家："这才是合乎要求的夹板。"这件事对所有到会同志的教育确实是很大的，我们所学到的不是一个托马氏夹板的正确规格，而是一种毫不利己、专门利人的共产主义精神，是伟大的无产阶级国际主义精神啊！

### 第五次见到白求恩大夫

1939年夏天，各分区卫生部的领导同志集中到军区卫生部开会，会后组织起来，跟白求恩大夫学习诊疗技术。我们这些同志医学基础理论是不够的，外科技术也不高，白大夫为培养我们，处处手把着手教我们。在手术室做手术，他和我们一起消毒洗手，让我们先做，他在边上指导，如果手术中发现疑难问题，他马上就动手。白求恩同志就这样把一点一滴的经验都教给我们。在他的亲切指导下，我们部队医务人员逐渐提高了医务技术，在抗日战争的中后期和后来的解放战争中，我们的野战外科技术大大提高，伤员的治愈率也不断提高，死亡率不断降低，部队卫生勤务工作不断加强，这些成绩的取得与我们的老师诺尔曼·白求恩同志当年的指导是分不开的。

### 白求恩大夫活在我们心中

1939年10月，白求恩在冀西摩天岭前线的孙家庄抢救伤员时，手术中手指被划破中毒，救治无效，于11月12日不幸逝世。当我们得知这个消息时，心中十分悲痛。我们部队卫生工作失去了一个好顾问，我们的医务干部失去了一个好老师，中国人民失去了一个伟大的朋友。白求恩同志把鲜血和生命献给了伟大的反法西斯战争和伟大的共产主义事业，为中加两国人民世世代代的友谊谱写了一曲国际共产主义的壮丽颂歌。

为了悼念这位伟大的国际共产主义战士，我们晋察冀边区军民召开了隆重的追悼大会。伟大领袖毛主席写了《纪念白求恩》的历史性文献。白求恩同志的遗体就安葬在河北省唐县军城，革命胜利后，国家将白求恩大夫遗体迁到石家庄市华北军区烈士陵园，重建了白求恩大夫之墓，并建了白求恩同志展览馆，光照千秋！

（注：本文原刊1995年8月18日《吉林日报》第7版。作者曾任晋察冀分区卫生部长、白求恩医科大学党委书记兼校长。）

# 高尚的人　纯粹的人

陈淇园　1973 年 11 月 29 日

1938 年底，我调到冀中军区后方医院工作。次年 2 月中旬的一天，军区司令部打来电话，通知我立即到司令部去接白求恩同志，我听到这个消息非常高兴，立即骑马向军区司令部所在地饶阳县东湾里村走去。

来到司令部的院子里，正好碰上司令员从屋子里出来，他笑着对我说："来得挺快呀！这回你们可高兴了吧！""当然高兴。"我说。这时司令员却收敛笑容，严肃地说："白求恩同志是国际友人，这次率领东征医疗队来冀中军区卫生部检查、指导工作，对我们是一个很大的促进，今天就到你们医院去。你对他的工作要大力协助，热情支持，同时对他的生活要尽力照顾。最重要的是，你一定要特别注意他的安全。咱们冀中平原的游击战不比山区，这些你都知道，我就不多说了。"说完他就向外走去。刚走到门口，他又停住脚步，回过头来认真地叮嘱说："你可要注意呀！对他询问的问题，能办到的就说能办到，办不到的就说办不到；好就说好，不好就说不好，不要说空话，一切都要向他交底。他可是一个十分认真的人。"我目送司令员走出院子，便随同司令部的一位同志去见白求恩同志。

我们走进白求恩同志住的院子，拴在枣树上的一匹又高又大的枣红马，见有人进来，突然用前蹄刨着地，嘶叫了两声。司令部的同志低声对我说:"这是白求恩同志的虎马,还是聂司令员送给他的战利品呢!"我正饶有兴趣地打量着那匹马,一个小战士从房子里走出来,把我们领进正房右边的一间房子。我一进门,就看见一个外国老人,正靠着行李坐在炕上看书。见我们进来,他立即放下书本,起身就要下地。不用说,他就是白求恩同志了。我赶忙迎上前去,紧紧握住他那瘦而有劲的大手,自我介绍说:"我是军区后方医院的负责人陈淇园,来接您到我们那儿去,我们欢迎您啊!"白求恩同志用生硬的中国话连声说:"谢谢,谢谢!"我透过他的金丝眼镜,看到一双浅蓝色的炯炯有神的眼睛,深深地嵌在颧骨隆起的眼窝里,他那饱经战斗烽火的脸上,深深地布满皱纹,稀疏的头发,灰白相间,虽然新刮过胡子,但看上去也足有五十多岁了。这是一个多么了不起的革命老战士啊!我望着他,一种崇敬的心情油然而生,一股暖流在我的身上沸腾。

白求恩同志从灰布八路军军装的衣袋里掏出一个笔记本,拿起钢笔,问道:"你们后方医院有多少医生?多少护士?有多少是正式医学院校毕业的?负责多少人员的治疗任务?"我都一一做了回答。他边听边记,说完又问:"现在医院里重伤员有多少?都在哪里?"我说:"重伤员一部分已经转移到路西山区,另一些隐蔽在老乡家里。情况在不断变化,具体数字还待清查。"他听到这里,皱了皱眉头,显出几分不满意的神色。我连忙解释道:"我们医院为了伤员的安全,驻地变化无常,有时还同敌人遭遇,现在反'扫荡'斗争还没有结束,我刚刚和司令部取得了联系,我们一定会很快把这些情况搞清楚的。"白求恩同志吁了一口气,点了点头,合上笔记本,诚恳地说:"请原谅我的急躁。我是个外科医生,我要到伤员那里去。你能不能在三天之内,不,越快越好,把需要手术的重伤员都找来呢?"我回答说:"一定想办法做到。"白求恩同志高兴地说:"好的,走吧,我这就到你们那里去。"说着就站起身来。我不禁一怔说:"现在就去?"白求恩同志坚定地回答说:"对,现在就去。"我望着司令部的同志,他也无可奈何地摊开两手说:"走吧!他向来如此。"这时深知白求恩同志作风的通讯员小何同志，已经开始收拾行装了。

白求恩同志来到后方医院，立即开展了工作。一批又一批重伤员，从各隐蔽点送到大尹村。白求恩同志对每个重伤员都亲自检查。每天送来多少伤员，他就做多少手术，不做完就不肯休息。白求恩同志每次做完手术，总是要和医生护士们一起，把医疗器械擦洗干净，到病房中看望病人，接着又忙着编写书籍、教材，每隔一天还要给医生护士们讲一次课。有时直到深夜，白求恩同志的房子里还亮着灯光。

二十几天过去了，敌人窜犯到滹沱河南岸，与我军隔河对峙，随时都有发生战斗的可能。为了配合战斗，我们又把重伤员分散隐蔽起来；把现有的医疗力量，分出一部分，组成救护队，准备随时拉到火线做初步疗伤；一部分组成手术队，在医院里准备为抬下来的伤员做手术。一切工作都紧张而有秩序地进行着。

3月14日这天早晨，南面传来了密集的枪声，炮声也时紧时松地响起来了，敌人向我军驻地留韩村发起了进攻。这时，白求恩同志来到院部问我："前面发生了战斗？"我说："是的。"白求恩同志二话没说，转身就走。我急忙拦住他问："您到哪里去？""我到前线去。""这里离火线只有八里路，已经是前线了！"他坚定地说："八里路，伤员抬到这里，起码得一个多小时，那太久了。我们再往前去一些，哪怕三里、四里也好。"正说着几颗炮弹呼啸而过，在村边爆炸了，窗纸震得哗哗直响。我解释说："前边我们已经派出了救护队，您留在这里参加手术队的工作就可以了。"白求恩同志带着几分不满的口吻说："为什么不让我参加救护队？这是谁决定的？"我告诉他："是我主张的。前面很危险，我奉命对您的安全负责。"他却说："我要对伤员负责。八路军战士不怕流血牺牲，别的同志能到前边去，为什么我不能去？""您是国际友人……"他打断了我的话："同志，你不要忘记，我首先是个同志，是一个战士，战士的岗位是前线。"说着他急匆匆地向门口走去。我急忙走到门口，伸开两臂拦住他。他翘起胡子，瞪了我一眼，迈着噔噔响的步子在屋里踱来踱去。接着又走到窗前，两眼凝望着远方，掏出烟来，大口大口地吸起来。烟雾笼罩着他那满头白发，屋内陷入一时的沉寂。

"轰隆隆"一阵炮响，打破了这暂时的寂静。白求恩同志蓦地转过身来，激动地大声说："你们听到了吗？大炮在轰响，前边在打仗。打仗就要流血、受伤，我们能在这里等着伤员吗？我们能早上去半个小时、十分钟，哪怕是一分钟，伤员就少流血，少受痛苦，以致减少残疾与死亡。"我也是个医生，这一点我何尝不知道呢！白求恩同志关心伤病员，对同志极端热忱，对工作极端负责的精神我也理解。可是出于对他的安全负责，出于一个革命同志对他的关怀与爱护，我是不能再让他往前边去了。望着他那倔强逼人的眼睛，我深深知道，这时想劝阻他是一件很不容易的事情。于是我用缓和的口气说："您要上火线去，我需要请示司令员，不然说什么我也不能让您去。"白求恩同志沉思片刻，只得同意说："你立刻就去打电话。"

我把情况向司令员做了汇报，司令员指示说："这里已经是前线了，请你和白大夫讲，请白大夫注意安全。这也是为了工作，为了伤员，千万不要再往前去。请白大夫考虑！"当我把司令员的意见转达给白求恩同志以后，他先是怔了一会儿，然后心平气和地说："好吧，我服从命令。"他随即看了一下表，命令说："我以军区医药顾问的名义，希望你立即通知手术队做好一切准备：再增加一张手术台，多准备几副担架；我做完一个手术，需要立刻做下一个手术，谁耽误了抢救手术，是不能容忍的！"我听了白求恩同志的话，心里才像一块石头落了地，就爽快地答应："是，一切照办。"然后就急忙跑出去布置工作了。

白求恩同志要上火线抢救伤员的消息传到了前方，更加鼓舞了战士们的斗志。指战员们高喊："白求恩大夫和我们一起战斗，我们一定勇敢杀敌，取得更大的胜利！"在这次战斗中，战士们利用有利的地形，打退了敌人一次又一次进攻，杀伤了大量敌人，粉碎了敌人企图渡过滹沱河的计划，为我大部队迂回包围敌人赢得了时间，为大量消灭敌人创造了有利条件。

留韩村战斗结束后，白求恩同志受一二〇师卫生部的邀请，带领几名助手前去做手术，一直忙到第三天下午，又连夜赶回后方医院。

为了不影响白求恩同志的休息，我是在他们回来的第二天早晨才去看望白求恩同志的。路上我遇到了和白求恩一起去做手术的林金亮同志，我问他："这两天怎么样啊？"林金亮同志说："怎么样，还是老样子，白大夫一连气做了大小四十八个手术，不吃饭，不喝水，不吸烟，不休息。说实在的，当做到第三十几个手术，我真有点支持不住了。可是我一看白求恩大夫，还是那样聚精会神，一丝不苟地坚持手术，我的精神也就来了，劲也有了，一直坚持到最后。"说完他爽朗地笑了起来。

我来到白求恩同志的屋子里，见他刚刚吃完早饭，盘子里还剩下两片烤馒头，两个马铃薯。小碟子里还有一点咸菜。这就是白求恩同志在我们根据地吃的"西餐"。我们有时虽然也弄些肉、蛋给他，但他总是不肯吃，大都送给伤员吃了。这时通讯员小何正忙着收拾饭具家什，白求恩同志却穿针引线，正在缝补装医疗器械的马褡子。我忙说："白求恩同志，放下吧，一会儿我找个人来缝。""不，我自己缝吧，我知道应该把哪个口袋缝在什么地方，装什么器械，用起来就方便了。"这时，白求恩同志又把马褡子放下，拉着我们到院子里去看他做的马拉担架。这是用两根一丈来长的木杆，中间用绳子和高粱秸并排竖着，结成一个二尺多宽的运输工具。我一边听着白求恩同志的介绍，一边仔细地端详他的这个新创造。我联想起白求恩同志是世界上有名的胸外科医生，有许多发明创造。可是他却从来不满足于已经取得的成绩，已经达到的水平，他总是给自己提出新问题。正如他自己经常讲的那样："我们要时常问自己这样一个问题：有更好的办法来代替我们现在正用的办法吗？你要时时不满意自己和自己的工作能力。"白求恩同志来到中国抗日前线，并不以专家自居，他虚心好学，善于不断地从群众中吸取智慧，勇于实践，大胆创造。正是这种可贵的精神，使他成为一个不但有崇高的思想，而且有高超的技术，并把二者高度结合起来的共产主义战士。这时，白求恩同志拉我坐在这个马拉担架上，递给我一支烟，他也点着一支烟吸起来，和我谈起了他的一个重要想法。他说，"我过去从地图上看到过中国，从报纸上了解到一些中国的历史和现状。当我来到这个伟大国家的时候，我觉得中国土地辽阔，物产丰富，人口众多，是一个美丽富饶的国家。我在武汉、西安看到国民党政府的腐败无能，感到无限伤感。我到了延安，见到了毛泽东主席，看到延安这个崭新的天地，才使我看到了中国的未来，看到了中国的希望，我又感到无比的兴奋。我来到敌后抗日根据地，看到中国人民在中国共产党领导下，克服着难以想象的艰难困苦，用原始的武器，抗击着最野蛮的法西斯强盗，从而武装着自己，壮大了自己的队伍，解放着自己的国土。我深深地敬佩中国共产党和中国人民的革命精神。"讲到这里，他非常激动。停了停，接着说，"为了帮助你们，也是为了全世界的反法西斯战争，为了整个无产阶级的解放，我努力地工作着。随着战争形势的发展，军队不断壮大，根据地不断扩大，我们的医生、护士是不能适应战争形势发展需要的。为了战争的需要，我想过，我们应该办一个卫生学校。这不仅是为了今天，而且也是为了明天，为了建设一个独立、自由、富强的新中国所需要的。我们在为着未来的事业奋斗着，也许我们不能生活在那未来的幸福之中，可是我相信，那一天一定会到来。"我听着白求恩同志这些洋溢着对中国人民无限深厚的阶级感情的倾吐，深受感动，对他提出的办法也深表同意。我们又谈了医院建设，医生培养，未来的卫生事业的发展。我看到他那缺乏睡眠的两眼，脸又消瘦了一些，便劝他注意休息。白求恩同志意味深长地说："是呀，我知道我也应该休息，可是，我一看到伤员，看到他们的伤口在流血，听到他们在痛苦地呻吟，我能把他们放下，对他们说你等一等，等我休息完了再给你做手术吗？不，我不能那样做。我年纪是大了一些，所以就更要在有生之年争取多做一些工作，这样生活才更有意义。"说着他站起身来，微笑着说："好吧，我接受您的意见，现在就去睡一觉，醒来再谈。"我便高兴地走开了。

几天以后的一个下午，送来一个伤员。白求恩同志迅速地检查了伤情，说伤员很危险，需要很快做手术。为了防止意外，要预备一些强心注射剂。可是，医院里的强心剂都用完了。白求恩同志说："立即派人到卫生部药库去取，要在两个小时之后使用。"我立即挑选了一名骑术最好的通讯员，挑了一匹最快的马，交代说："来回近八十里的路程，要在一小时之内赶回来。"通讯员满怀信心，坚定地答道："坚决完成任务。"说着就翻身上马，奔驰而去。

白求恩同志在手术室里，一会儿数数伤员的脉搏，一会儿测测血压。我走上前去，对他说："白求恩同志，您先去吃饭，等取回药来您再做手术。"白求恩同志摇摇头说："病人有危险，我怎么能离开这里？病人不得救，饭也吃不下去。"四十分钟过去了。我和其他几个医生、护士，焦急地向村外张望。我不时地看着怀表，又过了十分钟，通讯员回来了。只见他浑身上下都被汗水湿透了，那马全身直冒热气，他从两边衣袋里掏出药来，递到我的手里说："我没有耽误时间吧？"白求恩同志闻讯前来，望着浑身透湿的战士，不禁感激地说："谢谢你，同志，你辛苦了！我代表伤病员真诚地感谢你啊！""不，应该感谢您白求恩大夫！我知道，早一会儿取药回来，伤员就早一会儿得救。"白求恩听了战士的回答连声称赞说："讲得好，讲得好！"

后来，一二〇师和敌人发生了战斗。军区通知我，请白求恩同志和医疗队前去协助工作。我们怀着依依惜别的心情送走了白求恩同志。我望着他远去的高大的身影，心想：我们什么时候才能再见面哪！

1939年7月15日，我接到冀中军区转发晋察冀军区的命令，调我立即到晋察冀军区卫生学校去工作。我心里高兴地想："真快呀！白求恩同志倡议建立医学校的愿望实现了。"这时我们冀中军区后方医院已经转移到冀北山区根据地。我交代了工作，7月16日就去河北省唐县神北村报到了。来到卫生学校，我高兴地知道白求恩同志也在这里，亲自为卫校拟定了详细的教学方针，并着手编写讲义。我放下行李，立即跑去看望白求恩同志。

恰巧他不在，他的通讯员接待了我。我详细地询问了白求恩同志离开后方医院后，几个月以来的情况。通讯员告诉我，白求恩同志在一二〇师参加了齐会战斗，还化装到四公村去救治伤员，直到6月末才回到冀西山区。这时通讯员出去打水，我漫不经心地看着白求恩同志的书桌：一盏马灯立在桌角，桌子上放着两叠稿纸。我随手翻开，一行醒目的大字映入眼帘：《游击战争中师野战医院的组织和技术》，白求恩著。我急忙拿起译稿贪婪地读起来。然后，又怀着极大的兴趣翻阅了一遍英文原稿。里面有打字机打的，整整齐齐，段落分明；有钢笔写的，笔迹坚实，清晰流利，虽然有勾勾抹抹，圈圈点点，但是看上去一目了然。里面有许多插图，也都画得准确细致，独具一格。白求恩同志在著作中反映出的那种善于从实际出发，不断总结经验，严肃认真的精神和他平时忘我的工作热情，深深地启发、教育了我。

经过几个月的准备，1939年9月18日，晋察冀军区卫生学校在牛眼沟村正式成立开学了。期间，又从延安来了一部分师生与我校合并。卫校的成立是毛主席关于持久战的伟大战略思想的胜利，是抗日根据地广大军民英勇奋斗的成果，也是白求恩同志热心倡导，积极努力的心血结晶。

10月末，敌人发动了所谓"冬季大扫荡"，白求恩同志率领医疗队，奔赴前线抢救伤员，学校一边上课，一边打游击。不料，当我来到何家庄附近时，突然传来了一个令人震惊的消息：白求恩同志因抢救伤员感染中毒，不幸牺牲！全校师生听到这个消息，无不万分悲痛。全体师生眼含热泪，极其沉痛地排着长长的队伍，去迎接白求恩同志的灵柩，又怀着崇敬的心情，依依不舍地瞻仰了白求恩同志的遗容，亲视白求恩同志的遗体含殓。1939年11月中旬，白求恩同志的遗体被安葬在太行山下，唐河之滨的唐县军城南关。指战员和各界代表参加了白求恩同志庄严而又隆重的葬礼。

（注：作者曾任白求恩国际和平医院院长。）

# 白大夫逝世经过

林金亮

白大夫一九三九年七月由冀中区回来以后，就决定在十一月回国为卫生学校筹款；在未回国之前，他以全副精力注意到全军区卫生机关和卫生工作的改进等。他对前后方卫生部门的医疗工作，感到进步得十分不够，特别是托马氏夹板运用和初步疗伤的进行，确实未有普遍起来。白大夫为了整个军区医疗、卫生、救护工作更进一步地向前发展，所以他决定十月初至十一月止，举行两个月的巡视全军区前后方卫生机关的工作。不料在一、三分区巡视完毕途中，因急于工作，手指割破染菌而逝世！这实在是我们最大不幸，令人感到无限的沉痛！

十月二十八日，白大夫在离王安镇五里的孙家庄前线参加初步疗伤，因工作忙碌，兼有敌情顾虑，一时不慎，左手中指第三节被小尖刀割伤。次日局部炎症剧烈，疼痛增加，但仍继续工作不停。至十一月一日准备离开一分区医院的那天上午，又到各病室检查伤员，并于昨日行手术者交换绷带，在这时遇到外科传染病一名（颈部丹毒合并头部蜂窝组织炎），白大夫马上又给施行手术，大概即在这时受了感染。同时下午即出发，星夜赶七十里。山路崎岖，冷风刺人，十二小时未进饮食，白大夫即头痛晕眩，全身疲倦，似已患感冒。但是白大夫没有因此停止他的工作，二日在两个医院一天检查了伤病员二百多名，三日给十三个伤病员手术，在这几天他的病继续发展。他虽然每天也服药，但他对伤员医疗工作的关心，远比对他自己大过千倍万倍。

五日前线敌情紧张，我军某部与敌人进行残酷的战斗，白大夫听到这个消息，立时奋不顾身，抱病亲赴前线主持初步疗伤工作；以其无比的热情，当时见到前线医疗工作极为紧张，自己也参加工作忙碌了一天，这天他的病状仍在继续发展。六日清晨经银坊战线前进，在途中症状增重，口渴呕吐，恶寒战怵，本日授予镇痛剂解热剂。七、八两日在银坊附近休息，实在不能工作，局部症状比前更重，疮面脓液分泌很多，炎症消退，在左臂肘关节下发生转移性脓疮，并在左腋部发生剧烈的刺痛；这几天给注射体内消毒剂，强心针，内服清凉镇痛解热剂，并行洗肠通便。九日上午小手术将左肘转移之脓疮割开。

十日前方部队战斗转移阵地，一分区某团长亲临慰问，并请回后方休养时，他因病势确已十分沉重，才允许了这个要求。不料当晚到宿营地时，四肢厥冷，颜面苍白，人事不省，当授予强心剂注射，并行人工呼吸，经过二十分钟之久渐渐恢复如常。十一日到后方医院治疗，这天脾脏肿大，体温下降，脉搏细弱，虽用各种药品而病势仍继续恶化；但白大夫神志则极清醒，下午自己写长篇遗书给军区司令员，详告后事，延至十二日晨五时二十分，救治无效，溘然逝世。

（注：作者时任晋察冀军区后方医院院长，本文原刊1940年2月《抗敌三日刊》。）

# 一个高尚的人
## 白求恩同志片段

林金亮　1965年3月

　　我有幸和诺尔曼·白求恩同志朝夕相处一起工作了约十八个月。我们之间，虽然语言不通，但是为了共产主义奋斗的理想，反法西斯战争的现实，把我们从思想感情上完全融合在一起了。我们夜以继日地在手术台边紧张地工作；有时不避艰险在枪林弹雨中抢救伤员；有时冒着严寒在深山峻岭里行军。这一切使我们之间建立了深厚的同志感情，我受到了他莫大的教益。他离开我们二十六年了，每当回忆起和他一起生活工作时的情景，他的音容笑貌仍历历在目。特别是他那种"毫不利己的动机，把中国人民的解放事业当作他自己的事业"，"对工作的极端的负责任，对同志对人民的极端的热忱"的国际主义、共产主义精神，永远是鼓舞我不断前进的巨大力量。

### 同甘共苦，克服困难

　　1938年春天，晋察冀军区后方医院成立不久。我们驻在山西省五台县松岩口村。那时，正是抗日战争初期，日寇不断向我晋察冀根据地"扫荡"，边区环境十分艰苦，技术干部和药品器械都比较缺乏。在这种情况下，我们发挥了我军艰苦奋斗的光荣传统，器械不足就自己动手做，买不到西药就用部分中药代替，克服了种种困难，完成了大批伤员的治疗任务。

白求恩同志刚到后方医院，还没有顾得上休息，就提议要到病房里去看伤员。我们说服不了他，只好带着他穿过农村的街道，走进老乡的住房，逐个细致地检查伤员。看到我们处理的伤员合乎要求的，他就点点头表示赞许；发现处理得不合理的，就不客气地指出来。当时我觉得，这老汉还怪不客气哩！就这样紧张的一上午过去了，他却毫无倦容。

下午继续检查伤员。将要吃晚饭了，他问我："你们都可以做些什么手术啊？"我说："因为条件困难，现在只能做四肢伤的扩创，也会做截肢手术。"他沉思了一下，说："你带我看看你的器械好不好？"我答应了，并立刻带他到手术室。

手术室设在一个小学校的教室里，墙壁用石灰粉刷了一下，顶棚是用白布蒙成的。那时我们的手术器械大部分是破旧的，止血钳子，几把剪子、刀子，还有自己做的一把骨锯、一把骨凿、一把骨槌和一个麻醉罩，手术床也是自己用木头做的。他看了后用怀疑的眼光看着我，问道："就是这些东西？"我说："是的。这是我们的全部'家当'。"他摇了摇头，仍然不大相信，说："我来了以后，咱们要一起工作，你可不要瞒我呀。"当时我们的总支书记在场，他向白求恩同志证明确实就是这些器械，丝毫没有瞒他。这时，他惊讶得再一次把那些器械一件一件地拿起来，仔细端详了一番，然后转过身来紧紧地握住我的手，激动地向在场的同志说："同志们，你们在这样的条件下，可以做这么多工作，真是不容易啊！"接着他参观了药房。看到我们自己采集和炮制的中药，用棉花和纱布自制的脱脂棉和纱布，自制的羊肠线……他详细地询问了制作方法。最后，他无限感慨地说："八路军真是没有克服不了的困难。这样的军队是不可战胜的！"

很快地，他就适应了这里非常困难的环境。组织上尽可能地对这个国际友人在生活上加以照顾，但他一再要求降低自己的生活待遇，和大家过一样的艰苦生活。甚至把发给他的津贴费交给医院，补助伤员的伙食，把送给他的水果、香烟转送给伤员吃。他在日记中写道:"这里的生活的确是苦一些,但我不是为享福而来的。我能够和这样一些在如此艰苦环境中仍然保持高度革命乐观主义精神的人在一起工作,感到非常幸运。"以后在工作中为了节约敷料,充分利用旧纱布、棉花,他和护士一起研究制定了一套回收、洗涤、进行严格消毒的规则。在他的主持下,医院组织了木匠组、铁匠组、锡匠组、缝纫组,他亲自指导大家制作一批医疗用具,如托马氏夹板、各种牵引架和靠背架,为了使伤员吃上热饭热菜,他亲自设计和指导制作了一种两用送饭桶,中间一格盛菜,周围盛开水,利用开水的温度,保持饭菜的热量。就这样,他从实际出发,因陋就简,自己动手,克服困难,不断地改善了医院的设备。

**严格要求,一丝不苟**

他来到医院的第一周,就详细地检查了重伤员五百多名,第二周开始做手术。经过他高明的技术处理,许多重伤员很快就恢复了健康。短时间内,就有大批同志重返前线。他的名声立即传到前方,使抗日杀敌的指战员们受到了很大的鼓舞。他平时一般是早晨五时起床。洗漱完毕,先学习一个小时的政治,让翻译读报纸上的国内外重要新闻,或自学马克思列宁主义经典著作。接着巡视一次病房。吃过早饭后,八点钟就到手术室做手术。下午再到病房检查伤员,指导换药或护理工作。晚上,研究一下第二天的工作后,就给医生和护士讲课。工作中,他要求非常严格,对别人和对自己都是如此。

记得在一次研究工作的会议上,有两个同志精力不集中,在小声讲笑话。白求恩同志严肃地说:"研究工作的时候,必须严肃认真,集中精力。你们如果愿意讲笑话,请到屋子外面去,不要影响别人。"他这种严厉做法,虽然使当事人有些难堪,却给在场的同志以深刻的教育。事后,白求恩同志解释说:"做医疗工作,必须严格要求,不然你们就不能成为一个好医生。我批评的方法是有些粗暴，但我是为工作，没有别的意思，请同志们原谅。"

他一来医院，就给自己定下一条规矩：凡是伤势比较重的伤员，一定要他亲自检查。他严格地遵守这条规定。不管什么时候，只要来了伤员，随叫随到。凡经过他检查和处理的伤员，他都亲自逐个详细登记。一天半夜里，送来一个轻伤员。我们考虑到他白天紧张地工作了一天，刚睡下不久，为了让他多休息一会儿，就没有喊他起来。第二天查病房时，他发现了这个伤员。问我："这个伤员是什么时候来的？"

我回答说："昨天晚上。"

"为什么不通知我起来检查？"

"因为看你白天已经很累了，就没有惊动你。"

他十分严肃地说："我休息不休息有什么要紧。以后这样不行，就是我睡了，来了伤员也要通知我。"

白求恩同志常说："优秀的布尔什维克主义者，要对一切不负责任的行为进行不妥协的斗争。"一天夜里，他刚刚给一个膀胱负伤的伤员做过手术，指派一名军医值夜班，指示他每两个小时给伤员排一次尿，及时观察病情，有什么变化随时报告。结果这个军医打了瞌睡，很长时间没有给伤员排尿，膀胱胀得很大，额外增加了伤员的痛苦。白求恩同志发现后，严格地批评了这个军医。他常常对大家讲："一个医院，有一个人很负责任，大家都会得到好处；有一个人不负责任，大家都有可能得到坏处。一个战士，在前方奋勇杀敌，负了伤来到医院医疗，我们如果对他不负责任，就是对革命不负责任。"

## 阶级友爱，不分国籍

不要看白求恩同志工作时间很严肃，有时甚至很严厉，平时却平易近人，没有架子，常和大家一起饶有风趣地说说笑笑，对同志充满着阶级感情。他说："阶级友爱是不分国籍的。"

我们常常和他一起带着手术箱、药驮子串东村走西村地检查伤员。每到一个村子，总是男女老少地围上一大堆人，看这个外国来的大夫。有一次我开玩笑地说："白求恩大夫，你看这么多人围着你看，我们简直像一个马戏团了。"他俏皮地看了我一眼，诙谐地说："大家围着看我，实际上也是送给我看的。这么多老乡，我要是挨门逐户地一个一个拜访，要多长时间。这样一来，你看，"他环视了一下人群，"不是全都看见了吗？"一句话逗得大家哈哈大笑。

有一天，我们在查病房，正好是伤员开饭时间。有一个护士在给伤员分菜。白求恩同志发现这个护士的手上生有脓疱疮。他转脸向我说："这个小同志就是病人，为什么还让他给伤员打饭？"我知道这个护士是生疥疮。当时因为伤员多住房挤，工作人员都睡在草铺上，比较潮湿，所以有人生了疥疮，院部还没来得及组织治疗。就回答说："他是生了疥疮。现在有一部分护士生疥疮，如果都让他们停止工作，照顾伤员就会困难。"他听了后，点了点头，很关切地拉起护士的手，仔细检查了一番，怜惜地问："痛不痛？"那护士笑着说："痛倒是不痛，只是痒。"白求恩同志转向我说："现在护理工作很繁重，护士同志都很累。生了疥疮，晚上痒得厉害，休息不好，这样下去怎么能行？毛主席不是告诉我们要关心群众生活吗？我们应当关心每个同志的健康。"我听了后，觉得很惭愧。

当天，他要我把全院的护理人员集合起来。他逐个询问检查，把所有生疥疮的都查清了，又亲自制订了一个突击消灭疥疮的计划。在村边找了一块隐蔽的场园，周围用草帘挡起来，中间生起一堆火，把生疥疮的男同志集合起来，脱掉衣服，白求恩同志亲自给大家擦药，一面擦，一面烤火。他一边擦药一边说着笑话，一会捅这个一指头，一会拍那个一巴掌。场园里飞起一阵阵笑声，充满了革命大家庭的欢乐气氛。经过几次突击治疗，疥疮被消灭了。护士同志一致表示，白大夫像父兄般关怀我们，我们必须以积极工作的实际行动来答谢他。此后，他每到一个医院检查工作，总要关切地询问工作人员有生疥疮的没有，如果有，就依此法亲自组织突击治疗。

一次，我们在给一个股骨骨折的伤员作牵引，我不慎把一只脚踏在身后的消毒锅里，滚烫的水把脚上烫起了一个大水疱。大家立刻把我抬进病房，白求恩同志亲自为我敷药，包扎。当晚，夜深人静了，他披着一件大衣，走进病房，俯下身轻声问我："林大夫，怎么样？痛得厉害吗？要不要吃一点止痛药？"我说："不用了，现在痛得轻一点了。"时间很晚了，我就劝他早点休息。他摸了摸我的被子，把大衣盖在我身上。我挣扎着说："不要。"他轻轻地把我按倒在床上，摆摆手，笑着走出去。脚老是火辣辣的痛，已经是半夜了，还是睡不着。忽然我听到门外一阵脚步声，白求恩同志第二次推开房门走进来。他检查了一下包扎的敷料脱落了没有，见我没有睡，就说："大概是痛得厉害，还是服一点止痛药吧。"就把随身带来的一包止痛药亲自给我服下，又整了整被子。我说："谢谢你，这点小病，不要劳累你一再看望。"我恳求他快回去休息。

服下止痛药，疼痛减轻了些。我迷迷糊糊地闭上眼睛。似睡非睡，不知过了多少时间，隐隐约约地觉得耳边有一阵声音。我猛一睁眼，见白求恩同志又一次站在我的床前。我望着他那双慈祥的、因过度劳累而布满血丝的眼睛，一股阶级感情的暖流，注满了全身，两眼止不住涌出了感激的泪水。我忘了疼痛，只盼望能早点站起来，和他一起工作。

**关心群众的疾苦**

1939年9月，我随他到三分区（河北唐县一带）检查工作。那时，这一带的村庄的群众正流行疟疾。根据分区首长的指示，分区休养所抽出一定人力物力积极帮助地方抢救治疗。白求恩同志了解了这一情况后，每天都抽出一定时间，参加这一工作。当地群众都知道他技术高明，每天慕名而来找他看病的很多。他对待病人态度和蔼，检查得耐心仔细。有的病人在确诊后，他亲自给注射奎宁。记得有一天下午，看病的人特别多，有些还是从外庄赶来的。已经过了吃晚饭的时间，他的小勤务员几次来催他吃晚饭，休养所的同志也劝他暂时停止工作。他说："这些老乡有的是从外庄赶来的，今天不看，又要累他们再跑一趟。回去后还说不定发生危险。吃饭晚一点有什么要紧。"他一直坚持到把病人全部看完。经他亲自治疗的病人，都很快恢复了健康，当地群众深受感动。他每次走在街上，总有许多老乡主动上前和他打招呼，都亲昵地称他"白大夫"，有的还热情地邀请他到自己家里坐坐。

有一天，我们夜宿在于家寨。半夜里，白求恩同志突然把我和翻译喊醒。我翻身坐起来，见他上衣已经穿好，像在床上坐了好久的样子。我问他："什么事？"他说："你们听——"我们侧耳细听，远处隐约传来一阵阵悲切的哭声。"走，"他说，"咱们去看看。"我们一起穿好衣服，走出门来。那天夜里没有月亮，我们摸黑，顺着哭声，走进一位老乡家里。他温和地问这位老乡为什么哭。老乡指着炕上一个大约六七岁的男孩子说："孩子病重，刚刚死了。"他着急地责怪老乡："为什么不把孩子送到我们医院去治疗？"我对老乡解释道："我们医院为老乡治疗是不收钱的。"老乡叹了口气，表示很懊悔。白求恩同志对这位老乡表示深切的同情，亲切地安慰了一番。后来，邻居告诉我们，这个老汉因为有迷信思想，对新医不大相信，所以，没有把孩子送到医院来治。白求恩同志在一次对医院工作人员讲话时，曾提到这件事。他说："我们八路军是人民的子弟兵，必须把群众的疾苦当成自己的疾苦。离远的我们没法照顾，可是对驻地群众的危急病人，我们必须主动早发现，早治疗。"

**言传身教，培育新人**

白求恩同志看到我们边区技术人员不但少，而且水平也较低，不适应工作发展的要求，于是就开始一面工作，一面培养技术干部。他把医院的工作人员分为两个班：一班是医生、医助，学习野战外科基本技术；一班是护士，学习战伤护理技术。两个班都由他亲自授课。白天没有时间，讲课都是在晚上。他常常晚上讲完课后，又为明天备课写讲义，直到深夜。日复一日，毫不懈怠。

他非常重视技术干部思想作风和技术水平的全面提高，善于用非常形象的方法深入浅出地向大家进行思想教育和传授技术经验。有一次，白求恩同志正在指导医生给刚送来的一名伤员验伤，我有事从担架旁走过。忽然听到他在背后喊我："林大夫，请你回来。"我只好转回来。他问道："你不觉得刚才的行动不正确吗？"这时，周围围了一些医生、护士。我和大家都很愕然。他向我们大家说："一个医生或者护士是不应该在伤员面前昂首而过的。"我们开始明白了他的意思。他说："怎样才是正确的呢？我现在来做给大家看看。"接着他开始示范。他走到担架旁边，停下来，俯下身去，询问和检视了一番伤情，亲切地安慰了伤员几句话，然后起身走去。他走回来继续讲道："这样做是不是有些虚伪呢？不是的。对于这些负伤的抗日战士，我们除了给以最大注意、关怀和技术处理，没有别的方法来补偿他们为我们所忍受的痛苦。因为他们负伤，不仅为了挽救今日的中国，而且是为实现明天伟大的没有阶级剥削的新中国。"他的话，使伤员和我们深受感动。就这样，他利用我的一次小过错，给大家进行了一次生动而深刻的加强爱护伤病员观念的教育。

1938年七八月间，白求恩同志脚上长了一个脓包，不能走动。他不顾自己的病痛，抓紧这个机会，编写了几本通俗实用的医疗、护理小册子，解决了大家没学习材料的困难。有一天，我给他汇报完工作，他指着脚上的脓包说："林大夫，这个脓包你可以给我切开了。"我正要去准备器械，他喊我回来，问道："你准备用什么方式麻醉？"因为我们那时只有两种麻醉方法，全身麻醉和局部麻醉，所以我不假思索地回答："用局部麻醉呗。""不，你准备全身麻醉。"见我显出诧异的神情，他接着说："今天我教给你一种简单的全身麻醉法，你在我身上做一次试验。"我按他的意思准备了器械，找来了滴麻醉药的护士。他仰卧在床上，把两手举起来。他说："现在可以给我滴麻醉药了。看到我的手倒下来的时候，你迅速切开脓包，麻醉药也马上停止。就这样，你们试试看。"我们按他讲的步骤做起来。护士开始滴麻醉药，我在开刀的部位消好毒，准备好刀子和纱布，见他的双手一倒，迅速地把脓包切了个十字口，排了脓，填塞好油布条，绷带还没放好，他就笑着坐起来。我和护士都为他配合成功而高兴。他说："你们看这个方法怎样？在目前的条件下，一些时间短暂的手术，我们就可以采用这种麻醉的方法。"

在平时工作中，不论检查伤员或是做手术，他总是边做边讲。一天到晚手不停，脚不停，嘴不停，把病房、手术室和他的宿舍都变成教室。为教会一个技术操作，一次不会两次，两次不会三次……直到你学会为止。那股耐心劲儿，就像恨不得一天之内把他所会的全教给你。在他孜孜不倦的言传身教的影响下，短短的三四个月，许多同志可以做一般的野战外科手术了，原来只能做一般扩创手术的同志，逐渐可以做较复杂的腹部手术了。医院的护理技术也有了明显的提高。当时我们正在筹办军区卫生学校，在白求恩同志大力督促指导下，军区卫生学校很快建成了。从此，基本解决了边区卫生干部的来源。

**救死扶伤，深入前线**

白求恩同志根据自己治疗战伤的经验，为避免创伤感染和缩短治疗时间，要求必须争取在二十四小时内为伤者进行初步手术。当时他提出一个响亮的口号："我们要到受伤的同志那里去，不要等受伤的同志来找我们。"每次战斗，他总是主动要求率领医疗队赶赴前线，不避危险地在离火线最近（五至八华里）的地方开展工作。有一次因为离火线太近，情况变化又快，部队转移时，差一点被日寇俘虏，但他却毫无惧色。他说："做军医的就是要到前线去，牺牲了也是光荣的。"

1938年冬，日寇对冀中地区开始了频繁的"扫荡"。冀中军民对敌进行了顽强的斗争，环境十分艰苦，伤员较多。白求恩同志听到这个情况，主动请求聂司令员，允许他到冀中帮助一个时期工作。经批准后，以他为首组成了一个十八人的东征医疗队。医疗队于1939年2月中旬出发，要通过日寇严密封锁的平汉铁路，前往冀中。

那时正值春节前后，但因为日寇的频繁袭扰，沿途村庄没有一点节日的气氛。18日晚来到三分区司令部驻地唐县宋家庄。第二天白求恩同志要大家好好休息，养精蓄锐，准备当晚趁黑通过平汉铁路。上午，忽然三分区有一位团长来找白求恩同志，说他的头部在长征路上负过伤，至今还有一块弹片留在里面。工作一累就头痛，听说白求恩同志来到此地，特赶来请求他给取出来。虽然当晚要行军，药品器械都装好箱绑在牲口驮子上，要做手术，就得把东西全部打开，但是白求恩同志决定立刻开箱，搭起临时手术室为这位团长取弹片。他对我们医疗队的同志讲："这位团长是经过长征的老党员，为革命负过伤，流过血，我们要很好地爱护他。一定要把他的伤治好，让他更好地工作。我们虽然麻烦一点，也是应当的。"一上午就这样紧张地过去了。他笑着向大家道："今天这一天的时间，咱们'休息'得有意义吧！"

晚饭后，我们开始向平汉铁路线行军。分区专门派遣部队护送我们。当晚，天气很冷，刚下过一场雪，路十分难走，白求恩同志只好下马和我们一起步行。半夜时分，我们走到离铁路半公里的地方，连长告诉我们原地休息，等他到前边侦察一下敌情，等待他的命令行动。他带领部队继续接近铁路。只见远处一辆敌人的巡道车，闪着两道刺眼的灯光开过来，后面跟着一列军车。敌人没有发现我们。敌人的车刚一走过，连长从前面跑回来，轻声喊道："快步前进！"白求恩同志和我们一起疾速前进，终于安全地通过平汉铁路，趁夜行军，22日到达冀中军区驻地河间县东湾里，受到冀中军区司令员吕正操同志的热烈欢迎。

一到冀中军区医院，就立刻开始紧张的工作。三天内就检查了二百多名伤员，给四十多名重伤员做了手术。白求恩同志那种废寝忘食的工作精神，给冀中军区医院的同志留下了深刻的印象。

接着医疗队来到一二〇师。当时一二〇师的驻地是一个游击区，距日寇一个大据点河间县只有二十几里。河间城周的村庄，布满了敌人大大小小的据点。白天汉奸敌特十分猖獗，我们主要在夜间活动。师的救护所住在离河间城十几里路的马家庄，无法展开工作，只能把伤员分散隐蔽在老百姓的家里。医生和护士要化装成老百姓走亲戚的样子，冒着危险，每天挨户去检查伤员，给伤员换药。白求恩同志被冀中军民这种对敌斗争的英雄气概深深感动，他不顾危险，决定亲自随救护所的同志一起去为伤员逐个进行治疗。所长意识到这一行动的危险性，连忙劝阻。但他坚决要去，所长争不过他，便说："你一定要亲自去，必须经师长批准。"白求恩同志说："那好吧，我亲自找贺龙师长。"

他当天回到师部，找到贺龙师长。一见面就说："师长同志，请发给我们医疗队几套便服。"贺龙同志笑着问："要便服做什么用？""我要化了装，亲自到马家庄一带检查伤员。"贺龙同志沉思了一下说："不行，马家庄一带，就在敌人的眼皮底下，危险性很大，你不能去。""为什么救护所的同志可以去，偏偏不准我去？"贺龙同志笑着继续说："你和他们不同。他们在这一带熟悉民情。而且化了装以后，就是碰上汉奸和特务还可以应付一下。而你要是碰上敌人……"贺龙同志很有风趣地指了指自己的鼻子："就一点办法也没有。"引得白求恩同志也笑起来。但是他一再坚持请求说，这些伤员如果不亲自去检查和处理，就放心不下。最后贺龙同志说："这样吧，派林大夫和我们师卫生部曾部长带几位同志去一下，回来后向你详细汇报。你看行不行？"白求恩同志无奈，只好同意这个办法。

第二天傍晚，我们返回来。没有等我们好好喘一口气，他就急切地询问那里伤员的情况。我们立刻向他作了详细的汇报。听完后，他长嘘了一口气说："我虽然没能亲自去，但听了你们的汇报后，总算放心了。"

后来因为工作需要，医疗队分为两个小队，一队由白求恩同志亲自带领，随冀中军区，另一队继续留在一二〇师，并提前返回冀西。白求恩同志留在冀中，参加了几次战斗的救护工作，其中有著名的齐会战役。

### 鞠躬尽瘁，以身殉职

1939年7月，白求恩同志由冀中返回冀西。决定在10月动身回国一次，为边区的卫生事业筹款。在未动身前，他建议组织一个巡视团，对整个军区的卫生工作，进行一次全面检查。

10月，我们在一分区检查工作即将结束时，突然接到一分区杨成武司令员的指示，要我们组织战地救护队，参加战斗。我们紧张地准备了一个晚上，一切就绪，便离村出发。到涞源县孙家庄，就遇到了前方下来的伤员。白求恩同志连饭都没顾得上吃，决定把手术室设在孙家庄的一座小庙里，紧张地工作起来。第二天下午6时，司令部紧急指示，说日寇分几路以孙家庄为中心包围过来，要我们立即转移。不一会儿，哨兵来报告日军来了。敌人的枪声已经很近了。大部分同志都先头出发，我们都催促他先走，他坚持要为最后一批伤员做完手术。就在这次手术中，白求恩同志不慎左手中指被刀尖刺伤。把伤员处理停当转走后，我们几个人才开始转移。我们刚离开不久，日寇就冲进村庄。

我们翻过东面的大山，趁夜行军。北国深秋的风霜，寒气逼人，他感冒了。整整走了一夜，第二天下午，来到一分区甘河净后方医院第一所。他的手指已经轻轻肿胀。我们都劝他好好休息，他说："我很感谢同志们的关怀，可是，你看，这么多需要动手术的伤员，我怎么能闲得住？"他立即又参加了工作。一连忙了两天。头一天在两个所检查伤员二百多名，第二天给十三名重伤员做了手术。伤员都处理得差不多了，准备继续出发，完成检查工作的任务。

第三天早饭后，同志们都在村边等着白求恩同志出发，白求恩同志要我和他最后一次巡视病房再走。在一个病房里，发现一名患了颈部丹毒，合并头部蜂窝组织炎的伤员，头部肿得很厉害。白求恩同志给他作了详细的检查。他对我说："这个伤员伤势很重，必须立即给他做手术！"他命令我立即把已装驮子的手术器械卸下来，马上进行手术。手术中，他因为匆忙，没有戴手套，左手中指的伤口感染了。

我们回到史家庄医院后，他的手指已经肿胀得厉害。经研究确定分头进行检查工作。我们到四分区，他留在医院，一面治疗，一面照顾这里的工作。我们正走在半路上，日寇大举"扫荡"开始，银坊战斗打响了，我们只好半路折回到花盆医院。11月上旬，突然接到从银坊前线送来的消息说：白求恩同志病重。我立即带上急救药品骑马赶至前线。

原来白求恩同志在史家庄医院虽然不断进行治疗，但手指肿胀未减。听到银坊战斗打响的消息，他又奋不顾身地要赶赴前线。经过艰苦的行军到达银坊附近时，局部症状比以前加重，左臂肘关节下发生转移性脓疮，右腋部剧烈刺痛，全身高烧三十九度以上。虽然他顽强地坚持要参加工作，但已经力不从心了。聂司令员知道了这个消息，命令前线部队要不惜任何代价，把白求恩同志迅速送至花盆外科医院进行救治。11月10日走到黄石口病情继续恶化，他坚持不住，只好在这里停下。

11日这一天，天气格外寒冷。我们冒着严寒，一气赶到黄石口，时近黄昏。一位老乡带我们到他住的地方。我们推开门，直奔他床前。只见白求恩同志正伏在床上写他的遗嘱。他面色苍白，两颊凹陷，身体已衰弱到了极点。见我们来了，他又高兴，又感激，伸出那只好手，尽最大的力量握住我的手，连连说："谢谢你们，这样冷的天……"声音已不像往日那样朗朗有力。我恳求地说："白求恩大夫，我们还是马上赶回花盆医院吧，那里条件比这里好。何况这里离前线又太近。"他看了我一眼，摇摇头说："不必了。我是医生，我知道我患的是脓毒败血症。能够做到的办法都用过了，还是让我抓紧时间完成我的书信和报告吧！"我们都知道他的脾气，继续劝说是没用的。我们几个人，我、陈大夫和他的翻译，只好怀着无限沉痛的心情围站在他的床前。他又埋头艰难地继续写书信和报告。他在给聂司令员的信中写道:"……当前边区最严重的疾病是疟疾、痢疾,应当设法准备大量的奎宁,预防和治疗疟疾。……不要再往平、津、保一带去购买药品,因为那里的价钱比沪、港贵两倍。……最近两年来,是我生平最愉快、最有意义的日子。遗憾的是,我不能再和你们一起工作和战斗了。……让我把千百倍的谢忱送给你和其余千百万亲爱的同志。"信写完了,他交给我,嘱我亲自交给聂司令员。我们帮他翻身躺下,马上给他注射葡萄糖盐水,继续治疗。他突然昏迷过去,我们立刻注射了强心剂,慢慢地他又苏醒过来。他再一次握住我的手,挣扎着说:"你要马上组织一支医疗队,接近火线,收容银坊战斗的伤员。……战斗结束后,继续完成四分区的检查工作。"我含着眼泪,告诉他一切都有安排,请他安心休息。他大口喘着气继续说:"非常感谢你……和同志们……给我的帮助。……多么想继续……和你们……一起工作啊。"他艰难地呼吸着,"你还很年轻。"他指着墙边堆着的器械箱说,"你可以……挑选一部分……喜欢的器械……继续更好地……工作。"他解下手上的夜光表,送给翻译留作纪念。见我们都非常难过,他安详地微笑着说:"不要难过。……你们努力吧!……向着伟大的路,开辟前面的事业。"他又一次昏迷过去。我们流着眼泪,进行了紧急抢救,无效。清晨5时许,伟大的国际主义战士,结束了他光辉的生命。

毛主席说:"我们大家要学习他毫无自私自利之心的精神。从这点出发,就可以变为大有利于人民的人。一个人能力有大小,但只要有这点精神,就是一个高尚的人,一个纯粹的人,一个有道德的人,一个脱离了低级趣味的人,一个有益于人民的人。"我们一定坚决听毛主席的话,以白求恩同志为榜样,努力加速个人思想的革命化,做一个高尚的人,纯粹的人,有道德的人,脱离低级趣味的人,有益于人民的人,把我国的社会主义革命进行到底,把世界无产阶级革命进行到底。

# 我所见到的白求恩

刘小康　1965年3月

## 火一样的革命热情

我第一次见到白求恩同志是1938年6月18日下午，在山西省五台县耿镇。

头天，我接到军区司令部的电话，说有一位加拿大医学博士、共产党员要来我们医院指导工作，全院同志听了这个消息都非常高兴。当时我们技术力量薄弱，医疗设备也较差，多么希望有个技术高明的同志来指导啊！我们连夜打扫宿舍准备迎接他的到来。从军区司令部到后方医院要翻两道山岭，走六十多里路，第二天下午他就赶到我们医院。我们见到他胡须都灰白了，是位半百的老人，又走了一天山路，风尘仆仆的，就请他先到宿舍休息一下，再向他汇报工作。可是，他和我们热烈握手后，一开口就问："伤员在哪里？伤员最重最多的在哪里？"我们告诉他伤员分住在河北、河西、松岩口三个村，重伤员大多住在松岩口，离这里还有一二里。他说，我们就去看看伤病员吧。我们就陪他到河北村的后方医院去看伤病员。

后方医院当时共有五百多伤病员，有一些是平型关战斗中下来的。白求恩同志见到伤病员，紧握着他们的手，说："我在加拿大就听到了八路军在平型关的捷报。到延安，我问毛主席后，才知道平型关在晋察冀边区，就要求到你们这里来了。"他又问伤员："亲爱的同志，你们的伤口还痛不痛？吃得下饭吗？睡得好觉吗？"伤员说好，他脸上就有了笑容；伤员说不好，他眉头皱起来了。就在说话之间，他已仔细检查了几个伤员的创口，亲自一一包扎好了。只因我们担心他的健康，一再请他回来休息，他才勉强离开病房。回来后，就向我们提出意见，他说："医生应该和伤病员在一起，我要和伤病员一块儿住。"我们一再要求他休息，他只好说："在这里住一天还可以，明天就不行了。"第二天，白求恩同志就搬到松岩口村住下了。

当时医院的大部分病房分散在许多民房内，白求恩同志不顾自己疲劳，走东村串西村，一个一个伤病员都经过他非常细心的诊查。他每天从早忙到晚，晚间还召集各科医生护士汇报，查问每个伤病员的治疗与生活情况，督促大家要周密地检查。这样他还不放心，常常半夜三更，一个人提着自己带来的汽灯亲自到病房去看病人。到病房后，一面安慰伤员，进行复诊，一面亲自给伤员盖被子，端水喝，倒屎倒尿盆。他对每一个轻微受伤的伤员不轻易放过，不因创伤简单而忽略治疗；也不把任何简单的创伤处理轻易托给不能胜任的人。以前由于药品和器械的缺乏，技术也不够高，有些伤员的创口好得很慢。自他来到的第二周开始，就对应该施行手术的伤员不分昼夜地施行手术。经过四个星期的连续紧张的工作，施行过手术的一百四十七个伤员，经短期的疗养后，很快就带着健康的身体重返前线去了。

白求恩同志不但关心每一个伤病员的治疗，而且关心院里的每一件事。他到来不久，就亲自到伙房问炊事员，怎样给伤员做吃的。有个同志回答："病房叫做什么，就做什么。"白求恩一听就摇头了。他说："这样工作不行啊！你应该了解伤员，懂得他们的病情。重伤员应该吃什么，轻伤员应该吃什么，在物质条件许可的情况下必须分别照顾。吃不好，就要影响治疗，影响伤员的健康啊！"他叫人把管理科长找来，要他马上调查伤员情况，写出具体计划交事务长办理。他又找到我批评说："你应该好好教育工作人员，加强他们的革命责任心，使他们主动地、有计划地进行工作，这样，工作才有效率，工作才做得好。"事后，我们召开了干部和工作人员大会，认真检查了工作态度和工作作风，针对存在的问题采取了改进办法。他看见他的意见被采纳了，脸上浮起了微笑，并且抱歉地说："请你们原谅我的脾气不好。不过做卫生工作，不这样严格认真是不行的啊！我有什么不对的地方，也希望你们批评我，我将百分之百地在工作中改正。"

　　1938年9月下旬，日寇就开始"冬季扫荡"。白求恩同志建议带领我们医疗队上火线，在炮火下抢救受伤的指战员。他恳切地对我们说："我虽年纪大，可身体比你们还强。参加前线救护是一个医务工作者应尽的责任。要战士的伤口好得快，全靠初步疗伤做得好。拖延了会变成顽固性创伤，治疗就困难了。你们不要太顾虑我，伤员第一！"他又说："一个革命医生，坐在家里等着病人来叩门的时代已经过去了，医生应该跑到病人那里去，而且愈早愈好。"就在忽东忽西的游击战争的环境里，白求恩同志披星戴月，昼夜奔忙，从这个战地到那个战地，哪里有伤员就到哪里战斗。

　　11月天，崇山峻岭的雁北更觉寒冷了。有一天，白求恩同志披雪行军，走了一天山路，黄昏才到达灵丘河浙村。他还是在早上出发时吃的饭，这时，大家劝他休息一下，吃完饭再去看伤员。他说："我是来工作的，不是来休息的。"说罢，就去检查伤员，一口气检查了三十多个伤员。接着，又去给几个需要立即动手术的伤员施行手术。直到深夜12点才把手术做完，又到病房去看了一遍刚施过手术的人的反应，这才回来吃饭。到睡觉差不多1点了。我们都感到他老人家工作一天，这么晚才睡，第二天应该让他多睡一会儿。可是，到4点多钟，他的屋子里已经点好了灯，他早就穿得整整齐齐地催人开饭了。当他赶到另一处重伤员多的曲寺时，天才放亮。这天上午，他又检查了一百多个伤员，接着又施行手术，直到傍晚。第二天又是4点起床，到前线救护伤员去了。

当时还传颂着一个白求恩"跃马百里救伤员"的故事。在一次战斗中，一个伤员胳臂受伤，流血不止，神志昏迷，生命十分危险。这个地方离白求恩同志的医疗队有六十里路。白求恩同志知道这件事后，就背上挂包，带一点手术器械，连翻译也等不及带，就骑马飞奔而去。快到时，那匹棕色骏马的臀部淌着雨样的汗水。由于白求恩及时赶到，把这个同志从死亡线上救活了。他施完手术，包扎好伤口，旋即又骑着汗水还没有干的马往回跑。因为这儿还有伤病员等着他。由于医疗队上火线，缩短了伤员运输时间，大部分伤员手术后没有感染化脓，更多的伤员减少了痛苦和死亡。我们和白求恩同志一起工作的同志，没有不被他那火一样的革命热情和认真精神所感动的。

## 毫不利己、专门利人的崇高风格

白求恩同志生活非常艰苦，自己毫无所求。他来边区以后，住茅屋、点油灯，吃中国的蔬菜便饭，穿八路军的布衣草鞋，跟一个八路战士一样生活着。他到火线去救护治疗，不管冰天雪地，寒风凛冽，照样行动。他从不讲究生活享受，不要求组织照顾。组织上和同志们对他的照顾，不论多少、大小，他总是婉言谢绝。当时军区每月补助他津贴费晋察冀边币一百元，他坚决不要，转送给后方医院管理科给伤员改善生活。我们再三劝他买些营养品吃，保重身体，白求恩同志说："我从延安来，我知道你们毛主席、朱总司令津贴都很少，八路军官兵只有几分钱菜金，我愿过中国革命队伍普通一兵的生活。""我是来支援中国的民族解放战争的，我要钱做什么？我要穿得好吃得好，就留在加拿大不来中国了。"我们知道，世界上几个最大的医科大学曾相继聘请他去讲授胸部外科治疗学，英国皇家学院外科学会邀请他去做会员，他个人收入也很可观……然而，他毅然抛弃这一切，来到了中国过战场生活。他还向组织上提出要降低自己的生活标准，说是钱用多了，要取消组织上配备给他的炊事员，并且要和战士一样生活。他在一封给毛主席的信中热诚表示，"我在此间不胜愉快，且深感我们应以英勇的中国同志们为其美丽的国家而对野蛮搏斗的伟大精神，来解放亚洲。"

但是，他对伤员、对人民却是关怀备至，极端热忱。他曾经这样对我们说过，"伤病员是你的同志，在一切的事情中，要将他们放在最前头。倘若你不把他们看得重于自己，那么，你就不配从事卫生事业，实在说，也简直不配当八路军。"白求恩同志就是用这样深厚的阶级感情来爱护伤病员和人民的。

那是1938年9月末，日寇正向军区腹地进攻。白求恩同志带着医疗队来到杨家庄第一所。当时从火线上下来了一百多个伤员，被子不够用，五台山区晚上又冷。白求恩同志在检查病房时，发现有的伤员被子单薄，他立刻回到寝室，把自己那床被子送到病房里给一个重伤员盖上。

1939年4月，在有名的齐会战斗中，火线上下来一个腹部重伤的伤员。他是一二〇师一六团三连徐连长。这个小伙子打得很勇敢，在向敌人冲锋时腹部受了重伤，生命非常危险。白求恩同志迅速为他施行了手术。因为伤在横结肠和降结肠，上面有十个穿孔和裂隙，虽然用羊肠线缝合了，但是手术后伤员呼吸困难。后来白求恩同志就亲自锯木板，给他做靠背架。手术后，经常看他。并且每天亲自给他做四顿饭。一二〇师卫生部曾部长看见白求恩大夫眼睛上网着一层红丝，实在太疲劳了，劝他让炊事员做，他不答应。他说："药物只有在一定程度上才是有用的，是最次要、最次要的，理学疗法和饮食疗法配合好，护理得好，伤病员就能够很快恢复健康。还是让我自己来做……"由于白求恩同志这样及时治疗和精心护理，徐连长在二十八天后，伤口已没有问题，这才送到后方去休养。徐连长临走时，抓着白求恩同志的衣服说："白求恩大夫，我以后只有多杀敌人来报答你！"白求恩同志拍拍徐连长的肩膀说："这是我应尽的责任，不要感谢，大家是同志。我把你救活了，你就可以多杀敌人，保卫祖国。"

白求恩同志对群众也非常关怀。他一有空闲就去巡视群众卫生工作，关心人民的生活。有一次，他看见一位老大娘抱着个小孩，这小孩是个豁嘴。他便主动把小孩带进医院手术室，给缝合了起来。不久便长好了。这可把老大娘乐坏了。她为了表示感谢，特地送来了鸡蛋和枣子，但全被白求恩同志退回去了。他对中国人民遭受的苦难非常同情和关怀，经常到被日本鬼子烧杀抢掠的地方去慰问老百姓，还常常用很不熟练的中国话对老乡说："亲爱的朋友们，要把悲痛化为力量，坚持抗日斗争。有了共产党、毛主席的领导，有边区子弟兵，会给你们报仇的。日本鬼子总有一天会被打败的，帝国主义总有一天会被消灭的。烧毁的房子将会盖得更好，日子也越过越甜。……"对受伤、生病的群众，他也像对受伤的战士一样认真抢救治疗。老百姓看他如亲人，简直忘了他是加拿大人。白求恩同志自己也常说："革命友爱，不分中外。"

白求恩同志不仅用自己辛勤的劳动来医治、关怀受伤的战士，更使我们感动的是他为了抢救伤员的生命，把自己的鲜血输送给濒临死亡的战士。

有一个股骨骨折的伤员，必须施行手术。可是这伤员受伤时流了很多血，当时严重贫血，体温又高，精神萎靡，大小便不正常。要是不立即动手术，很快就要死亡；如果动手术而不输血，也难以挽救他的生命。这时白求恩同志说："要输血……能输血救活一个战士，胜于打死十个敌人。我是O型血，万能输血者，我可以输。"我们劝阻无效，建议输别人的血他也不同意。就这样，白求恩三百毫升的血输到了八路军一名战士身上。三个星期之后，这个生命垂危的伤员，恢复了健康。输血时在场的同志都感动得流下眼泪。

## 为了边区的医疗事业

当时晋察冀解放区医疗设备比较差，医务人员的技术水平比较低。白求恩同志看到这种情况后，在紧张的医疗工作之余，还积极进行健全医疗设备和训练医务人才，以提高医疗水平的工作。为了很快建成模范医院，将近两个月的时间，白求恩同志从清早一直忙到深夜，他不愿自己有一分钟空闲的时间。每天除了施行手术、开处方外，一有空闲，他就指挥木匠做大腿骨折牵引架、病床和各种木料器具；铁匠做托马氏夹板和洋铁盆桶；锡匠打探针、镊子、钳子；分配裁缝做床单、褥子、枕头……他说："一个战地外科医生，同时还要会做木匠、铁匠、缝纫匠和理发匠的工作。这样，才能算是好的外科医生。"深夜，他还坐在煤油灯或烛光下赶写一本适合我们医生和护士用的图解手册。这本书里面包括急救、急症、药、解剖、初步生理学、创伤的治疗、夹板的应用等章节，解决了医务人员学习业务时没有课本的困难。每隔一天他利用下午5时至6时，给医务人员上课，把他广博的学识和经验，倾注给我们每一个医务人员。

白求恩同志由于在技术上精益求精，所以他的工作也富有创造性。在当时敌人严密封锁，药品器材十分困难的条件下，他想了许多办法来战胜困难：没有凡士林，就用猪油配药膏，做成油纱布；自制石膏绷带；自配一种治疗战伤的软膏，这种软膏，轻伤上一次可愈；他用自己带的几打刮胡须的刀片代替手术刀，用竹签滚球代替探针，用竹片代替镊子上药，等等。

经过白求恩同志一番努力，原来很简陋的一个医院完全改变了面貌。技术提高了一步，伤病员死亡率大大降低，出院人数增加了，受到了全区医务工作者和党政首长的一致赞扬。

白求恩同志并不满足于一个医院的建设。在军区领导同志和党组织的鼓励与支持下，为了配合当时战争环境的需要，他根据在火线深入观察和典型病例的分析，针对战地救护存在的问题，集中了丰富材料，系统地整理总结，而后提出工作计划和方案，写课本、造设备。他先后编著了《初步疗伤》《战伤外科组织治疗方法草案》《游击战争中师野战医院的组织和技术》等书。白求恩同志还因地制宜，创造了一个换药篮子，这个篮子上边是一个木盘，下面是个小匣，还有一个提梁。小匣放着消毒棉纱、敷料和药品，木盘装着药瓶，换药时还可以放棉纱、敷料、器材等东西。护理人员给它起了名字叫"白求恩换药篮子"。这些创造性的劳动，在当时技术力量不足、交通不便、设备缺乏的情况下，对做好战地抢救伤员的工作该有多么大的帮助啊！

白求恩同志说："运用技术，培养骨干，是达到胜利的道路。"他还说："在卫生事业上运用技术，就是学习着用技术去治疗我们受伤的同志。他们为我们打仗，我们为回报他们，也必须为他们打仗。我们要打的敌人就是死亡、疾病和残废。"因此，他十分重视训练技术人才。

1938年底，他刚从三五九旅前线回到后方医院杨家庄一所，就在党的支持下积极筹备特种外科医院。这里既是医疗场所，又是培养人才的医务学校。1939年1月3日，特种外科医院建成，那时白求恩同志的扁桃腺发炎很厉害，但是他仍然坚持按期开学。派到这里实习的全是边区各军区卫生部长、医务科长、医生等卫生干部，有二十多人。在这里，白求恩同志非常重视实事求是、理论联系实际的教学方法。他领着学员到病房学习，做临床讲演。在他的手术室里经常挂着一块白布。当他指定某一医生施行手术前，首先要问这个手术如何执行，答对了准许做，没答对，他就在白布上绘出图来，指明神经血管的位置，如何开刀，如何缝合等，都一一解释清楚。施行手术前后，叫学员们每个人开十个处方，然后他细心地修改；同时他自己也开十个处方给大家学习。

实习结束后，学员在技术和理论上都提高了一步。有位同志的日记这样写道："院中学七日，胜读七月书。"在白求恩同志的辛勤培育和帮助下，晋察冀边区的医疗干部迅速成长起来。

**他永远活在人们的心中**

白求恩同志为了中国人民的解放事业，经常冒着炮火，不顾生命危险抢救八路军伤员。真是做到了鞠躬尽瘁，死而后已。

1939年10月间，日寇对冀西山地发动了大规模的"冬季扫荡"。从摩天岭前线下来的伤员，来到了涞源县孙家庄。白求恩同志把手术室设在孙家庄小庙里，就开始了紧张的工作。战斗的第二天下午，一个哨兵突然跑进手术室，报告北面山上发现敌人。白求恩一面继续着手中的工作，一面问："外面还有多少没有动手术的伤员？"大家告诉他还有十个，而且大部分是重伤员，他立刻下命令：马上在这里添两张手术台，把伤员抬上来，一次抬三个。三张手术台上，同时进行手术。几分钟以后，哨兵又来报告，至少有几百名日军下山来了。枪声仿佛就在身边响着。这时，白求恩说了一声"糟糕"，大家飞快地转过身来向着他。但他却让大家继续工作，说："没什么，我把手指刺破了。"他把刺破的手指在消毒溶液里浸了一会儿，又继续工作。二十分钟后，只剩下一个腿部有枪伤的青年，被抬上手术台。枪声响得更厉害了，哨兵又跑进来："白求恩大夫，你一刻也不能停留了！"我们医院医务科长林大夫扯着白求恩的胳膊说："我来接替你……"手术台上的青年伤员也抬起头恳求说："白求恩大夫，你快走吧。我的伤不重，把我带走、留下都可以！"枪声已越来越激烈，越来越近，但是白求恩同志还是专心把手术做完了。伤员抬走后，他自己骑上马跟在担架后面，刚刚转入山沟，敌人就进了村。事后人们告诉他这次实在危险，他却高兴地笑着说："今天打了个大胜仗，完成了任务。八路军战士不怕枪林弹雨，轻伤不下火线。我是八路军里的卫生顾问，也应该这样嘛！我们能为英勇的指战员做完手术，这是我最愉快的事。"

白求恩同志即使在病中对工作也是一样负责任。那次他抢做手术，左手中指第三关节不慎被刀刺破了，局部发炎，以后，他仍然继续给伤员动手术。在给一个外科传染病（颈部丹毒合并头部蜂窝组织炎）伤员做第二次手术时，因医疗队准备出发，他忙着动手术，手指上的创口感染中毒，手指肿胀得很厉害。但他还是不顾自己身上的病，争着到前线去。当领导同志劝他多休息几天再上火线时，他非常坚决地说："手指这点小病算什么，你们要拿我当一挺机关枪来使用……"他的中指发炎越发厉害了，肘关节下发生转移性脓疮，而且体温已增高到三十九点六摄氏度，他躺下来了。内服了一些药后，又支撑起来，叫翻译派通讯员通知各战斗单位，把所有伤员一齐送到他这里来。同时他命令王大夫：要是头部、胸部、腹部的伤员，一定要抬来给他看，即使他睡着了，也要叫醒他。后来，他病情越来越重，浑身发冷，接连呕吐，说话也没条理了，部队抬着他转移。他还说："我十二分忧虑的是在前方流血的战士。假使我还有一点支持的力量，我一定留在前方。"就在他生命结束的前一刻，还用几乎难以识别的字迹，向聂司令员报告他最近的工作和生活情况，建议立刻组织手术队到前方来做战地救护；用几乎难以听清的声音，谆谆地对他的翻译说话，勉励同志们："努力吧，向着伟大的路，开辟前进的事业。"白求恩同志是1939年11月12日清晨5时20分逝世的。听到白求恩同志逝世的不幸消息，我们没有一个不痛哭失声的。火线上的战士，听到这个消息，喊着"为白求恩大夫报仇"的口号，向敌人的阵地冲去……连聂司令员听到这消息，也不禁潸然泪下。

白求恩同志在我们中间虽然只生活了一年多，但他给我的印象是终生难忘的。他离开我们二十六年了，而他的崇高形象，仍然活在我们的心中而且日益显其光辉。今天当我们学习毛主席写的《纪念白求恩》一文的时候，我们应当响应毛主席的号召，认真学习白求恩同志毫不利己、专门利人的崇高的国际主义和共产主义精神。

（注：作者当年担任晋察冀军区后方医院政委。）

# 白求恩同志在贺家川

王恩厚　1979 年 11 月

伟大的国际主义战士白求恩同志离开我们已经四十多年了。四十多年来，每当我回忆起他来中国之后第一次为八路军伤病员治疗的情景，我的心情就久久难以平静。他那对工作极端负责任、对同志对伤员极端热忱和对技术精益求精的共产主义精神，永远激励着我，教育着我，使我在中国革命和建设的漫长征途中不断汲取着力量……

1938 年 5 月，中华民族的抗日战争即将进入第二个年头。国民党反动派对日采取不抵抗主义，把半壁河山拱手让给日本侵略者。由中国共产党领导的八路军、新四军成了抗日的中坚力量。在华北、苏南等战场上，进军敌后，发动群众，开辟了广大的敌后抗日根据地，在艰难困苦的条件下顽强地坚持着斗争。当时，我在八路军一二〇师野战医院三所任所长，住在陕北神木县的贺家川。这个村子约有上百户人家，地处黄河西岸，在窟野河和黄河交汇的地方。当地老百姓住的大都是窑洞，我们的"病房"也就设在向老百姓借住的窑洞里。我们的任务是接收治疗从前线转下来的八路军伤病员。记得当时雁门关战役刚刚结束，所以我们的大部分伤病员也都是在这次战役中英勇负伤的八路军指战员。

一天下午，我们突然接到通知：由加拿大名医白求恩大夫率领的加美医疗队，由八路军总卫生部长姜济贤同志陪同，要路过我们这里到晋察冀前线去。让我们做好准备，欢迎白求恩大夫检查和指导工作。听到这个消息，我们大家都异常高兴，立即动手打扫卫生，贴欢迎标语。还从老乡那里借来了一套锣鼓，由几个护士小伙子认真地操练了一番，准备热热闹闹地欢迎白求恩大夫的到来。同时派人立即把这个消息报告了岚县一二〇师卫生部。

大约下午三四点钟光景，太阳已经绕到西边起伏不平的山冈背后，霞光透过朵朵白云，给大地涂上了五光十色的余晖。派出去的人员回来报告：加美医疗队已经转过前面的一道山梁，很快就要到了！于是，全所的医生、护士、看护员、轻伤员以及一部分老百姓拥向村口。一二〇师卫生部医务主任张汝光、蒋耀德，师野战医院院长孟谦等也从岚县赶来欢迎。大家看到远远的一行人马迅速地向我们走来，有四五个人骑在马上，还有十多匹驴驮着东西。不用问，这就是白求恩同志的医疗队了。于是我们一边喊着热烈欢迎加美医疗队等口号，一边迅速拥上前去迎接。白求恩大夫、姜济贤部长等老远就下了马，走上前来和大家一一握手介绍。这时，欢乐的锣鼓也"咚咚呛"、"咚咚呛"一遍又一遍地敲个不停。

白求恩同志来到贺家川后，被安排在所部对面的一座窑洞里。我忙着到炊事班去关照为他准备晚饭，可他叫姜部长、张主任把我从厨房叫了出来。他大声对我说："现在吃饭先不着急，请你先把这里的情况给我介绍一下。"

当时白求恩同志还没有专职翻译，姜部长懂些英文，白求恩的助手理查德·布朗医生懂些中文，翻译任务就由他们两人承担。张汝光主任说：白大夫来这里检查工作，我们表示热烈的欢迎，请恩厚同志把所里的情况向姜部长和白大夫汇报一下。我汇报说，我所共有九十多人，大部分是护士和看护员，分成两个看护班。其中医生很少，加上我才三个人。我们负责的伤病员近两百多人，大部分伤在四肢，成了残废。轻伤员都在前方，没有送到这边来。而头部、躯干部负伤的重伤员有的在前方就牺牲了，转到我们这里来的为数不多。白大夫大声问我："都有些什么药品？"我告诉他，药品十分困难。真正的脱脂纱布都不够用，只好用普通的棉花和土布代替。也没有消毒器械，消毒都用蒸笼蒸。消炎药只有石碳酸、硼酸、碘酒、红汞水和食盐水等。凡士林很缺，大部用猪油代替。儿科只有普通的解热药等。手术器械只有普通的刀子、剪子、三折刀包等。白求恩同志一边问一边在小本子上仔细地记着。他不时皱皱眉头，大概是觉得我们的条件实在太简陋了吧！

晚饭后，我们没有为白求恩同志安排工作，觉得他快五十岁的人了，奔波了一天，一定很累，应该让他好好休息一下。可白求恩同志又一次来找我们，手里拿着个手电筒，要我带他去检查病房。我们向他解释说：我们已经安排好，病房明天开始检查。今天你应该早些休息，恢复一下旅途的疲劳。他听了这话似乎有些生气，不高兴地说："我是来工作的，不是来休息。现在时间还早，不去看伤病员是不应该的！"没有办法，我们只好带他到几个病房转了一圈。直到夜里11点多钟，白求恩同志才结束了工作。分手时，他用力握着我的手，用很生硬的中国话歉意地对我说："老王同志，刚才我态度不好，很对不起你！"我连忙表示没有什么。当时在我脑海里翻腾的是，白求恩大夫对工作是多么认真负责啊！

白求恩同志在贺家川短短的十几天里，以忘我的精神不知疲倦地工作着。他先后为近两百名伤病员做了认真仔细的检查治疗，为二十多名重伤员做了手术。他要我们请来一些木匠和铁匠，亲自绘图、作示范，指导我们做了许多换药盘子、拐杖、木制背架和托马氏夹板等，解决了一些医疗器械缺乏的问题。他帮助我们建立了简单的手术室，把窑洞粉刷一新，上边挂起顶棚布，找几张长桌作手术台，简单的手术器械等有条不紊地放在靠墙的柜子里。他还帮助我们整顿了病房，把卫生搞得干干净净，并在每个病房的门口旁边挖了一个坑，用四片瓦对起来，做成一个"土痰盂"。他要求大家把痰吐到"痰盂"里，把废纸脏物也扔到"痰盂"里。白求恩同志还指导我们把伤员分了类。第一类是需要做手术的，共二十几名，把他们集中在几个病房里，由白求恩大夫给他们做手术。第二类是按受伤的部位重新编组，分住在不同的病房。睡觉时上肢负伤的头朝外，下肢负伤的脚朝外（当时我们住的是老乡土炕），这样便于治疗、换药和护理。第三类是伤势恢复较好的，白求恩大夫亲自指导他们做功能性锻炼。他要求拄拐棍的尽量把拐棍扔掉，拄双拐的尽量拄单拐，以使下肢早日恢复行走的功能。对上肢举不起来的，他要求他们练习举手，在墙上做出标记，尽量一天比一天举得高一些。在治疗上，白求恩大夫采取了奥尔氏疗法，用药水冲洗伤口消毒。他把带来的一种叫"阿采克罗米"的药给伤员使用。这种药有油剂和水剂两种剂型，都是黄颜色的，用于治疗伤员感染化脓，疗效很好，也不疼，很受伤员欢迎。他用油纱条、凡士林纱条等作敷料进行治疗，也取得了很好的疗效。

为了帮助医务人员尽快提高医疗水平，白求恩大夫除了在具体治疗中作示范讲解之外，还专门抽出时间给全所医务人员讲课。讲课前他作了充分的准备。有些内容不好翻译，他就用手势比划，或画图讲解。他结合我们工作的问题，讲了八路军工作的重要意义，治疗伤员应注意的问题，安全消毒法，各种骨折的固定位置和方法，托马氏夹板的制作和使用，扩创术、取腐骨、取弹片、四肢离断术等手术的做法，以及功能锻炼的重要性，等等。

白求恩同志对工作极端负责任，还表现在他要求无论做什么事都要十分迅速、准确、一丝不苟。记得有一次做手术，一个护理员打消毒洗手水，动作稍慢了一点，晚了几分钟，就受到他的严肃批评。他说："伤员都是为反对法西斯负伤流血的，他们是抗日的英雄，挽救他们的生命是我们崇高的责任，用马马虎虎的态度对待他们是绝不能容许的！"

白求恩同志不仅对别人严格要求，他自己更是以身作则。在这十几天里，他每天早晨都起得很早，一直工作到深夜才肯休息。除了白天给伤病员治疗外，每天晚上他都要到病房去看望重伤员。回来后就伏在汽灯下制定第二天的工作计划。哪些人要做手术，哪些人要重点治疗，都写在一个小本子上。这些做完后，他便打开他带来的那台手提式英文打字机开始打字，有时是为了准备讲课材料，有时是写工作总结或汇报，有时是写文章。有好几次，人们都进入了梦乡，我对面白求恩同志住的窑洞里仍发出清脆而有节奏的嗒嗒的打字声。我真想过去劝他早些休息，但又怕打扰他的工作。这样思前想后，最后还是没有去。直到他的打字机声停止，灯光也熄灭之后，我的心情才慢慢平静下来。这时夜已经很深了。

　　白求恩同志对伤病员怀有无比深厚的阶级感情。他常说："一个医生，一个护士，一个照护员的责任是什么？就是使你的病人快乐，帮助他们恢复健康，恢复力量。你必须把他们看作是你的兄弟，说实在的，他们比兄弟还要亲切，因为他们是为了民族解放流血负伤的，他们是你的同志。"

　　有一次给一个重伤员做下肢截肢术。由于伤员感染化脓，伤员的身体十分虚弱。白求恩同志仔细检查后，抬起头向大家说："需要输血。"由于以前大家没有直接输过血，不知道直接输血怎样做，所以都没有吱声。他见大家都不说话，就果断地说："输我的吧！"说完他就坐在那个伤员旁边，伸出胳膊，让他的帮手布朗大夫抽出他的血输给伤员。这时有几个同志醒悟过来，连忙上前抢着说："输我的吧！"但白求恩大夫却摆摆手说："输谁的都一样。我是O型血，万能输血者。输你们的还要检查血型。这次就先输我的吧！"就这样，白求恩同志第一个向伤员输了血。伟大国际主义战士的三百毫升血液，慢慢地流进了中国人民八路军战士的身上。在他的带动下，后来又有一个医生、两个护士也给手术伤员输了血。

　　还有一次，白求恩大夫看望伤员，他见其他伤员都在认真地做上下肢锻炼，而一个十六七岁的小鬼却站在墙角呆呆地发愣，就走过去问："小鬼，你为什么不锻炼？"小鬼见是白大夫，心里很是高兴，说："白大夫，你再给我看看吧，我的胳膊手术后一直举不起来。"白求恩把他的上衣袖子卷起来，仔细检查了一遍，然后笑着说："小鬼，你的胳膊没有问题，只要好好锻炼，就能举起来。现在，我来教你。"说着，他就双手托起这个小战士的胳膊，慢慢上举，左右转动。不大一会儿，就累得满头大汗。以后的十来天内白求恩每天都去检查这个小伤员锻炼身体的情况，使这个小鬼十分感动。

白求恩同志在生活上十分艰苦朴素，他处处要求自己和八路军的普通战士一样，从来不搞特殊。他穿的是一身八路军的灰军装，胳膊上佩戴着"八路"的臂章，腰上扎一根宽皮带。吃的也和大家一样，小米、土豆，有时炒个青豆角就算是改善生活了。有一次，我们见他工作实在太辛苦，就从老乡那里买了一只鸡，让炊事员炖好了给他送去，想让他补养补养。想不到他立即就跑来找我提意见："这样做是十分不对的！我要和大家一样，不能有任何特殊。"然后，他又端起鸡汤送到了一个刚做过手术的重伤员那里，并亲自把那个伤员扶起来，一小勺一小勺地喂给他喝。

十几天后，经白求恩大夫治疗和手术的伤员，有的已恢复健康，重新走上了前线，有的手术伤口已经愈合。白求恩大夫为了到晋察冀边区抗日前线去，就要和我们分别了。

白求恩同志在贺家川短短的十几天时间，是他来中国后第一次为八路军的伤病员治疗。他的思想、他的品质，以及他对工作孜孜不倦、对同志极端热忱、对技术精益求精的精神，给我们留下了深刻的印象。通过他的言传身教，我们收获了许多宝贵的精神财富，使我们无论在思想上还是在技术上都受到了良好的训练。回顾这十几个共同战斗的日日夜夜，我们和白求恩大夫结下了深厚的感情。大家都怀着依依不舍的心情，舍不得他离去。

白求恩同志和我们大家一样，为即将到来的离别受着感情的折磨。临别前一天，他给我们所留下了"阿采克罗米"等一些药品和少量手术器械，然后又去最后一次看望伤病员。他和由他做过手术的每一个伤员握手告别，并把他随身带来的"炮台"牌香烟分给他们抽。后来，他又回到自己住的窑洞，翻箱倒柜地找出了十几件衣服和被单分送给手术伤员。下肢负伤的，他送件上衣；上肢负伤的，他送条裤子。我们劝他不要送，他说："这是我来中国后第一次给八路军的伤病员治疗，我心里特别高兴，把衣服、被单子等送给他们，就算作个纪念！"

第二天早饭后，十几个驮子先上了路。白求恩同志和姜济贤部长，由张汝光、蒋耀德、孟谦等同志陪同，很快要出发了。全所的工作人员，能走动的和拄着拐棍的伤病员，以及得到消息的许多老乡都跑来为他们送行。来的人很多，就请白求恩同志给大家讲几句话。他欣然同意，走到一个高台上，激动地把手一挥，面向大家大声地说："同志们！我们就要分别了，但是我相信，这不是最后的分别，我们将来还会再见的。希望每一个医护人员把伤病员当作自己的亲人，好好为之治疗；希望每一个伤病员好好养伤，早日恢复健康，重返前线，为消灭法西斯做贡献。让我们在消灭法西斯的战场上再见吧！"他的讲话受到了大家的热烈欢迎。

白求恩同志终于同我们分别了。我们依依不舍地送了一程又一程，直到眼巴巴地望着他骑在马上的高大背影渐远渐小，渐远渐小，最后消失在山冈那边的一片绿树丛中……

（作者曾任吉林医科大学暨白求恩医科大学校长、党委书记。）

# 我所知道的白求恩同志

董越千　1974年6月

诺尔曼·白求恩于1890年出生在加拿大一个牧师家庭里。他很年轻时就接受当时新思潮的影响，喜欢阅读被基督教视为亵渎圣明的进化论——达尔文的《物种起源》等著作，对上帝创造人的传说抱着怀疑态度。他为筹集学费，曾在安大略省北部森林里当过伐木工人，在广阔天地里得到了锻炼，身体长得很结实，思想感情同劳动人民有密切的联系。他回忆这段生活时，常常感到自豪。

第一次世界大战开始时，白求恩刚满二十四岁，还有一年大学毕业，因加拿大宣布参战，白求恩应征入伍，到欧洲战地当担架员，后负伤退役。伤愈，重入大学学医。毕业后，曾在欧、美各国实习、行医，30年代初期已成为北美有名的胸腔外科医生。

白求恩在医学上有很深的造诣，在基本功方面下过苦工夫。说起他的老师对他的训练和在手术操作方面的严格要求，他依然保持着十分清晰的记忆。他自己用动物和人体进行过多次解剖，制造过内脏的各种模型，对人体结构熟悉得几乎闭上眼睛也可以摸到准确的部位。

他治病认真负责，技术高明，很快受到当时各阶层人士的欢迎，而对付不起诊费的病人，他是从来不要钱的。有一次，一个工人的妻子难产无钱就医，他亲自去动手术，分文不收，手术后，又带去一篮子食品和衣服。他不计报酬，说这是他应该做的事。

由于日夜操劳，后来他自己患了严重的肺结核。肺结核在当时对人们是一种很大的威胁，还没有特效药和治疗方法。他偶然在医学杂志上看到，有人提出用人工气胸法对肺结核进行外科治疗，不过还在试验阶段。勇敢的白求恩愿意拿自己去做试验。经过一段治疗，他终于战胜肺结核，恢复了健康。他通过亲身试验给人们找到了用外科治疗肺结核的方法。

白求恩回到医院继续担任医生，他集中研究胸腔外科。看到皮鞋匠用钢剪轻巧地把鞋钉剪掉，他受到启发，创造出一种外科肋骨剪。他不断努力，前后研制和革新了三十多种外科器械，写了许多卓有新见的医学论著。他在胸外科方面的卓越成就不久便轰动了当时欧美医学界，成为著名的胸外科专家。他担任过加拿大和美国一些大医院的胸外科主任，加拿大联邦政府和地方政府聘请他做卫生部门顾问，英国皇家外科医学会邀请他做会员。

怀有远大理想的白求恩，并不满足于社会荣誉和优越生活，他时常感到还有更大的问题有待解决，一种力量在促使他前进。他说："外科医生在手术台上治疗的只是肺结核在人体上产生的严重后果，可是治疗不了产生肺结核的原因。"他努力寻找肺结核的病源，发现经济学和病理学的密切关系。他通过社会疾病调查统计，发现最需要医疗的，正是最出不起医疗费的人。他提出：到人民中间去，取消挂牌行医，改变医疗制度，实行社会化医疗。有人说他的想法不切实际，但他深信这理想是合理的。

1935年白求恩同志加入了加拿大共产党，在他的一生中，这自然是一个飞跃；但他周围的同志和朋友对这件事并不感到突然，认为这是他接受马克思主义思想和经过社会实践后所产生的必然结果。

1936年西班牙反法西斯战争爆发，世界许多进步力量纷纷组成国际纵队开赴西班牙，支援共和国。白求恩同志已经四十六岁，他决心放弃现有职业，奔赴西班牙参加斗争。他在炮火纷飞的战地日日夜夜抢救伤员。他发现有不少战士伤势并不重，但由于出血过多牺牲了。他倡议组织输血站，在火线给伤员输血。这是有史以来第一次有人在战场上扭转了战争史——来输血，而不是来制造流血。为把工作开展到南部马拉加前线去，他驾驶输血车到沿海一带，他遇到大批撤退的难民，老弱妇幼，举步艰难，他毅然把输血车变成运输车，在飞机轰炸扫射中往返奔驰，把难民一批批载运到比较安全的地方。他对这段经历的印象十分深刻，时常作出生动的叙述。

1937年夏，白求恩返回北美洲，在加拿大和美国各地巡回讲演，为支持西班牙人民进行呼吁和募集资金。这时，日本法西斯在中国领土上开始了新的屠杀，一个空前的历史事件发生了。白求恩同志听到这来自亚洲的巨变，无比愤慨，他激昂地在讲演中说，"章鱼状的垄断资本主义已四处伸出触手，日本侵略中国即是一例。"他已在北美洲各地出色地完成了支援西班牙的任务，他认为现在中国更需要他，他在西班牙取得的经验拿到中国会有更大的用处。在加美共产党的支持和国际援华委员会的安排下，1938年1月8日，他带领医疗队从温哥华启程来中国。

白求恩同志于1938年1月下旬到武汉，当时去西北的交通线不畅通，他的旅行遇到困难。他很快找到八路军驻武汉办事处，周恩来同志会见了他，为他讲述了在党中央和毛主席领导下，各抗日根据地蓬勃发展的大好形势，并指示办事处为他去延安做出安排。在武汉期间，国民党头面人物企图留他在国民党后方工作，白求恩同志严词拒绝，坚决表示，要到延安去，要到前线去。2月22日，他从武汉乘火车到郑州转赴西安，途中三次遭受敌人的轰炸和扫射。在西安的八路军办事处，他受到朱德同志的热烈欢迎。他从西安乘八路军军用卡车到达延安。这一段旅程中，他遇到不少曲折和险阻，但他亲眼看到帝国主义强盗残酷的侵略暴行，看到蒋介石政府的昏庸无能和失败主义政策所造成的恶果，看到国民党军队节节败退、溃不成军的混乱状况，看到中国人民在几层压迫下遭受的苦难和面临的艰巨斗争；他同时更看到中国共产党领导的抗日部队雄赳赳气昂昂地奔赴前线坚持抗战，中国人民正奋起为保卫祖国而战。当结束这段旅行到达延安时，他意想不到地发现了一派朝气蓬勃、信心百倍、象征着新中国的景象。他在日记中盛赞延安"是管理得最好的一个城市"。

白求恩同志到延安后不久，伟大领袖毛主席会见了他，同他进行了长时间谈话，回答了他关心的各项问题。白求恩同志非常满意，会见回来，很久不能平静，连夜向国内写出报告，叙述他这次难忘的经历。

1938年6月，白求恩同志来到晋察冀军区。当时领导上指定我和他一起工作，主要担任翻译，因此朝夕相处，比较了解，同时也受到了很多的教益。他一到军区，不顾旅途的疲劳，立刻投入火热的工作和战斗中。

为了提高和改进后方医院的工作和技术，他亲自拟订了筹建模范医院的"五星期运动"计划。1938年9月15日，位于松岩口的模范医院落成。白求恩同志在落成典礼上发表了热情洋溢的讲话，他说："……那些后来人将有一天会聚集在这里，像我们今天一样，不只是来庆祝一个模范医院的成立，而是来庆祝解放了的中国人民的伟大民主共和国的成立。"医院建成不久，敌人集中数万兵力，从各路向这一地区开始秋季"扫荡"，为了贯彻反"扫荡"的军事部署，医院不得不进行转移。白求恩同志对此自然甚感遗憾。军区聂荣臻司令员了解到这种情形，在一次同白求恩同志的会见中，便主动征求他到前方后的观感和意见。白求恩同志历述他的感受和赞语后，坦率地提出他不理解军区为什么不以重兵固守外围，这样做，后方医院可以不转移。司令员很高兴他这样坦率地提问，根据毛主席的持久战战略思想，同他畅谈了当时抗战形势，军区作战方针和战斗部署。白求恩同志受到很大启发，他要求学习毛主席的《论持久战》，在以后的日子里，他认真学习毛主席的这一著作，要求逐段翻译给他听，他仔细研读，并把学到的东西按照持久战的方针，贯彻到他的医务工作中去，做出了一系列的创造和革新。

白求恩同志到前方后，一直为降低伤员死亡和残废率而努力。他亲赴火线治伤，经常说，在前方用几分钟或十几分钟时间给伤员及时治疗，比用若干小时转移到后方治疗，效果要好得多，有时起决定性的作用。看到有些伤员负伤不重，却由于运转时间过长，发生严重感染，以致牺牲，他非常难过。他说：如果在前方及时动手术或作初步治疗，一般来说，是有把握争取使75％的伤员不发生感染而治愈的。

他倡议组织战地流动医疗队，到各个火线上去。他反复宣传说："到伤员那里去！医生坐等病人的时代已经过去了。"他还要求亲自率领一个轻装的战地医疗队去创造经验。军区首长对他的倡议完全支持，但是考虑到他的安全，不同意他亲自到火线去。白求恩同志很不满意，再三重复他的要求说："你们不要把我当成明朝的古董，要拿我当一挺机关枪使用。"经过仔细考虑和周密部署，军区批准了他的要求。从1938年秋冬开始，白求恩同志便到各部队视察，出入火线救死扶伤。

第一次出发到四分区平山一带，那时洪子店战斗刚刚结束，他的医疗队及时治愈了许多负伤不久的同志，他对良好的疗效感到非常高兴。他还利用空隙时间参加了一次平山县反"扫荡"经验总结大会，在听到用游击战术打击敌人的故事后，他对前方战斗发生了更大的兴趣。1938年11月底，白求恩同志率医疗队到山西雁北地区，三五九旅旅长王震同志正在部署广灵—灵丘公路伏击战，他只同意白求恩同志在离火线十二里的地方设手术站，不同意再往前移。战斗打响后，非常激烈，敌机在手术室上空盘旋投弹，炸弹落在做手术站的小庙旁边。白求恩同志仍不停地动手术。同志们劝他暂时转移，他昂然回答："前方战士的岗位在战斗的火线，我们的战斗岗位在手术台，前方战士不会因为轰炸而停止战斗，我们也不能因为轰炸而停止手术。"他就这样紧张地度过了两昼夜，连续做了七十一次手术。战斗胜利结束，手术还在进行，王震旅长亲自来到手术站，陪同白求恩同志做完了最后一个手术。由于治疗及时，效果良好，三分之一的伤员没有发生感染。白求恩同志十分高兴，他说，这次治伤开创了新纪录，超过了在西班牙的成绩。

1939年2月，白求恩同志率领东征医疗队去冀中前线。在冀中平原，当时不能大批集中伤员到医院治疗，只能把初步治疗后的伤员迅速转送到冀西山区，或分散隐蔽在游击区老百姓家里。白求恩同志对隐蔽在游击区的伤员非常关心，他坚决要求亲自去敌人常来常往的游击区探视伤员。驻军首长不同意。他说："军医不能离开伤员，哪里有伤员，就应该到哪里去。"他坚持自己化了装去。他的坚决要求终于得到批准，派了一个精悍的小分队随行，指令驻地部队监视各据点敌人的活动，并且请地下党布置了周密的民兵网。白求恩同志和医疗队乘夜色进入游击区，来到距敌人据点不远的四公村。他连夜检查伤员，动手术，隐蔽在附近的伤员也临时集中过来，一直工作到第二天半夜。黎明时，敌军四处出动，一股奔向四公村。医疗队首长立即转移伤员，随后才离开。白求恩等同志上马离开村东时，我警卫部队已在村西同敌人开了火。

1939年10月下旬，在涞源摩天岭战斗中，白求恩同志因抢救伤员在匆促中被手术刀割破手指，他仍继续坚持工作。后来又感染脓毒，形成败血症。党中央、军区、卫生部对他无限关怀，不惜任何代价进行抢救，但脓毒感染很快，他为了在火线救治中国伤员献出了自己的生命。他在遗书中还嘱咐："立刻组织手术队到前方来做战地救护。"

白求恩同志在加美医学界早已是出名的外科专家，但他到我们部队以后，从不以专家自居，而是把自己看作八路军的一员，是毛主席领导下的一名战士。他愿意同战士过一样的生活，他喜欢穿八路军军服，有时还穿草鞋，居住在简陋的民房，饮食简朴。军区聂司令员对他的生活和健康非常关心，时常把前方缴获的香烟、罐头、食品等送给他。他常常只留一小部分，其余都转送给伤病员。送给他缴获的日本毛毯，他自己不用，也都给了伤病员。当他看到伤病员治疗效果良好，饮食也很好，躺在病床上舒舒服服的样子，他就喜笑颜开，而对自己的休息、吃饭和健康却置之不顾。

有时为及时检查伤员或动手术，他迟迟不回去吃饭。他的小勤务员几次把饭热好了，又变凉了，看他忙得连饭都吃不上，急得哭了起来。白求恩同志却说："伤员为消灭法西斯在前方流血负伤，我们有几顿饭不吃算什么。不要难过，我身体不是很好嘛！"有一次在前方部队巡视工作，任务完成后，装好驮子，准备次日清晨出发，可是一位伤员需动手术，他不嫌其烦，马上开箱取出器械做了手术。他愉快地对同志们说："今天晚上这样的'休息'，不是更有意义吗？"他认为把自己的每一分钟都挤出来为伤员服务是最大的愉快，而同志们却认为能说服他多睡一两个小时，是个莫大的胜利。前方的战士们都非常敬佩和热爱白求恩同志，伤员们称他"白大夫"，深深地被他这种毫不利己、极端负责、极端热忱的高尚风格所感动。

和他一起工作的同志们，都感到他既严肃、亲切，又有深厚的无产阶级感情。有一次一个轻伤员在打草鞋，他看后很感兴趣，便问："草鞋好穿吗？"伤员说："跑山路穿草鞋可得劲呢！"后来这个伤员悄悄地打了一双很精致的草鞋，扎上了两个红绒球，亲自送给白求恩同志做礼物，他非常高兴，常常穿着，引以为荣。有一次在行军路上休息时吃老玉米，吃着吃着他说："我送给你们一个礼物。"他用小刀截断吃完的玉米芯，挖一个小槽，通上一根麦管，做成了一个烟斗。他说："我们加拿大的农民就常常用这个做烟斗的。"同志们看了都觉得新鲜有趣，都喜欢他那种在紧张的战斗生活中洋溢着愉快和乐观的革命豪情。

白求恩同志的组织性和纪律性是很强的，对党组织非常尊重。到前方后，他几乎每个月都向党中央、毛主席和军区聂司令员写工作报告，并要求把报告转寄给加拿大共产党。在平时工作中，只要是党的指示，他毫不犹豫地坚决执行。他每到一地总是关心给群众看病，见到村里孩子是兔唇，他主动做手术，见到老人颈上长着肿瘤，他一定要说服他割掉，村里有急症，他亲自去抢救。他从不接受老百姓的馈赠，被他治愈的群众向他道谢时，他常说："不要感谢我，要感谢八路军和共产党，我们的部队有规定，给群众看病是不要钱的。"他走到哪里，就和哪里的群众熟悉了，群众都打心眼里喜欢他。

有一次，医疗队日夜不停地在冀中平原快速行军，行抵清风店附近，已是夜深人静。前面是平汉铁路封锁线，铁路两旁是敌人的壕沟网，铁路沿线是林立的堡垒，但龟缩在里面的敌人没想到深沟恰恰代替了青纱帐，掩护了游击队的活动。白求恩同志骑马行进在坎坷不平的壕沟里，一边吸烟，一边风趣地和同志们低声说笑。突然前队传来命令："就地隐蔽，不准吸烟。"大家立刻下了马，白求恩同志赶快熄灭了纸烟，伏在壕沟里。不久，一辆敌人的巡路车驶过铁路，接着又是一列军车，晃动着的探照灯，仿佛是凶恶的眼睛在平原上搜索。敌军车过后，我们的队伍迅速地越过了铁路。在休息的时候，白求恩同志高兴地说："我给你们讲个故事。第一次世界大战时，战场上流传着一根火柴不能点三支香烟的故事。有一个士兵夜间在阵地上划亮一根火柴，给第一个伙伴点了烟，又给第二个伙伴点了烟，当点到第三支烟时，'啪'的一声，子弹飞来，把这个士兵打死了。"他接着说："这不是迷信，战场上就是不能吸烟，这是纪律。"后来，在很长的一段时间里，他停止了吸烟。

八路军优待战俘的政策和我军处理战俘的生动故事对白求恩同志都是新鲜事物。军区聂司令员向他作过详细的解释。他恍然大悟，深有体会地说："这是革命的人道主义。"不久，在后方医院和前方火线遇到受伤的日本战俘，他以对八路军伤员同样的态度来医治他们，并不厌其烦地对日本战俘进行教育，指出法西斯侵略是世界人民所反对的，他们应当觉醒，拒绝屠杀中国人民，拒绝执行法西斯命令。他还宣讲了八路军优待战俘的政策。一次，他和两个被俘的日本伤员一起照了相。这些日本伤员很感动，把他们在八路军里受照顾的情形写信告诉家属，信中并附上和白求恩大夫的合影。治愈的日本伤员一般陆续被送回就近的日军据点，白求恩同志对这一切都很感兴趣，曾把这些经过记在他的日记中。

白求恩同志的一生是伟大的国际主义者的一生，留给我们的精神财富是异常丰富的。他有伟大的抱负，以解放全世界劳动人民为己任，哪里需要就到哪里去战斗，鞠躬尽瘁，死而后已。

1939年夏，聂荣臻同志发电报请他回军区列席晋察冀边区党代表大会。大会邀请他发言。他登上讲台，首先把拳头举向帽檐，行了个敬礼，说他代表加拿大共产党和人民向边区的党代表大会表示热烈的祝贺和敬意。他马上对他的敬礼方式作了解释：西班牙同志敬礼是举拳，中国同志敬礼是举手到帽檐，现在把两种方式结合起来了。他的话引起全场热烈的掌声。他接着用高昂的声调讲道："我必须重复，你们的战争是正义的，你们并不孤立，世界人民支持你们。我们加美医疗队来中国，就是证明。反抗法西斯是我们共同的任务，我们来中国，不仅是为了你们，也是为了我们。今天我们支援你们，将来你们胜利了，会同样支援我们。我决心和中国同志并肩战斗，直到抗战最后胜利。日本法西斯一天不被赶出中国，我们一天不离开。"他的讲话给大会增添了光彩，全场都感到极大的振奋和鼓舞。

他还说过："我们要医治被法西斯枪炮打伤的战士，我们更应消灭制造创伤的法西斯帝国主义。"这些话使前方英勇抗击法西斯侵略的战士们受到极大的鼓舞，前方战士们都称赞他是伟大的国际主义者。

白求恩同志对于未来充满着理想和信心。他和我们一样，热切地盼望着新中国的诞生。当时，虽然他是在满目疮痍的半殖民地半封建的中国，看到的是帝国主义侵略战争所造成的创伤，他却好像已经见到一个崭新的、富有生命力的新中国。有一次在山区行军，他看见那里的无烟煤层厚厚地露出地表，兴奋地说："将来工业化以后，这里一定会成为世界上最富庶的矿区之一。"当他在山村里看到农民使用笨重的农具操作，妇女在道旁推碾盘，他便说："现在你们的农村没有电气化，几个人做一个人的工作，将来新中国成立，农村把电钮一按，水就流进田地，碾盘就会自动地转起来，一个人何止做几个人的工作呀！"他对中国农村的未来充满了殷切的期望和信心，他那诚挚的话语给人们留下非常深刻的印象。他给群众讲话时，常谈起新中国和创造人类未来的理想。有一次，他热情洋溢地说："我要对八路军和游击队的伤员的勇敢以及他们从无怨言的精神表示敬佩。……他们打仗，不仅是为了挽救今日的中国，而且是为了实现明天的伟大、自由、没有阶级的、民主的中国，那个新中国，他们和我们不一定能活着看到了。……主要的是，他们和我们都在用自己今天的行动，帮助它诞生。……它能否诞生，取决于我们今天和明天的行动。……它必须用我们大家的鲜血和工作去创造。我们这些对于未来，对于人类，以及对于人类自己创造的伟大命运具有信心的人们。"

1939年5月，我因工作需要离开了白求恩同志，以后再也没有机会见到他。白求恩同志离开我们三十多年了，但是他的精神永远鼓舞着我们。

白求恩同志永远活在我们心里，他永远是我们学习的榜样。

（注：作者是当年白求恩同志的翻译。）

# 怀念白求恩

郎林　1965年6月1日

## 高贵的礼物

1939年7月，白求恩同志集中精力编写医务人员迫切需要的书籍。

时值盛夏，天气热得很，白求恩大夫在神北村一间草房里，挥着热汗，吸着纸烟，夜以继日、聚精会神地编写《游击战争中师野战医院的组织和技术》一书。疲倦了，就用冷水冲洗一下头部。有时在夜深人静时，他突然从行军床上跳下来，点着蜡烛，戴上眼镜，坐在打字机旁边打字，或描绘示意图。连在吃饭的时候，他也谈论一些和这本书有关的问题。有一次，他的右手中指生了瘭疽，手指头肿得很厉害，十指连心，疼痛是可想而知了。为了减轻疼痛，早日痊愈，这个瘭疽必须切开。患部在他右手，自己动手术不方便，只好让我给他开刀。他说："我喊一二三，你就在患部切开一个十字。"说着，背过脸去，喊："一二三！"我照他的指示动手。两天后，手指稍微好了一些，他又开始打字了。我劝他注意身体，等手上的伤口好了再工作。他说："这本书很重要，我早一天编写出来，就能帮助医务人员早日得到学习材料。"他只用半个月时间就把书编写出来了。

这本书是根据毛主席论游击战争的战略思想编写的，丝毫没有一般医药教科书的框框。它吸收了我军的宝贵医疗财富，概括了白求恩同志在晋察冀、冀西山区和冀中平原的医疗经验，是一本在毛主席实事求是、从实际出发的思想指导下编写的医疗经验总结。聂荣臻司令员在《序言》中高度地评价说："这是他一生最后心血的结晶，也是他给予我们每一个革命的卫生工作者和每一个指战员和伤员的最后不可再得的高贵的礼物。"

### 巡视工作

白求恩同志在工作中表现了极端负责的精神。他说："做医务工作必须严肃认真，因为它关系到伤病员的健康和生命。"有一次在花盆医院巡视工作时，发现一个战士大腿骨折，由于没有使用托马氏夹板和医护人员处置不妥当，伤肢有了严重的畸形。白求恩同志抚摸着伤肢痛心地流出了泪水。他马上给这个伤员做了第二次手术，把畸形的腿整复到正常姿势，并用夹板固定起来。做完手术后，他对医生进行了严肃的批评。他说："按照那样不负责任地处置骨折伤员，这个青年同志要残废一生的。今后你必须以严肃认真的态度处理伤病员。"

白求恩同志最反对粗心大意、马马虎虎的作风，把能够做好的工作不做好，把最常见的小而重要的工作给做坏了，他认为这是卫生人员中一种极坏的作风。他自己在工作中事无大小，都安排得井井有条，细致而准确，工作方法十分科学，因此工作效率很高。有一次他对我们说："我的桌子上虽然看起来很杂乱，但每一件东西放在什么地方，我心里都是有数的，即使蒙上眼睛我也可以找得到。"我们试验了一下，用手蒙住了他的双目，指名要桌上的物品，他不假思索地随手拿给我们，<u>丝毫也不错乱</u>。

白求恩同志细致、科学、严肃、负责的工作作风，给了我们每一个同志很大的教育。

### 难忘的情谊

毛主席说："晋察冀边区的军民，凡亲身受过白求恩医生的治疗和亲眼看过白求恩医生的工作的，无不为之感动。"这里我不能不谈一谈白求恩同志为我治伤的故事。

1939年10月中旬的一天，我们巡视团的同志一行十几个人，骑着马，通过离敌人据点很近的地方。白求恩同志走在前面，我走在中间。天刚下过小雨，我们的行军速度又很快。我骑的那头黑马性子很急，走着走着，就碰到前面同志骑的那头大洋马。大洋马回转头来。尥起蹄子朝我的马身上狠狠地一踢，正好踢在我左小腿正中部。当时，我疼痛难忍掉下马来，白求恩同志发现后，勒住缰绳翻身下马来到我的身边，立刻动手给我救治。我的腿上虽然没有出血，但是胫骨正中已经被马踢断了。白求恩同志一面叫人去动员担架，一面用夹板把我的骨折部分固定下来。做手术后，他不愿意让我离开他，行军时，让担架抬着我，继续随他一起行动。担架是软的，行动起来一晃一晃，震荡得伤口生疼。白求恩同志为了减轻我的痛苦，亲自动手用木板给我钉了一个木匣式的夹板，把大腿全部固定在木匣里。晚上，他还照看我，有时深夜起来察看我的情况，给我倒开水喝。这种深厚的阶级感情使我毕生难忘。我们之间肤色不同，国籍不同，但这都无妨我们的阶级感情，因为我们有共同的政治理想——为共产主义事业奋斗的理想。

### 最后的来信

为了尽快地养好伤，不久我离开了白求恩同志，到花盆医院休养去了。

我躺在病床上，多么想念白求恩同志呀，我时刻盼望得到他的来信。果然，11月12日，收到了他的信。这封信是11月11日从唐县黄石口发出的，那时他正在从前方返回军区的途中。

　　得知他病了，我和周围的同志们情绪十分不安。是呀，一个年已半百的异国老人，冒着弹雨枪林，奔波在中国的抗日前线，要是他真的得了败血症或伤寒，这该是多么不幸呀！夜晚，我躺在病床上翻来覆去地不能入睡。我盼望天快点放明。

　　我反复地读着他最后的两封信，热泪不断地夺眶而出，不是伤感而是崇敬。我在他的身边八个月，深深地感到，他的胸中只有革命，没有半点私利，他在临终的片刻谆谆告诫我们的仍然是革命工作和他人的利益。

　　（注：作者当年为白求恩大夫的翻译，本文原刊1965年6月1日《中国青年报》，收入此书时略有删节。）

# 白求恩和"卢沟桥"

郎林　1979年

　　诺尔曼·白求恩同志离开我们已经四十年了，但是，他那崇高的国际主义精神、共产主义精神和对技术精益求精的精神，却一直焕发着灿烂的光辉，值得我们好好学习，特别是学习他善于结合中国的实际，周密、细致、具体的科学工作作风。这对加强我国现代化建设，有其重大现实意义。

　　我想到，白求恩同志生前为八路军医疗卫生战线刻苦钻研和设计的流动医院——"卢沟桥"，很能说明这个问题，它集中体现了白求恩的精神。

　　"卢沟桥"，这是白求恩同志在抗日战争的艰苦岁月里，在中国农村根据地医疗设备和技术条件十分困难的情况下，研究了他在西班牙和中国战场取得的经验之后，设计出来的一种切实可行的战地救护医疗措施。当时他认为，八路军医务人员只要善用这些措施，即使他本人不在场工作，也能在前线建立起一个短小精悍、机动灵活的野战医院，使指战员在受伤六小时内得到抢救，这样，治愈率便可以提高到70%以上。

　　"卢沟桥"制成后，救护伤员的时间缩短了。流动医院的编制和装备十分短小精悍、机动灵活。医务人员只有二十三人（包括十六个护士学校学员）；能把做一百次手术、换五百次药和配制五百个处方所用的全部药品器材都装在"卢沟桥"和一副驮筐内，固定于驮架之上。医院转移时，只需把两个驮架放到鞍子上，就可运走了。"卢沟桥"内的物品都做了科学的装置，不会损坏，使用起来得心应手，十分方便。同志们异口同声地称赞说："白求恩大夫这种创造真值得我们学习！"他笑了笑说："不，这不是我的创造，我是从群众那里'偷'来的。老百姓运肥料使用的粪驮子启发了我。"

"卢沟桥"这一名字是怎样来的呢？在河北省平原游击战争的当时，虽然战斗频繁，生活艰苦，但解放区军民团结一致，斗志旺盛。每到傍晚红日西沉的时候，四面八方此起彼伏地传来了响亮的歌声。有一天白求恩大夫听到一种歌声很感兴趣，问我这是什么歌？什么内容？我回答说是反映抗日战争的《卢沟桥小调》。白求恩大夫说："我们这个流动医院的外形很像一座桥，为了纪念中国人民的伟大抗日战争，我们就叫它'卢沟桥'吧。"

回忆白求恩大夫在"卢沟桥"试制成功后在思想感情上流露出的那种难以抑制的喜悦，直到今天我仍然留有深刻的印象。他在工作总结报告和给朋友的书信里，都津津有味地谈到过这件事。他曾在一二〇师司令部作过如何使用"卢沟桥"的精彩表演，受到贺龙同志的热情赞扬。那是1939年5月在河北省平原游击战争的战斗空隙中进行的，表演的效果很理想。流动医院的主要工作部门手术室、换药室、消毒室、药房等，在接近假设的火线前沿半小时后全部展开；如果敌情紧张，只需十分钟就可以把医院转移。白求恩大夫在表演时心情很激动，他像魔术师一样，一说需要什么东西，就不假思索地从"卢沟桥"里拿了出来，有时甚至不用眼睛看，一伸手就把需要的东西准确地拿了出来。

白求恩同志十分重视培养八路军医务人员，"卢沟桥"试制成功后，他在酷热的夏天，挥汗废寝忘食地写出了《游击战争中师野战医院的组织和技术》一书。他在这本书里周密、细致、具体地叙述了流动医院的各种组织和操作。为了便于同志们接受，他精心绘制了一百一十九幅示意图。当时，晋察冀军区司令员聂荣臻同志对这本书作了高度评价。白求恩同志逝世后，聂荣臻同志在为该书作的序言中说："这本书是伟大的国际主义者、造诣宏深的医学家、模范的共产党员白求恩同志的最后遗著。""这是他一生最后的心血的结晶，也是他给我们每一个革命的卫生工作者和每一个指战员和伤员的最后不可再得的高贵的礼物。"

白求恩同志认为单靠外国医疗队来治疗伤员不是最好的办法，一旦医疗队离去，不能解决的困难仍然存在。最好的办法是帮助中国建设一个好医院，既能直接治疗伤员，又能培养人才，使中国医务人员直接把治疗任务承担起来。长期以来，白求恩同志把主要精力放在医院建设和培训医务人员方面。

他在实际工作中对医务人员进行诲人不倦的言教和身教。他对医院中各项工作都制定出明确的要求和制度，并且首先以身作则给大家做出表率。任何时候，只要他看到同志们做得不好，就马上指出，示以正确的动作。他一天到晚总是边讲边做，边做边讲，嘴不停，手不住，脚不歇，把病房、工作室和宿舍都变成课堂。

他在医院开办过护士学校，其目的是在实际工作中培训团、营、连的护士和卫生员。训练课程50%为实际操作，25%为医务理论学习，25%为政治学习。每学期十四周，培训学员十六名。学员入校后，先在消毒室见习两周，然后在一、二、三级护士班各轮流学习四周。由于学员的入学时间不同，每两个星期可有四个学员毕业，充实前方卫生工作。

实践证明，白求恩同志的培训方法取得了显著效果。他在特种外科医院举办的实习周内，把全军调来的二十三名主要医务人员的技术水平大大提高了一步。

白求恩同志的科学求实精神，还表现在他总结了"消毒十三步法"。根据晋察冀边区医疗工作的实际情况，他提出把用过的各种外科敷料全部收回，用"土办法"进行严格、细致和科学的消毒；其步骤分别为收集、分类、浸洗、曝晒、蒸笼消毒、密封标识等十三步。他说过，做好消毒工作是外科医生最基本的常识。如果消毒工作做不好，就会使伤口感染化脓，增加伤员的痛苦，延长伤口愈合时间，这是医务人员的罪过。

今天，我们国家的医疗设备、技术条件和医务人员的水平同四十年前相比较已经是天壤之别了。我这样想，如果今天白求恩大夫仍然在世的话，他对我们的现代化建设一定会有更大的贡献。

# 和白求恩大夫在一起的日日夜夜

郎林 1985年9月

1939年春，我被任命为白求恩大夫的翻译，直至他光荣逝世，我一直在他身边工作。在朝夕相处的过程中，我深深地被他那高尚的共产主义品质和伟大的国际主义精神所感动。四十多年过去了，但他的光辉形象却时时出现在我的眼前，使我终生难忘，怀念万分。

## 伟大的国际主义战士

1939年春，我在冀中军区被分配到后方医院工作。有一天，陈淇园院长告诉我，"晋察冀军区东征医疗队来到冀中区，组织上决定让你去这个医疗队，给一个外国人白大夫当翻译"。我一听，脑子里打了个大转转，说心里话，不愿去，因为当时我憎恨洋人。

参加革命前，我在北平协和医院当小职员。这个医院是美国煤油大王洛克菲勒投资开办的，是一个文化侵略机构。它挂着"医院"这块慈善招牌，却拿不值钱的中国病人做试验。有一次，一个不满周岁的孩子，被一粒花生米哽住喉头，本来用镊子就可以很容易取出来，但一个叫斯莱克的"医生"拿孩子做试验，故意用橡皮管子把花生米捅进孩子的肺门，使孩子活活地窒息而死。在我离开协和医院之前，还发生过一起轰动全城的"宋案"。事情的经过是这样的：有一天医院门诊部来了一个病人，他们认为有研究价值，就主动让病人住院，并给以优厚的待遇，其目的是拿病人做试验。他们用一种新发明的药品把病人治好了，但又不想让他活下去，于是一再增加药剂量，并试用另一种药，结果又把病人给活活试验死了。死后，他们偷偷解剖了尸体，研究各脏器的变化，把研究成果寄回美国发表。最后还假惺惺地给买了口棺材，把尸体埋葬了。这件事不久被死者家属发现，并去法院告了状，也激起了全城平民的极大愤慨。

这个医院的工资待遇极不平等，美国人待遇特高，其他外国人次之；中国知识分子，薪金比留过学的中国人低，最低的是我们这些小职员了。

这个医院的建筑和设备，当时在东亚是第一流的。因此，在这里工作的人都有一种优越感，当然最神气的是美国佬了。他们以大国优等民族自居，趾高气扬，摆出一副帝国主义老爷的架子。我当时憎恨他们，时时刻刻想离开这些洋人，后来好不容易来到解放区做一个真正的中国人了，现在又让我去跟洋人打交道，一时转不过弯来，但经陈院长动员解释，我还是服从了组织分配，去了东征医疗队。

没想到，我和白求恩大夫一见面，就对他产生了很好的印象。他身穿一套退了颜色打着补丁的八路军灰军装，腰间束着宽皮带，脚蹬一双人称"蹬倒山"带红绿颜色的牛鼻子山鞋。这种穿戴，同他的高鼻梁、绿眼睛和金丝眼镜很不相称，我看了觉得好笑。但是他的面孔却很慈祥，态度也很和蔼。当董翻译一介绍，他就紧紧握住我的手，用生硬的中国话说："你好！欢英（迎）！"他一直盯着我说："我们好像见过面，在加拿大我有一个要好的朋友叫'毕尔'，长得很像你，今后你就是我的朋友毕尔吧！"说完话，他爽朗地笑了起来。

这是我有生以来第一次遇到以平等态度对待中国人的洋人。

因为是初次见面，看样子他还有些事情要做，我们交谈的不多，我只对他说：我很高兴跟白大夫在一起工作。但新来乍到，外语基础不好，又不懂医学，恐怕完不成任务。他说，这没有什么，在董越千同志离开之前可以帮助你。不懂的东西可以学习嘛。今天不懂，明天就懂了。

我和董越千翻译相处一个时期，他对我帮助很大。在日常工作中，他经常谈起白求恩的一些情况，我也就知道了白求恩是加拿大共产党员，是北美洲有名的胸外科医生和医疗器械革新家。1936年曾去西班牙参加反法西斯战争。中日战争爆发后，他受加拿大和美国共产党的派遣来到中国解放区，担任晋察冀军区卫生顾问。作为八路军一成员的他，接受毛主席和晋察冀军区的领导。了解了这些情况之后，我对白大夫既有好感又有敬意了。

后来经过一个时期的接触，我觉得过去对洋人的看法是有片面性的。看问题不能一概而论，洋人有坏的，也有好的，而且劳动的洋人绝大多数是好的。

四十四年来，我读到中央领导为白求恩写的纪念文章，看到加拿大人写的有关他的传记，翻译了他在国内时期的科学论文等，并有机会协助中国青年出版社出版整理了他在中国时期的历史资料，更加深刻地认识到白求恩是一个伟大的国际主义战士，共产主义战士，又是到处受人尊敬的科学家。

### 一个无私无畏到处做好事的人

白求恩是英国皇家外科学会会员，北美洲胸外科学会理事。他在加拿大政府和若干州政府及大医院，担任顾问医师和外科主任等职务。他每个月的薪金收入是很丰富的。此外，他还从革新制造医疗器械得到更多的经济收入。因此，他在加拿大过着十分富裕的生活，并把剩余下来的钱帮助别人和创办其他慈善事业。

但是，他来到中国解放区后竟过起艰苦的危险的战斗生活了。这究竟是什么东西支配他走这条路呢？让我们来看看他来中国的航海旅途中给家属的信里是怎么说的吧："当我动身去温哥华之前，在蒙特利尔看到你的时候，我尽力想解释为什么我要到中国去。我不知道解释清楚没有。我去过西班牙这个事实并不给我，也不能给任何人现在静坐旁观的权利。西班牙是我心上的一个伤痕。你知道吗？这是一个永远不能愈合的伤痕。这痛苦永远会留在我心里，使我记起以前见过的事物。我拒绝生活在一个制造屠杀和腐败的世界而不起来加以反抗。我拒绝以默认和忽视职责的方式，来容忍那些贪得无厌的人向其他的人们发动战争。西班牙和中国都是同一场战争的一部分。我现在到中国来，因为我觉得那是需要最迫切的地方，那是我最能够有用的地方。"

我觉得，就是在以上这种思想支配下，他才能毅然抛弃既得的名誉地位和生活享受，同中国劳动人民生活在一起，战斗在一起。

白求恩这种高尚品质在国内时期就表现得很突出。他对人民有深厚的感情，总是把人民的利益放在个人利益之上。他是一个以医疗为职业的医生，在给病人治病的实践过程中，发现肺结核病对人类的威胁最大（当时还没有特效药），他便立志扑灭这种病，结果他研究成功，成为胸外科专家和医疗器械发明家。在给病人治病的实践过程中，他又发现这种病是一种社会病——"穷人有穷人的肺结核，富人有富人的肺结核，富人复原而穷人死亡"。从这里，他懂得了单纯治疗不能扑灭肺结核这一真理，因此毅然抛弃了在医学上继续发展的前程和优裕生活，走向革命的道路。当法西斯向西班牙人民发动野蛮的战争时，他不顾个人安危去西班牙参加反法西斯战争。当日本帝国主义侵略中国时，又来到中国解放区帮助我们的抗日战争，最后献出了宝贵的生命。

他在底特律开私人诊所时，每天的经济收入几乎难以维持下去，但仍然愿意给穷苦人治病，收最低的医疗费，有时免费，有时还要帮助他们解决困难。

在西班牙参加反法西斯战争时，白求恩在阿尔梅里亚公路上碰到从马拉加撤出来的成千上万的难民队伍，到处是蓬头散发的妇女和老人，到处是呼饥叫累的儿童，真是一条悲惨的路。他既同情又难过。他跟难民们一起行进，扶老携幼，并同司机塞斯用四天四夜的艰苦劳动，把儿童和他们的母亲送到安全地区。后来，他以极其沉痛和愤怒的心情写了上万字的日记，描述难民的悲惨生活和法西斯暴徒对人民的罪行。这就是他来中国的旅途中写给家属信里所说的，心里"永远不能愈合的伤痕"。

在我同白大夫共同生活中，亲眼看到了他对中国人民的深厚感情。他对中国人民的抗日战争充满了信心。在给国内朋友的信里他说："我个人认为日本人永远不能征服中国，我觉得这是一件人力办不到的事情，……我们必须帮助这个优秀的民族比现在做得更多一些。"

在模范医院建设即将胜利完成的时候，白求恩清楚地认识到这是和中国解放区党、政、军、民团结一起共同努力分不开的，并认为他能和这些同志在一起工作是万幸的。他曾在一篇热情洋溢的日记里这样说："……我很累，可是我想我好久没有这样快乐了。我心满意足。我在做我们所要做的事情。而且请瞧瞧，我的财富都包括些什么？我有重要的工作。我把每分钟的时间都占据了。这里需要我。"

"我没有钱，也不需要钱，可是我万分幸运能够来到这些人中间，在他们中间工作。……还说什么不动感情的中国人！在这里我找到了最富于人情的中国人！在这里我找到了最富于人情的同志们。……我已经爱上他们了。我知道他们也爱我。"

在解放区的战斗生活中，我们每到一村就遇到手拿红缨枪的儿童团站岗放哨检查路条，白求恩从来不表现特殊，总是规规矩矩地接受检查。见到小孩子，即使穷得衣不遮体满身泥巴的，从来不厌恶，嫌弃他们，反而愿意接近他们。要是见到老年人，即使我们都骑在马上，他也要打个手势或用面部表情来显示军民一家人的热乎劲。

他关心、爱护病人，全心全意为病人服务。在任何时间和地方，他从来不拒绝病人，只要发现有病人，他就不停治疗。有一次，他发现一个小男孩嘴上有个豁口（俗称兔唇），他就要给做整形手术。我同孩子的母亲商量，她一见是黄发绿眼的洋人，很不放心。我告诉她这是加拿大有名的外科医生，是来中国帮助咱们打日本鬼子的。他的医术很高明，一定能把孩子的毛病给治好。母亲同意了。手术很简单，几天后就拆了线。一个豁嘴子变成漂亮的孩子了。孩子的父母拿出红枣、柿子等礼物感谢白求恩。他坚决不收，说："我是八路军的医生，咱们是一家人，我给孩子治病是应该做的事情。你们不要谢我，要谢就谢谢八路军吧！"看到这种情景，我当时很受感动。因为我知道白求恩对自己要求是很严格的。他很重视搞好军民关系，遵守八路军的"三大纪律八项注意"，从来不随便接收老百姓的礼物，借东西也总是按时归还。

1939年4月，白求恩听说在河间县东北四十华里的四公村，隐蔽着几十个八路军伤员，马上拉着我去见贺龙师长，要求去看伤员。贺师长考虑到那里群众基础虽然很好，但该村靠近公路，敌人时常通过，劝他不要去，并说可由师卫生部派医务小组去，或把重伤员接回来治疗。白大夫坚持要去，说："医生坐在家里等病人来叩门的时代已经过去了。我们要到伤员那里去，不要等伤员来找我们！"他又说："你不放心，可以派部队随我们一起去。"最后贺龙师长派了一个得力的骑兵排一块去，并一再嘱咐我们提高警惕，不准发生问题。

我们来到四公村，开始时见不到收治伤员的医院，也见不到伤员。原来医生和护士都穿着便衣，分散住在老百姓家里，像一家人共同生活。白求恩注意到每家伤员的被子和衣服、用具都干干净净。有个老大娘正以熟练的动作给伤员换药。他高兴地说：这些伤员的护理和对伤口的处理是高标准的。可是他心里还有一个疑团，敌人来了怎么办？

房东好像是看出白求恩的心意，把他领到一个靠墙的立柜前，打开柜门，招呼白求恩大夫向里看。他好奇地把头伸了进去。原来这个立柜连着夹墙，夹墙里铺着干草，只要有情况这里可以隐蔽两个伤员。

老村长介绍说，村子里有不少这样的夹墙和地洞，情况不严重，就在这里躲躲；情况要是严重了，就把伤员转移到邻村或庄稼地里。鬼子曾几次搜索四公村，都没有发生什么问题。

白求恩深为感动，向房东和老村长连声说："奇迹，奇迹！"

告别了伤员和房东，我们又被领到隔壁一家。一进门，见一位老大娘正拿着一把用筷子制成的镊子，蘸着盐水给伤员洗伤口。白求恩惊喜地说："老大娘，你做得好啊！"

大娘爽朗地回答：白大夫，你先别夸，还是多指教点吧！

望着大娘从容不迫的神态和熟练的动作，白求恩钦佩地问：大娘，这是什么时候学的呀？

大娘扔掉一个脏棉球，又夹起一个新的，一边擦伤口一边说："打根据地开辟时就练着做了。这也是逼出来的。开始那阵子住伤员，队伍上医生忙不过来，眼睁睁看着同志们的伤口流血化脓，就是搭不上手，别提心里多着急了。后来妇联会把俺们组织起来学习，再加上部队医生把着手教，也就试着干点了。都是自己的同志，会不会都得干哪！"

医疗队在四公村忙了一天，但事情没有办完，只好住下。晚上，我们遵照贺师长的嘱咐，把所带来的东西都装进马褡子，绑在驮架上，放在马身旁，要求人不脱衣，马不卸鞍，准备一有敌情就立即转移。事有凑巧，第二天天还没有大亮，骑兵排的便衣侦察员跑进屋用力把我推醒，说："有紧急情况，马上离开。"原来有一个老乡一大早在村西一里多地处遇到了敌人，敌人问他四公村在哪里。老乡一愣，心想敌人进村，八路军就要吃亏了。他灵机一动，用手指向西北方向说："在那边。"敌人急忙向西北方向奔去。老乡跑回村报告了我们的侦察员。听到这个紧急情报，我赶快把白求恩和其他同志们叫起来，十来分钟我们就骑上马跑到村东，在骑兵排的掩护下脱离了险区。

白求恩看到我们的人员和物资都安全转出，很是高兴，骑在马上诙谐地说："好险啊！如果我们行动不快，就可能都成日本法西斯的俘虏了！"

虽然这样，白求恩对住在四公村的伤员却一直放心不下。后经我们派人了解，得知伤员全部隐蔽，敌人进村什么也没捞着时，白求恩高兴得跳了起来。说：人民的力量就是大，八路军真像是人民海洋里的游鱼啊！

### 战地救护工作的专家

"同志们，向敌人冲啊！白大夫就在我们后边！"

这是当时抗日战争火线上指挥员鼓舞士气、向敌人冲锋时常使用的战斗口号。

白求恩在指战员中的威望确实是很高的。对白求恩的医疗技术，指战员更是无限信赖，他们亲眼看到，亲耳听到很多轻伤员，特别是肋部组织负伤的伤员，经过白大夫治疗后没几天就重返前线继续战斗；很多从前方抬下来的重伤员经过白大夫治疗不久就转轻了；很多垂危的伤员经过白大夫治疗得救了。这些事实一传十，十传百，日子一长就变成神话了。白求恩像华佗再世，人们把他的名字当成了战斗动员口号。

有些同志认为白求恩所以能有这种威望，是由于手术高明。这种看法有道理，但不够全面。我个人觉得主要原因是他正确地、全面地处理了战地救护工作这门科学。首先，在他的正确领导和影响下，医疗队的战斗力是坚强的，只要重伤员抬到手术室就能得到正确及时的处理。当时医疗队全体成员的目标只有一个，那就是一切为了伤员。白求恩日日夜夜工作，其他成员也都奉陪到底；白求恩在百忙中把自己的鲜血输到伤员血管里，输血后还一直坚持工作，我们有的队员也这样做。

此外，白大夫还抓好了四个重要环节：时间、消毒、技术、思想。

1. 抓时间：这是白求恩做好战地救护工作最重要的一环。他一向认为时间就是生命，时间就是胜利。为了争取时间，他极力主张手术室的配置要尽量接近前线，不管在什么时间，什么地点，都能及时处理伤员。当时流传着"白大夫跃马百里救伤员"的故事。有一天，白求恩的住处突然跑进一个汗流满面的骑兵通信员，说有一个干部出血不止，请白大夫赶快去救。白求恩一听，立即随这个通信员策马扬鞭飞奔而去。出血伤员的地点在六十华里之外，跑到目的地时人和马都大汗淋漓了。他不顾口干舌燥气喘吁吁，迅速给伤员止住血，做了手术。虽然挽救了伤员的生命，但还是不够满意。手术后他对同志说："你们的办法不科学呀！在派人叫我的同时，应该抬着伤员向我的方向转送，这样就可以争取时间了。"

2. 抓消毒：消毒工作好坏，直接影响手术的成功和失败，特别是在战争时期，医疗设备简陋，敷料缺乏，有时用了洗，洗完用，很难做到彻底消毒。白求恩根据当时的物质条件和技术条件，制定了"十三步消毒法"，基本解决了这个问题。办法有了，还要保证有可靠的人去做。他选择最可靠的护士领导消毒小组工作，并不断检查监督。

3. 抓技术：在战伤救治工作中，白求恩十分强调，医护人员必须准确地掌握适应战争条件的基本医疗技术。为此，他在一年多的时间里写出了不少医务人员迫切需要的书。如《战伤治疗技术》《战伤外科组织治疗方法草案》《游击战争中师野战医院的组织和技术》等。这些书虽然只写了战伤的一般处置，但却很适应我们的战斗环境和技术水平，有很高的参考价值，对提高广大医护人员的技术水平，起到了很好的作用。

4. 抓思想：白求恩在对待伤员方面有几句名言："医生是为伤病员活着的，如果医生不为伤病员工作，他活着还有什么意义呢？""他们（负伤的指战员）打仗是为了建设一个新社会，为了报答他们，我们也要为他们'打仗'。我们要打的仗是疾病、残废和死亡。""在一切事物中，要把他们放在第一位。"……

他不仅这样说，而且首先以身作则这样做，同时也严格要求全体队员这样做。在历次战斗中都做得很出色。

他把伤员看得比父亲、兄弟还要亲。伤员呢？也把他当作父亲或兄弟，到了他的身边感到无比的温暖，最听他的话，服从他的治疗方案，还能很好地配合治疗。

## 边区科学家

白求恩是一位卓越的医学科学家。他在科研工作中最大的特点是对技术精益求精。他能做到这一点，并在工作中有显著成绩，原因是多方面的。但是有两个原因很值得我们学习。

一个是他从来不满足于现有的科学成就。他否认医学是静止的，认为"现有的科学成就只是过去的仓库，必须彻底探究并且经常补充"。在医疗器械方面，他认为现有的外科医疗器械大大落后于近代工程机械工人使用的精巧工具。他说："今天使用的外科器械是一种五花八门的大杂烩，在许多古老粗笨的历史遗留物中掺杂着一些崭新、精巧和高效能的现代技术工具。"他竭力主张把现代科学技术应用到手术台上。他说："外科器械可概括分成两大类，一类属于必需品，另一类属于奢侈品。虽然英国保守的医生流传着一个口头语：只有能力差的外科医生才抱怨自己使用的器械。但在实际操作中，外科医生往往遇到某些技术性困难，是由于器械效能低劣所致。因此，有时奢侈品变为必需品了。"

他往往从心底里蔑视那些因循守旧、满足现状的外科医生，更不容忍自己有任何阻碍科学技术发展的因素存在。他对任何事情都要求深入细致地调查研究，把事情做得好上加好，精益求精。

另一个原因是他有钻研精神。他不研究问题则已，一研究起来就要顽强地钻下去。他往往把自己关在屋子里，日日夜夜废寝忘食地钻，直到达到目的。他研究成功人工气胸、火线上输血、"卢沟桥医院"和发明革新剥离器、万能筋骨剪、人工气胸仪、脚踏唧筒等等，都和以上两个原因分不开。

白求恩来到中国解放区，当时晋察冀军区司令员兼政治委员聂荣臻同志尊称他和另外一些同志为"边区科学家"，并着重指出：不要以为边区科学家这个名称对他们是污辱，要知道，别的科学家和办法在边区未必能用。为了伟大的民族解放战争，在今天自力更生的条件下，能够解决问题，这就是边区科学家可贵的地方。

白求恩这个边区科学家的光荣称号是来之不易的，是由于他有广泛丰富的医学造诣，有一年多的游击战争的实际锻炼，有军区的正确领导，有成功的经验和失败的教训才得到的。尤其是他写的《游击战争中师野战医院的组织和技术》一书，是他在中国解放区极为艰难的游击战条件下，为解决八路军医疗卫生工作存在的问题，写出的一本有价值的书，是他作为边区科学家的一个突出体现。

白求恩为了提高现有医务人员的技术水平，迅速培养新生力量，曾极力主张把原有的医院改建成模范医院。这种想法是正确的。但是由于他刚来到解放区不久，对游击战争的环境、特点认识不足，因此，建成的模范医院不久就被敌人彻底摧毁了。这对白求恩是一个沉重的打击，也是一次深刻的教训。他主动向聂司令员做检讨："我过去不了解游击战的特点，也低估了法西斯强盗的残暴性，你们的意见是正确的，在敌人后方要建设正规的医院，这种想法是不够全面的。"

就这件事，聂司令员给他指出了正确的努力方向。白求恩很受启发教育，说："一个科学工作者，只有从实际出发，才能更好地发挥作用。今后，后方医院的建设，要更加从实际出发，注意内容。"后来，他曾根据这一指导思想，创造了一个特种外科医院。这种医院比起模范医院有了很大的改进，但它行动不便，仍然不适应游击战争的需要。于是在1939年2月，白求恩干脆带领"东征医疗队"来到冀中区大平原。这里战斗环境更加艰苦了。他经过实践摸索，最后组成了一个人员精干，能迅速展开、转移，能及时保证药品器材供应，能减少手术忙乱，能提高工作效能的"卢沟桥医院"（当时简称为"卢沟桥"）。

# 一切为了阶级兄弟

王道建　1965年3月

　　我在晋察冀军区司令部工作的时候，就听到不少白求恩同志从生活方面关心伤病员的故事。后来，组织上派我给白求恩同志当助手，有机会和他一起工作，我才深深地感受到白求恩同志不仅在生活上关心伤病员，更重要的是他把整个身心全都用在救治阶级兄弟的工作上了。换句话说，他是带着强烈的阶级感情在救治伤病员。

## 无微不至的关怀

　　有一个伤员，右手负伤，五个手指头全部被打烂，我们诊断的结果，要做截肢处理，免得化脓感染，影响整个右臂。我们就开始了做手术前的一切准备工作，并对伤员做手术前的检查。白求恩同志问我："你准备怎样处理？"我满有把握地说："五个指头全部切除。"白求恩同志摇摇头说："不对！"他指着伤员的一个血肉模糊的大拇指说："这个手指是否可以保留一下呢？"

　　我仔细一看，大拇指的上节已经没有了，下面的一节也不成样子了。我心里想：这只手反正已经残废了，还留这一丁点儿管什么用呢？我犹豫地盯着这只手。白求恩同志看透了我的意思，便说："同志，手是劳动的器官呀！你别小看这一节手指，只要能保留住它，对他将来的生活是大有用处的。你看……"他用手比划着说："如果在这一小节手指上，套上一只柄上带有指套的小勺，他就可以自己动手吃饭。如果再能让他保留小指的一节，那么，他就可以依凭两节残肢夹东西了。"我听了，又感动，又惭愧，心想：白求恩同志想得多么周到啊！

有一次，一个伤员腿部受了重伤，要从膝盖以上的部分离断。白求恩同志让助手们帮助把大腿肌肉往上推，然后锯断。断肢的肌肉留得较长，骨头比肌肉短一截。他一边做一边告诉我们说："锯腿的时候，应该比肌肉短一点，这样将来肌肉一收缩，正好把骨头包起来，便于安假腿。如果骨头和肌肉锯得一般齐，肌肉一收缩，一截骨头露在外面，这样是没办法安假腿的，一定要做二次手术。"

白求恩同志经常教导我们说："一个医生的责任，就是挽救伤病员的生命，帮助他们恢复健康，恢复力量，使他们早日回到前线，多杀敌人。那些因为残废不能重返前线的重伤员，也要设法使他们残而不废，帮助他们保持生活的能力。作为一个医生，应该时时想着你的病号和伤号。要时时问自己：'我能帮助他们更多一点吗？'这样你就要设法使你的工作进步，更好地运用你的技术。"

白求恩同志，对伤员的肌体十分爱护，不但在手术处理上极为谨慎，而且细致地从思想上进行教育。遇到一定要做截肢处理的伤员，他必定事先对伤员进行说服，讲清牺牲局部保全整体的利害关系，取得伤员的同意。事后，一再地安慰伤员。同时，再三嘱咐医院的政治干部，要加倍地关怀他们，教育他们，使他们的心情舒畅，早日恢复健康。

他曾提出一个响亮的口号："要珍惜伤员每一滴血。做手术要一次成功，不做第二次。"他给伤员做手术的时候，总是全神贯注，动作异常迅速。通常要一个钟头做完的手术，他有半小时多就处理完毕，以减少伤员流血。他说："伤员在前方已经流了很多血，对他们来说半滴血也是宝贵的。"

凡是重伤员的大手术，他都要亲自动手做。手术以后第一次换药，也由他亲自动手。他说："作为一个外科医生，第一次换药不亲自去换，你就不能了解手术做得是不是成功。只有亲自换药，才能检验你的手术效果。这样你就可以不断取得经验，提高技术。"那时我们给伤员进行麻醉的时间较长。特别是在战地，有时做完手术，伤员麻醉还没有醒，便往后方转运，可能在途中发生呕吐或窒息等意外事故。白求恩同志觉得这种办法不好，他主张在伤员没醒过来之前，不得送到后方。后来他告诉我们一种缩短时间的方法，医生应当全面照顾病人，在手术快要做完的时候，就应通知停止麻醉，手术完毕，伤员刚好醒过来，减少了伤员的痛苦和危险性。

记得在杨家庄一所的时候，正是严寒的冬天。一天深夜，白求恩同志听到伤员的呻吟声，便提着手灯，轻轻地到病房，问那个呻吟着的伤员有什么不舒服。因为翻译同志不在身边，他问了半天伤员听不懂。白求恩同志急忙出了病房，奔向我床边，把我从被窝里拉起来，说："快，伤员在呻吟……"我披上衣服立刻跟他进了病房，找到那个伤员一问，才知道这个伤员因为身子弱，被子单薄，身上发冷。白求恩同志赶紧回屋把自己的被子拿来轻轻盖在伤员身上。我们坚决不让他这样做，把我们的被子抽给伤员，把白求恩同志的被子送回去。第二天大清早，白求恩同志又到了那个伤员的病房，问他昨夜里睡得是否舒服。

为了使伤员早日恢复健康，重返前方，白求恩同志主张积极的疗养。他发现有一些伤员伤口基本上好了，正在等待时机归队，他建议说："在等待期间，不能够让他们虚度时光，应该组织起来锻炼身体和学习，使政治上和体力上都有益处。"在他的建议下，医院将这些伤员组织起来，天天锻炼身体。每当白求恩同志见到这些康复的伤员，生龙活虎地在户外锻炼身体时，他总是高兴得合不拢嘴，翘着短胡须，向大家频频点头，不是爱抚地摸摸他们的肢关节，叫他们做伸曲活动，就是叫他们跑步或跳跃。这时，他会兴奋地说："好孩子，带着健康的身体，到前线去多杀敌人吧！让那些万恶的日本法西斯匪徒早日到'上帝'那里去。"

### 科学态度，革新精神

白求恩同志的思想异常活跃，胸中只有革命，脑子里整天想问题。他不断地提出问题，改进工作。从医疗器械到治疗方法，从医院的管理制度到病房设备，凡是不合理或落后的东西，他都千方百计地想法革新，永远也不停滞。他经常观察周围的一切，提出改进意见，即使是一些"小"事情，他也要认真严肃、一丝不苟地把它做好。

他一天的工作很多，但每天晚上，都要抽出时间把手术器械擦一遍，把药驮子上的药检查一遍。他说："这是天天要用的东西，万一有个疏忽，临时发现器械丢失损坏了，药品没有了，这不就要误事吗？"我们请当地的木匠给伤员做了一批拐杖，由于疏忽和没有经验，拐杖的尺寸都是一样的。个子高的伤员使用时要佝偻着身体；个子矮的伤员使用时要把腋窝架得高高的。白求恩同志见了，批评说："人的个子有高有矮，拐杖怎么能一个尺寸呢！要知道，伤员挂着不合格的拐杖，即使伤肢好了，也往往会变成畸形的。"他每到一个医院，除了检查伤病员，还要检查医院里的设备，如靠背架、托马氏夹板、消毒设备等。没有的，建议重新制作，不合格的要按规格做好。所以，他经常跟木工、铁匠等打交道。一有空儿他就在改进各种器械和设备上想点子，从实际出发，因陋就简，尽量地使伤员感到舒服一些，使工作科学化一些。

我们的医院的病房是借用的民房，伤员住得很分散，护士每天串大街走小巷地给伤员换药，已经很不方便，可还得携带一大堆药品，特别是那个装敷料的铁储槽，又笨又重，带着它进出民房，更不方便。有一天，一个护士提着储槽，"咣咣啷啷"出入病房。白求恩同志见了，用手掂掂分量，说："笨重的东西，在我们游击根据地，病房分散的情况下，是不适用的。你们应该改用布口袋。"他用手比划着说："做个大大的，可以多装敷料，扛在肩上也轻便，消毒也比这个铁家伙方便得多。你们说对不对？"在场的同志齐声说："太好了，太好了！"医院根据白求恩同志的建议，立刻改用了布口袋。伤员受伤的部位，有的在头部和上肢，有的在下肢，可是他们躺在老乡的土炕上一律是头朝里脚朝外。检查伤口和换药的时候，遇到下肢受伤的，医生和护士只要站在土炕边上就可以了；如果遇到头部和上肢受伤的，就得爬到炕里边才能进行工作。白求恩同志摇摇头说："呀呀呀，这可不是大医院，伤员可以躺得整齐划一。在农村的土炕上，这种躺法是不科学的。头部和上肢受伤的伤员，应该头朝外，脚朝里；下肢受伤的伤员应该头朝里，脚朝外。这样，你们就不用爬到土炕上去了。"说着，亲切地拍拍护士的肩膀说："来吧，咱们帮助伤员换换躺法吧。"

有些伤员起身困难，需要别人帮助，但是护理人员少，往往照顾不过来。怎么办呢？有一天，白求恩同志盯住屋梁出神，忽然他高兴地喊起来，说："在屋梁上吊一对吊环，伤员拉着环不就可以起身了吗！"我们立刻照他的主意办，以后，有些伤员起身就不用再让护士帮助了。

我们在三五九旅后方医院的时候，发生了这样一件事。一个通讯员骑着马从休养所赶来，气喘吁吁地说："团参谋长左臂受伤，现在伤口发炎，流血不止，人都昏迷了，请白求恩同志赶快前去抢救。"白求恩同志听罢，立即问："从这儿到休养所有多少路？""六十里。""那就马上备马。"说着他叫我给他当助手，连翻译也不顾带就跃马出发。待赶到现场，做完手术，马背上的热汗还没有干。这时白求恩同志嘘了一口气说："你们的方法多不科学呀！一共六十里路，你来一趟，我去一趟，这不要花一百二十里路的行走时间吗？假如你们用电话通知我，我立即出发，花在走路的时间可以减少一半。如果伤员还能用担架运送，那么我们便可以同时从两地出发，这样在三十里的地方就可以相遇，花在走路上的时间就可以缩短四分之三。你们应该知道，时间就是阶级兄弟的生命！"

他一再强调到离火线最近的地方去疗伤，也就是为争取时间，使伤员尽快地得到初步治疗。他还规定战地医疗队每小时的行军速度是十五里，他说："即使不能在最前线抢救，就是在运送途中遇到伤员，也比在后方医院里疗伤好得多！"

### 严格认真，一丝不苟

白求恩同志严格认真、一丝不苟的工作作风，也使我们受到很大的教育。我刚给他当助手的时候，他规定每天晚上要向他汇报全部伤员的情况。每次他都认真地听，仔细地做笔记，不时地询问一些问题，然后，具体地给予指导。有一天我没有汇报。第二天，他见了我，便严肃地问："你昨天晚上为什么不给我汇报病情？"我说："伤病员的病情没有新的变化，所以……"他打断我的话，说："这不应当作为理由。你应该明白，一个医生每天都要了解他的病人的变化，这样才能够进行恰当的治疗和处理。今后一定要严格执行这条规定。""是，今后一定严格执行。"

凡是经过白求恩同志检查过的伤员，他都亲自逐个填表登记，对重伤员记得更详细。表格的项目包括姓名年龄、受伤部队、疗伤情况等。以后每次检查，又继续填写，过一定时间后，他就详细研究记录，看哪些手术处理是成功的，哪些不成功，原因在哪里，不断地从中总结经验和发现问题。他说："只有这样，你才能不断提高技术，科学规律是从实践中概括出来的，你们不要轻视这项工作。"因此，尽管医院里伤员较多，但他对每个伤员都了如指掌，不但能叫得出重伤员的名字，连他的伤情都能随口说出来。有一次，他照例在病房给手术后的伤员第一次换药。他把病房里的伤员全部换过药后，问道："不对，还有一个伤员哪里去了？"我们告诉他说："因为伤势较重，给他调换了病房。"白求恩同志责问："调换病房，为什么不向我报告。"说毕，就要我们带他去探望那个重伤员。

有一天上午，第一军分区司令部通知：从摩天岭前线，有四十多个伤员要绕道通过王安镇敌人据点，到分区后方来，请白求恩同志作初步疗伤。白求恩同志立即布置，让我们在半小时内，做好一切准备。我们按时做好一切准备，立即出发。到达了距敌人据点约二十华里的孙家庄，在村北头的一间小庙里，布置了一个临时手术站。

我们等了许久，还没有伤员到达。白求恩同志心里很是焦急。他自言自语地说："是不是伤员在路上出了什么岔子，还是在封锁线上遇到了敌人？"不时地走到庙门口手搭凉篷往前瞭望。等了一会儿，看见远远有一个人过来，看衣服打扮，是一个八路军干部。大家以为伤员快来了。但是，再往远处看，此人身后没有担架队的影子。

等那人走近了，白求恩同志问他："同志，你在路上看见伤员了吗？"来人说："还在后面远着呢！因为人太多，走得慢，我先到这里来了！"白求恩同志问他："同志，你是哪部分的，到这里有什么任务？"来人说："我是政治协理员，是司令部派来护送伤员的。"

白求恩同志听了，严肃地对那个协理员说："护送伤员的人应当走在伤员身边，使全部伤员安全地通过敌人封锁线，如数交给医疗队。现在你却一个人先跑到这里来了，你还没有完成任务，应该很快地回去，把伤员安全地接来才对！"协理员觉得白求恩同志的批评是对的，立刻表示说："白求恩大夫，我立刻跑步回去，把伤员接回来！"说罢，一个向后转，他就从原路跑走了。不到半个钟头，他又带着担架队回来了。当他向白求恩同志交代伤员完毕后，白求恩同志满意地向他微笑着说："请你原谅我的坦率。你是能够明白的，不管医生、护士、政治干部，我们都有一个共同的目标，就是一切为了伤病员，一切为了阶级兄弟，一切为了无产阶级革命事业的胜利！"

（注：作者是当年的晋察冀军区卫生部外科医生。）

# 白求恩同志给我的教育

王道建　1979年11月

　　我第一次见到白求恩同志，是在1938年6月中旬的一个下午，他从延安东渡黄河，跨过敌人重重的封锁线，来到山西省五台县金刚库村，当时我在晋察冀军区司令部卫生所当医生。

　　9月间，组织上派我当白求恩同志的助手，向白求恩同志学习战地外科技术。同月底，我们在河北省平山县河合口村组织了"流动医疗队"，去雁北前线巡回医疗。记得途中有一天，我们住宿在阜平县龙泉关，该地盛产柿子，白求恩同志拿自己的钱买了十几斤柿子给医疗队同志们吃，还对大家说："柿子里含有一定的鞣酸，必要时可用来治腹泻。"大家对白求恩同志这种热情的性格留下了很深的印象。后来我们到了雁北涞源县东下关杨家庄第一休养所。

　　当时设在杨家庄的后方医院有一百多名伤员，其中绝大部分是重伤员。而医院只有两个医生，一个护士长，一个司药，二十个护理员，其他则是行政管理人员。在这样一个困难的条件下，如何进行有效治疗，提高治愈率，降低残废率，是个突出的问题。为了解决这个问题，白求恩同志向军区卫生部长建议创办特种外科医院，并主张在医院的领导体制和管理方法上进行改革。他认为应该贯彻民主的原则，组织形式是建立医院管理委员会，设书记一人，副书记二人；下有医生委员会，护理委员会，伙食管理委员会，军民联合委员会，伤病员委员会。书记、副书记、委员都经民主选举产生，书记由技术最高的人担任，总管医疗工作，同时也是医生委员会的负责人。护理委员会由护理技术好的人担任主任。伙食管理委员会负责伤病员的伙食。军民联合委员会要吸收当地群众参加，其工作一是组织群众参加医院志愿输血队，二是负责拆洗伤病员的衣服、被褥等。伤病员委员会代表伤病员对医疗、伙食等方面提出要求和意见。每个月召开一次全体委员会会议，检查各委员会的工作，选举群众信任的人任职，罢免工作不称职、群众有意见的人。白求恩同志曾对这种组织法作过详细解释，他说："医院的主要工作是医治伤病员，一切工作都是为着让伤病员重返前线服务的，因此领导和管理医院的，必须是技术上最好、能担当起整个医院医疗工作的人。此外，民主选举可以充分听取各种不同意见，比如医疗工作和护理工作的好坏，由伤病员评论，这可以使人进步。医院是民主机构，对医疗工作进行监督，可以避免官僚主义作风。"实践证明，白求恩同志这种加强医务领导、发扬民主、依靠群众的建议被采纳后，伤病员的治愈率、出院率提高了。当时，医院里设有头部病室、胸部病室、上肢病室、下肢病室、内科病室、皮肤科病室，并且还配有健康恢复锻炼室，每个病室有专门的医生、护士负责，工作井然有序。

白求恩同志虽已年近半百，但从不知疲倦为何物。在战地，他能连续几昼夜坚持做手术抢救伤员；在后方医院，他经常废寝忘食地工作，每到一地，还常常找几个工人（木匠、铁匠）和他一起制作医疗器械。白求恩同志不仅有高超的外科技术，而且绘图也是他的特长之一。他给木匠、铁匠绘制了许多医疗器械的图纸，如适合农村分散病房使用的流动换药篮，消毒提炉，还有各种拐杖、木制夹板等。此外，通过战争的实践，为适应游击战争的灵活性和机动性，在他的倡议下，并和工人同志们一起制作了名为"卢沟桥"的药驮子。白求恩同志的科学态度和革新精神，为我树立了良好的榜样。

1938年12月初在广灵—灵丘公路伏击战中，白求恩大夫给一位腹部被子弹打穿的伤员做肠吻合手术。手术中，伤员血压下降，病情危急。白求恩同志果断地说："输血！"我当时感到很惊奇，这是我第一次经历野战条件下的输血。白求恩同志又说："输我的血。"我们好几个同志抢着说："输我的血，我们年轻，你年岁大了。"白求恩同志严肃地并以命令的口吻说："我是O型血，万能输血者，来吧，快！快！不能迟延。"白求恩同志拿出一个一点五毫米的针头要我在他的左臂静脉上刺入，血液急速地向一个有抗凝剂的消毒杯中流去，白求恩同志为了使血流压力加大，还不断地握拳。一个加拿大共产党员的三百毫升友谊之血，输到了中国八路军战士的身上。血压回升了，伤员得救了。白求恩同志非常高兴。我也为他这种一心为伤员的高尚精神，受到极大的鼓舞。

1938年12月的一天上午，白求恩同志正在总结前几天广灵—灵丘公路伏击战中抢救伤员的经验，不停地用打字机把宝贵的资料记录下来。这时从灵丘河浙村三五九旅后方医院第一休养所送来一封信，骑兵通讯员喘着气说："请白求恩同志去做一个右上肢肘窝部出血不止的急救手术。"白求恩同志立即停止打字，要我准备一套止血手术器械和他一起去。刚一上马，白求恩同志就策马疾驰，飞奔而去。上寨距河浙村有六十华里，他用了两个多小时就赶到了。白求恩同志对出血伤口进行了仔细检查，试了几次都没有止住血，因为肢体肿胀很粗，组织广泛坏死。白求恩同志当机立断，为了挽救伤员的生命，决定马上做上肢截断手术。他很严肃地向我说："准备截肢！"但截断锯没有带来，怎么办？我问医院有没有，回答是没有。我立即告诉白求恩同志，他要我找村里的木匠，借他的小锯消毒后用，我照他说的做了。手术后，白求恩同志对医院的负责同志说："战伤出血对伤员来说是个严重问题，及时止血又是我们医生必须采取的刻不容缓的紧急措施，止血越早越好，一分钟甚至几秒钟也不能耽误，像现在这个伤员的出血是很危险的。你们应该一方面派人给我送信，同时抬着伤员向上寨村前进。我接到信后，迎着伤员走，就可以和伤员在三十华里处相遇，而不是要伤员等一百二十华里的时间。止血术不一定要在手术室做，在游击战争情况下，只要有一间老百姓的房子就可以做了。"白求恩同志对伤员的这种极端负责和极端热忱的精神深深地教育了我。

1939年10月，敌人从涞源出动了几千人向一分区进攻，白求恩同志率部分同志到银坊一带抢救伤员，并让我带部分同志去黄土岭寨头村设立手术站。白求恩同志很关心我的工作，在战斗间隙，还派人给我送来一个注射液吊杯和一部分麻醉药品。这是我跟随白求恩同志学习后独立进行战地外科手术的第一次尝试，也是白求恩同志对我言教身传的结果。

1939年12月的一个清晨，有人告诉我白求恩同志牺牲了。这个不幸的消息使我悲痛万分。我久久地沉思在对他的回忆之中。白求恩同志是为中国人民的解放事业而献身的。记得白求恩同志在临离开甘河净医院时，一直惦记着一名头部受重伤的战士。手术队的同志和所有医疗器械及药品都已出了村；白求恩同志突然又走进了那名伤员的房间，他认为这名伤员必须做二次手术，并命令我在二十分钟内做好准备。我急忙把药驮子追了回来，手术队全体同志紧张地做着术前准备工作。二十分钟后，白求恩同志洗手时，我们看到他的左手指上有个伤口，便劝他不要做这个手术，由我们来做。他说："不要紧。"只用碘酒在手指上涂了涂，没戴橡皮手套就工作起来了。就这样，病毒侵入伤口，造成严重感染，最后竟夺去了他的宝贵生命。

从那以来，已经四十年过去了，但白求恩同志的光辉形象一直活在我的心中，他的崇高的国际主义精神，毫不利己、专门利人的高尚品德，科学的工作态度和认真负责的工作作风，将永远激励我前进。

# 白求恩在特种外科医院

董兴谱　1965年3月

1939年9月间，在反"扫荡"的过程中，晋察冀军区卫生部休养一所从山西省五台县转移到河北省阜平县的大山里。我们医护人员和伤病员全住在昭提寺——位于半山腰的一座大庙里。

这天下午，白求恩大夫和军区卫生部部长一行四五人来到昭提寺。当时休养一所刚搬来不久，重伤员不多，只有二三十个，白求恩大夫用两个小时便全部检查完了。下午5点多钟，他最后检查到一个头部负伤的重伤员。这个伤员是被一颗芸豆大的弹片，扎进头部太阳穴，神志不清了。如果动手术取出弹片，弹片上尽是尖利的棱角，很可能划破脑子，脑部再出血，伤员就很难挽救了。如果不取出弹片，伤员神志不清，再受细菌感染，生命同样危险。不凑巧的是，白求恩大夫的头部手术器械没有带来，留在后方医院了。白求恩大夫很焦急，他走出病房，在院子里踱来踱去。后来，他停下脚步，要我们立刻去打电话，让医院把他的手术器械送来。

我们打完电话回病房时，只见白求恩大夫双腿跪在土炕上，弯着腰，手里拿着用药瓶代替的滴瓶，正在向伤员头部的伤口滴入药水。一分钟滴几滴是有一定数量的，多了不行，少了也不行，他跪在那里一动不能动。原来是白求恩大夫想出这个办法清洗伤员的伤口和消炎，不使伤口感染和化脓。为了不至于打扰白求恩大夫的工作，我们几个人静悄悄地站在炕边，默默地望着他进行工作，随时准备给他当助手。

时间在寂静中逝去。天色渐渐暗淡了。护士不声不响地在窗台上点燃了蜡烛。许久，我们站得两脚都发酸了，而白求恩大夫仍然跪在那里，坚持着给伤员滴药水。我们想替换他，劝他去吃饭，他不理会。这时，我望着白求恩大夫，感到浑身的暖流往上涌。他是著名的外科医生，年纪那么大，白天又经过奔波和紧张的检查伤员工作，现在却跪着做我们护理员做的工作。如果没有崇高的革命精神，对伤员不能体贴热爱，能够办得到么？在初次同白求恩大夫的接触中，他那伟大的国际主义和共产主义精神，便给我留下了难以泯灭的印象。

一两个小时过去了，7点多钟，卫生部长硬把他拖去吃饭，我们这才接替他的工作。不一会儿，他匆匆吃完饭又赶回来了，守候在伤员的身边，直到夜静更深。约莫12点钟，那重伤员终于清醒过来，白求恩大夫疲倦的脸上出现了笑容。在同志们的催促下，他才答应回去休息。临走，还指着我说："你带几个人看着伤员，我交给你了！"

第二天5点多钟，白求恩大夫便起床了，连续为十五个伤员做手术。他在昭提寺住了不到五天，得知前线正在进行战斗，许多伤员在等待他抢救，便离开我们，策马赶往前线。

不久，休养一所从昭提寺迁来灵丘县的杨家庄，这是百多户人家的一个村子，坐落在半山坡上。这时，我们收容的伤病员已经增加到三百多名，其中有许多伤员是白求恩大夫在前线经过处置后转送来的。

初冬，已经下过一场雪，杨家庄的小河沟结了冰。白求恩大夫带领着手术组再次来到休养一所。他对我们的工作很重视，因为继创模范医院之后，他又经军区领导的批准，计划在休养一所的基础上，筹建特种外科医院，举办实习周，培养和训练卫生干部。于是我们立刻着手进行医院的筹备工作，成立了特种外科医院院务委员会，统一领导筹备工作。由白求恩大夫担任主任，召开了医院院务委员会会议，制定了医院的组织章程和各项工作制度。把医疗组织划分为四个队：一队的伤员全是头部和腹部负伤的重伤员；二队是四肢负伤的重伤员；三队是伤势已经好转或减轻了的重伤员；四队是内科病员。全院的政治工作，军需供给工作，都指定专人负责。接着，白求恩大夫便带领我们着手安排医疗设备。他最重视的是手术室。我们陪着他来到老乡家一间北房里，决定把这里作为手术室。房间很大，但四周的墙壁被烟熏染得黑乎乎的。白求恩大夫要我们找来白布，跟我们一齐动手，按房屋大小把白布缝成手术棚挂在周围。手术台和桌椅家具，全是我们到村里老乡那儿借来的。安排好手术室，他又亲自指挥我们布置外科室（换药室）、病员接待室，以至于病房、伙房等等。

在白求恩大夫的主持下，经过全体同志的共同努力，特种外科医院建成了，于1939年1月3日正式举办实习周。


一天晚上，我在检查病房的时候，发现有一名伤员股动脉出血很厉害，我连忙把伤员大腿根部用止血带扎住。这时已是八九点钟了，伤员的出血虽然暂时止住了，但失血过多，需要输血和采取根本止血办法。怎么办呢？我拿不定主意，只好去请示白求恩大夫。

白求恩大夫还没有休息，他听了我的报告，立刻冒着冬夜的严寒，来到病房里。他迅速地检查了伤员的伤势，决定给伤员输血进行手术，结扎血管。

伤员被抬到手术床上。白求恩大夫穿上工作服，洗了手，立刻动手术。手术处理完，已近午夜12点钟，他才回房休息。

白求恩大夫走了不久，三五九旅从前线送来了九名伤员。我和王大夫得讯，连忙赶到接待室。按照白求恩大夫的规定，凡有伤员送到医院去，只要他在医院，必须先经过他亲自处理。白求恩大夫对这个规定一向执行得十分严格，他曾经对我们解释说，这样做的目的是：第一，及时发现送来的伤员有无传染病，如丹毒或破伤风及其他传染病，以便及时进行隔离。

第二，发现有重危的伤病员，他可以立即采取措施，进行抢救，不至于耽误。第三，他亲自接待伤员，根据他们的伤势部位和轻重不同进行分类，便于他掌握伤员的情况。白求恩大夫这种严肃、认真、细致的工作方法和工作作风，使他能够掌握全院二三百名伤病员的情况。特别是重伤员，一提名字，他能很快地告诉你有关这个伤员的具体情况。

我和王大夫走进接待室，看见躺在担架上面的九名伤员，不免感到有些为难。白求恩大夫紧张地工作了一天，刚回去休息，怎么好再去请他呢？总该让他休息一会儿啊！我和王大夫商议了一下，决意不去打扰他，由我们严格地按照白求恩大夫的要求，处置伤员，等天亮了再向他报告。于是我们对九名伤员进行了登记，逐个检查了伤口并换了药；给他们弄来饭吃，就在接待室整理好床铺，安置他们休息。九名伤员中，有两名伤员的伤势最重，一个是头部负伤，已经有些昏迷了，经我们急救后有了好转。另外一个重伤员是下腹部负伤，向外漏尿液，我们给他安置了排尿管，便让他休息了。

九名伤员处理完毕，已是下半夜2点多钟。

凌晨5点半，我正在外科室整理器械，接待室的值班护士急匆匆地跑来说白大夫叫我。我愣了一下，忙问护士："什么事？"护士说："不知道，他叫你快去。"我连忙放下正在清理的东西，跑向接待室。

我知道，白求恩大夫对时间抓得很紧。每天都是早晨5点半起床，起床后检查病房，早饭后做手术。今天白求恩大夫起来，不先检查病房，到接待室找我干什么？我心里直嘀咕。翻译同志正站在接待室门前，见了我忙招呼道："快来，快来。"

我问他："出了什么事？"

翻译说："刚才白求恩大夫起来，看见接待室里有护士出来倒尿，他就知道有伤员送来了，到接待室一看，伤员是昨夜送来的，就让我叫'当家子'来。"

白求恩大夫所说的"当家子"，是"一家子"的意思，因为翻译和我都姓董，他开玩笑这样称呼我。我一走进接待室，就发现白求恩大夫神色很严肃。他指着伤员问道："什么时候送来的？"

我说："半夜12点多。"

他又问："从哪里送来的？"

我告诉他，是三五九旅从前线送来的。

"为什么不告诉我？"

"你那么大年纪，白天忙了一天，快12点才动完手术，我们想让你多休息一会儿。我们已按照你的要求给伤员作了处置，准备待会儿就向你报告……"

白求恩大夫焦急地说道："你要知道，从前方送下来的伤员都是重伤员，不然他们不会连夜送到这里来。你想了没有在战斗中争取时间就是胜利，对抢救重伤员来说，时间就是生命！将士们在前方不怕流血牺牲，英勇杀敌，我们在后方工作，三五个晚上不睡觉，又有什么关系呢？今后不许这样照顾我。能抢救一个伤病员，为伤病员减轻一分痛苦，就是我们医务工作者最大的愉快。"

白求恩大夫说完，很快地穿上工作服，拿起我们夜里写好的登记簿，把九名伤员重新检查了一遍，把检查的结果和登记表上写的逐条核对，并且做了补充登记。然后，他叫人把头部负伤和下腹部膀胱负伤的两名重伤员抬进手术室，立刻给他俩做手术。直到上午10点多钟，白求恩大夫才吃早饭。饭后，又忙着到病房检查伤病员去了。

当天晚上，我们照例去向白求恩大夫汇报工作。白求恩大夫坐在土炕上，身旁放着关上的打字机。往常我们汇报时，他就用打字机记录下来。今天，他没有先让我们汇报，却指着我说："'当家子'，今天早上我发了脾气，请你原谅……"

听到白求恩大夫的话，我心里十分感动，泪水在眼眶里直打转。白求恩大夫啊，你所做的一切，不都是处处为伤病员们着想么？你那毫不利己、专门利人的精神深深感动了我，教育了我。

白求恩大夫每天检查病房时，一进门先用鼻子到处闻，哪儿发出味道，哪儿的伤员伤口起了变化，他就先行检查和处理。他走到伤员身边，伸手就到褥子底下去摸，如果是湿的，他当场就找护士给解决。如果碰到伤员的身体，伤员猛一动弹，他立刻便知道伤员生了褥疮，那么，他就要批评护士。他经常对我们说："病人生了褥疮，就是我们医务人员的罪。病人本来就痛苦，生褥疮更加增加了痛苦。病人不能动，你们要帮他翻身；病人的被褥湿了，要立刻换上干净的。"

三五九旅送来的那个下腹部膀胱负伤的伤员，我们给他插了一根管子往外排尿，管子的出口放在瓶子里，夜晚他翻身的时候，不知怎么把管子的出口翻在炕上，结果把被子弄湿了。那时医院的被子不够换用，我找了一会儿，没找到一条干净的被子，再加上正忙着给病房里的伤员换药，就暂时把这件事情放下了。

恰在这时，白求恩大夫来查房了，发现那个伤员的被子湿了立刻把我叫到跟前，要我给伤员换一床干净的被子。我解释说："被子不够用，一时找不到干净的，我换完药就去想办法……"

翻译还没有把我的话翻译完，白求恩大夫一转身走出了病房。

在场的人们都愣住了，我心里感到很不安。

不一会儿，白求恩大夫抱着自己的被子走进来，他掀掉伤员的湿被子，就要把自己的盖在上面。伤员一看是他的被子，慌忙伸出双手挡住。我们几个医护人员也急了，纷纷劝白求恩大夫把被子拿回去，并告诉他马上找干净被子来。白求恩大夫不听，硬把自己的被子给伤员盖了。那伤员双手拉着白求恩大夫的手，激动得说不出话，眼泪簌簌地掉下来。我们心里十分惭愧。

白求恩大夫亲切地拍拍伤员，又要我们继续给伤员们换药，他接着检查病房去了。

白求恩大夫走了不久，医院的刘政委听到这件事情，连忙把自己的被子送来，换下了白求恩大夫的被子。

几天后，又出了这么一桩事情。天蒙蒙亮，一个生褥疮的伤员，褥子湿了，我们刚发现，正要去换。白求恩大夫来了，一见伤员的褥子湿了。二话没说，返身跑到自己住的房间，一把扯下门上挂着的棉布门帘，拍干净上面的土，送来给伤员铺上了。

白求恩大夫时刻惦记着伤病员，关心伤病员。只要听说伤病员有一点事情，拔腿就往病房走，有时翻译都不知道，四处去找他。他在病房里很注意伤病员的情绪，看到伤病员有说有笑，他便十分高兴，亲切地拍拍这个伤病员的肩膀，和那个伤病员握握手；看到哪个伤病员闷闷不乐或者愁眉不展，他便在伤病员身边坐下来，问伤员有什么困难，是不是伤口疼，对医院有什么不满意？有时他问上半天，伤员也许是听不懂他的话，也许是不愿意说，他看看问不出结果来，便去找医院的刘政委说："那个伤员不满意，你快去做思想工作。"有一次，十六号病房的护士临时有事情，到十八号病房去了。一个重伤员要小便，喊着护士，正好被白求恩大夫听见了。他以为病人要大便，手里提着大便器走进了十六号病房，送到重伤员跟前。那个伤员是要小便，用不着大便器，对白求恩大夫摇摇手。白求恩大夫想了想，又跑出去拿了个小便器回来。伤员很感动，忙接过来。白求恩大夫在一旁高兴地笑了。

白求恩大夫不仅关心伤病员的治疗和护理，对伤病员的生活也很关心。有一次，一个重伤员吃不下饭，白求恩大夫知道了，就比比划划地问他想吃什么。伤员告诉他想吃鸡蛋羹。白求恩大夫连忙跑到厨房去，比划了好一阵，炊事员们还是莫名其妙。于是他摸摸小锅，拿起鸡蛋敲敲，又装做舀水的样子，又伸手去摸油瓶。炊事班的老班长慌了，忙去找翻译说："白求恩大夫在厨房，比手划脚，我们不懂，你快去看看……"翻译赶来方才真相大白，告诉老班长，白求恩大夫要他给伤员做一碗鸡蛋羹。老班长听了，把袖子一卷："请白求恩大夫放心，保证让伤员满意。"白求恩大夫非常高兴，拉着老班长握了握手。他看着老班长做好鸡蛋羹，直到护士给伤员端走，他才满意地离开了厨房。

后来白求恩大夫还要我们队成立"活动小组"，组织轻伤员活动四肢，并且亲自做出样子教给他们。他不但为伤病员疗伤治病，而且考虑到伤员出院后，怎样使他们恢复工作和劳动能力。

白求恩大夫对待工作严肃、认真，对待伤病员体贴、关怀，所以伤病员都很喜欢白求恩大夫，尊敬白求恩大夫。遇到好天气时，轻伤员常常坐在大门外的台阶上或院子里晒太阳，每当他们看见白求恩大夫从附近经过，尽管他们的胳膊或腿上负了伤，行动很不方便，但他们还是要拄着拐杖站起来跟他打招呼。白求恩大夫每次检查病房时，伤员都亲热地同他握手，有的伤员还抱着他不放。三五九旅那个膀胱伤的伤员，伤愈返回前线后，还给他写信问候。伤病员的痛苦，就是白求恩大夫的痛苦；伤病员的欢乐，就是白求恩大夫的欢乐。

有一次，指导员陪着白求恩大夫去看望伤员，走到病房门前，看到一个姓张的伤员正坐在地上打草鞋，白求恩大夫显得很有兴致，注意地观察了一会儿，还把一只打好的草鞋穿在脚上试了试。

指导员问道："白求恩大夫喜欢吗？"

他笑着说："很好，很好。"

姓张的伤员见白求恩大夫喜欢，便说："我给白求恩大夫打一双。"

指导员说："就把这双给他吧！"

伤员说："这双不合适，也不好，我另外打一双好的，报答白求恩大夫对我们伤员的关心和爱护。"

姓张的伤员找来好麻绳和好布条，动手给白求恩大夫打草鞋。一般的草鞋底子上打四股绳子，他打六股绳子，为的是结实耐穿。草鞋打好了，还打上了红耳子，扎上一对小绒球，煞是好看，这才送给了白求恩大夫。白求恩大夫收到这礼物，连连称谢，高高兴兴地穿在脚上。

那时候，我们特种外科医院只有两三个医生，护理人员都是从部队调来的，从来没有接受医务工作训练。当时懂的一点护理常识，也是在实际工作中摸索出来的，远远赶不上战争的需要。全军区各个单位的情况，和我们也差不多。白求恩大夫很重视培养医务工作者，从各方面提高他们业务水平。他每天都要做许多手术，工作那么紧张，还挤出时间编写教义，按时给我们护理人员上课。他很注意在实际工作中提高我们的医务水平，在动手术时，只要情况许可，他总是把我们叫到手术台旁，一边做手术，一边教我们。医院创办时，我还不会做手术，跟白求恩大夫工作了一段时间之后，我慢慢学到了一些医务知识，也能拿拿刀子、做些手术了。后来他还让我做大手术。事前，他把手术的部位、做法、注意事项等细致地讲给我听。做手术时，他站在我身旁指点。手术做完了，他还细心地帮助我进行分析，指出哪个地方做得好，哪个地方做得不够，应该怎样才做得更好。经过白求恩大夫的指教和帮助，我在实际工作中学会了做一些大手术。

白求恩大夫很关心我们护理人员的生活，他知道护士的工作很辛苦，凌晨5点钟起床，忙忙碌碌，直到晚上7点、8点钟才能休息，有时还要值夜班。因此，他时常到护理班来看望大家，问我们有什么困难，累不累，休息得好不好。护理人员生了病，他一早一晚肯定要看两次。有一回动手术时，需要给伤员输血，从我身上抽了三百毫升的血。这本来不算一回事，但是，白求恩大夫非常关心，动完手术就跑过来看我，并且检查按照规定应该发给我的糖和鸡蛋发了没有。我向他说明，已有其他同志代我领取了，白求恩同志听了，点点头表示满意。

白求恩大夫关心群众，热心地为他们解除疾病的痛苦。有一天，我们医院里出现了一个四十多岁的农民，左胸前吊着一个一两斤重的瘤子。他是从二十里路外的村庄来的，到医院办点事情。事情办完了，正要往回走，迎面碰上了白求恩大夫。白求恩大夫一眼看见他左胸前那个大瘤子，走过去拉住他。那老乡吓了一跳，不知道这个外国人要干什么，身子直往后躲。白求恩大夫却把他抓得更紧了，还腾出一只手比划着，要把他那个大瘤子割掉。我们在一旁见了这般情景，忙赶上去，把白求恩大夫的意思告诉了老乡，并且做了一番动员工作，劝他说："这位就是白求恩大夫，医术很高，你这个瘤子保管一割就好，放心吧！"那老乡半信半疑，随着白求恩大夫走进了手术室。

手术进行得很顺利，切除了瘤子，缝合了伤口。一个月后，伤口完全好了。老乡从二十里外的家里拿着许多柿饼、鸡蛋，高高兴兴地来到医院里，答谢白求恩大夫。白求恩大夫不肯收，老乡不依，说不收下就不回家了。最后，白求恩大夫只好留下了一部分。老乡走后，他就让护士把这些柿饼和鸡蛋给伤病员送去了。这一来，白求恩大夫的名声很快便在方圆几十里的群众中传开了。有些老乡便登门求医，白求恩大夫总是热心地为他们治疗。

1939年2月中旬，白求恩大夫离开特种外科医院，领着一支医疗队，到冀中前线去了。在反"扫荡"中，我们医院转到河北唐县的花盆村，我调到白求恩卫生学校去学习。不久，噩耗传来，我们敬爱的白求恩大夫在前线殉职了，我们感到十分悲痛。

白求恩大夫虽然离开我们二十六年了，但是，他的国际主义精神和共产主义精神，永远活在我们心里。我们一定遵照毛主席的指示：向白求恩同志学习。

（注：作者是当年晋察冀军区后方医院护士长，本文于1965年3月8日作于大连。）

# 跟随白求恩大夫两年

何自新　1965年3月

毛主席的《纪念白求恩》一文，长期以来，已经成为我国人民最普遍、最经常学习和运用的文章之一。白求恩大夫伟大的共产主义精神已经在我国人民中产生了巨大而深刻的影响。我因工作关系，曾经跟随了白求恩大夫近两年。从他来延安起，到他逝世止，我一直做他的勤务员。我对白求恩大夫的共产主义精神有一些体会，我愿意把自己的所见所闻写下来，让我们共同来学习他，纪念他。

1938年的春天。延安的天气还很冷，窑洞里生着火。一天上午，组织上要我们班去打扫窑洞，说今天要来一个外国人，是个医生，大家都觉得很新鲜。

那天下午，八路军后方留守处的一个同志把我叫去，见面就说："小鬼！给你个任务，要你去照顾外国人，怎么样？"我那时还不到二十岁，个子又小。我一听，慌了手脚，连忙说："招待本国人没有意见，要去照顾外国人我不行。他说的我不懂，我说的他也不懂，那怎么行？"那位同志听了笑了起来，给我讲了许多道理，最后说："说话不懂有翻译。你去吧！"

第二天早上，管理员来领我去见那个外国人。一路上，我心里直打鼓。

到了住所，他把我介绍给一个外国人说："这个小鬼是来照顾你的。"我傻站在门口，也不言语。倒是那个外国老人，笑着站了起来，大步走到我的跟前，对我说了好些话，据翻译说，他是在问我，有多大岁数了，干过些什么，等等。

就这样开始，我做了白求恩大夫的勤务员。

刚上来好些天，我什么都不会，白求恩大夫就耐心地教我。记得有一回，我不会收拾他的行军床，他便亲自做给我看，先打开，又合起来；再打开，又合起来，一连教了我好几遍。我学会了，他很高兴。隔了些日子，我才知道他是加拿大人，是为了支援中国的抗日战争，受加拿大共产党和美国共产党的派遣来到延安的。他叫诺尔曼·白求恩，人们亲切地称他白求恩大夫。

白求恩大夫到延安后，很快就参加了陕甘宁边区医院工作。这里离前线比较远，他知道伤员大都在前方，便坚决要求上前线。白求恩大夫常说："我是个外科医生，应该到离火线最近的地方去治疗，离火线近，伤员可以早治疗，可以少受痛苦；伤员好得快，前线就可以多一份打击敌人的力量。"组织上同意了他的要求，派他到敌后根据地晋察冀军区去。

出发那天早上，汽车开到院子里面，大家忙着搬东西装车。

这时候，管理员领来一个警卫员，他身材高大，挺有精神，一看就是个好战士。管理员向白求恩大夫介绍说："这是跟你去的警卫员。"白求恩大夫看了警卫员一眼就说："我不要，我不要大个儿的，只要一个小鬼就行。"说着就忙着搬东西去了。

没多久，管理员又领来两个带枪的警卫员。白求恩大夫一瞧见，没等介绍就摆手道："不要带枪的，我只要小个儿的小鬼。"

东西都装上汽车了，欢送的人都来了，白求恩大夫跟大家一一握手，拿起我的背包放在汽车上，又走到我面前，说一声："小鬼！"就拉着我上了汽车，汽车开走了。

为什么白求恩大夫单要我这个小鬼,而不要那些比我强的同志呢?当时我是不大懂的。只是以后在到前方去的路上,部队要派战士护送他,他坚决拒绝了,说:"我带上人不是要减弱部队战斗力?让他们到前方去打仗不更好?"我这才明白:为了中国抗日早日胜利,白求恩大夫想得真多啊!对个人安危,他想得真少啊!

我们坐车走了一天多,公路就到头了,只好改为步行,医疗器材用牲口驮着。走了几天,来到黄河边,这里有一个后方医院,有一些伤病员,我们便在这里停下来。

我们是下午到的。白求恩大夫匆忙吃了饭,也没有休息就到医院检查伤员去了,检查结果,确定有一批伤员要动手术。回到宿舍以后,天已经很晚了。白求恩大夫让我们都去休息,他一个人留在屋里。过了一些时候,我到他屋里一看,屋里乱七八糟的,到处是衣服,白求恩大夫正在翻他的箱子,往外拿衣服。我见了很奇怪,也不好问他。

第二天清晨,他叫我和他一起拿了一包衣服去医院。到了医院,白求恩大夫立刻按计划给伤员动手术。他聚精会神地开刀,一句话也不说。白求恩大夫做完一个手术,就从带来的衣包中拿出一件衣服送给伤员,并且亲自给他穿在身上。我恍然大悟,原来白求恩大夫昨天晚上忙了半宿,就是为了这个。白求恩大夫考虑得很细心、周到,伤员上肢受伤的,送条裤子;下肢受伤的,送件上衣。首长们劝他说:"你送这么多衣服,自己没有穿的怎么办?"白求恩大夫说:"我还有衣服。这是我第一次给八路军伤员治疗,就作个纪念吧!"伤员手术后还没有醒过来,白求恩大夫就给伤员穿在身上了。

过了些时候,天气转暖了。卫生部发给了白求恩大夫一套灰军装,作为夏装。这是用边区自己生产的布做的。当管理员把衣服送来,说明了情况后,白求恩大夫十分高兴,马上动手穿起来。他一边穿一边笑着说:"我现在也是个八路军战士了!"衣服穿好后,白求恩大夫拍拍前面,拉拉后面，高兴得直用中国话说："好得很！好得很！"

这套军装，他非常爱惜，平时舍不得穿，只是开大会、见首长时才穿上，回来又叠得整整齐齐的，放在箱子里。

我们继续向晋察冀边区前进。

先要过黄河。组织上准备了两只船，一只用来运输医药器材和运输队的战士，一只给白求恩大夫和一些过河的首长乘坐。

药箱和行李开始往船上搬了。突然，不知是谁不小心把一只药箱弄倒了。白求恩大夫正在喝水，一瞧见这个情况，把杯子一放，三步并作两步地跑上船，一边跑一边大声地嚷着，帮着把药箱扶正。这时翻译也跟过来了。白求恩很严肃地说："药要是弄洒了，就没有用的了！"

东西全都上船了。大家请白求恩去坐另外一只船。他不去，一定要跟运输队的同志们一起坐那只船，以便照顾医药器材，并说："这船就很好。"大家怎么劝说也没有用。

乘这只船的确危险。船上装的东西太多，船身大部分浸在水里，浪大时，不断有水打进船里。白求恩大夫坐在船上，一手扶着一个药箱，也比划着要大家这样做。


1938年6月17日下午，我们到了晋察冀军区司令部驻地——山西五台县金刚库村。聂荣臻司令员和军区卫生部长热情地欢迎了白求恩大夫。刚见面，白求恩大夫就要马上到卫生部和医院去。这里离卫生部还有六十里地。首长考虑白求恩大夫旅途太劳累，劝他在司令部休息几天。他坚持说："我是来治病的，不是来休息的。"他第二天就走了。

到了卫生部，白求恩大夫也不休息，就到军区的后方医院检查伤员。医院在一座破庙院里，有十来间房子，条件不好。

白求恩大夫在这里一边忙着给伤员动手术，一边又忙着指导改建医院。晚上，还要给医护人员上技术课。夜深了，他又一个人准备教材，编写教义。哪一天都要忙到深夜才休息。他见伤员睡的床不合适，就画了图样让木工改制。木工不识字，也看不懂图，白求恩大夫就在做完手术后亲自比划着告诉木工。木工很快就明白了。连说："这个会做！"改制后的床既能躺又能靠着坐，用起来很方便。

就这样，一批伤员治完了，医院的面貌也焕然一新。屋子里都重新粉刷了一遍，一个伤员一张病床，到处显得整齐、明亮。医护人员的技术水平也有了提高。以后，这个医院便成了后方的模范医院。这个模范医院，也就是现在的中国人民解放军白求恩国际和平医院的前身。

模范医院改建成功，一批伤员治疗完了，白求恩大夫又找到军区卫生部长，要求立即组织医疗队到最前方去。组织上同意了他的建议。于是白求恩大夫便带着医疗队轮流到军区所属的军分区去。前方一转就是两个多月，回来待不了一个星期，还忙着准备材料，马上又出发了，简直没有一点休息。

1938年冬，雁北三五九旅那里有战斗。白求恩大夫知道以后，立刻做了准备，当天深夜就动身。他骑着马连走了一天半宿才赶到旅部。前线战斗很激烈，白求恩大夫领着我们，又紧赶着到火线上。

我们的手术室设在一个小庙里。白求恩大夫开始紧张的工作。

伤员一个个地从火线上抬来，白求恩大夫一个个地做手术。整整干了一天两夜，才把伤员的手术做完了。前线战斗十分激烈，日寇的飞机在手术室附近扔了好几颗炸弹，把房上的黄土震得直掉。白求恩大夫就在这种情况下坚持做手术。跟随白求恩大夫两年，我们都熟悉了白求恩大夫的脾气：哪里打响去哪里，哪里有伤员就到哪里。

1939年3、4月里，我们在冀中根据地。一次，我们正行军在河间与任丘之间，听说六十里外有个村子里有许多"坚壁"留下的伤员。白求恩大夫饭都顾不上吃，马上叫出发。

这个村子在敌人据点包围圈中，离敌人最近的据点二十来里路，离最远的也不过三十多里。我们轻装前进，组织上还特派了部队掩护我们。

我们医疗队在村里给伤员检查伤情做手术，忙了一天，第二天还准备做手术。

第二天，天快亮时，我到外面打水，得到侦察员和老乡的情报说："敌人向村里袭来，医疗队得赶紧离开。"医疗队的同志立即行动起来，警卫部队做了战斗准备。我忙扶白求恩大夫上马，往村子的东面转移。这时老乡们也忙着隐蔽伤员，大家都神速地行动起来。

我们刚出村子的东口不久，敌人从西面进村了。我们在部队的护送下，安全地返回驻地。

白求恩大夫处处关心伤员。在生活上对伤员的关怀更是无微不至。有一天，组织上给白求恩大夫送来一只鸡，炊事员给做了鸡汤。吃晚饭时，我把汤送上。白求恩大夫一瞧鸡汤很好，饭也顾不上吃，立刻叫我再拿两个大碗来。用开水把碗消毒，盛了满满两碗，上面盖了布，让我端一碗，他自己端另一碗，两个人直奔病房。进了屋子他走到两个重伤员面前，让我端着喂一个，他亲自喂另一个。伤员直说不喝，白求恩大夫就趁伤员张嘴说话的机会，把一勺勺汤送进伤员嘴里。护士走过来要替白求恩大夫喂，他不肯。同屋的好多伤员都支撑着坐起来看这个动人的场面。白求恩大夫还经常把组织上给他的水果洗干净后，分送给伤员。有一次，我趁着翻译在场忍不住说道："白求恩大夫！这是领导上特地送给你吃的，你为什么老给伤员吃？你给一点也就行了。"他笑起来，摸摸我的头说："小鬼！我是健康人，要这么多水果干什么，伤员才正需要它。小鬼！你不要只关心我一个。"

白求恩大夫说得也对，但组织上派我做他的勤务员，我不能不关心他的生活。白求恩大夫刚到延安时，身体挺结实。到前线后，环境比较艰苦，工作也劳累，尽管组织上十分照顾，白求恩大夫还是一天天消瘦下去。白求恩大夫留下的相片不多，同志们现在经常可以看见一张白求恩大夫动手术的照片，人显得有些消瘦，以前可不是这样，但白求恩大夫是从不考虑这些问题的。

组织上很照顾白求恩大夫，但是白求恩大夫对自己要求非常严格，他从来不把自己看成是一个特殊的外国人。

有一天半夜里，部队行军通过敌人的封锁线。在野地里休息时，有几个战士凑在一块用布遮在头上抽烟，白求恩大夫也坐在那里划火柴抽烟。忽然，后面有人问："谁在抽烟？"一会儿，战士们一个个把烟弄灭了。白求恩大夫听了马上把自己的烟也弄灭了。

从这天起，夜间行军他就再也不抽烟了。

当时，敌后根据地的物质条件是比较困难的。组织上为了照顾白求恩大夫的生活，经常派人从敌占区给他买来牛奶、橘子和香蕉。白求恩大夫到根据地后，特别是到部队转了一些地方，看到部队广大指战员都过着十分艰苦的生活以后，便主动要求降低生活水平。他要我们少给他买东西，特别不让花钱到敌占区去买。

有时候白求恩大夫还自己补衣服。当我看见他在灯下那么细心地、一针一线地补衣服时，我就想，白求恩大夫是世界上都有名的医生，他本来可以在外国生活得很好，却愿意来我们解放区过艰苦的生活，这是为什么？是一种什么力量推动着他这么做？当时，我虽然水平很低，对白求恩大夫伟大的国际主义、共产主义精神认识得不深不透，但是，每次想起这些，心里就增加了许多力量。

白求恩大夫对敌人有强烈的恨，对中国人民、中国革命事业有深厚的爱。

1939年夏天，军区司令部设在何家庄村里。一次，日本飞机来轰炸，六七架飞机轮番地扫射。白求恩大夫和我们都在山坡上防空。白求恩大夫咬紧牙根，挥舞着拳头，狠狠地向天空里比了比。他用照相机把日本飞机轰炸的情形照了下来，回来后在一块木板上用英文，并叫翻译用中文写着这样的大字："日本法西斯强盗的飞机轰炸解放区。"然后再把它照成相。

对敌人仇恨，对人民却怀着深切的感情。

有一次我们进村，一大帮小孩围着他要看外国人。白求恩大夫忽然从人群中看见一个小孩，下颏长了一个瘤，有一个鸡蛋那么粗，两个鸡蛋那么长。白求恩大夫对那个小孩说："来，我替你把这个瘤割了。"那个小孩吓得直往后退，一转身就逃跑不见了。

后来白求恩大夫就找了村干部来打听，才知道孩子家中生活很苦，于是就和村干部一块去到小孩家。小孩他妈说："开始的时候倒不大，以后越长越大。"白求恩大夫说："再长大一些，小朋友的生命就有危险。我替他割去，不花钱。"小孩他妈说："哎呀，开刀开死了怎么办？开了刀，又不是三天两头能好的，你们一走怎么办？"白求恩大夫说："不会有危险的。"村干部和同志们也再三动员，小孩子的母亲才答应了。

第二天，白求恩大夫就亲自替孩子动了手术，给他敷了药。以后又亲自去替孩子换药。部队要转移了，白求恩大夫还留下了一些药品。

我们随部队转了一大圈子，后来转回这个村。白求恩大夫立刻去看那个小孩。那个小孩已经完全好了，孩子母亲对白求恩大夫再三感谢。我们走时，她领着小孩一直送到村口。


白求恩大夫为中国革命献出了自己的一切，献出了自己的生命。

1939年10月20日，日寇突然发动了大规模的"冬季扫荡"，向我第一军分区涞源地区猛扑，在涞源北部的摩天岭展开激烈的争夺战。白求恩大夫知道了，便赶忙带着战地医疗队向摩天岭前线出发。

在离火线不远的地方，医疗队设置了手术室，便开始了紧张的工作。

就在这次战斗中，在十分紧急的情况下，白求恩大夫匆忙间不小心把左手中指刺破了一个小口，后来又感染了病菌。医疗队的大夫们赶紧为他诊治，都没有什么效果。

不久，著名的黄土岭战斗开始了。一天下午，白求恩大夫身体已经不太舒适，正在床上休息。外边传来了大炮声。他忙问翻译前方是不是有战斗。翻译和医生们见白求恩大夫身体不好，便告诉他前方只是小接触。他不信，说小接触哪有动大炮的，一定要马上赶到前方去。当时天正下着雨，同志们百般劝阻也无效，只好收拾行装出发。黄土岭这一仗打得非常漂亮，我们打死日寇的一个中将。这一仗也打得非常激烈，从火线上抬下来不少的伤员。

白求恩大夫连夜赶到一个团的卫生队，叫翻译派通讯员去通知各战斗部队，将所有的伤员一齐送到他这儿来。但是，由于手伤和极度的劳累加在一起，白求恩大夫的病一天比一天重起来，他的体温很高。在首长和同志们再三劝说下，白求恩大夫才同意离开前线。我们用担架把白求恩大夫抬回来。到了河北唐县黄石口，白求恩大夫坚持在这里住下。这时，聂司令员派人送来急信，要求尽一切力量挽救白求恩同志的生命。军区卫生部还专派医生来替白求恩大夫治病。

医生采取了一切紧急措施设法抢救他，给他打针、输血和吃药，均无效。最后，只好劝他去截肢。但是白求恩大夫谢绝了。他告诉大家，他得的是败血症，血里有毒，没有办法治疗了。他挣扎着坐起来，开始写遗嘱，并向组织上写了今后救护工作的建议。1939年11月12日早晨天刚刚发亮的时候，我们敬爱的白求恩大夫为中国人民的革命事业贡献出了宝贵的生命！

白求恩大夫和我们永别了，但是他伟大的共产主义精神却永远活在中国人民的心里。他的光辉的一生，永远是我们学习的榜样。我们一定遵循毛主席的教导，学习白求恩大夫毫无自私自利之心的精神，做一个高尚的人，纯粹的人，有道德的人，脱离了低级趣味的人，有益于人民的人！

（注：作者当年为白求恩的公务员。）

# 我心中的白求恩大夫

辛育龄　2007 年

前几天，中央电视台在《永远的丰碑》栏目中播出毛泽东的经典名篇《纪念白求恩》，我的思绪一下被拉回到1939年那年春天，白求恩医疗队来到冀中抗日最前线，卫生部派我和李永祥去白求恩医疗队负责供给药品材料，这样我认识了世界著名的胸外科专家白求恩。

### "离阵地越近，就越能多救活些伤员"

记得1939年初夏，在贺龙司令员指挥的一场有名的冀中齐会战斗中，打死日伪军七百多人，给了敌人以歼灭性打击，极大地振奋了冀中军民。白大夫将抢救手术室设在离前线阵地只有两里之外的温家屯村一个小庙里，当时我们认为太危险，"离阵地越近，就越能多救活些伤员。"白大夫坚定地说。

战争打得十分激烈，不一会儿前线就有大批伤员送来急救，我负责伤员登记分类，伤势轻的进行包扎止血后火速往后方送，危重伤员由白大夫施行手术。战争从中午打到傍晚，敌人由沧州、保定派来大批援兵，企图东西夹击包抄我军后路，贺司令员决定迅速撤出敌人包围圈，派警卫员保护白大夫，立即随军后撤，但白大夫正在为一名伤员做抢救手术，警卫员说敌人已包抄过来，情况十分严峻。我们奉命到手术台旁，说："白大夫快走，不然我们就将你拖走！"可白大夫却镇定自若地给一个重伤排长检查伤势。炮弹炸伤伤员腹部，腹壁被炮弹皮撕裂了一个大口子，肠子露在外边，耳朵炸掉半边。白大夫集中精力清洗伤口，止住出血并将肠子送回腹腔，缝合伤口，白大夫还吩咐一定先把这位伤员送下去。由于敌人的逼近，警卫员等得心急如焚，见白大夫手术结束，二话没说，架起白大夫就跑。这时，白大夫说："我来中国的使命是救死扶伤，不是为了个人的安全，而不顾伤员的死活！"

我们所有跟随白大夫的医护人员都为白大夫的安全捏了一把汗，同时被他那在炮火连天的战场上临危不惧，抢救伤员的伟大献身精神深深地感动。

### "你办事不认真，去把鸡汤喂他喝"

我们随军走了一夜刚转移到安全地区，贺司令就来看望白大夫，感谢他在这次战斗中救治了大量伤员，并请他一同去吃饭。白大夫说谢谢首长的关心，但他需要马上去查看运送下来的伤员病情，并说战场上急救手术只是完成了一半任务，伤后的及时治疗才能保证伤员恢复健康。贺司令说吃完饭再去看！白大夫回答，再忙也先要看病人，这是做医生的责任！恰好，就在白大夫检查伤员时，发现两位战士受伤的腿部皮肤变成黑紫色，原来绑在腿上的止血带没有及时去掉，招致小腿缺血性改变。白大夫立即松开止血带，并给予相应的处理，避免了两位战士遭受截肢的厄运。

查看病人时又看到了那位重伤的英雄排长，他面色苍白、脉搏微细、精神萎靡。白大夫说这是失血过多，伤员处于半休克状态，能输血才好。可是当时没有条件，连病人的血型都不清楚。白大夫说，我是O型血，可以给伤员输。大家一听白大夫让抽他的血都愣了，跑去报告贺司令，首长指示可用别的办法，绝不能抽白大夫的血。听说白求恩来中国已经献过三次血了，于是白大夫让给病人输生理盐水和葡萄糖液，经过几个小时的抗休克治疗，病人清醒后不知怎样感谢白大夫，含着泪泣不成声地对白大夫说，是您救了我这条命，您就是我的再生父亲。翻译员把这句话告诉白大夫时，白大夫耸耸肩，笑着说："很好，我很高兴有您这样的儿子！"

为了给白大夫增加营养，首长吩咐给白大夫煮一只鸡，那时鸡汤是最好的补养品了，白大夫吃饭时又想起那位受重伤的排长，于是让小鬼（他的勤务员）把鸡汤送给他喝。小鬼回来说，他面部有伤不能喝东西。白大夫有点生气地说："你办事不认真，去把鸡汤喂给他，他不就喝了！"白大夫就是这样关怀着每个伤病员。

## "我们的工作是人命关天的大事，不可疏忽"

为了摆脱敌人的围追，首长指示当晚往北转移，在途中又遭遇敌机轰炸，我当时负责医疗队的药品材料，在敌机轰炸时，驮药品的马受惊了，甩掉药箱，药品撒了满地。白大夫一看，大发雷霆，训斥我没管住马。我一边哭一边收拾撒在地上的药材。后来，老乡把马找回来了，白大夫的气也消了，转过身来突然搂住我说："对不起，我知道这事不能怪你，药品就像战士的枪一样不能出意外，我们的工作是人命关天的大事，不可疏忽呀。"我感到白大夫的大手摸到我的脸上，我哽咽了。白大夫对敌人的刻骨仇恨和对同志的无限热爱之情深深地铭刻在我的心上。

## "精盐是当药用的，你不经领导批准就不能用"

当医疗队驻扎在白洋淀的一个水村时，一个意想不到的难题出现了：有鱼虾吃应该是好事，但那时由于敌人长期封锁，老百姓已久不沾盐味了。没有盐的鱼开始大家还能勉强下咽，后来见鱼就反胃。在队里做麻醉师的安芝兰大姐想个办法，把鱼煮烂做成粥，并且放些辣椒去腥味。可是白大夫不能吃辣椒，他一见到鱼就摇头而去。这样下去会把身体拖垮的，于是我同安大姐商定，给白大夫的鱼里偷偷放了一点药用精盐。白大夫虽然能吃鱼了，可是很快他发现，其他同志吃鱼还是那样难。一天，他尝了一下安大姐的鱼后，便说："你说有盐了，怎么你们吃的鱼却没有盐味？这到底是怎么回事？"既然瞒不了，我只有承认说："是我干的，我也知道您会骂我的，可看到您的身体日益消瘦，我心里很不安。""这精盐是当药用的，你不经领导批准就不能用，（这件事）我不仅要骂你，而且要开除你。"白大夫气呼呼地说。我对白大夫解释说："我的做法是经领导批准的，安大姐是咱们队的支部书记，她让我放的，我们可以用辣椒下饭，您却不能吃辣的！"安大姐劝白大夫不要生气。"好啦，下不为例。"白大夫总算把气消了。

## "法西斯发动了世界大战失败了，日寇侵华战争也注定要失败"

白求恩大夫个子高高的，身体很瘦，稍有驼背，戴着一副夹鼻眼镜。那时，他虽然已五十来岁，但精神抖擞，目光敏锐，走路如飞。白大夫做事认真，对同事要求严格，给伤员做手术时聚精会神，非常严肃。我多次因准备工作不周挨他训斥。可在工作之余和大家聊天时，他却是一位和蔼可亲的老人，跟我们讲他的家庭困境，讲他曾学过木工，做过木匠……在讲述他曾参加的著名的马德里保卫战时，他说："法西斯发动的世界大战失败了，日寇侵华战争也注定要失败。"说得我们心里热乎乎的，战胜日寇的信心大增。

1939年初冬，白大夫回到晋察冀军区，本想回国去再征募医疗器械和药品。就是在他准备启程之前，日寇又对晋察冀边区进行扫荡，于是白大夫决定打完这仗再走，可就在这次抢救伤员的工作中，由于白大夫没戴手套（手套早已用完），被污染的骨刺划破了手，感染上脓毒败血症致死。得知白大夫去世的不幸消息，我们十分悲痛。我和安芝兰、李永祥等几位曾跟随过白求恩医疗队的同志，组织了小型追悼会，在白大夫遗像前宣誓，决心学习他为实现共产主义事业奉献终生的崇高革命精神及对工作认真负责的优良作风。我们决心以白大夫为榜样，为完成他未竟的事业继续奋斗。

白求恩大夫是我学医的启蒙者。虽然他离开我们六十多年了，可每当我在工作中遇到困难时，一想到白求恩大夫，心里就涌起了战胜困难的信心。

（注：作者系中日友好医院原院长，本文原刊 2007 年 1 月 12 日《健康报》。）

# 为白求恩大夫摄影

吴印咸　1975 年 5 月

　　1939年春天，延安电影团奉命去晋察冀敌后抗日根据地拍摄纪录片《延安与八路军》，领导上特别把拍摄白求恩大夫在根据地为抗日军民服务的模范事迹也列入了计划。当时，白求恩大夫到解放区工作、战斗已将近一年，他那崇高的国际主义精神和严肃认真的工作作风，早已在根据地军民中广为传颂，我们能有机会和白求恩大夫接触，并把他的事迹记录下来，心里有说不出的高兴。

　　我们电影团的摄影队到达晋察冀抗日根据地后，就住在医疗队隔壁的院里，渐渐地和白大夫熟识了。他很喜欢照相，有一架"雷丁那"照相机，经常和我谈起摄影技巧上的一些问题，比如在战地使用哪种相机最方便，战地摄影与平时摄影有哪些不同，怎样利用快摄而焦点又能很清楚，等等。言谈之中，使我感到，他不仅是个名医，而且有着广泛的科学和艺术知识。但尤其使我难忘怀的，是白求恩大夫对我八路军战士那种无比深厚的无产阶级国际主义感情。

　　根据当时敌强我弱的特点，毛主席制定了一整套游击战的战略战术。为了有效地消灭敌人，经常在敌人的心脏地区进行战斗。白求恩大夫考虑，如果等着把伤员从前线抬到后方医院去，有的伤员就会因治疗不及时而致残废，甚至牺牲。他曾满怀激情地说："对抢救伤员来说，时间就是生命！哪里有伤员，就到哪里去。"经领导批准，白求恩大夫率领"东征医疗队"越过敌人严密封锁的平汉铁路，从冀西到达冀中前线。年已半百的白求恩大夫，跟随部队转战千里，出生入死地抢救着八路军伤员。当时，由于日寇的残酷"扫荡"，也由于蒋介石反动派的封锁，我军的物质条件十分困难，行军主要靠两条腿，运输物资的主要交通工具是骡子或小毛驴，医疗队用的器械和药品，没有一定的运载工具，无法运输，常常因此影响抢救伤员。怎样才能在现有的物质条件下，改善医疗队的运输条件呢？一天，他看见农民的小毛驴背上架有一副粪驮子，立刻联想到如果医疗用品也用驮子驮，非常适合游击战争的需要。于是，他就借来一副粪驮子反复研究，并虚心找老乡请教，很快设计出药驮子。白求恩大夫在极度紧张的救治伤员的间隙，忘记了吃饭，忘记了休息，亲自动手制作。这种药驮子外形像桥，白求恩大夫给起了名字叫"卢沟桥"。卢沟桥，她象征着中国人民在中国共产党领导下坚决抗击日寇的决心，白求恩给药驮子起这个名字是多么耐人寻味啊！用两头牲口驮上两副"桥"，就可解决战地的手术、包扎医疗用品的需要。两个驮架既轻便又灵活。同志们都赞扬他的创造精神，但他却回答说："不，这不是我的创造，是我从群众那里'偷'来的，是群众的粪驮子启发了我。"

我当时目睹这位为了中国人民的抗日战争，抛弃了优越生活条件的世界名医，身穿粗布的八路军军服，手拿简陋的木工工具，废寝忘食地与木工师傅一起制作"卢沟桥"时，我心情激动，怎能不抢拍下这动人的情景呢？

1939年10月，日本侵略军又一次发动了大规模的"冬季扫荡"，妄想一口吞掉我晋察冀抗日根据地。但是敌人的残酷扫荡，只能激起我抗日军民的强烈仇恨。当时白求恩大夫已决定启程回国，向世界人民宣传我国人民伟大的抗日战争，并募集经费和药品器械。当他得知日寇要进行"冬季扫荡"的消息后，毅然改变了暂时离开抗日根据地的计划，要求待"反扫荡"结束后再走。他率领医疗队来到离火线仅四五里地的涞源县孙家庄，利用村外的一间小庙宇充当手术室。这间小庙既无邻屋，又无树木遮掩，孤零零地坐落在路旁。小庙里的佛像早已无存。医疗队一到这里，立即用"卢沟桥"架起了手术台，白求恩大夫挽起袖子开始了紧张的抢救工作。

战斗进行得非常激烈，枪炮声仿佛就在身边响着，后备队和支前运输队穿梭般地从"手术室"经过。从摩天岭下来的伤员，一个个抬到了这里，顺次排在小土坡上。这种战斗气氛，像我们这样不经常上战场的人，不免有些紧张。大家都在为白求恩大夫的安全担心。但是，这一切在白求恩大夫眼里，似乎根本没有发生，他十分平稳沉着，全神贯注地为刚抬下来的伤员动手术，并指挥整个抢救工作有条不紊地进行着。

手术进行到次日下午，哨兵突然报告后面山上发现大批敌人，正向小庙方向袭来。白求恩大夫毫无惧色地一面继续着手术，一面问还有多少没有动手术的伤员。大家告诉他还有十个。他立即命令增加两张"手术台"，一次抬三个伤员，其他医疗队同志与他一起同时进行手术。但由于情况越来越急，为对他的安全负责，同志们要他赶快离开。白求恩大夫却回答说："如果我们现在走，就会增加伤员的痛苦和危险。敌人暂时不会到，我们还可以给剩下的伤员做完手术。"这时，敌人罪恶的炮击声，震得"手术室"屋顶上的尘土不断往下掉，严重影响手术的进行。白求恩大夫立即将手术台搬移至庙门外。在可能即被日寇包围的短短的时间内，在白求恩大夫的指挥下，飞快地将所有的伤员都做完了手术。当敌人迫近小庙时，白求恩大夫随在担架后面，刚刚离开"手术台"。

白求恩大夫把自己的生命置之度外，把中国革命战士的生命看得比他自己的还重要，这种崇高的革命精神，在场的人没有一个不敬佩，没有一个不为他的精神所感动，我的摄影镜头随着我的激动心情把这感人肺腑的场面拍摄下来。这一天，是1939年10月24日。今天，当我回忆起为白求恩大夫拍摄的这几张照片的情景，三十五年前的往事历历犹在眼前，白求恩大夫给我的教育使我铭刻不忘。

白求恩大夫为什么对八路军有这样深厚的感情？为什么有这样高度的自我牺牲精神？我们学习他1938年9月15日在山西五台县"模范病室"落成典礼时的讲话就可找到答案。他说："对于这些人，我们只有用最大的体贴、爱护和技术，才能报答他们。因为他们打仗、受伤是为了我们，不仅是为挽救今日的中国，而且是为实现明天伟大的新中国。那个新中国，虽然他们和我们不一定活着能看到。但是不管他们、我们是否能活到幸福的共和国，主要的是，他们和我们都在用自己今天的行动帮助它诞生，使那新共和国成为可能的了。"

白求恩大夫向往并为之奋斗的新中国，在毛主席和中国共产党的领导下，在白求恩牺牲后十年诞生了。我们生活在新中国的人们，永远不会忘记加拿大人民的优秀儿子白求恩大夫为新中国的诞生所作出的巨大贡献。白求恩高大的形象，永远活在中国人民的心中！永远活在世界革命人民的心中！

（注：作者是中国老一辈摄影艺术家，曾任中国摄影家协会副主席、名誉主席等职。）

# 忆三次会见白求恩大夫

刘光远　1985年9月

伟大的国际主义战士诺尔曼·白求恩已经逝世四十多年了，然而，他的音容笑貌和光辉业绩却历历在目。

1938年1月，白求恩受加拿大共产党和美国共产党的派遣，率领一支医疗队不远万里来到中国（汉口）。然后长途跋涉，历经艰险，于同年3月下旬来到革命圣地——延安。

到延安以后，毛泽东同志热情接待了他，使他很受感动。特别是当他看到延安抗日军民艰苦奋斗的精神面貌后，更增强了他抗日必胜的信心，决心要为中国抗日战争贡献力量，并坚决要求到前线去，到战斗最激烈的地方去。经组织批准，他于1938年6月来到晋察冀边区。

**我第一次会见白求恩大夫**

1938年6、7月间，我在晋察冀边区妇女抗日救国会工作（担任组织部长）。一次在分局汇报工作之后，组织上通知我，国际友人白求恩大夫将要访问边区的群众团体，首先访问妇救会，让我热情接待。不久，军区聂司令员也通知说："白求恩将去某处，路过红边区群众团体时到妇救会进行访问，请热情接待。"

接待国际友人对我来说还是第一次，心里既高兴，又紧张。高兴的是，在这样残酷的战争环境中，医术高明的白大夫，为了帮助中国抗日，不远万里来到中国，真是求之不得；紧张的是，边区生活这样艰苦，连斤猪肉都难以买到，拿什么招待他呢？而且又不了解他的生活习惯，喜爱吃什么，不吃什么，一无所知。

在我的想象中，外国人都爱喝牛奶，爱吃面包，但是，在此时此地，不用说牛奶、面包，就是猪肉，也还得赶上有人杀猪的时候才能找到。我和炊事员许林立考虑很久，也没想出个好办法。后来还是找了点白面，蒸了几个馒头。不料馒头没蒸好，又黑又硬。我见了真想向炊事员发脾气。可又一想，这里的白面质量很次，平时又很少有机会蒸馒头，也难怪炊事员做得不好，只好另做了些大家平日吃的小米干饭。有了饭，菜的问题又犯了大愁，买又买不到，炊事员种的只有君达菜，平时大家都用盐和大蒜拌着吃，外国人哪能吃这种菜。没法只好在老乡家里买些鸡蛋，炒一炒凑合吧。说来也巧，在买鸡蛋时发现村里一户人家的牛滚了坡，跌断了腿，不能耕地拉车了，群众把它杀了。炊事员赶紧跑去，买来了块牛肉，我看了很高兴，心想，外国人是喜欢吃牛肉的，也算有肉菜招待客人了。但是，怎样做法，又出现了困难，既没有茴香、大料等佐料，又没有酱油、香油等调味品，只是白水煮熟加一把盐，有什么味道呢？好心的炊事员老许想了个主意，加了些洗净的生葱。可是我想外国人是不吃生葱的，炊事员的好心反而帮了倒忙，可又不能责怪他，只好这样等待客人的来临。

白求恩大夫和他的翻译董越千、勤务员一行三人，于晌午前到达。先是和我们座谈，互相介绍了一下情况，尔后参观我们简陋的办公室。这时已到中午，我们留他吃饭，他说什么也不肯，老董也劝他说，现在不吃饭，下午赶路就没有地方吃饭了，他才勉强留下来吃午饭。于是我们便把准备好的小米饭、炒鸡蛋、炖牛肉、拌君达菜端到炕桌上。我想，他最喜欢吃的一定是炖牛肉。但是恰恰相反，他只吃小米饭和君达菜，一口牛肉也不吃，我们再三相劝，说边区条件不好，没有调料，味道不好，但牛肉很新鲜，请他多吃，可他还是摇头不吃。我心里暗暗着急，准是生葱出了毛病，也不敢多劝了。就叫老董问他为什么不肯吃牛肉？他也就不客气地反问老董："为什么春耕的时候（五台地区6、7月份春耕）宰耕牛给我吃？"于是，我们忙给他解释，说这是断了腿的残牛，不能耕地了，群众才宰的，并不是专门为他宰杀的耕牛。"原来是这个原因。"他这才主动地吃了牛肉。

这件事使我们很受教育，想不到这么高明的外科大夫，又是外国人，竟如此爱惜中国的畜力。事情虽小，却表现出一个国际主义战士对人民负责的精神和崇高品质。

### 第二次和白大夫会面

1938年秋季大"扫荡"之前，我和白求恩大夫一起相处大约有个把月的时间，他对我无微不至的关怀照顾，使我很受鼓舞，很受教育。

这年秋天，日寇集中兵力准备向我边区腹地——五台山地区进行大规模的"扫荡"，企图一举消灭我军主力和首脑机关。我边区军民立即进行了迎战准备，坚壁清野，精简机关，分散转移。这时我已怀孕八个月，行动不便，不能留在机关和大家一起行军，只好"坚壁"起来，可是"坚壁"到哪里去呢？当时全边区都是处于敌后的战争环境，没有一块安全的地方，只有躲到农民家里。农村本来就缺医少药，妇女死于生育的比例很高，儿童死亡率更大。我们这些机关干部，又是外来的，无家无业，在敌人"扫荡"时期，生孩子就更难了。我爱人侯新同志提出，是否可以到军区后方医院去，因为那里比较安全，尤其白求恩大夫在那里，可以请他助产。但我想到白大夫主要是外伤科，不一定愿意，就先叫爱人给白大夫写个信。董越千同志及时传送了我给白大夫的信，他爽然同意，并且说："请告诉她，我很高兴能为她助产。我想这女同志我是见过的——就是边区妇救会接待我们的那位女同志吧。"

老董同志很奇怪地问道："你怎么知道就是她？"

"在我们一起用餐时，我已经看出来她怀孕了。"他回答说，"作为一个医生是会注意周围一切人的生理变化的。"

得到白求恩大夫同意助产的答复，组织上立即催促我出发，可我不愿意走，原因有两个：一是预产期还有个把月，时间还早。二是在那年春天敌人大轰炸时，我丢失了被子，半年来我都睡在线毯里。有时天冷受不了，就钻到别的女同志被窝里合盖一条被子。侯新同志曾答应过，待我临产时将他的被子捎给我（他当时在抗敌报社工作）。没想到敌人提前来"扫荡"，竟没有及时捎来。

当组织上再次催我出发时，我仍不肯立即走。分局组织部长林铁发现我的为难情绪，以为我嫌路远，行动不便，就派一名通讯员牵马送我去。组织上的关心，同志们的照顾，使我感动得流下泪来。林铁同志看到我流着眼泪还是不愿意走，怀疑一定有其他问题，于是就进一步问我："你到底是为什么？共产党员有什么不能对组织讲呢？"我只好如实地向他说明：要等侯新同志捎被子来，因为我没有被子盖。林铁同志立即让人在我的入院介绍信上加上几个字："请供给她产期全部需用品。"我就带上供给介绍信和我自己所有的衣服用具，高高兴兴地向医院走去。我们这些搞群众工作出身的人，走惯了崎岖的山路，如今骑上牲口，倒觉得难以驾驭，很不自由。好在有通讯员一路照顾，我平安地到达后方医院驻地——松岩口村。刚要进村，就看到从村里出来一群骡马，驮着空煤油筒，叮咚叮咚地走来。油桶的响声，吓了我的马，使我从马上一下颠了下来。当时虽然没有异常感觉，但等到天黑，肚子觉得有些不舒服，下身见红。没想到这个消息传到了白求恩大夫耳朵里，第二天他就来给我做了产前检查，并给我进行了固胎治疗。从此，我就留在医院里待产，并帮助医院做些力所能及的事情。

## 参观白求恩大夫创建的模范医院

白求恩来到边区以后，看到我们的医院条件差，设备简陋，就提出创建一所模范医院的设想。经军区首长批准后，他便不分昼夜地忙于医院的筹建工作。他不分白天黑夜繁忙，亲自订计划，亲自绘制图纸，亲手教木匠去做拐杖。他把松岩口村的戏台当作木工的工作台，和工人一起，一会儿干这，一会儿干那。我曾问过他："你什么时候学会做木工的？"他笑着说："一个好的外科医生，同时也得是木工、缝纫工……"他还和翻译讲过："一个好外科大夫要像一只鹰，要有鹰一般的眼睛探察伤情，要有鹰爪一般的准确性，在手术时，要像老鹰捕食般地准确捕获猎物。"

为了建设模范医院，白求恩大夫给我安排了一项任务，就是为他制作几幅大的统计表格，以便悬挂在模范病室里。由于我的制图水平低，画得不好，心里觉得很惭愧，可他并不嫌弃，还是挂在模范病室里了。他很感激我帮了他的忙，有一天两手紧紧握着一件东西来到我面前，我弄不清楚他要我做什么，便用双手扶住了他的手，他好像变戏法似的，把一件东西漏在我的手里。我接过一看，原来是一瓶雪花膏，当时在边区根据地买一瓶雪花膏也是不容易的，这是他从加拿大带来的，本来我不想要，但看到他诚挚的心意，只好留下了。这瓶雪花膏虽小，但我却把它当成珍贵的礼物一直保存了很久。

1938年9月，模范医院建成了，军区为模范医院举行了隆重的落成典礼。各军分区的卫生部长、医院院长都应邀来参加大会。松岩口村的戏台，成了大会的主席台，部队和群众从四面八方进入会场。由于我是个"散兵"，本想随大流进入会场，找个旮旯站着见识一下热闹就行了，没有想到白求恩大夫发现了我，从主席台上提起一个小方凳走下台来，送到我的眼前，用手按按我的肩膀，示意我坐下来。在众目睽睽之下，他的这个动作真使我不好意思，可我理解，他这是为了爱护一个即将做母亲的人的沉重负担而给我的特殊关心照顾。由于日本帝国主义在中国烧杀抢掠，奸淫妇女，使中国人民尤其是妇女和儿童蒙受了深重灾难。白求恩同情和支援中国人民的抗日战争，更同情苦难的中国妇女和儿童，只要碰到有病的妇女和儿童，他就立即进行救护。所以他对我这将要临产的女同志更是关怀备至，只怕出了意外，我从内心里感激他。由于人们都在等着开会，没有说话，他就回到主席台原来的位置上去了。

庆祝大会开始以后，军区卫生部长叶青山主持了开幕式，军区司令员聂荣臻讲了话。白求恩大夫在全体军民热烈的掌声中走上讲台，向大家介绍了模范医院的创建经过和他自己来到边区的感想，使大家深受教育。大会号召向白求恩大夫学习。接着是参观模范医院的各个病房和白求恩大夫作的手术示范。

模范医院包括三四个分科病房，如截肢、骨折、一般外伤手术室等。被截肢的伤员用的双拐、骨折扭伤所用的吊架或固定位置所用的吊架，都是在白求恩大夫亲自指导下制作出来的。这些东西在病房各有其固定的位置。每一个病房中，都安排有日夜值班的看护员。白求恩大夫严格要求执行病房护理的规章制度，以遇敌机轰炸空袭为例，他的要求是，只要还有一个伤员在病房内，护理人员绝不允许丢下伤员自己去防空。正在我们参观中，突然警报长鸣，我们这些参观者立即走出病房去防空。我是大肚子，行动不便，不愿和大家一起拥挤出去，只好留在后面。这时我发现，伤员并未转移，每个值班护士也都站在窗前，当时我感到很奇怪，也很为伤员担心，直到后来才知道，这是白求恩大夫为了考核制度的执行情况搞的防空演习。

过了不大一会儿，又拉起了紧急警报。白求恩大夫和随行人员加紧收拾了各种医疗器械，拆下帐篷，装好木箱，抬上鞍架，赶起骡驮子向别处转移。

### 第三次会见白求恩大夫

敌人对五台地区大"扫荡"开始后，后方医院也进行转移。我原来以为到后方医院就万事大吉了，没想到敌人这次"扫荡"，后方医院也要转移。后方医院的转移可不容易，重伤员多，带的东西多，调动的民夫、担架、牲口也自然是多的。因此行动起来目标大，很不方便，只能短途行军，而且要在夜间行动，常常一夜只能走十里八里，如果能走上二十里，那就算是长途了。

10月初，我跟着医院行军，当时白求恩大夫和老董同志到前线去了，我也不知道他们什么时候走的。10月10日（旧历中秋节前后）在路过河北、山西交界处的太行山上一个叫王家坪的小村时，我的儿子诞生了。由于成天行军反"扫荡"，生下两天后儿子就死了。在行军中我又害了产后风，在垂危的关头，主治医生苏大夫好不容易从药房里找到一支"康弗"，据说是一种退烧、强心的针剂，是白大夫从国外带来的，他上前线时留下了四支，已用了三支，只剩下最后一支，而且是不可能再有新的同类药补充上来。苏大夫决定把这仅有的一支给我注射。结果很有效，挽救了我的生命。

大约是我产后十几天的时候，病情虽然好转，但仍不能起床。这时白求恩大夫突然从前线回来了，我高兴极了，和他又说又笑。当他得知我儿子夭亡的情况后，立即为我检查了身体，并亲切地安慰我说："好好休养，不要为失去儿子难过。要知道女人生孩子就像树木结果一样，一年一次……"他热情的祝语，使我和老董都笑了起来。以后因为"扫荡"转移，又和白求恩分开了。没想到这次离别，竟成了永别。

1942年秋季反"扫荡"之后，我因公到三分区去，路过唐县稻园村时，听说白求恩大夫的墓地在离此二三里的军城村，便特地跑到军城去瞻仰他的坟墓。

四十年后，我又专程赴石家庄烈士陵园，瞻仰白求恩大夫的陵墓，但见他的塑像巍然屹立，浩气长存，仍然是我当年记忆中的国际主义战士。

（注：作者曾任晋察冀边区妇联组织部长、抗敌后援会主任；离休前任化工部科研局办公室主任，科技情报所顾问室主任。）

# 跃马冀西

陈仕华　1965年3月

1939年7月的一天清晨，我正在病房里为伤员们治伤换药，忽然接到军区卫生部的电话，通知说白求恩大夫要到我们休养一所来。消息一传开，休养所的同志们立刻欢跃起来。几个月以来，白求恩的名字和他的事迹不断在同志们中间流传着，但我们一直没有机会见他的面。今天，白求恩大夫要来，谁能抑制欢快、激动的心情呢？

休养所的指导员带领一部分同志，赶到村外去迎接白求恩大夫。不一会儿，只见一群人马来到休养所门前。白求恩大夫在指导员和翻译的陪同下，走在人马的前边。他通过翻译告诉我们：这次来花盆修养所，主要是讲解"消毒十三步"的工作方法，另外重点地看看伤员的情况。我们向白求恩大夫简要地介绍了伤员的情况，并带领他察看了病房。

下午，白求恩大夫向大家讲解了"消毒十三步"，并进行了现场示范。在讲演前，有的同志抬来了门板，有的同志挎着篮子，里面放着伤员刚换下来的纱布、绷带、棉花。同志们分别在沙地里、石头上坐下来，听白求恩大夫讲课。白求恩大夫说的"消毒十三步"实际上是消毒的程序问题，是消毒的"基本功"。他站在沙滩上，细致地把消毒的步骤：分类、洗、晒、叠、蒸……逐条讲给我们听。他说："伤员们每天都要换下来大批的棉花、纱布、绷带，要是不管脏不脏，都堆起来一起洗，结果有的本来不太脏，反而被污染得更脏了。"根据他提出的消毒十三步程序，首先把棉花、纱布、绷带按照脏污的程度不同进行分类，把那些最脏的分为一类焚烧或深埋掉；把带脓血、比较干净的又分为一类，先用凉水搓洗，再用肥皂去污，然后再用清水漂洗几遍，至于那些不带脓血的绷带，洗起来就比较省事了。他一边讲述，一边亲自操作给我们看，他把篮子里的绷带、纱布、棉花倒在门板上面，分好类，才让我们去洗。晒的时候，为了避免风把纱布和绷带刮到地上弄脏，他把绳子拧成麻花形，将绷带和纱布夹在两根绳子之间。蒸的时候，要把纱布的毛边折在里面，这样就不会把纱布的毛絮粘在伤员的伤口上……

白求恩大夫讲课十分细致，态度严肃而认真。他把琐碎零星的工作系统化，用科学的态度进行具体的分析。而这一切的出发点，都是为了病人，为群众着想。

当晚白求恩大夫便乘马离开花盆村，赶回军区卫生部去了。


9月，军区批准白求恩大夫提出的成立军区卫生部巡视团的建议。军区卫生部决定要我参加巡视团的工作。接到通知，我心里多么高兴啊！我能够得到机会跟白求恩大夫一起工作，在他的身边学习，真是很大的荣幸。我当即把休养一所的工作做了交代，赶到卫生部驻地木兰村。

白求恩大夫这时不在军区卫生部。根据他拟订的巡视计划，第一个目的地是于家寨三分区二所。我们决定直接到于家寨去同白求恩大夫会合。

两路人马会合后，叶部长即宣布正式成立军区卫生部巡视团。接着，巡视团各个成员进行分工。我的任务是检查药房，摸清各医疗单位的医疗设备器材装备，开出单子交给白求恩大夫，便于他给伤病员们开处方。当天，白求恩大夫就催着我赶快到药房去检查和统计药品。第二天上午，我把单子开给他，便随着他检查病房。我站在白求恩大夫身边，发现这位一向十分严肃的老大夫，在伤病员面前竟是那么亲切和热忱。对于伤病员的治疗处理,他是那么认真、细致,每看完一个伤病员,都要做详细的记录。他有一个大本子,专门记录病历,并且编了号码,很有条理,他告诉我们:一个科学工作者,必须认真对待第一手资料的记载。

我们的工作是很紧张的,有时每天要工作十几个小时。而白求恩大夫工作的时间比我们还要长。入夜,山村十分寂静。经过一天紧张的手术和治疗工作,我们都很疲倦,上炕睡觉了。白求恩大夫仍然坐在他的房间里,伏在老乡的小柜子上,就着昏暗跳动的烛光编写材料。在三分区二所的病人中,除了疟疾病人,还有不少患的是痢疾、肠炎和感冒。白求恩大夫深夜不眠,正是在研究怎样治疗这四种常见的疾病。白求恩大夫虽然晚上只休息五六个小时,但第二天上午,仍然像往常一样到病房为伤员们施行手术。下午,他把休养所的医护人员找到他住的院子里来,为大家讲述四种常见疾病的治疗方法。

巡视团一行十余骑离开于家寨,先后检查了三分区二团司令部卫生队、三分区休养一所、骑兵团、冀中军区后方卫生部、后方医院二所的卫生工作,于10月中旬到达贯头一分区司令部。杨成武司令员亲自接待了白求恩大夫和巡视团的同志们,介绍了一分区的战斗情况。白求恩大夫听说野蛮的日军在战场上施放毒气,表示了极大的愤慨。

晚上十二点多钟,我们已经休息了,他忽然来到我的住处。原来白求恩大夫关怀着火线上的战士们,他知道我军没有防毒面具,便深夜不眠,告诉我们应该用纱布和石灰制作防毒面罩。杨司令员得知这个办法后很高兴,表示积极支持,说可以组织群众照这个办法帮部队做一批防毒面罩。夜深了,杨司令员才送白求恩大夫回去休息。

1939年10月底,日本侵略军又一次向我第一军分区进行大"扫荡"。

白求恩大夫得知摩天岭前线正在进行激烈的战斗,一批伤员就要送到分区后方医院来。于是他率领巡视团全部人马立即出发,赶到孙家庄。

孙家庄已临近火线,隆隆的炮声和清脆的机枪声震荡着耳膜。大路上不断有抬着伤员的担架下来。白求恩大夫翻身下马，领着我们跑出村外，来到一座山坡前。山坡下面的大路，是火线上的伤员往后方运送的必经之路。半山坡上有一座破庙，白求恩大夫决定在这里布置手术室，摆两张桌子当手术台。他连忙打开手术器械箱，穿上围裙，叫我们几个大夫到山坡下的大路上去，凡是火线上下来的伤员，一律拦住进行检查。伤势轻的，就给他们上药包扎，让担架员抬到甘河净后方医院第一所治疗。伤势重的，不管多少，全部送到庙里由他抢救。在他动过手术以后再送往后方医院休养一所。

战斗进行得很激烈，伤员们不断被抬下来。白求恩大夫不停地为他们做手术，饭也顾不得吃，觉也顾不上睡。就在这次手术中，白求恩大夫不慎将左手中指刺伤。在完成初步疗伤后，他当即决定赶回甘河净，因为伤员都集中在那里进行治疗，有些经过他动过手术的重伤员，需要进行检查，或者要做第二次手术。

在赶回甘河净的途中，白求恩大夫虽然很累，但他的精神很好。休息时，我们坐在一个山坡上，他告诉我们说，巡视团的工作结束以后，他要回国一趟。我们问他，回国干什么？他说主要有两个目的：一是筹集一些经费、药品和器械；一是向各国人民揭露日本帝国主义的残暴罪行。后来我们才知道，白求恩深感我军缺乏医务人员，不能适应战争发展的需要；由于日寇和国民党反动派联合起来对辖区进行封锁，使我们的经费、医药器械也十分困难，他打算回国动员一些助手，筹集一些经费和医药器械，回来帮助我们开办医科学校，培养医务人才，更多地组织战地医疗队。白求恩大夫的建议得到延安党中央的同意。

我们到达甘河净后方医院第一所，当即投入了紧张的医疗工作。白求恩大夫每天要做一二十个手术，晚上还要摸黑到病房看望伤病员。连续忙了好几天，手术总算做完了。巡视团决定到完县史家庄后方医院去检查工作。

　　上午，我们忙着收拾东西，把医疗器械和行李捆在牲口驮子上。临出发前白求恩大夫还到病房去看了伤病员们。在病房他发现一名伤员发生了颈部丹毒与头部蜂窝组织炎合并症，要做紧急手术。

　　我知道，颈部丹毒和头部蜂窝组织炎毒性很大，不能耽搁时间，忙告诉甘河净后方医院第一所的同志们做手术准备。同时卸下牲口驮子，取出白求恩大夫的手术器械。

　　白求恩大夫站在手术台旁边，右手拿着手术刀，动作很快地进行手术。做完手术已是下午。他对手术感到很满意，嘱咐甘河净后方医院第一所的大夫注意观察这个伤员，然后通知我们吃完饭照原计划出发。就在这次手术时，白求恩大夫匆忙间未戴手套，结果伤口受到细菌感染。

　　由于连日劳累，长途奔波，白求恩大夫感冒了。第二天，他赶到完县史家庄后方医院，带病给伤员们检查和做手术。并且要叶部长和我到孟子岭去，给那里的伤员进行检查和医疗。

　　第二天，林大夫到孟子岭来报告叶部长说：白求恩大夫身体不好，左手中指的伤口已经发炎了；大家劝他休息，他不听。

　　我们当晚赶回史家庄，走进白求恩大夫的房间，见他正把左手的中指放在锰滤水里泡着。我们要给他治疗，他不让。我们劝他休息几天，他却提出要我们到曲阳县康家坽三分区三所去检查工作，完成巡视团的工作计划。我们没同意。那天晚上没有谈出结果来。第二天我们再去劝他，他坚持要我们继续巡视团的工作。叶部长把我留下来照顾他。

　　第二天，白求恩大夫的病情加重了。我采取了一切措施来抢救这位国际战友。不幸情况变化，敌人向我们驻地进攻，我们动员群众用担架抬着白求恩大夫转移。到黄石口村时，他的病情恶化了。我们只好住下来。白求恩大夫躺在老乡家的暖炕上，神志不清，体温升到三十九度多。我给他注射葡萄糖和强心剂。白求恩大夫清醒过来了。他说："不要注射了，我已经不行了。"他知道自己的血液有毒，能够用的办法都用过，没办法挽救了。这时，他挣扎着下了炕，整理整理东西，伏在桌子上写遗书。我知道他在料理后事，心里很难过，劝他休息，他不肯。实在支持不住，他才在炕上躺一会儿。他要争取最后的时间把遗书写完。他念念不忘伤病员，关怀着那些曾经和他并肩工作的战友们，并且给聂司令员写道："让我把千百倍的热忱送给你和其余千百万亲爱的同志。"

11月12日拂晓，伟大的国际主义战士白求恩同志与我们永别了！

（注：作者当年是晋察冀军任卫生部外科医生，1949年后曾任北京铁路总医院院长。）

# 白求恩在五台山

于颂岩　1975 年 5 月

1938年6月17日，伟大的国际主义战士白求恩同志，冒着炎热，跋山涉水，从革命圣地延安来到晋察冀军区司令部所在地——山西五台山区的金刚库。第二天，他又步行六十余里路程，到达松岩口军区后方医院。他在这里，第一句话就问"伤病员在哪里？快领我去！"同志们劝他先休息，他说："我是来工作的，你们不要把我当客人，而要拿我当一挺机关枪使用。"在场的人们都以敬佩的眼光端详这位不远万里来到中国的加拿大共产党员，心情十分激动。

从此，白求恩像一挺永不"卡壳"的机关枪，在紧张的救护伤病员的战斗中发挥了无穷的威力。

在头五个星期内，白求恩连续检查了五百二十余名伤病员的病情，为一百四十余人施行手术，使他们迅速恢复健康，重返战斗岗位。白求恩无限欣慰地说："中国共产党交给八路军的不是什么精良武器，而是经过二万五千里长征锻炼的革命战士，有了这样的革命精华，我们就有了一切。"

白求恩在松岩口第一次施行手术是接肠。由于伤势严重，急需输血抢救。白求恩沉思片刻，立即果断决定抽自己的血。同志们感到吃惊，怎能让一个年近半百的外国同志抽自己的血呢？一再表示不同意。白求恩却激动地说："他们为我们打仗，我们也必须为他们打仗，我们要打的敌人是疾病、残废和死亡。""快，抢救伤员要紧！"就这样，白求恩第一次用自己三百毫升鲜红的热血挽救了中国人民革命战士的生命。消息传出后，松岩口的军民群众无不为之感动。他们纷纷来到医院，要求献血，白求恩把他们组成"自愿输血队"，并深有感受地说："群众就是我们的血库，这在医学史上是个创举。毛主席说发动群众，依靠群众，任何困难都可以克服，这是多么伟大的真理啊！"

崇高的理想，壮丽的事业，激发着白求恩同志忘我的共产主义精神。他从来不让自己有一刻闲暇。白天，他一个接一个地为伤病员诊治、做手术，一次又一次地出入病房，询问病情；他利用空隙，为医务人员上课，传授医疗技术；他不怕脏，不怕苦，经常到病房护理伤病员，为他们接屎接尿，打水洗身，把他们背到病室门前的松树下晒太阳，给他们读报、读书、讲故事。同志们称赞他像一盆火，走到哪里，就把热情和温暖送到哪里，使大家满怀信心地养伤治病。深夜，他坐在油灯下，绘制图样，编写教材，书写日记……他的房东张老大爷说："白求恩同志真是把心操在工作上，白天见不到他，只有深夜，我睡一觉醒来才能见到他在灯影下写写画画。"

为了更好地救护伤病员，培养更多的医疗技术人才，白求恩倡议创办一个较为完备的"模范病室"。在毛主席和广大革命群众的关怀和支持下，白求恩带头开展"五星期突击运动"。"模范病室"于9月15日在一所古龙王庙建成。在突击运动中，白求恩一面同群众一起清扫庭院，粉刷墙壁，一面亲自和木工、铁匠设计、制作各种医疗器械用品。他一会儿在这里说说笑笑，一会儿在那里比比划划，仔细向工人解释设计图样的规格、要求。当工人听不懂他的意思时，他就自己动手，做出示范，使同志们受到深刻的教育和鼓舞。

"那些为共同目标劳动因而使自己变得更加高尚的人，历史承认他们是伟人；那些为最大多数人们带来幸福的人，经验赞扬他们为最幸福的人。"（马克思）白求恩就是这样的人。他面对如此紧张、激烈的战斗生活，内心却感到无比欢乐和幸福。他在突击运动期间的日记中写道："我确实很累，但是我觉得长期以来，没有这么高兴过，我感到满足，我正在做我要做的事情。""它占据了我从早晨5点半到晚上9点的每一分钟。""置身于同志之间，工作于同志之间，对我真是无可估量的幸福。"

在病室落成典礼大会那天，白求恩穿上自己心爱的八路军战士军装，英姿飒爽，热情洋溢，向群众发表了充满了无产阶级国际主义精神的讲话。他说："你们和我们都是国际主义者，没有任何种族、肤色、语言、国家的界限能把我们分开。法西斯在威胁着世界和平，我们必须击败他们。"

大会以后，他立即兴致勃勃地做了手术示范，到会群众和医务工作者对他高明精湛的医术表示钦佩。

1938年9月，在著名的盂县黑风口战斗中，一个叫洪大平的指挥员不幸牺牲。这时，他的战友李和会正在"模范病室"养伤。消息传来，李和会悲愤万分，顿时阶级仇、民族恨涌上心头，他再也按捺不住胸中的怒火，当即翻身而起，策马奔向战地，为战友报仇。白求恩发现后，心情非常沉重不安。李和会刚刚做过小肠接植手术，转危为安，但却经不起剧烈震动。白求恩料定会出事故，决定跃马追踪，赶了六十余里，果然见李和会牺牲在途中。白求恩含着热泪，望着遗体，悲痛地说："可惜！可惜！为什么事先不告诉我呢！"

白求恩同志从实践中认识到八路军和人民群众的鱼水关系，是革命战争胜利的源泉。他严格执行毛主席拥军爱民的指示，每到一地，都以极端的热忱对待人民群众，主动为群众治病，同人民群众结下深厚的友谊。现任松岩口大队党支部书记罗先荣同志，在白求恩到达这里时还是刚刚七岁的小孩。一次不小心，推倒了开水壶烫了脚。当时后方医院的一位司药即刻给他做了涂药包扎。白求恩知道后，怕司药不懂治疗，又马上把他带回手术室，问明情况，重新给他换药治疗，送回家中。松岩口有位史大娘的大儿媳妇得了尿血病，多方医治无效，最后把一条羊皮褥子卖了治病，仍不见好转。正在生命垂危的时候，白求恩来到这里。史老大娘家来人找白求恩治病，白求恩连忙热情接待，仔细询问病情，随即登门出诊。经反复检查、诊断，白求恩表示半月之后可以让病人下床活动，给全家带来了希望。在白求恩连续十多天的精心治疗之下，这位农村妇女得救了。史老大娘全家和村里受过白求恩医治的群众敲锣打鼓，提着红枣、鸡蛋前来医院，感谢白求恩。白求恩说："不要感谢我，我是八路军的医生，你们应该感谢八路军，感谢毛主席。"三十六年过去了，这位得救的妇女，今天同她的儿孙们一起过着幸福的晚年生活。她经常回忆起白求恩，一提到他，总是含着眼泪激动地说："不是白求恩救了我，哪能有今天啊！"她经常勉励她的后代："要听毛主席的话，学习白求恩，让白求恩精神世世代代传下去。"

当地有一位裴老大爷，祖祖辈辈给地主扛长活，有一次，他在松岩口的山坡上干活时，摔伤了右臂，胳膊红肿，越来越重，十分痛苦。白求恩知道后，立即派人把他抬到医院亲自医治，很快恢复了健康。以后，裴老大爷常常对人说："要不是白求恩大夫救了我，我这把老骨头早不知哪儿去了！"他时时用白求恩的革命精神激励自己，在建设社会主义新农村的各项工作中，处处走在前头。这位裴老大爷于1969年去世了，生前曾多次被群众评为"老标兵"、"老模范"。

白求恩同志心里，只有工作，只有战斗，只有阶级弟兄，而丝毫没有他个人的安危得失。他艰苦朴素，以苦为荣，始终坚持和群众同吃、同住、同战斗，没有半点特殊要求。他到松岩口以后，革命群众尽力为他准备较好的住处和食品，然而白求恩都一一谢绝了。他和普通的八路军战士一样，吃的是小米、土豆，穿的是粗布军装，身上带着针线包，自己缝补衣服。党中央、毛主席非常关心他的生活，特地从延安发来电报，指示每月给白求恩一百元的津贴费。白求恩见到电报后，无比激动。当天晚上，就怀着幸福和感激的心情，给伟大领袖毛主席写信，坚决表示永远同边区军民一道，艰苦奋斗到底。他写道："我谢绝每月百元的津贴。我自己不需要钱，因为衣食一切均已供给……"他常对照顾和关心他的同志说："我从延安来，我知道毛主席的津贴很少，八路军的官兵每天只有几分钱的菜金，我是共产主义者，不应有任何特殊享受。"每当他收到边区军民送来慰问物品时，他总是分送给伤员，自己不肯食用。有一次，后方送给白求恩三百个鸡蛋、七只鸡。他执意不收，经再三请求他才勉强收下。但他马上提着篮子到厨房把鸡蛋煮熟，每人两个亲自分给伤病员。同志们感动地说："白大夫，你的身体不好，留下自己吃吧！"白求恩却回答："前方打仗，很紧张，你们能早日恢复健康，重返前线，就是胜利。"

9月下旬，日寇集结重兵，开始向五台山根据地进行大"扫荡"，松岩口可以听到战斗的隆隆炮声。根据上级指示，医院要马上转移，同志们劝白求恩早点离开。他说："毛主席说得好，共产党员无论何时何地都不应把个人利益放在第一位，而应以个人利益服从于民族和人民的利益。我怎能先离开呢？"在帮助伤病员和工作人员分批转移之后，他才从容不迫地离开。在离村之前，村里召集了群众大会，白求恩镇定自若地在大会上讲话，愤怒声讨了日本法西斯的暴行，鼓舞群众把斗争进行到底！

白求恩在松岩口虽然只度过短短的一百多个昼夜，但是，他的动人事迹，他的革命精神和崇高品质，却永远铭记在人们的心上。白求恩同志在这里所做的一切，都生动表明他就是"一个高尚的人，一个纯粹的人，一个有道德的人，一个脱离了低级趣味的人，一个有益于人民的人"。

白求恩同志去世已经三十五周年了。他亲自创办的"模范病室"，虽然早被日寇毁坏，但是，由于当地人民群众的及时修复和保护，至今仍然屹立在五台山区的清水河畔。1974年，国家又拨专款进行了重修，白求恩当年亲手设置的手术室、医务室、消毒室、洗涤室和病房，经过反复的回忆、调查，都按原样恢复。曾经"目睹"白求恩模范事迹的病室门前的大松树，也作为"模范病室"旧址的组成部分采取了保护措施。同时，将无产阶级"文化大革命"时兴建的"白求恩纪念馆"做了修改，重点陈列白求恩在五台山地区的模范事迹。今年以来，各地人民群众和国际友人陆续前来参观、学习，受到生动的教育和鼓舞。今天，在全国人民认真学习马克思主义关于无产阶级专政理论，深入开展"反修""防修"的伟大斗争中，在欣欣向荣的社会主义建设事业中，白求恩的模范事迹和共产主义精神，必将更有力地激发人民的革命热情，鼓舞人们胜利前进！

让我们更好地学习白求恩，保持过去革命战争时期的那么一股劲，那么一股革命热情，那么一种拼命精神，把革命工作做到底。

# 白大夫和我们在一起的日子

张业胜　1983年5月26日

那是1939年7月1日，正是党的生日，白求恩大夫率领"东征医疗队"从冀中回到了冀西，住在正在筹建的军区卫生学校驻地神北村。那时我们刚调到卫校，听说白求恩来了，住在村东头一家姓郝的大院里，大家都争先恐后地去看他。虽然经过四个多月的战地医疗生活，但他精神矍铄，满面笑容，见到我们格外亲热，不等翻译介绍他就猜出我们是新来的学员。他详细询问了大家的年龄、文化程度，从哪个军分区调来的，原来干什么工作，对学医是否感兴趣，等等，同学们都一一作了回答，他感到很满意，高兴地笑了起来。他鼓励大家说："学医是为了救治抗战而光荣负伤的战士，是一项崇高的任务。你们要努力学习，争取成为一名技术优良的医务工作者。"稍稍停了一下，他又满怀信心地对大家说："你们的校长和教员都是技术高明的合格医生，有他们教课，一定能办成一所很好的医科学校。"大家听了他的鼓励更加坚定了学好医学的信心。自从那天见面之后，我们就经常和白求恩生活在一起，亲自聆听他的教诲，至今记忆犹新。

## 白求恩和我们共同参加抗洪

每当看到白求恩在唐河里游泳之后，在岸边晒太阳和光着膀子在神北村边的打谷场上打字的照片，就回想起了白求恩和卫生学校在神北村共同生活的那段情景。

1939年5、6月间，江一真同志根据军区的决定，开始进行卫生学校的筹建工作，接着殷希彭、陈淇园、张录增等老师先后调到学校任教。学员也从各分区陆续到神北报到。先来的同学忙着做开学的各种准备，修筑道路，刻写教材，整理标本，打扫课堂。白求恩十分关心学校的筹建工作，他早在6月20日就拟定了卫校的教学方针，从冀中回来后，积极出谋划策参加筹建。

白求恩和我们在神北住了近一个月。他有时和同学们一起在唐河里游泳，早上和同学们一起爬青虚山锻炼身体。在那炎热的夏天，他为了尽快写出《游击战争中师野战医院的组织和技术》一书，经常是汗流浃背，不停地工作，并为这本书亲自绘制了119幅插图。他在这里还向军区写了四个月的工作报告，向卫生部写了关于改进卫生部门工作的建议。他那丰富的科学知识和从不满足过去、不停顿地工作思考的进取精神，深深地感染着同学们，大家对他的科学作风和革命精神没有不佩服的。

1939年是华北地区历史上降雨量最大的一年。从7月中旬开始连续降雨，唐河水位猛烈上涨，暴雨成灾。唐河沿岸的树木、房屋和牲畜被大量冲走，有些小村庄连房带人全被吞没在洪流之中。唐河两岸的四十八块良滩也被洪水淹没。神北的群众冒着倾盆大雨日夜轮流在村边巡逻，观察水情。忽然河水冲进了村庄，几家老乡的屋内进了水。学校立即动员全体师生帮助老乡抢救。其他村有些遭受水灾无家可归的难民来到神北，学校也克服困难为他们安排生活。

白求恩看到天灾给人民带来了灾难，心急如焚，他时而走到河边看看水位上涨的情况，时而跑到老乡家里检查是否还有未脱险的老弱病残。他看到唐河漂下来的东西，便想下水抢救，同志们把他拦住了，大家关心地劝阻说："你不能下去，这里的洪水流急浪大，滚石泥沙俱下，再好的水性也会被洪峰吞没的，绝不能去冒险。"他才只好作罢。十多天以后，雨才渐渐停了下来。

神北村位于唐河东岸，距离完县、唐县敌人据点较近，敌人一旦发动进攻，我们就会处于背水作战的不利地位。为防止敌人突然袭击，上级决定我们渡河转移到西岸比较安全的地区。雨停之后，唐河水位渐渐下降，学校开始搬家。唐河没有渡船，我们就用大筐箩绑在梯子上当载运工具，一趟一趟地把物资送过去。同学们结成十人一排，会水的带着不会水的手挽手渡河。白大夫的水性很好，能用多种姿势泅渡，尤其善于侧泳。主动帮助不会游泳的女同志渡河，还给同志们讲他幼年时候，怎样在家乡格雷文赫斯特附近的马斯科卡湖里学习游泳，怎样在英海军"飞马号"军舰上任军医时爱上了海洋。当我们问他："您经过这样的大水吗？"他摇摇头说："在加拿大很少遇到。"的确，连上了年纪的当地老乡都说这场洪水是百年不遇的天灾。

### 为师生表演野战手术队的展开

学校过河之后住在唐县史家佐村，准备在这里休整数日。史家佐村是神北一带通往军城的要道。村里有一座天主教堂，还住有三分区一部分伤病员。白大夫在神北刚刚完成了《游击战争中师野战医院的组织和技术》一书的写作。当他得知我们要在这儿休整几天的时候，就打算根据书的内容给我们进行一次示范性教学。我们虽然还未开课，但大部分同学来自卫生工作岗位，都有了一些初步的医学知识，听说白大夫给我们上课，个个都觉得机会难得。大家听说他治学严谨，一丝不苟，对学习要求严格，如果精力不集中，就会受到严厉批评。所以同学们个个都抱着严肃认真的态度等待这一天的到来。

在一个晴朗的上午，白大夫的器械护士同志，把医疗队的全部器材，包括他创制的"卢沟桥"药驮，搬进教堂宽敞的大厅里。示教分三步进行，第一步是手术室展开。在那间宽大明亮的房间里，工作进行得很有秩序，从搬走室内的东西，清扫灰尘，裱糊窗户，准备水缸，打开"卢沟桥"药驮，按程序有条不紊地进行着，用了半个多小时就将野战手术室布置起来了。室内布局如手术台、换药台、药品器械准备台、洗手处、担架停放处等都有固定位置。器材物品有一定规格的标准，如手术围裙九条，洗手盆三个，肥皂两块，各种药品器材也都有标准。室内每个人都有一定位置，如麻醉师、司药、登记文书、器械护士、助手术者都在自己的位置上，不能任意走动。这些都给我们留下了很深刻的印象。第二步是表演伤员进入手术室的程序。伤员必须从一个门进来从另一个门出去。从病人搬运，打开绷带，检查伤口，换药包扎，整个过程井井有条。第三步是手术的撤收，把全部东西有条不紊地收拣起来装入固定的箱内。整整一个上午，白大夫一面给同学们示范，一面指挥手术室工作人员动作。盛暑天气，潮湿闷热，他不顾炎热，不厌其说地进行讲解，对工作的程序、医护人员的动作、时间的要求、医疗器材的使用和创新等都讲得十分透彻。一次示范胜过十次课堂教学。

第二天，白大夫亲自为一名下肢陈旧性骨折病人进行手术，江一真校长做他的助手。这是专门为同学们见习的一次手术。从手术准备、洗手消毒、穿手术衣、戴手套、创面消毒、铺手术巾、麻醉、开刀，一步一步地做起，甚至对怎样持刀、怎样止血、结扎、缝合，样样都讲得具体易懂。白大夫熟练的基本技术，认真负责的态度，使我们留下难忘的印象。看了他的示范表演，使我们对他常说的"上药、动手术、给病人洗澡，第一件工作都有正确的和错误的两种做法，正确的做法叫作好的技术，不正确的做法叫作不好的技术，你们必须学会好的技术"这句话进一步加深了理解。

### 参加卫生学校开学典礼

我们在史家佐村住了几天,就搬到离军区司令部十多里的牛眼沟村。牛眼沟是个绿树成荫的偏僻山村,满山遍野都是枣树、杏树和柿子树。秋天到来,鲜红的枣子,橙黄的柿子,点缀着每条小沟,格外美丽,优美的环境为我们创造了良好的学习条件。到达牛眼沟之后,军区又先后从抗大、联大调一批男女同学到卫校学医,编成了一个军医班和一个调剂班。军医班学制定为专科两个月,本科一年。

这时,白求恩因为脚气感染,聂司令员留他在司令部休养。他虽然不能走动了,但还在惦记着办校的事情,他忙着叫郎林同志将他的著作译成中文,准备作为教学的参考资料。他还深谋远虑地筹划着学校的长远建设,在他给军区写的工作月汇报中提到,他决定暂时离开边区到延安转赴美国,设法购买药品器材,为学校募集教育基金。白大夫把心完全扑在为我军培养卫生干部上了,他把自己和学校紧密地联系在一起。有一次,学校篮球队到军区司令部赛球,他的脚还未好,闻讯后就拄着拐杖赶到球场为同学们加油助兴。学校决定9月18日举行开学典礼。牛眼沟空前热闹起来,全校动员,把街道打扫得一干二净,全村焕然一新。白求恩提前几天就来到学校,把他从加拿大带来的一台显微镜、一台X光机和一部分内外科书籍捐赠给了学校。他和老师们详细交换意见,研究教学计划和教学方法,向学校扩大招生,吸收抗大、联大毕业的女同志参加卫生工作。他对新医生怎样训练,在职医生怎样培养提高都提出了具体意见,并介绍了自己的治学方法,为卫生学校的建设提供了十分宝贵的经验。

开学那天,白求恩兴高采烈地和军区首长一起参加了大会。在军区首长致辞以后,白求恩发表了热情洋溢的讲话。他非常兴奋地说:我来边区不久,聂司令员就与我商量办一所卫生学校,培养卫生技术人才,今天实现了。这不但是今天反法西斯战争的需要,而且是将来为建设新中国的迫切需要。今天有抗大、联大的同学加入了这个光荣队伍,我祝贺你们。这座学校虽然还存在许多困难，如缺乏必要的书籍和教学仪器，但我们以后会有的，一定会有的。目前边区有二十多万军队，有两千多伤病员住在医院里，我们必须尽快培养大批合格医生为他们服务。今天我祝贺这所学校的诞生，希望你们努力学习。他的讲话受到全校师生暴风雨般的鼓掌欢迎。夜幕降临的时候，抗敌剧社为卫校演出了曹禺的著名话剧《雷雨》表示祝贺。

**向白求恩学习，做白求恩的学生**

白求恩离开卫生学校，回到了花盆村军区卫生部。他倡议在他回加拿大之前，组织"军区卫生巡视团"到各分区后方医院视察工作。9月25日巡视团开始视察工作。不久，敌人对北岳山区发动大规模"冬季扫荡"，白求恩决定推迟回加拿大的行期，率医疗队赴前线，参加摩天岭战斗的救治工作。万万没有想到，当中国人民最需要他的时候，他却于11月12日在黄石口村逝世。消息传到学校，全校师生悲痛万分。由于敌人的"扫荡"，学校离开牛眼沟，转移到于家寨村。11月17日，白求恩遗体被护送到于家寨，安放于村头广场上。他安详地睡在一副担架上，周围放着用松枝编制的花圈。遗体上面覆盖着跟了他数年的那条鸭绒被，凹陷脱水的眼窝，长久未修理的胡须，憔悴发黑的面容，和两个月前看到他时的情景已经完全不一样了。傍晚的时候，聂司令员、叶青山部长等军区和卫生部的首长赶来向白求恩遗体告别。江校长和俞政委率领全校师生排成了长长的队列，低着头默默地围绕白求恩遗体走了一周，恭敬地向他致最后一次敬礼。有的女同学不时地抽泣，有的哭出了声音，泪水湿润了每个人的眼睛。有两名摄影记者，拍下了这哀痛的场面。首长们没有讲话，沉浸于哀痛之中。太阳西下时，敌机不断在天空盘旋，四周也不断传来炮声。白求恩的遗体临时安葬以后，部队和学校连夜转移到其他地区。

连续几天，不论是在行军路上还是宿在驻地，白求恩的遗容总是在人们的脑海里回旋。生前他十分关心学校的成长，曾经表示死后要把遗体献给医学教育事业，这是多么伟大的思想啊！师生们久久地沉浸在悲痛之中。大家纷纷表示，要永远以白求恩为榜样，做白求恩式的医务工作者。同志们编写歌曲来怀念这位伟大的国际主义者："白求恩的学生歌唱白求恩，学习白求恩。白求恩为我们踏出了工作的道路，白求恩为我们做出了工作的榜样。白求恩把希望交给了我们。白求恩的学生，踏着白求恩的道路，永远前进。"

（注：本文原刊1983年5月26日《白求恩医科大学校史资料选》，第6期。作者系晋察军区卫生学校第二期学员，曾任解放军白求恩国际和平医院副院长、北京军区总医院副院长。）

# 深刻印象中的最后七天

潘凡

五日

这里只落下我们两个。

他精确地读着面前的书。

我看那根染毒的指头，比平时要大两倍，深深地抽了一口气。

"不要担心。"他安慰我，"只留下两个指头，我还可以照样工作。"

晚上他用一盆高浓度的食盐水浸泡那双肿胀的手，没有开刀。

六日

早晨天气很冷。

他早已起来了，穿着一件很单薄的睡衣，窗子大敞着，炕边烧着火炉，他自己给自己开刀，没有使麻醉药。

白天他没有出房子，读一部红面小说 *A Man's Stake* 里一个人的遭遇，看护员来探望几次，都笑着回去了。

晚饭后举行一个欢送会，他自愿来参加，在会上他发表了慷慨激昂的演说，用诚恳热情的话来勉励大家；看完了两个话剧。

七日（阴雨）

他临时改变了，一定要去前线，我再三劝解都没有效果。他信任着天空传来的炮声、枪声、嗡嗡的飞机声。

下午两点钟，天没有晴，雨仍然下着；我们医疗队和医院的主人告别。山路非常泥泞，没有骑牲口。

天黑了，我们辨别炮声的方向，爬过一大崇峻的山头，夜宿太平地，晚饭他吃得很少。

八日

道路太难走了。赶了七十里。翻过了大岭他十分疲倦，几乎从马上坠下来。

伤员一个一个下来，前方没有阵地救护队，他看见真难过，急得几乎哭出来。但是他自己是一个病人了，热到三十九度六，到王家庄（某团卫生队）他躺下了。

这里距火线还有十来里，电话打不通，他告诉通讯员通知各战斗单位，把伤员一齐转送这边来。

下午，房子里很冷，我叫小鬼生火，他躺在床上写日记，一整天没有起炕也没有饮食，那双染毒的胳膊又起了一个绿色脓疱，他的病加重了。

但是他命令医生，遇有头部或腹部受伤的必须抬给他看，就是他睡着了也要叫醒他。

夜晚，整整两个钟头，他跟我谈了一些卫生工作的问题，为着工作中的缺点，他对于不负责任的人加以严厉的批评。

十一点入睡。

九日

上午的精神忽然很好，愉快（准备到前线去）。下午我从前线回来，他的头又剧烈地痛起来，高热至四十度。内服发汗药，剧冷，颤抖，呕吐。

十日（极寒）

晨四点钟，敌人从五里外袭来。战斗兵团的首长赶来慰问他，劝他到后方安全休养。他躺在担架上，没有言语，担架在医疗队中间移动。机关枪打得很紧，敌我又开始轰炸，途中他几次呕吐。

赶至黄石口，是下午三点，他死也不许走，只得宿营。房子里生起了煤火，他仍然很冷，颤抖着，牙齿咯咯地响个不停。

夜深了，他一度晕厥过去，身体已到了最坏的程度。

十一日

这是我和他见面的最后一天了。这个活的跳动着奔波勤劳着的异国老人，我们加拿大的忠勇的伟大革命友人，从这天起，就结束了他未竟的事业。两个医生来看他，但是失去了挽救的时机。

早晨他写信给司令员和郎翻译官，告诉他最近生活工作的情形，他建议赶快组织手术队到前方来做阵地救护。

下午四点二十分，这个沉痛的时刻他开始很安详地写下了他最后的语言。他把"千百份的谢忱与感激送给司令员和我们所有的同志"。

八点钟（晚），他解下手上的夜明表，这是留给我的最后礼物。他用无限自慰的感情笑着说："努力吧！向着伟大的路，开启前面的事业！"

我沉闷得几乎停止了呼吸。满心的话要向他吐出，但始终都给一种无名的异感所压制了，似乎我不该再做一点声音。平时对他的那颗活泼的心仿佛飞跑了，而同时却又如千百个爆炸的心，在我胸中滚沸着。烛光暗淡地摇动着映上墙壁，我和他说出了最末一次的晚安……

第二天一早，那个光明的早晨，我们的白大夫，一个严正热情的异国朋友，便躺在安详的黎明中，用热爱的近乎凝固的眼睛和我们永别！

（注：作者为白求恩的翻译，本文原刊1940年2月《抗敌三日刊》，文中所指日期为1939年11月。）

# 追悼和学习白求恩

聂鹤亭

加美大夫白求恩同志自到晋察冀军区工作以来将近两年了，由于他在医术上的高超与政治上的优良国际主义者共产党员艰苦斗争的精神，勇敢积极负责的工作，在晋察冀军区创造了许多有历史意义的伟大贡献与成绩。

第一，他以勇敢积极艰苦负责的工作作风，模范地领导着所有卫生医务工作者全部努力工作着，在晋察冀军区整个卫生工作的进步与发展上获得了卓著的成绩。

第二，经他一手培养和训练了很多外科医生，使我们在屡次战斗中的骨折者的残废率大大地降低了。

第三，他创造了八路军卫生工作的新纪录，能在战斗的最前线施行手术和救护工作，使骨折重伤者能迅速痊愈，减轻了医院的长期负担。

第四，他以主观的努力，科学的方法，根据客观的需要，创造了八路军医院工作的许多新的制度与新的办法，克服了过去医院中一般的弱点，并大大减少了伤病者在医疗上的痛苦，因而每一个住院的伤病者都非常信仰与感谢白大夫。

第五，他在医务工作的理论与技术上，提高了一般医务工作者全部的医学知识与医学理论水平，并最后临死的时候还完成他最后一本著作《游击战争中医务治疗》。

第六，最令人感动和钦佩的也就是列宁所说的美国人的那种工作精神，尤其他是加美的一个兄弟党的同志。在这一点上他起了许多模范作用，自到晋察冀开始工作那天起直到临死的时候止，都是昼夜不停地工作着。他的最模范、最英勇、最艰苦、最负责的，一切为着兄弟党和为着中国抗战胜利，不惜一切牺牲的斗争精神，是值得每个中国人民特别是共产党员十分尊敬与努力学习的。

当追悼白求恩同志的时候，我们要接受他所留给我们许多隆重而宝贵的东西，并继续在我们边区以至于全中国发扬光大起来。

白求恩同志已经是十分可惜和不幸的，而且是无可奈何地因劳致疾而死了，毫无疑义的是我们极大的损失，我们只有以他所遗留给我们许多宝贵的科学知识求得工作的开展与斗争的胜利，以补救这个损失，这是我们每一个国际主义者布尔什维克党员同志以及全中国人民在追悼白大夫的时候所应该这样做，而且必须这样做的，这才是最实际的追悼我们的国际朋友白大夫，真正的追悼我们的兄弟党的同志白大夫。

（注：本文原刊1940年1月4日《抗敌三日刊》，作者当时为晋察冀军区参谋长。）

# 永远不灭的光辉

舒同

久闻边区军民所最敬爱的国际友人军区医药顾问白求恩大夫，在这次边区反对日寇"扫荡"激战剧烈的时候，在前线工作，竟因传染病重逝世！这杰出的加拿大布尔什维克国际主义者的死，无论对中国还是对全世界的革命运动都是很大的损失！

白求恩同志不仅是著名的医学家，而且是革命行动家。他以对无产阶级事业的无限忠诚与献身精神曾参加西班牙人民反对德意及其走卒佛朗哥的战争，他也因此参加了中国人民的抗战。

在军区十八个月的工作中，他充分地显现了一个共产主义者模范的精神。他为医疗工作废寝忘食，不知疲倦，他为救护伤员出入火线，往来奔波，他为救治重伤自己输血……总之，他一切没有不是为着中国人民解放的胜利，一切没有不是为着无产阶级革命的胜利，最后直至病倒担架，仍必亲临火线周围，指导阵地初步医疗，弥留之前仍然对以后工作做详细的建议。白求恩同志，这种高度的革命热情，这种严肃认真的工作态度，这种雷厉风行的工作作风，这是值得我们学习的。他对于军区卫生工作上许许多多宝贵的建议，需要我们很好地继承与发扬，这是我们的伟大国际战士永远不灭的光辉。

（注：原刊1940年1月4日《抗敌三日刊》，作者时任晋察冀军区政治部主任。）

# 白求恩同志的工作精神值得我们学习

唐延杰

白求恩同志在医疗工作中，虽然我没有与他在一块工作，但是我与他接近不少，同时了解他的工作情形还比较清楚，我感到白求恩同志的工作精神有几点值得学习：

一、工作有计划。如：对施手术的伤员，首先检查后就计划好哪几个今天施手术，哪个第一个施，哪个第二个施，某个伤员施手术须用一些什么器具，如何摆得顺手，一一计划好。因为有些助手无计划，时常惹他发脾气，还有按时的工作报告与工作经验总结，就是私人的事亦有计划。

二、工作负责任。他所做的工作，不拘时间早晚都要完成，尤其是遇着伤员，他即随时随地治疗，绝不任意推诿给他的助手去做，以图自己休息。

三、工作经常的紧张。他如果手术工作完毕后，即整理手术器具，再无事，则整理自己的服装（如钉纽扣、缝补衣服），或到休养员房子去看伤员等。

四、工作彻底。他做的工作如果没有做完，绝不因时间已到而停止，仍不马虎地彻底完成。

白求恩同志正由于有以上的特点，此次反"扫荡"开始时途中遇着重伤员，他即就近很匆忙地施手术，致将手指皮割破中毒，不幸得很，由中毒蔓延致牺牲了。

白求恩同志的牺牲，实是我们军区医疗工作上失去了一个最负责任的指导者，这是值得叹惜的，但是白求恩同志虽已死了，而他的工作精神是没有死的，我想，我们每个同志都应该学习他的这种伟大的工作精神。

（注：本文原刊1940年1月4日《抗敌三日刊》，作者当时为晋察冀军区副参谋长。）

# 哀悼白求恩大夫

朱良才

伟大的国际主义者白求恩大夫，我们的加拿大布尔什维克，在大战斗的时代里，竟不幸与我们永别了！这不仅是我们晋察冀军区的损失，亦且是中国抗战的损失；不仅是中国抗战的损失，亦且是全世界无产阶级革命的损失，这在我们边区是失掉了一位恳切真挚的同情友人。今天我们全边区的军队和人民尤其是伤员同志，来哀悼这伟大的为人类的正义与和平而献了生命的加拿大的老战友，当觉得如何沉痛！如何泣楚！我们要向加拿大的共产党和加拿大工人阶级的弟兄们以及所有加拿大的同情与赞助我们抗战的朋友致以深沉的敬意！

白大夫是在十一月十二日的清早逝世的。他在军区工作了十八个月，在这十八个月当中，他的勤劳的脚走遍了我们的"晋察冀"，他的技巧的手术医治了千百个伤病员，他的友爱的心安慰了每一个病患者。在工作当中他高度地发扬了国际主义的积极作风，十足地表现了布尔什维克的革命热情，只要是环境允许，他连一分钟都不肯浪费，每天至少要做十二小时的工作，有时连夜工作连日行路，有时废寝忘食坚持工作。由于过度的辛劳，半年来他的身体显得衰老了，但他的精神却更加焕发，他的工作却更加积极，他对工作忠实的和火热的责任心是每个同他在一起的同志都受着感动的。

在生活中他表现着艰苦的模范，用严肃的革命自尊心，摒除了一切散漫的松懈的习气，他每天朴素地生活着，他酷爱中国工人农民，凡要有机会他便亲热地和工人农民接近，随时关怀他们的生活、风俗、习惯与抗战情绪。

在学习上，他一点也不放松，无论工作怎样忙，他总要抽出时间来读书，在这炎热的夏季他给卫校讲完课，百忙中都不停止他的日记。

像这样的一个同志，像这样的一个为我们的自由献上一切，最后献上自己灵魂的老战友，像这样的一个为了人间真理而自愿牺牲一切，把自己的精力贡献于异国（指中国）的福利，而毫不顾惜的伟大的崇高的精神，他应当永远活在我们心里，做我们后死者指路的明灯。

同志们，白大夫虽然死了，他的不灭的灵魂却永远活着！他虽然休息了，他的那颗为革命而不息止的心却依然在跳动！我们要继承这伟大的国际友人的崇高意志。祖国解放万岁！人类的解放万岁！

（注：本文原刊1940年1月4日《抗敌三日刊》，作者当时为晋察冀军区政治部副主任。）

# 展开学习白大夫运动

钱信忠

去年野政罗主任向我们提出：要全体医务卫生人员学习白求恩同志，创造白大夫式的医生。一年来，我们是响应了这一号召，并获得了不少的进步，然而由于某些同志认识不够深刻，因而执行得不够普遍、不够彻底，使这个有丰富意义的号召，未能获得应有的成绩，不能令人满意。为此必须在全区掀起一个学习白大夫的运动，以白求恩同志的工作作风，为我们全体医务卫生人员的作风；以白求恩同志的工作方向，为我们全体医务卫生人员的工作方向。共同努力，个个练成白大夫式的医生、白大夫式的医务工作者。

## 学习白大夫的优良的作风与高贵的品质

白大夫具有着高贵的品质与作风，二者是紧密地联系着的，就其主要方面说，我们应该向白大夫学习的，有如下几点：

一、学习他关心爱护病人的态度。他说，我们的责任是使每个病人快乐，帮助他们恢复健康，增强力量。你必须看他们每一个人都是你的兄弟，你的父亲。因为就真理说，他们比兄弟父亲还要亲切些，他是你的同志。

在一切事情当中，要将他们放在最前头，倘若你不把他们看作重于自己，那么你不配从事卫生事业，实在说，也简直不配当八路军。白求恩同志不仅在医疗伤病员时忘记了吃饭和疲劳，直到把手术做完，病人痛苦解除后，才谈自己生活；而且他从各方面想法改进医院工作，关心到病人穿衣、饮食、睡觉的床铺，直到病人说舒适后为止。他提出了"医生要去找病人，不要病人找医生"，"病人叩门的时代已经过去了"，因此他一听到作战，就立即带了医疗队日夜地赶，并规定每小时要行十五里路，早一分钟早一秒钟遇到伤员，都是为伤员早点解除痛苦，挽救生命。现在我们的医生中有"一请两请不来""三催四催还发脾气"，能不惭愧！

二、学习他始终如一的忠于技术工作。白求恩同志政治上是高深的理论家与实践家，正因如此，他对革命的技术工作总是抱着精益求精的态度，一面工作，一面教育别人，一面研究，他始终忠实于技术工作，因此他能成为造诣宏深的世界名医。现在有一些医生对技术工作不感兴趣，认为没前途，不从政治上去认识技术在革命过程的重要性，显然是错误的。

三、学习他艰苦工作克服困难的精神。八路军的物质条件极端低劣的情况下，白求恩同志始终凭借他的艰苦工作克服一切困难，创造了最高等的技术工作，获得了惊人的伟大的成果，对我军的医疗技术与卫生工作都有极大的改进，尤其是晋察冀军区。今天还有人对病人的需要，总以物质缺乏为借口推诿，不在现有物质条件下，尽心尽力地改善或在许多问题上表示麻木和怠忽，不积极想办法，不肯深入地下去工作，从工作中去研究克服困难改进工作的办法。许多医生只知道用药疗病，不知道积极地治疗心病，更不想办法采用各种有效的理学疗法。比如解热药尽可不用，水治疗法远胜于它；注射应是资产阶级的怕死心理，适应中国人落后的心理，有所谓什么"赐保命"，其实真正有效的注射药也不过七八种；但是我们医生病人常喜欢鼓吹用它，不能不说是克服困难中的怪现象。

四、学习他耐心的教育工作。白求恩同志在实际工作中很快了解八路军技术的贫乏，积极提出创办学校和训练班的意见。他并不仗着自己卓越超人的技术,个人清高。他从没有"囤技术居奇",不教别人的恶习;相反地总是以布尔什维克阶级友爱的精神,把他的广博的学识与经验,苦口婆心地、毫不吝啬地灌注给每一个医务工作人员。由于他这样耐心的教育,文化水准很低的同志也能接受。除此以外,他同时进行严格的批评,他对于每一点医疗错误,即使是很小很小的也不肯轻易放过。因此他不但能够教育我们技术人员,而且还教育了我们整个工作人员,一直到看护员、照护员。他这种与实际联系起来的耐心教育工作,是值得我们每个负教育责任的同志虚心学习的。

五、学习他精密的组织工作,科学的统计工作。白求恩同志每到一个地方,首先深入地调查,深察工作中的缺陷,并加以研究,然后提出全盘性的改进计划,并且自己参加这一工作。这种工作中的组织性,使他能在很短时间内求得很大的工作成就。他的统计工作是非常切实的,且很有价值。像他统计的伤员手术后发热感染等,使人一目了然,并有极大的改进手术技术之价值,因为手头缺乏材料,不能一一例证。

六、学习白大夫,要纠正大医生的观点——官僚主义。白求恩同志是闻名世界的医学博士,然而他从没有大医生的架子,他对每一个病人关怀备至,体贴入微,即使一个很轻的伤员,也不轻易委托看护负责。对每个病人,必须首先作详细的了解,然后再决定治疗的办法,交给可靠的医生或看护去做。但是他还要一日数次去检查,他对病情不清楚的伤员,不轻易施术。回顾过去在我们领导干部及某些较好的医生中,却多多少少犯了大医生观点的错误;对于一般的创伤口较好一点的即推之于医助,再推之于看护。结果发生两种毛病——"大病看不了,小病不会看"。其实所谓小病小伤事实上并不小,至少就是极普遍最多数的病。现在我们可看到似病非病的大批充塞医院中,这就是医疗工作中大医生观点——官僚主义所一手造成的。近来还有个别同志毫不检查,毫无理论知识,轻易开刀而造成死亡、残废者!当此审判官僚主义作风之时,将同这种恶劣现象作无情的斗争。

七、学习他伟大的国际主义的精神。"白求恩同志毫不利己、专门利人的精神"（毛泽东语），他一切为着病人打算，为着他的阶级弟兄，为着全世界被压迫的人民服务，一直到牺牲自己的生命。他是一个外国人，他先帮助了西班牙的反法西斯战争，以后又远涉重洋到中国来，参加神圣的抗日战争。他把中国民族解放事业，当作自己的事业，极端积极地工作。他为解救一位重伤员的性命而努力，但在生命危险的时候，他还继续地工作，完成其著作。在逝世的前一刻，他知道他要死，毫不悲观，相反地很愉快地说："死在这里是很有价值的。"这种伟大的国际主义精神是多么感动人啊！这种为真理而奋斗、视死如归的精神，给一些贪生怕死的、不去前线做救护工作的人们，以最无情的耻笑！

白求恩同志的伟大与好的地方，我们是永远学习不尽的。我们要以最大的努力，以自我批评的精神，互相砥砺，无论在哪一方面，要向白求恩学习。这是活的榜样，我们坚决要向他学习对工作认真、对病员关怀以及伟大的国际主义的精神。

## 学习白大夫要认真提高技术，克服我们医疗工作中的错误

一、严格指出医疗错误的严重性，应该知道，无论在医院中还是在战场上的错误，都是削弱抗战力量的。其严重性：如大则造成不应残废而残废，不应死亡而死亡，小则伤病者，迟延不愈，长期呻吟病褥备受痛苦。若以消耗之人力、物力、财力来计算，则数目之大，十分惊人。单以财力来讲，普通一个内科或外科病人，住院一天医药费用，至少四五毛钱。如此一个人迁延若干日，即若干四五毛，设若以数千伤病员来计算，这个数目当以数十万计。然而医疗错误在医院中、部队中、战场上还继续地发生，并且十分严重，如医疗不慎致死的，残废的，中毒要了命的；还表现在开药方、打针、配药方面以及其他方面，等等。当此精兵简政之际，在卫生部门中负责同志及全体同志，应以高度的政治责任心深刻认识医疗错误的

严重性，向这些恶劣的现象作无情的斗争，完成节省人力、物力、财力的节流任务，是迫切的要求。

二、目前医疗工作中的错误主要表现在下列两个方面：

1. 医疗中不负责的现象，即放任自流、机械的工作作风。病者入院不能即时受诊，转院无人护送，重者跌死在便盆之旁，问病发药，或不问病发药，腹水诊为气管炎（因其呼吸促迫），脾脏肿大诊为肠胃病，肋骨骨折诊为肺痨，内科当外科治，每日给予处方，伤员出血不急忙抢救，知病人而若未知，病人仰卧街心若无所见者等，这虽不是普遍现象，但个别的也够严重了。此外，借口药品困难，物质条件差，以掩盖主观错误，一切推之客观，把"困难"二字作为放任工作随波逐流贪懒苟安的护身符者有之；对诊断不明者不加研究，对治疗无效者不想办法，对消毒不严者随便放过，等等有之。以上这些都是放任自流的具体表现。至若治疗上的机械守旧一成不变，对一切疾病用几种死公式，生硬地求其解决的现象也属不少，其结果是治疗无效，病毒难除，药物枉费。以医院工作为例，通常医生每日跑一次病房，即百事大吉，其实治疗实际要求不是简单一看，开一处方能代替得了的，有的病非三番五次，花费整天时间不可，有的病当然较简单，照例地平均地走一趟公式主义的诊病，平均使用时间，显然是徒劳无益的。医生的工作是最科学的、最具体的、最细致的，因他工作的对象是一个有机的病员，病类千百种，各有轻重程度之别，又因个体处境而异，工作之错综复杂，责任之繁重，动辄生命攸关。机械的简单的工作作风，只能造成医疗错误与科学落后，若不改正，必使革命同志更多损害，革命队伍里决难容其继续下去的。

2. 医疗工作中的粗枝大叶，自以为是，形式主义，简单了事。我们知道病的治愈，医疗当占重要的地位，然不顾其他条件，不管病者实况，也未见得就能治好，必须细心研究病的对象，分析病的发展变化，估计实际情况，在进行治疗时注重各种辅助的条件配合，促长其自然能力，始能获良好转机。与此相反，目前在我们医生中往往是：诊断不清，妄冠以病名；

皂白未分，随便开给处方；不管病人来历体质不同，不管其他合并症有无，不管病变时机，不管危险转换点，照例地开一药方，所谓试试看。至于诊疗步骤，治疗方法大意潦草，超过极量，颠倒用药，一个处方上药名满载。所谓经验良方，实际上化学拮抗，药效对消，毫无实用，爱表面，图形式，莫过解剖部位。于是，在外科上以开刀美其名，施手术事先不研究组织构造，熟悉解剖部位，预定手术经过与目的，结果随便开刀，破坏组织，流血过多，因而残废，以致殒命者有之。幸而治愈不知因何而愈，一旦牺牲，不知因何而死，在医生的刀子下，不能说没有冤死鬼啊！当然，医生处置疾病，很难毫无过失，但事先的充分准备，详细考察实际，参阅必要书籍，作为手术根据，我想是必要的。医生的简单化，司药看护的错误更所难免：配错药，打坏针，不消毒，不细心，不耐烦，不体贴病人，以纯石碳酸洗眼，注射氯化钙用奴夫卡因（麻药），因此中毒，因此心脏麻痹致死，这还不够严重吗？如此类似的事情，不胜枚举。只是在各处的表现，有小的，有大的，有严重的，有不严重的，有已暴露的，有尚隐匿的差别而已。由于上述的种种错误，致使我们的药品大量消耗了，人也累坏了，然终不能收到预期的效果，甚而遭致增加残废、增加死亡率的严重恶果。我们应该虚心检讨，彻底揭发上述错误，那种我们这里没有什么，自以为美！要知道一桩严重的事情发生，绝非偶然的，它必然以无数次小的因子作基础的。因此，某部发生医疗上严重的错误，即当然深入地检查，细心地研究，要有追根到底的精神，才能避免可能避免的缺点，踏上进步之道。

三、上述的错误是严重的，我们医疗的技术是很低劣的。产生这些的原因，除了工作中是政治责任心不够以外，主要的是由于主观主义在作祟，其具体表现形式为学习中的教条主义与工作中的狭隘的经验主义。前者死诵条文，后者以一次经验作为永久良方，因此理论与实际，不能以融会贯通，经验是狭隘的，理论是贫乏的，这给了提高技术有很大的阻力。一个完整的医生，既不是教条主义者，又不是经验主义者，他的经验应该以理论作根据，并在治病的过程中，不断增加新的理论，教条主义者的纸上谈兵，解决不了病者实际苦楚的。然而我们常常可以看见一个粗具普通技术的医生，就自傲自满，行动生活要求特殊，自作聪明，一知半解，满口名词，爱场面，不采纳别人意见，一味地独断专行，明明自己错了，还要卖弄经验，死套条文，这就是主观主义。就现在盛行的肺病来说，肺病常有的主要症状是咳嗽、吐痰、易疲劳，及其他伴随着的消化力差，头晕等，可是上述这些征象，很多疾病，也同样可以发生：单以咳嗽来说，喉头刺激，口干黏膜变化也可引起。反射性，如生殖器有变化，月经期、手淫、房事过度、肛门瘙痒，都可呈现咳嗽，只有内脏疾病时的神经性咳嗽，因较复杂，不必多赘；吐痰亦有痰量、痰质、痰色、痰的来源之分别；至于说疲劳、头晕等，那更有疾病有症状。可是教条主义者与狭隘的经验主义者，抓住一两主征，即下确定不移的诊断："肺病"，故此"肺病"之风甚积，加上落后意识的病者，以害肺病为光荣，互相凑合起来，弄得满城风雨，使病者心神不安；有的病人长期住院，病越住越多了。因消化不良，即胃病，因头痛失眠了一两次，即神经衰弱，因心脏不安，即心脏病等等差不多生理上所有的系统，似乎都有了病，越住越悲观，这该谁负责？当然问题是双方的，病者一方，这里不想多讲他；医生之职务所在，不能不追究。再试问，谁对医生负责呢？是教条主义与狭隘的经验主义。但目前技术不能提高的主要原因，还不是教条主义占主要地位，而是狭隘的经验主义占主要地位。举例来说吧：在卫生技术研究会上因为意见与原则的分歧，就他这个意见不对，他说我有一次治好了病，瞎争一气，全凭狭隘的经验，不以理论作根据，结论也难作，常使研究会无兴趣的不能继续，无结果地散去。今天技术上的守旧，不吸收新的血液，造成了互相诽谤，抬高自己，轻视别人，是狭隘的经验主义的具体表现。长此以往，不但提高技术无望，即医生个人前途亦若黯淡。这应该引经验主义者严加警惕！

四、为了克服医疗中的错误，认真提高技术，必须肃清主观主义恶劣作风，必须纠正教条主义与经验主义，特别对后者，必须集中力量向它开火。为此目的，今后须从正确的学习着手：

1. 必须确实掌握理论与实践一致的原则。理论指导实践，实践创造理论，医学理论就是临床的结晶。按目前情况，每个医生皆有数十个病人，这就是开辟理论的良好园地，把书本的理论与生动的病例融会起来，遇到的疑问，提到学习研究的日程上，能融会多少即多少，能贯通几条即几条。贪多嚼不烂等于食而不消化一样的乏味无益，点滴的学习作风与细心耐烦的临床实验是分不开的，抓住一个病即不放松地研究。譬如太行区的流行性感冒，病型很复杂而特别，除了呼吸、消化、神经之定型外，尚有疟疾型副伤寒型，前者于夏秋之间发生甚多，极易误诊为疟疾，所以根据地内，历来有很多特效土方，最见效的莫如胡椒八个，一个辣椒，八个杏仁，捣碎为末，顿服之使其发汗，即可治愈。以此为例，此土方治愈者，非真性疟疾，而是流行感冒。在白求恩的遗嘱上，也着重指出："许多同志，把感冒与疟疾混淆不清，要注意！"这种混淆，显然要临床实验来作佐证。据可靠经验，流行性感冒，一次大量发汗的顿挫疗法，效力最佳。当然，一个实例，只能是部分的经验，加之医学范围的广博，学理的深渊，显然需要长期地实践，长期地学习，始能收到提高技术之效果。一切急行，一步登天，一学就精的观念，只能造成厌倦临床工作，放松理论学习，必须及时克服。

2. 必须纠正不愿学习的现象与学习中的偏向。目前医学书籍极度贫乏，精神食粮供不应求，但不能作为不学习的借口，按本军医生质量来说，需要学的方面够多了，大多数还须文化知识的提高，与自然科学知识的学习。就是极其普遍的医疗技术，浅近的医学道理还须灌输。然而偏偏还有不愿学习的或好高骛远，讲义不愿读，说"油印书乱弹琴"，非什么不足阅。部分知识青年医生，不愿将医学原理，细心研究。而相反的所谓爱好文艺，弄笔杆，喜读小说，如果认真想弄笔杆的话，现在我们正缺少卫生医学作家呢！我并没有反对读文艺作品，但不把业余作为学习的主要内容甚而放弃业务学习显然是不对的。因此我希望大家多读些医学理论书，多在病者身上下些工夫，始能避免空的偏向。读书成名，本不是一件轻而易举的事，十年寒窗攻读了许多书，不会用，还是一个书呆子！医生如果成为"医呆子"，就是罪恶，这必给人类以极大的不幸与痛苦。因此革命医生必须知道：学习是长期的，工作是艰辛的，个人知识是有限的，学问是无穷的，科学是专门的，基础是广博的，偏向是有害的。要学习伟大的白大夫，孜孜不倦地学习与研究的精神，要把白大夫的造诣宏深的医术，作为我们学习的标准。只有在不断地学习中才能真正提高我们的技术。

（注：本文原刊1943年7月《卫生建设》，第2卷第4期。作者曾任八路军一二九师卫生部部长，后一二九师卫生部和八路军总部野战卫生部合并，仍称野战卫生部，1940年任部长，1942年兼政委。）

# 我们应向白求恩同志学习些什么

顾正钧

七年来，特别是"五一"反"扫荡"以后，我们冀中军区的医务工作者，基本上已在贯彻行动中响应了创造白求恩模范工作者的号召。几年中曾获得很大成绩，出现了许多如张哲一样的白求恩模范工作者。但这一工作还做得不够深入，为争取白求恩模范工作者而努力的浪潮，还不够高涨、不够普遍。

今年"五·一二"护士节时，我愿意把白求恩的革命优良品质及工作作风介绍给全军，并号召全体医务人员向白求恩学习，向军区的白求恩模范工作者张哲、吴炳须、李淑英、苏兰田等同志学习。

我们应该向白求恩学习什么呢？

一、学习他伟大的国际主义精神。白求恩同志毫不自私，他是个真正的利人主义者。他是加拿大人，曾参加西班牙反法西斯战争，又远涉重洋来参加我国民族解放斗争，不辞辛苦，昼夜奔驰在前线上，来挽救我们英勇负伤的战士。他不是单纯为着哪个国家或民族的，而是为着全世界被压迫的人民而服务的。他这样艰苦工作，直到他为挽救一个重伤员实行手术时中毒牺牲在晋察冀。这种精神是只有真正地为真理而奋斗的人才能具备的，他与今天有些贪生怕死，拈轻避重，不顾大局，苟且偷安的人们相比，是何等明显的对照啊！

二、学习他关怀伤病员的态度。他说，我们的责任是使病员快乐，帮助他们恢复健康，增强力量，你必须看他们每个人都是你的兄弟、你的父亲，因为就真理说他们比兄弟父亲还要亲切些，他是你的同志。在一切事情当中，要把他们放在最前头，倘若你不把他们看重于自己，那么不配从事卫生工作，实在说也不配当个八路军。这是白求恩的理论，也是白求恩同志的实际。他曾为医疗伤员忘记了吃饭和疲劳，直到把手术做完，病人痛苦解除后，才谈自己的生活。他关怀伤病员无微不至，直到把病人的穿衣、饮食、睡觉都弄得很周到，使伤员感到舒适为止。他主张，医生找病人，不要病人找医生，病人叩门的时代已经过去了。因此他听到作战，即奔赴火线，见到伤病员，即前往诊治，只想着要早一分早一秒来解除伤病员的痛苦。可是今天有些同志，被病人三催四叫，还不愿动，甚至还有的隔窗诊治，用手堵着鼻子，来问伤病员的好坏，有的简直对同志没有同情心。有的重伤员，肚子破了，肠子流出来了，医生还在那里发号施令，叫看护"换换药"，这与白求恩同志比较起来能不惭愧？！

三、学习他始终如一的忠实于本职工作。白求恩同志具有高深的政治理论与丰富的革命实践，正因如此，他对待技术工作也是要求精益求精的。他一面工作，一面研究，一面教人，对工作毫不厌倦，对困难永不灰心，始终为本职工作而苦干着。因此，他才称得起是世界的名医，有名的外科医学家。他绝不像今天我们一些医务人员那样，干了个三年两年的卫生工作，就说没有什么可学的了，自骄自大不求进步，不细心研究自己的技术。我们的同志都应当向白求恩学习，都要成为技术纯熟的革命医务职业家。

四、学习他艰苦的工作及勇于克服困难的精神和不断进取的创造性。他刚到边区时，深知我军的处境困难，所以他便以新的创造，来克服工作条件上的不足。他提倡了非药物疗法，创造了十五种外科器械。我们有些同志则不然，他们总说物质条件有困难啊！没有药品没有器械不能治病呀！因之他们便借口推脱责任，不想法创造新的，克服困难、改造工作的责任心是不够的。

五、学习他耐心的教育工作。他在实际工作中很快了解了我们医务技术贫乏，所以，他就亲自着手来创办学校与训练班，创办正规的医院和实习周。他不因个人技术"卓越超群"而清高。相反，他是以国际主义的布尔什维克的阶级友爱精神和广博的学识与经验，以"诲人不倦"苦口婆心的态度来教给我们每一个同志。

（注：本文原刊1945年7月《卫生建设》，第4卷第4期，作者时任冀中军区卫生部部长。）

# 第四部分

# 继承与弘扬白求恩精神，造就千百万白求恩式的医药卫生人才

《人民日报》社论　1979年11月12日

11月12日是白求恩同志逝世四十周年纪念日。我们以极其崇敬的心情，深切怀念这位伟大的杰出的国际主义战士和中国人民的忠实朋友。白求恩同志为了支援中国人民的抗日战争，率领由加拿大和美国友人组成的医疗队，远离祖国和亲人，来到我国进行战伤救护工作。在艰苦卓绝的反法西斯战争中，献出了宝贵的生命，为中国人民解放事业立下了不朽的功勋。

白求恩同志在我国工作和生活的时间不长，但是他却为我国人民留下了极为宝贵的精神财富。毛泽东同志在《纪念白求恩》的文章中，对他的高贵品德作了精辟的论述和概括。四十年来，他的伟大名字和光辉业绩，为广大群众到处传颂，家喻户晓，妇孺皆知。一个外国人，在世界人口最多的中国受到如此的真挚爱戴和尊敬，并世代相传下去，这表明白求恩同志的精神和事迹的确感动和教育了中国人民。

白求恩同志尤其是我国医务工作者学习和效法的光辉典范。不论在抗日战争、解放战争中，还是在建国后的年代里；无论在发展国内卫生事业，保护人民健康方面，还是在出国医疗队进行国际互助，支援友好国家方面，我国广大医药卫生工作者发扬白求恩精神，都作出了可贵的贡献。特别在

目前四化建设的征途中，我们要搞好医药卫生工作着重点的转移，要搞好医药卫生现代化建设，学习和发扬白求恩精神，培养造就千百万白求恩式的医学专家和各类人才，以适应时代的需要，为人民服务，为四化服务，就更具有它的现实意义。

我们要学习白求恩同志崇高的共产主义思想和忘我的牺牲精神。白求恩同志到达延安不久，便要求到抗日前线去工作。而一到达晋察冀，他便请求聂荣臻同志"要拿我当一挺机关枪使用"。为了使伤员及时得到治疗，减少在向后方转运途中可能造成的痛苦和死亡，他常常把手术台设在距离火线只有几里路远的地方，在激烈的枪炮声中，在敌机轰炸之下，无所畏惧，全神贯注，日夜不停地施行手术。他把全部心血倾注到医疗服务中去，从不知疲倦，从不顾及个人的安危。他曾说过，一个医生，一个护士，一个护理员的责任，"就是使我们的病人快乐，帮助他们恢复健康，恢复力量。你必须把每一个病人看作是你的兄弟，你的父亲，因为，实在说，他们比父兄还亲——他是你的同志"。他用高超的医术救治革命战士的伤病，同时以火一般的革命友爱温暖着战士们的心。我们要学习白求恩同志这种真正共产主义者的精神。

我们要学习白求恩同志对技术精益求精的精神。这一点，在今天搞四化建设中具有特别重要的意义。白求恩同志是医学专家，他的医术是很高明的，但是他从不满足自己已经取得的成就和已经达到的水平。他虚心学习，勇于实践，善于总结经验。在晋察冀工作不到两年的时间里，他从我国抗日战争的实际出发，研究改革医疗装备、寻找有效的治疗方法，力求提高战地救护的水平。他先后编写了二十多本医学科学书籍，发展了我八路军的医疗卫生技术。医药卫生工作是靠应用医学科学技术诊治疾病，控制疾病，改善卫生状况，提高人民健康水平的。人民需要高明的医生，我们更应当力求以精湛的医学科学技术服务于人民。如果说，白求恩同志抗战初期就看到为八路军培训医务人员是"至为迫切的任务"，那么今天，培养大批医学科学人才，提高医药卫生队伍的技术水平，就更成了医药卫生现代化需要迫切解决的一个关键性的问题。我们各级医药卫生部门都应积极创造条件，采取有效措施，把这项工作当作大事抓紧抓好。所有医药卫生工作者都应当以白求恩同志为榜样，集中精力，学习和掌握现代化医学科学技术，成为本专业具有真才实学的行家和能手。

我们还要学习白求恩同志严谨的科学态度和艰苦奋斗的作风。我们的医药卫生事业必须有一个大的发展，以适应四化的需要，但也必须看到，当前我们的医药卫生事业建设只能随着国民经济的发展有计划地安排。要立足于现有基础，进行整顿和建设。要发掘潜力，因陋就简，做必要的填平补齐工作；要加强科学管理，执行勤俭办事的原则；要加强经济管理，增产节约，杜绝浪费，充分发挥各类医药卫生机构的效能。

实现四个现代化是全中国人民压倒一切的政治任务。我们的任务是光荣的，也是艰巨的。在实现这一伟大历史任务的进程中，我们卫生战线一定要进一步开展学习白求恩同志的活动，调动一切积极因素，团结一致，同心同德，为培养造就千百万白求恩式的医药卫生人才，搞好医药卫生现代化建设，为建设现代化的社会主义强国作出积极的贡献。

（注：本文系 1979 年 11 月 12 日《人民日报》社论。）

# 继承和发扬白求恩精神

《健康报》评论员　1994年12月21日

今天是毛泽东同志发表《纪念白求恩》这篇光辉著作五十五周年。在毛泽东同志诞辰一百周年前夕，本报刊登这篇文章，目的是希望卫生战线的同志重温毛泽东同志倡导的白求恩精神，更好地继承和弘扬白求恩精神，认真做好医疗服务工作，进一步推动卫生改革的深入发展，以学习白求恩的实际行动来纪念毛泽东同志诞辰一百周年。

白求恩同志虽然已经离开我们半个多世纪了，但他以鲜血和生命写就的"白求恩精神"，并未因历史的尘封而湮没无闻；白求恩的那种毫不利己专门利人的崇高境界和对工作极端负责任、对人民极端热忱的高尚品质，在中国人民特别是广大医务工作者中间已形成一种风范、一种楷模、一种准则和一种传统。在白求恩精神的熏陶和激励下，我国一代又一代医务人员，无论是在战争年代，还是在和平建设时期，都为着抢救人民生命和保护人民健康而奋斗在救死扶伤的岗位上，涌现出了一批批白求恩式的好医生好护士。但是，近年来，由于受到社会上"拜金主义"的影响，医疗卫生战线也出现了一些不尽人意的地方。比如，有的医院忽视了基本医疗质量，重经济收入轻社会效益；有些地方还存在着乱收费、开大处方等现象，一些医护人员对病人态度生硬、冷漠，工作不负责任，医德医风滑坡，甚至少数医院、少数医务人员还以医谋私，收红包、拿回扣。医德医风问题成了社会的热点之一。这种不正之风引起群众不满，也影响了社会对医疗改革的接受程度。问题虽发生在少数人身上，但其影响恶劣，既玷污了医务人员的整体形象，又严重损害了党和政府的威信。由此可见，在当前新的历史时期，我们更需要白求恩精神，而且应旗帜鲜明地向广大医务人员宣传白求恩精神，号召学习白求恩，并以白求恩为榜样做好本职工作，恪守职业道德规范，坚决纠正不正之风，使群众放心，社会满意。

医疗卫生也是个特殊行业，它的服务对象主要是遭受病痛折磨的病人，医务人员的责任心、服务态度、技术素质的状况直接关系到病人的生命安危，因此救死扶伤就是医疗卫生部门的"天职"。要教育广大医务人员首先必须树立一切以病人利益为重的观念，增强责任感，提高医疗质量，全心全意为病人服好务。白求恩1938年在晋察冀军区模范医院开幕典礼上曾对医务人员的责任说过这样一段话，十分深刻，他说："一个医生，一个护士，一个护理员的责任是什么？只有一个责任，就是使我们的病人快乐，帮助他们恢复健康，恢复力量。你必须把每一个病人看作是你的兄弟，你的父亲，因为，实在说，他们比父兄还亲——他是你的同志。在一切的事情当中，要把他们放在最前头。倘若你不把他看得重于自己，那么你就不配在卫生部门工作，其实，也简直就不配在八路军里工作。"白求恩对病人至上的感情是何等的深厚啊。我们要学习他这种精神并且使这种精神在今后工作中永远发扬光大，愿我们广大医务人员像邓小平同志要求的那样："做白求恩式的革命者，做白求恩式的科学家。"

（注：本文系1994年12月21日《健康报》评论员文章。）

# 大力弘扬白求恩精神　阔步迈向21世纪

## 在全国第四届白求恩精神研讨会上的报告

刘明璞　1998年7月26日

　　全国第四届白求恩精神研讨会今天开幕了，非常欢迎并感谢各位领导、各位专家教授、各位同志前来参加本次研讨会。

　　全国第四届白求恩精神研讨会是在党的十五大胜利召开，以江泽民同志为核心的新一届中央领导集体明确提出"高举邓小平理论伟大旗帜，把建设有中国特色社会主义事业全面推向21世纪"的宏伟目标和行动纲领的形势下召开的；是在九届人大一次会议胜利召开，跨世纪的新一届政府成立，明确了本届政府"一个确保、三个到位、五项改革"的工作任务，并将科教兴国列为"本届政府最大任务"的形势下召开的；是在白求恩同志逝世六十周年和毛主席《纪念白求恩》发表六十周年前夕召开的；也是在世纪之交召开的最后一次白求恩精神研讨会。这次研讨会是为了宣传学习白求恩式人物的先进事迹，总结交流研究和弘扬白求恩精神的有益经验，确定如何在新形势下联系实际贯彻十五大精神和科教兴国战略，大力弘扬白求恩精神，推动社会主义精神文明建设的目标。因此，本次会议是我们紧跟时代发展步伐、总结过去、规划未来的一次重要会议，它具有重大的现实意义，也将产生深远的历史影响。

　　这次会议在白求恩医科大学召开，也有着不同寻常的特殊意义。白求恩医科大学是为了纪念白求恩在全国唯一的一所以白求恩名字命名的医科大学，也是白求恩精神的重要发源地之一。为了开好这次会议，白求恩医科大学已在本校范围内先行举办了白求恩精神研讨会，在全校师生中开展了深入学习白求恩精神的活动，取得了良好的效果，为这次会议的召开奠定了基础，营造了一个良好的氛围。为了开好这次研讨会，白求恩医科大学作了精心的准备。他们在组稿、审稿、汇印论文集、布置会场、准备现场、安排食宿等方面做了大量的组织工作，付出了辛勤的劳动。在此，我们向白求恩医科大学的领导和全校同志表示衷心的感谢。

这次研讨会共收到来自全国二十六个省市及军队卫生系统的论文五百零六篇，从中评选出优秀论文三十七篇。无论从参加研讨会的单位、人数，还是论文的数量、质量以及论文的深度和广度上看，都是历届研讨会最多、最好的一次，这充分表明了白求恩精神有着广泛的群众基础和强大的生命力，越来越多的人致力于学习和弘扬白求恩精神。我们感谢那些为弘扬白求恩精神而勤奋耕耘、默默奉献的人们，感谢论文作者付出的辛勤劳动，同时也感谢三九企业集团等单位对本次会议的宝贵支持。

同志们，我们党的三代领导人对继承和弘扬白求恩精神都非常重视，先后做了精辟的论述和明确的指示。毛泽东同志在《纪念白求恩》一文中，号召学习白求恩同志的国际主义精神和毫不利己、专门利人的无私奉献精神，学习他对技术精益求精的精神；邓小平同志号召"做白求恩式的革命者，做白求恩式的科学家"；进入90年代，江泽民同志号召全党、全军、全国人民在新时期重学《纪念白求恩》，做白求恩式的五种人，把弘扬白求恩精神推向新的高度。现在，白求恩精神已成为卫生界的一种风范、一种楷模、一种准则、一种传统和一种追求。广大医务工作者立足本职岗位，无私奉献，默默耕耘，使学习和弘扬白求恩精神的活动不断发展、升华。白求恩精神的旗帜经历六十载依然高高飘扬，充分显示了这一精神的强大震撼力和长久魅力。

在学习和弘扬白求恩精神的活动中涌现出一大批白求恩式的先进人物，

如石家庄白求恩国际和平医院的石磊，山西省长治市人民医院的赵雪芳，北京天坛医院的王忠诚，北京军区总医院的孙茂芳，吉林省梅河口市中医院的鄢亚琴等。他们的共同特点是在各自的岗位上默默耕耘，无私奉献，努力学习，注重实践；对工作兢兢业业，尽职尽责；对病人胜似亲人，无微不至；对技术精益求精，不断探索。他们的感人事迹正是白求恩精神的真实写照，他们是一面旗帜，它激励着各行各业的人们立足本职岗位，以高度的事业心和责任感，以良好的精神状态和饱满的政治热情，投入到全心全意为人民服务的工作中去。

社会主义市场经济的建立，科教兴国战略的实施，社会主义初级阶段理论的提出和《执业医师法》的审议通过，为弘扬和实践白求恩精神提供了新的机遇，使其获得了深远的永恒的发展空间。

实施科教兴国战略，是为了提高全民族的科学文化素质和自主创新能力，是为了迎接知识经济的到来，是为了在世界高技术领域占有一席之地。科学家们预言，21世纪将是生命科学世纪，要想在高技术领域特别是在生命科学领域在世界占有一席之地，就需要大力弘扬爱国主义精神、求实创新精神、拼搏奉献精神和团结协作精神，这四种精神是我国数代科技工作者崇高品质的结晶，也是科技事业繁荣发展的重要保证。以无私奉献、爱岗敬业和对技术精益求精为主题的白求恩精神，为科教兴国战略的实施注入了生机和活力。

社会主义市场经济的形成和发展，使我国社会生活发生了深刻的变化，人们的思想行为和道德观念也在发生变化。在金钱至上、物欲横流面前，对每个人都是严峻的考验。如何对待贫困和财富，从来就是对人们人格的试金石。在这种情况下，就更需要用白求恩精神陶冶我们的情操，净化我们的灵魂，指导我们的人生。

党中央正确地分析了我国的国情，做出了我国将长期处于社会主义初级阶段的科学论断，这使我们对我国的基本国情有了一个清醒的认识。面对社会主义初级阶段的现实，如何弘扬白求恩精神，就是要倡导顾全国家大局，体谅国家困难，发扬勤俭节约、艰苦奋斗的光荣传统，在为国家分忧解难中实现自己的人生价值。

全国九届人大常委会第三次会议审议通过了《执业医师法》，立法的宗旨是为了加强医师队伍的建设，提高医师的职业道德和业务素质，规范医师的执业行为，保障医师的合法权益，最终目的是为了保护人民健康。《执业医师法》明确规定，"医师应当具备良好的职业道德和医疗执业水平，发扬人道主义精神，履行防病治病、救死扶伤、保护人民健康的神圣职责"，同时还明确规定，"医师不得利用职务之便，索取、非法收受患者财物或者谋取其他不正当利益"，"对危急患者，医师应当采取紧急措施进行救治，不得拒绝急救处置"，这就为新时期弘扬白求恩精神提供了法律依据。

建设有中国特色的社会主义，必须着力提高全民族的思想道德素质和科学文化素质，在全社会形成共同理想和精神支柱。要深入持久地开展以为人民服务为核心、集体主义为原则的社会主义道德教育，引导广大医务工作者要有远大的理想，坚定的信念，执着的追求，养成良好的职业道德，树立正确的世界观、人生观和价值观。

同志们！让我们一起来学习白求恩、宣传白求恩、研究白求恩，继续挖掘这一蕴含着无穷力量的巨大的精神财富，形成永恒的道德规范。

新世纪向我们走来，让我们从现在做起，立足本职、忠于职守、勤奋进取、竭诚奉献，以饱满的政治热情和良好的精神状态，大力弘扬白求恩精神，阔步迈向21世纪。

白求恩精神永放光芒！

（注：作者为解放军总后勤部原副部长，时任中国白求恩精神研究会会长。）

# 领悟白求恩精神科学内涵　做白求恩精神传播实践者

## 在白求恩精神研究会成立大会上的讲话

秦银河　2014年1月11日

今天是一个重要而难忘的大喜日子，各位领导、嘉宾欢聚一堂，共同见证和热烈祝贺白求恩精神研究会的隆重成立。在这里，我谨代表中央军委委员、总后勤部赵克石部长、刘源政委，讲三句话，表达三层意思。

第一句是诚贺。一贺白求恩精神研究会在国家清理压减各类群众性学术团体的大背景下，得以保留并荣升为国家一级学会，这不仅是对白求恩精神发扬光大的重视和厚爱，也是对老会长李超林将军和这个团队既往工作的高度认可和最高褒奖。二贺袁永林将军新当选为白求恩精神研究会会长，相信在博学多识的袁会长领导下，学会定能传承发展、大展宏图。三贺各位常务副会长、常务理事的顺利当选，这么多医院管理界、科技界的精英加盟，学会一定会不断开拓新境界，迈上新台阶。

第二句是诚悟。白求恩是家喻户晓的国际共产主义战士，是医疗卫生战线的大家、名师和楷模，是广大医务工作者永远值得学习的榜样、标杆和典范。毛泽东同志在《纪念白求恩》一文中，对白求恩精神的精髓要义、普世价值、实践要求等作了精辟论述。新形势下学习弘扬白求恩精神，应在深刻领悟白求恩精神的实质内涵、核心要义上下功夫。我理解，白求恩精神的内涵是"五种精神"，就是毫不利己、专门利人的共产主义精神，救死扶伤的人道主义精神，服务世界的国际主义精神，"两个极端"的无私奉献精神，精益求精的科学求实精神。实质是树立"四个标杆"，就是坚定理想信念的标杆、高尚道德情操的标杆、精湛高超技术的标杆、爱岗敬业奉献的标杆。要义是具备"四个特性"，就是与社会主义核心价值体系的高度一致性，集思想观念、道德标准、行为规范于一体的高度先进性，对各行各业示范指导作用的高度普遍性，来自群众、服务人民的高度实践性。核心是"五个塑造"，就是塑造大公无私的共产主义精神，塑造高尚纯粹的公民道德素质标准，塑造求真务实的人生价值观，塑造崇善向好的社会正能量，塑造既有中国特色，又有普世价值和丰富内涵的先进文化载体。

第三句是诚愿。白求恩精神研究会的成立，不仅是平台和荣誉，更多的是责任和挑战。我诚恳祝愿研究会，要当好白求恩精神的宣传者，通过言传身教宣传，大众媒介宣传，纪念活动宣传和先进典型宣传，让白求恩精神家喻户晓、人人皆知；当好白求恩精神的捍卫者，用真实可信的史实史料来捍卫，用真学真信真用的示范行动来捍卫，用与时俱进的理论升华来捍卫，让白求恩精神价值永存、熠熠生辉；当好白求恩精神的开拓者，由医疗卫生领域向各行各业拓展，由思想范畴向行为标准拓展，由研讨交流向评估评价拓展，让白求恩精神历久弥新；当好白求恩精神的践行者，以组织开展社会公益和医疗扶贫服务活动践行全心全意为人民服务宗旨，以履行好救死扶伤天职践行职业道德规范，以良好的医风教风研风学风院风践行科学求实献身精神，以争创一流的工作标准践行精益求精行为准则，让白求恩精神成为动力源泉；当好白求恩精神的传播者，努力使白求恩精神走出学会、走向社会，走出学术、走向大众，走出国门、走向世界，让白求恩精神成为人类共同的财富。

总之，衷心祝愿研究会越办越好，真正成为白求恩精神薪火相传的带头人、继承人，成为白求恩精神研究创新的智囊团、思想库，成为组织健全、运转高效、成果丰硕、声誉良好的知名学术团体，为我国医疗卫生事业全面进步，实现中国梦、健康梦、强军梦作出应有贡献。

（注：作者时任解放军总后勤部副部长。）

# 努力做一个"大有利于人民的人"

许志功　2011年6月25日

在热烈庆祝中国共产党成立九十周年的日子里，总后卫生部和白求恩精神研究会在这里举办白求恩精神论坛，组织大家交流弘扬白求恩精神的创新做法和实践经验，这是一件非常有意义的事情。

会议的组织者要我说说白求恩精神的精神实质、科学内涵和弘扬白求恩精神的重大意义。其实对于这一点，毛主席早在七十二年前就在《纪念白求恩》一文中作了全面而深刻的阐述，对于我们来说，就是如何学习好《纪念白求恩》这篇重要文献。值得指出的是，《纪念白求恩》和《为人民服务》、《愚公移山》是有机联系着的。《为人民服务》讲的中心思想是我们这支队伍是全心全意为人民而工作而战斗的；《纪念白求恩》讲的中心思想是对工作要极端负责，对人民要极端热忱，对技术要精益求精；《愚公移山》讲的中心思想是下定决心、排除万难去争取胜利。这三篇文章，共同揭示的是共产党人应该具有的精神境界，应该具备的价值追求。这样的精神境界、价值追求表征着共产党人的世界观。我们应该从这样的高度来学习领悟白求恩精神。

毛主席在《纪念白求恩》一文中指出，为了帮助中国的抗战，白求恩同志受加拿大共产党和美国共产党的派遣，不远万里，来到中国。先是到了延安，后来到五台山工作，不幸以身殉职。一个外国人毫无利己的动机，把中国人民的解放事业当作他自己的事业。这是什么精神？这是国际主义精神，这是共产主义精神。每一个中国共产党员都要学习这种精神。在这里，毛主席非常明确地指出，白求恩精神，就是国际主义、共产主义精神，毫无自私自利之心的精神，也就是我们常说的全心全意为人民服务、艰苦奋斗、无私奉献的精神。这种精神由于我们党的倡导和毛主席《纪念白求恩》这篇著名文章的影响，已在中国共产党和中国人民中间形成为一种风范、一种楷模，成为中华民族之魂的一个重要组成部分。

白求恩精神表现于外，就是对工作极端负责，对同志对人民极端热忱，对技术精益求精。白求恩精神的内在实质是做一个纯粹的人，做一个大有利于人民的人，这是一个共产党人应该具备的世界观。这种世界观要求我们要有社会主义的伟大理想，要有人民群众的坚定立场，要有既唯物又辩证的科学思维，要有求真务实、真抓实干的革命精神。只有这样，才能成为一个纯粹的人，成为大有利于人民的人。

**白求恩精神的深刻内涵之一：社会主义的伟大理想**

一个品德高尚的人不一定成为大师，但是一个真正的大师、泰斗，必定是一个有很高人生境界、人文素养的人。这种人生境界、人文素养聚集到一点就是伟大的社会理想。白求恩之所以能创造出白求恩精神，成为医学界的大师、泰斗，成为人们学习的楷模，一个非常重要的原因就在于他有社会主义、共产主义的伟大理想。白求恩不仅是一个伟大的医生，更是一个伟大的社会活动家、卓越思想家，是社会主义、共产主义的坚定信仰者。他从医疗这个窗口看透了资本主义的整个社会，强调要拯救贫苦人民，使人民群众的疾病得到医治，首先必须改变充满剥削和压迫的社会制度。他说："我的理想是让全世界的人民都能过上没有侵略、没有压迫剥削，人人平等的好日子。"为着这个理想，他提出要实行社会化、公立化医疗，大声疾呼要把私利从医疗事业中清除出去；为着这个理想，他放弃了优裕的生活条件，率医疗队赶赴西班牙战地，为反法西斯的西班牙人民服务；为着这个理想，他穿过日军重重封锁，冒着枪林弹雨抵达延安，奔赴中国抗日前线；为着这个理想，他夜以继日地辗转各个阵地抢救伤员、为群众看病。

白求恩精神的深层底蕴是伟大的社会理想，我们学习弘扬白求恩精神，也必须树立和坚定伟大的社会理想。社会理想是指人们对未来社会的向往、追求，以及对理论的真实性和实践行为的正确性的确认，一旦形成，就会成为持久的活动动机，成为激励人的巨大力量。先进典型之所以成为时代的楷模，最根本的原因就在于他们具有坚定的理想信念并为之不懈奋斗。北京军区总医院的华益慰同志毕生热爱党、坚信党，始终把忠于党的事业、听从党的召唤作为最高的人生追求。在他的一生中，无论是抗震救灾、军事演习，还是野战救护、边防巡诊，凡有急难险重任务，他都冲在前、抢在先；年过七旬、身患绝症，他仍然心系官兵、服务人民，始终坚持战斗在临床第一线；从医五十六年，他始终坚守精神家园，恪守职业操守，手术数千例，没有收过患者一个"红包"。原因在哪里？伟大的社会理想！沈阳军区总医院的张新生同志，其父是国民党空军少将，南京解放前夕，张新生拒绝随父母赴台，留在了新中国。他说："我的名字虽然是父亲起的，但我觉得加入革命队伍，为人民谋幸福，才真正获得了新生。"在六十一年的从医生涯里，他用爱心、责任、正气，服务人民、奉献社会，被大家誉为"一身正气祛病除痛，两袖清风救死扶伤"的好军医。原因在哪里？伟大的社会理想！树立和坚持伟大的社会理想，在深化改革、扩大开放、发展社会主义市场经济的新形势下尤为重要。受拜金主义、享乐主义、利己主义等腐朽思想文化、生活方式的影响，在我们队伍中一些人以权谋私、以医谋私、收受"红包"、开单提成和医药购销领域商业贿赂等违法行为，既损害了病人群众的利益，也严重败坏了白衣天使的形象。这些人出问题，从深层次上讲，就是垮在了理想信念上。从这些人的教训中我们也可以深切地感受到，理想信念是多么的重要。今天，我们学习弘扬白求恩精神，首先就要树立崇高的社会主义、共产主义的理想信念。

## 白求恩精神的深刻内涵之二：人民群众的坚定立场

政治立场决定一个人想问题、做事情的基本出发点和落脚点。白求恩想问题、做事情的基本出发点和落脚点就是人民群众。在他看来，一个医生，一个护士，一个护理员的唯一责任，就是使我们的病人快乐，帮助他们恢复健康。白求恩常对他的同事们说，"必须把每一个病人看作是你的兄弟，你的父亲，因为，实在说，他们比父兄还亲——他是你的同志"。他还说，医生要有一颗雄狮的心，一双妇女的手。意思是说，医生必须胆大、敏捷、果断，但同时又要和蔼、仁慈，对人体贴。他总是要求他的学生，要好好学习技术，因为好的医疗技术可以减少病人的痛苦甚至死亡。他特别反对把医疗事业当作赚钱的买卖，批判资本主义的医疗事业是一种漫天要价的行业，说他们卖的是面包，却要人家付珠宝的价钱，这是不公道的，尤其是不利于广大劳苦大众的。白求恩是这么说的，也是这么做的。他总是以病人的利益为最大的利益，把全部心思都集中在抢救、治疗和护理伤病员上。为了抢救伤病员，他天天工作到深夜，甚至是昼夜不停地紧张战斗。白求恩对每一个伤病员都给予无微不至的关怀。他宁肯自己挨饿受累，也要尽量减轻伤病员的痛苦。他把布鞋拿给伤病员穿，自己穿草鞋，甚至打赤脚。当他发现天气凉了而伤病员还没有盖上棉被子的时候，就把自己的被子给重伤员盖。党中央给他的特别津贴，他全都转到医院给伤病员改善生活。从白求恩的言行中，我们可以深刻地体悟到，他是站在人民大众的立场上想问题、做事情的。

白求恩精神的深层底蕴是坚定的人民群众的政治立场，我们学习弘扬白求恩精神，也必须不断坚定自己人民群众的政治立场。恪守人民群众的政治立场，这是我们党的性质宗旨所决定的，是我们党区别于其他任何政党最显著的标志之一。我们在任何时候都要把人民的利益牢牢地记在心中，高高地举过头顶，坚持人民的利益高于一切。总结医疗战线先进典型的可贵经验，最深刻的一个启迪就是，他们总是想病人之所想，急病人之所急，解病人之所难。这是我们党人民群众政治立场的生动体现。大家都熟悉的吴登云，是新中国特别是改革开放新时期的一个全心全意为人民服务的典范。1963年毕业后，他从江苏扬州来到祖国最西端新疆的乌恰县工作。乌恰是国家级贫困县，医疗资源相当匮乏。吴登云一次次献出自己的鲜血救人治病，三十五年间他先后献出总计达7000毫升以上的鲜血。为挽救一个全身50%以上皮肤被烧伤的两岁儿童，吴登云从自己腿上取下了十三块邮票大小的皮肤移植给患儿。少数民族老乡因此称他为"白衣圣人"、"活着的孔繁森"。大家都熟悉的吴孟超老先生，已经八十九岁高龄，仍然每天都要上手术台。他说："如果有一天倒在手术台上，那是我最大的幸福。"他视病人为亲人，冬天查房时，总是先把手在口袋里焐热，每次为病人做完检查之后，都顺手为他们拉好衣服、系好腰带，掖好被角，并弯腰把鞋子放到病人方便穿的地方。他常对他的同事们说：对病人要有爱心，要有耐心，要特别的细心。他说，一人生病，全家痛苦，有的还很穷，我们要多为他们想一想。如果病人带来的片子能诊断清楚，决不让他们做第二次检查；能用普通消炎药，决不用高档抗生素；开刀能手工缝合，决不用吻合器。用技术对病人负责，为病人省钱，这是吴孟超从医一生的习惯。从这些同志的身上我们可以看出，我们的医疗队伍总体上说是很好地恪守了人民群众的政治立场的。但随着市场经济的发展，在社会利益、价值观念多元化的情况下，也出现了一些不符合甚至违背这种政治立场的突出问题。比如有的医院片面追求经济效益，不合理用药、不合理检查、不合理收费等问题还比较突出；有的医院服务环节多，服务效率低；有的医务人员服务态度差，甚至对病人存在生、冷、硬、顶、推等现象。这些问题的存在对医患关系造成了极大损伤，激化了医患矛盾，影响了党和政府的形象。有的同志说，"对群众态度好不能当钱花"，这种看法是极其错误的，且不说医生的基本职能是为患者服务，而不是为自己谋私利。即便是为了谋利，也必须努力为病人服好务。一个医院有了白求恩式的好医生，形成了对工作极端负责、对病人极端热忱的好风气，也就有了最大的医疗资源，最少的医患矛盾，最好的社会效益，从而也就创造了最大的经济效益。这里的关键，是要有坚定的人民群众的政治立场，为人民服务的价值追求。

**白求恩精神的深刻内涵之三：既唯物又辩证的科学思维**

思想是行动的先导，思想方法决定工作方法。白求恩之所以成为白求恩，之所以能够创造出白求恩精神，一个重要原因在于他具有既唯物又辩证的科学思维。他坚持一切从实际出发，善于根据实际情况来开展工作。白求恩从外国的大医院来到中国贫穷落后的农村，他没有固守"洋医生"、"洋医院"的理论，也没有降低医疗救护工作的科学要求，而是把科学理论和实际情况结合起来，边实践，边创造，边总结。白求恩到了中国，看到医疗条件太差，医生水平很低，战士得不到妥当治疗，十分焦急，决心建一所正规的"模范医院"，但建成开业仅三周就被日军炮火毁掉了。白求恩从中认识到，在敌强我弱的游击战区，医疗也应该是游击形式。于是，他倡议创办了"特种外科医院"、"东征医疗队"等，设计了可由两头骡子负驮的移动手术室。当时，由于敌人的严密封锁，医药器材十分缺乏。白求恩便和医护人员、木匠、铁匠等一起苦心研究，制造出一些方便实用的医疗器械。他亲自设计制作的换药篮子、土暖水袋、保温送饭桶等卫生装备，对伤病员的救治和频繁转移提供了很大方便。他常说："一个好的战地外科医生必须同时会做木匠、铁匠、缝纫匠和理发匠的工作。"白求恩还非常重视总结经验，以使工作能够更好地为抗日战争服务。1939年7月，他冒着酷暑写成了《游击战争中师野战医院的组织和技术》一书。这本书充满了唯物论辩证法，是白求恩既唯物又辩证的科学思维的结晶。

白求恩精神内在地包含着既唯物又辩证的科学思维，白求恩能够在技术上精益求精和锐意创新也正源于他既唯物又辩证的科学思维，我们学习和弘扬白求恩精神就要自觉地培育和锻炼这种科学思维。回顾新中国成立以来的医学发展历史，有许多重大贡献和突破，都不是跟着外国人跑，而是立足中国国情作出的创新研究。以小肝癌的治疗方面为例：1968年，年届不惑的汤钊猷为响应祖国"攻克癌症"的号召，"改行"转向研究肝癌。他打破教科书和权威带来的压力，找到了符合中国国情的抗癌之路。简便、廉价的"甲胎蛋白动态曲线诊断法"，较美国同行足足早了十年。他提出"亚临床肝癌"概念，实现了肝癌疾病的早发现、早诊断、早治疗，这一创新被国际学术界认为"人类对肝癌认识与治疗的巨大进展"。医学史上的大家、泰斗之所以成为大家、泰斗，一个重要原因就在于他们具有既唯物又辩证的科学思维，而一些同志在业务技术上少有建树，究其原因也在于缺少这种既唯物又辩证的科学思维。今天，我们要满足人民群众的需要，提高医疗技术水平，同样离不开这种科学思维。我们既不能只靠沿袭已有的老经验，也不能完全照搬照抄外国，更不能坐等条件。如果那样，我们国家的医学科学很难发展，甚至会被发展着的国际医疗科学远远地抛在后边。我们学习弘扬白求恩精神，要有这样的紧迫感。

### 白求恩精神的深刻内涵之四：求真务实、真抓实干的革命精神

在马克思主义哲学看来，哲学不仅要说明世界，更为重要的在于改造世界。要改造世界，没有一种求真务实、真抓实干的革命精神是不行的。白求恩同志正是以这种精神赢得了广大干部战士的爱戴，他们将他当作保护神，认为有白求恩大夫在，他们的生命就有保障。白求恩在工作上，不管对自己还是对别人要求都非常严格。他不但亲自检查和治疗每个伤员，而且对护理、消毒、器械准备、伤员伙食等各项工作都仔细过问察看。无论敌人的骚扰袭击多么紧急、危险，无论做手术的房屋多么破旧、简陋，消毒、护理条件多么困难，他都总是在技术要求上严格把关，不准有丝毫

的粗疏或松懈。一次，他看到军医在手术间隙削梨吃，顿时大怒，一把抓过梨扔出窗外。他看到医生给伤员正骨，竟忘记上夹板，怒不可遏，当场给那位医生一巴掌。他说：这会使伤员终身残疾的。火发过后，他仍然耐心地给那位医生讲解为什么要上夹板，并演示操作要领。当时，八路军的医疗队伍，多数是农村战士参军以后边干边摸索成长起来的，没有得到基本训练。为了提高大家的医疗技术，更快适应战地救治工作的需要，白求恩对培养训练工作也抓得很紧，行军作战一停下来，他就立即安排时间给大家讲课。他在手术之余编写的《初步疗法》《战地救护须知》《十三步消毒法》等教材在翻译后印发给大家，为八路军培养了大量的医务人员，极大地提高了在当时情况下的抢救效率。

白求恩是求真务实、真抓实干的典范，白求恩精神内在地包含着这种求真务实、真抓实干的革命精神，我们学习白求恩，就要大力发扬这种革命精神。近年来，我国的医疗质量安全管理和医疗服务有了很大的改进和提高，但是一些错误低级、性质恶劣的医疗安全事件仍然不断发生，有的医院甚至是一而再、再而三地发生类似问题。导致医疗质量安全事件的原因是多方面的，但究其深层，更多的是个精神状态问题，是个责任心问题。钱学森老先生说，当今中国特别需要一种让人敬仰、让人激奋的东西，这种东西就是毛主席说的，当年我们曾经有过的那么一股劲儿，那么一种拼命精神。这一点，我们需要向华益慰、吴孟超等很多先进典型学习。华益慰对工作始终精益求精，坚持"做一台手术，留一个精品"，一辈子没有出过一起医疗差错。吴孟超对工作的要求近乎完美。集体会诊，大家一致认为应该开刀，他则一个个询问，提出各种问题，要求大家像放电影似的一步步预想手术过程，想好了，才能确定做不做、怎么做。医疗安全事关人民群众的生命健康和切身利益，来不得半点马虎和松懈，我们每个同志都必须弘扬求真务实、真抓实干的革命精神，扎扎实实、尽心尽力地干好工作。

医乃仁术，无德不立；大医有魂，生生不息。今天，我们倡导白求恩精神，是因为我们太需要对工作极端负责，对人民极端热忱，对技术精益求精的白求恩精神了。毋庸讳言，我们的医疗管理体制机制还有许多不尽如人意的地方，弘扬白求恩精神还会受到很多客观条件的制约，这些都需要我们研究解决。但我们不是普通的一员，我们是特殊的那一个，是一名共产党员、一名党的医务工作者，在新的历史时期，争当白求恩式的医务工作者，是职责所在，是人民的呼唤，是时代赋予我们的使命。我想，我们应该从这样的高度来看待白求恩精神的学习和弘扬，不断加强世界观的改造，努力像白求恩那样，"做一个大有利于人民的人"。

最后，我想用这样一句话，结束我今天的发言：从善如登，从恶如崩，人的堕落往往只在一念间，而美德则需终身修炼。

（注：作者是国防大学原副校长，本文是作者于 2011 年 6 月 25 日在西安举办的"纪念建党九十周年暨白求恩精神"论坛上的演讲。）

# 深入学习白求恩精神，扎实推进医院系统党的群众路线教育实践活动

王健　2014年2月10日

根据军区第二批党的群众路线教育实践活动部署安排和军区张司令员、刘政委指示，今天军区联勤部专门对全区医院系统的教育实践活动进行动员部署。这充分反映了联勤部党委首长贯彻落实习主席"标准更高、走在前列"指示要求的坚定决心和对医院系统教育实践活动的高度重视，充分反映了联勤部党委领导机关和全区广大医务工作者新形势下继承发扬白求恩精神，当好白求恩传人的责任担当。刚才，二五一医院马永祥政委介绍了开展教育实践活动的方案，联勤部王海儒政委作了全面动员部署，讲得都很好，我都同意。特别是王政委讲话中列举的三个层面十八种问题表现，抓得很准，树立了鲜明的问题导向，完全符合习主席重要讲话精神，各级要结合实际抓好落实。下面，我就深入学习白求恩精神、扎实推进医院系统教育实践活动，讲三点意见：

一、要深刻学习理解白求恩精神的丰富内涵。白求恩同志是加拿大共产党员，为了帮助中国的抗日战争，1938年1月不远万里来到中国，1939年11月不幸以身殉职。在那极其恶劣的环境中，他无私无畏，以其严谨的工作态度和精湛的医疗技术，不分昼夜，抢救伤员，创造了白求恩精神。毛主席把这种精神概括为毫不利己、专门利人的精神，对工作极端负

责，对同志极端热忱，对技术精益求精的精神，并于1939年12月发表《纪念白求恩》文章，号召全党全军学习白求恩，争做"五种人"：就是一个高尚的人、一个纯粹的人、一个有道德的人、一个脱离了低级趣味的人、一个有益于人民的人。深入学习领悟毛主席概括的白求恩精神的内涵实质，我感到主要有这么几点：一是献身信仰、忠诚使命的坚定信念。白求恩毅然抛弃优越的工作和生活条件，先后参加加拿大、西班牙和中国三个国家艰苦卓绝的反法西斯斗争，不管面临何种威胁和艰险，从不后悔、从不退缩，始终表现出坚定的信念、巨大的热情、惊人的坚强意志和超常的创造力，最终把宝贵的生命奉献给了中国人民的解放事业。其根源就在于他是一个共产主义的坚定信仰者，他曾说"我的理想是让全世界的人民都能过上没有侵略、没有压迫剥削、人人平等的好日子"。他还说"来到中国抗战前线，不仅为了挽救今日的中国，而且是为了实现明天伟大、自由、没有阶级压迫的新中国"。这就是白求恩的信仰，这就是每一个共产党人应该有的信仰。二是热爱人民、服务人民，人民利益高于一切的政治立场。白求恩常说，一个医生，一个护士，一个护理员的唯一责任，就是使我们的病人快乐，帮助他们恢复健康。为此，他不顾个人安危带领医疗队冒着战火硝烟救死扶伤，为抢救伤员连续工作六十九个小时做了一百一十五台手术，并为驻地群众看病、手术不计其数，直到生命的最后一刻仍在默默念叨"前方流血的伤员"，充分诠释了他心中始终装着人民，一切为了人民的鲜明政治立场。三是对工作极端负责、对同志极端热忱的根本态度。"两个极端"反映的是白求恩同志一流的工作标准和道德标准。他始终以无限的事业心责任心"竭尽全力挽救生命"，坚持一切为了伤病员，提出了一个划时代的口号："到受伤的人那里去，不要等受伤的人来找我们"，下力缩短治疗时间，避免创伤感染，使75%的伤员得到及时救治；他视患如亲，为医务工作提出了一个划时代的名言：你要把伤病员看成是你的父兄，甚至比你的父兄还要亲，并身体力行，将真挚的情和爱奉献给伤病员。四是永葆"五种人"风范的精神境界。"五种人"是白求恩人生价值追求的真实写照。白求恩是一个普通的人，生活在人民当中，老老实实为人民服务；同时也是一个特殊的人，一个有着坚定共产主义信仰的无产阶级战士，面对组织的关照，他要求把自己当作一挺机关枪使用；面对生死抉择，他坚持哪里有枪声就战斗到哪里，把献身战场当光荣；面对极其艰苦的条件，他为理想而奋斗，过得非常充实和快乐。所有这些，都充分体现了他毫无一点一滴自私自利欲望的崇高风范。五是仁者仁心仁术的博大胸怀。做好人才能行好医，有仁心才能有仁术。白求恩既有为人民无私奉献的仁爱之心，又有"精诚所至，大医乃成"的仁爱之术。他的仁心，体现在始终以救死扶伤为天职，总是强烈要求到条件最艰苦的地方发挥医生的作用，体现在坚持不要特殊待遇并省下费用给伤病员买药和补养品。他的仁术，体现在精益求精提高服务本领，创建了世界上第一个"战地流动输血站"，研制出"卢沟桥药驮子"、"万能肋骨剪"等独具特色的战地医疗器械和救治方法。特别是他首创的"游击战中野战医院组织和技术"等六项勤务成果，在再生和提高八路军战斗力上发挥了至关重要的作用。

二、要充分认清弘扬白求恩精神在医院开展教育实践活动中的重要意义。习主席强调，党的群众路线教育实践活动要坚持对照理论理想、党章党纪、民心民生、先辈先进四面"镜子"，以补精神之"钙"、除"四风"之害、祛行为之垢、立为民之制。白求恩就是我们医院系统一面最好的"镜子"，是开展教育实践活动最为生动的教材、最为有效的载体。无论是在军队还是在地方医院系统，大力学习传承白求恩精神，可以说都非常重要、非常紧要，也非常必要。当前，人民医院、人民军队医院的医德医风问题，是全社会最为关切的问题，也是反映最为强烈的问题。一是弘扬白求恩精神是党的宗旨的具体体现。白求恩精神的核心，就是毫不利己、专门利人，这与党的全心全意为人民服务的宗旨是完全一致的。面对当前一些人们思想观念上出现的理想虚化、信念淡化、追求物化的倾向，需要我们在教育实践活动中大力弘扬白求恩精神，更好地引导广大医务工作者像白求恩那样以坚定的信仰信念，始终把广大官兵和人民群众的生命健康放在心上、摆在头顶，时时处处想他们之所想、解他们之所痛、排他们之所忧、谋他们之所福。二是弘扬白求恩精神是医院作风建设的根本所在。白求恩是全国全军医院优良作风的楷模。当前，医院系统作风建设上存在这样和那样的问题，都可以从白求恩这面"镜子"上找到存在问题的根源和解决问题的答案。在教育实践活动中大力弘扬白求恩精神，对于引导广大医务工作者，在医疗市场竞争的大环境中，自觉抵制社会上拜金主义、享乐主义和极端个人主义思想的渗透和影响，始终保持一名人民军医应有的人生信仰和价值追求、职业操守，具有积极的催化和促进作用。三是弘扬白求恩精神是北京军区医院系统的独特优势。今年是毛主席《纪念白求恩》发表七十五周年，白求恩精神是共产党人的一种风范、一种传统、一种准则，而且已跨越国界、超越民族，成为全人类的宝贵精神财富。北京军区是白求恩精神的发源地，七十多年来一直坚持大力学习传承，涌现出的先进典型规格之高、数量之多、类别之全，可以说走在了全国全军行业系统的前列。面对新时期带来的各种机遇、考验和挑战，特别是医德医风上出现的情况和问题，更需要我们继续开发好这座得天独厚的"精神富矿"，结合这次群众路线教育实践活动，以更高的标准要求深入抓好学习传承，真正当好白求恩传人，这是我们这代人的政治责任和历史担当。四是弘扬白求恩精神是一名医务人员应有的价值追求。坚持献身强军实践、打赢服务保障是军队每位医务人员应尽的职责和应有的追求。诞生于抗日烽火硝烟中的白求恩精神，生动诠释了部队医务人员就是因为作战需要而存在，必须始终以献身打胜仗为最大理想，以解除官兵痛苦为最大本事。通过教育实践活动大力弘扬白求恩精神，目的就是要引导和激励广大医务工作者坚持兴军为兵，把人生价值追求融入强军梦的生动实践中，尽情迸发力量、尽情挥洒智慧、尽情展现价值。

三、要坚持用白求恩精神推动教育实践活动的深入开展。弘扬白求恩精神关键在于行动。我们要通过教育实践活动，切实让白求恩精神真正进入思想、进入灵魂、进入工作、进入岗位，推动医院党风、医风、院风的根本好转。一要广泛掀起学习白求恩精神的热潮。白求恩的"毫不利己、专门利人""两个极端""五种人"精神，虽然文字简洁凝炼、通俗易懂，但内涵丰富、思想深邃，需要反复学习、深刻领会。对毛主席《纪念白求恩》这篇光辉著作要人人能够熟读背诵，要继续深入宣传学习全区医疗卫生系统十四个先进典型："人民的好军医"华益慰、"雷锋式的好军医"胥少汀、"新时期的白求恩"石磊、"共和国卫士"杨蓉娅、"守护生命的天使"陈海花、"心灵家园的呵护者"梅桂森、"模范护士长"蔡红霞、"老干部健康的守护神"周德华、"京城活雷锋"孙茂芳、勤政廉政的领导干部侯艳宁、"用一生平凡诠释忠贞信念"的冀凤云、"白求恩式的好军医"张笋，以及军区总医院"华益慰专家医疗队"、和平医院"白求恩传人医疗队"的先进事迹，充分发挥先进典型的示范引领作用。要广泛开展"弘扬白求恩精神、当好白求恩传人"活动，唱响医院系统践行党的群众路线的主旋律。刘政委指示，白求恩精神不仅医院系统要学习，全区团级以上领导机关和党员干部都要学习。二要认真对照白求恩精神这面镜子查找差距。刚才，联勤部王政委对医院系统党委机关和领导干部、基层科室、党员个人三个层面存在的问题进行了查、摆，我感到讲得很准也很全面。下一步，关键是要对照白求恩精神这面镜子，深入查、摆问题，深入剖析存在问题的根源，特别是信仰信念、态度感情、道德情操等方面的问题，看理想信念是不是很坚定、根本态度是不是很端正、对官兵和群众的感情是不是很真挚，真正使我们像白求恩那样端正世界观人生观价值观，保持纯洁纯正的人品、医德、党性修养，切实从根子上推进作风的转变。三要严格按照白求恩精神规范医德医风。事实证明，当前我们医疗卫生行业最缺的不是大师，不是博士，不是大楼，不是先进设备，而是强烈的为广大官兵、为人民群众服务的精神，是历久弥新、群众怀念的白求恩精神。在教育实践活动中，每一位医务人员都要自觉像白求恩那样纯洁医德、纯正医风。各医院党委要进一步围绕医德、医风制定完善行为规范，严格刚性约束力，切实编紧、扎严制度的"笼子"，使纯洁医德、纯正医风普遍成为思想自觉和行动自觉。四要自觉运用白求恩精神检验教育实践活动成效。白求恩精神涵盖了党的群众路线的核心内容和根本要求。检验医院系统教育实践活动成效，一个基本的标准就是看广大医务人员的思想是否得到白求恩精神的洗礼，灵魂是否得到白求恩精神的净化，操守是否得到白求恩精神的校正；就是看广大官兵和人民群众是否切身感受到了看病就医的新风正气和温馨温暖，感受到了白求恩精神的回归。

（注：作者任北京军区副政委，本文是作者在党的群众路线教育实践活动动员会上的报告。）

# 弘扬白求恩精神　服务人民健康事业

## 在白求恩精神研究会成立大会上的讲话

李斌　2014年1月11日

　　很高兴参加白求恩精神研究会成立大会。研究会的成立，对于我们在新形势下深入研究、探讨和阐发白求恩精神的丰富内涵，在新的起点上鼓舞和激励广大医务人员更加努力工作，更好地维护和促进人民健康，具有重大而深远的意义。研究会的成立，不仅是医疗卫生行业思想文化建设的一件大事，也是卫生事业改革发展中的一件大事。在此，我谨代表国家卫生计生委表示热烈的祝贺！

　　白求恩是伟大的国际共产主义战士，白求恩精神是他毕生的医疗实践和高尚精神的结晶，深入提炼和发扬白求恩精神，并赋予新的时代内涵，是我们义不容辞的责任。

　　白求恩精神体现了全心全意为人民健康服务的宗旨。白求恩说过，"政府应该把保护公众健康看作自己对公民应尽的首要义务和责任"。医疗卫生事业是为人民谋福祉的事业，与群众生命健康息息相关。我们党始终要求医疗卫生事业要全心全意为人民健康服务，实行救死扶伤的革命人道主义。深化医改是党和政府全力推进的重大民生工程，四年多来已取得重大阶段性成效，人民群众得到更多实惠。当前，深化医改已进入"深水区"，改革难度大，任务重。我们要全面贯彻党的十八届三中全会精神，更加注重改革的系统性、整体性、协同性，落实政府办医责任，持续不断把医改推向深入，在重点领域和关键环节取得新突破。我们要继承和弘扬白求恩同志对人民极端热忱的精神，充分调动广大医务人员这一改革主力军的积极性，为实现医改目标提供精神动力和思想保证。

白求恩精神凝炼了医疗卫生职业精神的核心价值。白求恩精神汲取了东西方千百年来优秀医德观的精华，体现了现代医疗卫生职业精神，也是社会主义核心价值观在医疗卫生工作中的具体化。白求恩同志说："让我们把盈利、私人经济利益从医疗事业中清除出去，使我们的职业因清除了贪得无厌的个人主义而变得纯洁起来。让我们把建筑在同胞们苦难之上的致富之道，看作是一种耻辱。"在白求恩精神的激励鼓舞下，一代又一代医务人员以维护和保障人民健康为己任，视病人为亲人、视事业如生命、爱岗敬业、无私奉献，涌现出以赵雪芳、李素芝、桂希恩、邓前堆、王万青、魏文斌等白求恩奖章获得者为代表的大批优秀医务人员（白求恩奖章是医疗卫生系统个人的最高荣誉，至今已有四十八人获此殊荣），生动诠释和续写了白求恩精神。我们要继承和弘扬白求恩同志毫不利己、专门利人、对工作极端负责的精神，在任何情况下都坚持职业操守，坚决同一切违背职业道德、损害群众利益的行为做斗争。前不久，我委还专门发布实施了《加强医疗卫生行风建设九不准》，就是要立标杆、设底线，整肃行业纪律，不让歪风邪气玷污白衣天使的良好形象。

白求恩精神蕴含着对医疗技术精益求精的执着追求。白求恩是著名的外科医生，医术高超，为战士和群众提供了高质量的医疗服务。医疗工作的技术性很强，复杂性和不确定性的特点突出，必须以强大的科技和丰富的临床实践作为支撑和引领。近年来，我国医学科学取得了巨大进步，但仍有许多未知的疑难疾病堡垒需要攻克，有许多医疗技术需要创新发展。广大医务人员要继承和发扬白求恩同志对技术精益求精的精神，知难而进，勇攀高峰，不断提高为人民健康服务的本领，以精湛的技术为患者解除病痛、挽救生命。

白求恩精神折射出国际主义和人道主义的光辉。白求恩同志不远万里来到中国，把中国人民的解放事业当作他自己的事业，奋斗到最后一息，这是国际主义和人道主义精神的最生动体现。长期以来，中国政府积极承担卫生援助的国际义务，共向以非洲为主的六十六个国家和地区派出医疗队员两万三千人次，医治患者两亿五千万人次。广大援外医疗队员克服工作生活上的各种困难，为改善受援国人民的健康努力工作，先后有五十名队员为之献出了生命，他们是中国当代的白求恩。习近平总书记精辟地总结出"不畏艰苦、甘于奉献、救死扶伤、大爱无疆"的中国援外医疗队精神，是对新时期医疗卫生人员精神风貌的高度评价，也是中国政府坚持国际主义和人道主义的真实写照。我们要继承和发扬白求恩精神，进一步做好援外医疗工作，为加深我国同发展中国家之间的情谊，为推动建设和谐世界发挥更大的作用。

总之，白求恩精神是一笔宝贵财富，是一座精神"富矿"，希望研究会进一步发挥国家级学会组织和思想宣传阵地的作用，践行办公宗旨，遵守学会章程，广泛开展社会公益活动，拓展合作领域，让白求恩精神更加深入人心。要广泛学习宣传白求恩精神，要培育弘扬白求恩式的典型，要认真开展向白求恩学习活动，要让白求恩精神教育和感染广大医务工作者。特别用白求恩精神教育塑造青年医务工作者，成为广大医务人员的灯塔和航标。衷心希望在不久的将来，通过政府和社会组织联手推动，通过全国医疗卫生战线共同努力，创造出更多的白求恩式的医院、团队，使人民群众感到白求恩精神就在身边，蔚然成风。用白求恩精神感染和教育广大医务工作者，使之形成一种浓厚的社会氛围。

七十多年过去了，白求恩精神依然烁烁发光，白求恩精神反映了人类崇高的道德标准和价值追求，体现了人性中最美好的东西，这种精神将与时代共进，与后人永存。

最后，我想用一代伟人毛泽东同志在《纪念白求恩》一文中的一段话作为结束语，与大家共勉。"现在大家纪念他，可见他的精神感人之深。我们大家要学习他毫无自私自利之心的精神。从这点出发，就可以变为大有利于人民的人。一个人能力有大小，但只要有这点精神，就是一个高尚的人，一个纯粹的人，一个有道德的人，一个脱离了低级趣味的人，一个有益于人民的人。"

（注：作者为国家卫生和计生委主任、党组书记。）

# 增强大力弘扬白求恩精神的责任感和紧迫感
## 在全国卫生系统第二届白求恩精神论坛暨白求恩精神研究分会成立大会上的讲话

张茅　2009年10月31日

　　今年是白求恩逝世七十周年，毛泽东同志发表著名的《纪念白求恩》七十周年。今天，我们怀着十分崇敬的心情在这里隆重集会，深切缅怀白求恩同志，重温毛主席的《纪念白求恩》一文，成立中国卫生思想政治工作促进会白求恩精神研究分会，就是要在新的形势下，进一步动员和激励广大医务工作者深入学习和宣传白求恩精神，继承和发扬白求恩精神，努力做白求恩式的医务工作者，为推动深化医药卫生体制改革、实现卫生事业科学发展，提高全民健康水平作出积极的贡献。这里，我代表卫生部，向中国卫生思想政治工作促进会白求恩精神研究分会的成立表示热烈祝贺！

　　抗日战争爆发后，在中华民族处于民族危亡的关键时刻，中国人民最可敬的国际友人——白求恩同志率领医疗队不远万里，来到中国抗日战争的最前线，以其崇高的国际主义精神和高尚的献身精神，用精湛的医技、高尚的医德和宝贵的生命，为中国人民的民族解放事业作出了重大贡献，给中国乃至世界留下了一笔宝贵的精神财富。从此，白求恩的名字、白求恩的精神，深深地镌刻在中华民族的心中，成为激励、鼓舞广大医疗卫生工作者全心全意为人民健康服务的重要精神力量。

**充分认识新形势下继承和发扬白求恩精神的重要性，进一步增强做好工作的责任感和紧迫感**

发扬救死扶伤的革命人道主义精神，是白求恩同志留给我们的优良传统和精神遗产，党中央历来高度重视学习和弘扬白求恩精神。1939年，为纪念献身中国人民解放事业的白求恩同志，毛泽东同志写下了《纪念白求恩》的光辉篇章，号召全党以白求恩同志为榜样，学习他的真正共产主义者的精神。1979年，邓小平同志发出"做白求恩式的革命者，做白求恩式的科学家"的号召。1997年，江泽民同志题词："继承和发扬白求恩精神，全心全意为人民服务。"2005年，胡锦涛总书记在加拿大进行国事访问期间与加拿大总督克拉克森夫人深情地谈道，"不远万里来华参加抗战的白求恩大夫救死扶伤的感人事迹，在中国家喻户晓"。2006年，胡锦涛总书记专程看望了"白求恩奖章"获得者华益慰同志，号召全体医务工作者要向他学习。党的三代领导核心和以胡锦涛同志为总书记的党中央关于学习和弘扬白求恩精神的一系列重要论述，我们一定要认真学习、深刻领会、切实贯彻，并结合医药卫生改革的实际，进一步继承和发扬白求恩精神。

第一，继承和发扬白求恩精神，是推动深化医药卫生体制改革的必然要求。从现在到2020年，是我国全面建设小康社会的关键时期，也是实现人人享有基本医疗卫生服务目标的关键阶段。深化医药卫生体制改革是党中央、国务院的重要战略部署，是惠及全国人民的重大民生工程，是贯彻落实科学发展观的重要举措，也是实现我国卫生事业科学发展的重要历史机遇。《中共中央国务院关于深化医药卫生体制改革的意见》和国务院关于《医药卫生体制改革近期重点实施方案（2009—2011年）》正式向社会公布以来，我们启动和实施了多项重大医改政策措施，通过各地党委和政府的努力，在全国已经取得了积极的进展。但是，落实深化医药卫生体制改革各项措施的任务还非常艰巨，已经出台的各项措施和配套文件还需要进一步抓好落实，改革的任务仍然十分繁重。这就要求我们继续弘扬白求恩的对人民极端热忱的精神，坚持以人为本，把维护人民健康权益放在第一位作为医改的基本原则；这就要求我们充分发挥思想政治工作的优势，做深入细致的思想政治工作，坚定干部群众的信心，调动广大医务工作者的积极性，把思想和行动统一到中央的决策和部署上来，把智慧和力量凝聚到全面落实医改各项任务上来，积极努力做好各项工作，为顺利推进医药卫生体制改革提供精神动力和思想保证。

第二，继承和发扬白求恩精神，是加强医德医风建设的重要内容。七十年来，在党中央的大力倡导下，白求恩精神在全党和全国人民中间已经成为一种道德风范、一种思想楷模、一种行为准则、一种优良传统，成为我们宝贵的精神财富，教育了一代又一代的革命者和医务工作者。在白求恩精神的激励和鼓舞下，全国卫生战线涌现出了赵雪芳、吴登云、李素芝、华益慰等一大批视病人为亲人、视事业如生命的白求恩式的医疗卫生战士，造就了广东省中医院、白求恩国际和平医院等一大批几十年如一日、持之以恒弘扬白求恩精神的先进医疗卫生单位。在抗击"非典"、抗震救灾、奥运医疗保障、防控甲型H1N1流感和应对其他突发公共卫生事件中，广大医疗卫生人员不避艰险，甘于奉献，顽强拼搏，忘我工作，展现出迎难而上、勇往直前、不怕牺牲、拯救生命的优良品德和作风，展现出崇高的人道主义精神和人民利益高于一切的思想境界。这是全国卫生系统长期以来坚持弘扬白求恩精神的具体体现，是广大医务工作者良好精神风貌的真实写照。但是，我们也应当清醒地看到，卫生系统的思想道德和作风建设还存在一些突出的问题。有些同志的宗旨意识、责任意识淡化，价值观念扭曲；有些同志服务意识不强，对群众疾苦漠不关心，等等。虽然这些问题表现在少数单位和少数同志身上，但如果不给予足够的重视，任其蔓延，就会扰乱思想，涣散队伍，败坏白衣战士的形象，损害医患关系，就会影响人民群众对医药卫生体制改革的信心，就会阻碍医药卫生体制改革的顺利推进。所以，我们必须把继承和发扬白求恩精神同加强医疗卫生队伍思想道德和作风建设结合起来，把教育引导广大医疗卫生人员学习践行社会主义核心价值观，坚持救死扶伤、服务人民、奉献为荣，作为加强医德医风建设的重要内容，切实抓紧抓好。

第三，继承和发扬白求恩精神，是充分调动广大医疗卫生工作者积极性的迫切需要。深化医药卫生体制改革，改善医疗卫生服务，维护人民群众利益，离不开政府、群众和全社会的关心、理解和支持。但归根结底，要靠广大医疗卫生人员的努力和奉献，他们是深化医药卫生体制改革的主力军，是各项改革措施的具体执行者和参与者。在推动医改的工作中，必须充分尊重和调动他们的积极性和主动性。调动和发挥好医疗卫生工作者的积极性，就要关心、爱护广大医疗卫生人员，努力改善他们的工作和生活条件，提高他们的职业荣誉感和责任感；就要认真研究探索更加科学、更加规范、更加有效的政策措施，优化执业环境和就医环境，创造尊重医学科学、尊重医疗卫生人员、尊重患者的良好社会氛围；就要调动医疗卫生人员钻研技术、增长技能的积极性和改善服务、提高水平的积极性。这就需要教育医疗卫生人员继承和发扬白求恩精神，牢固树立全心全意为人民健康服务的理念，刻苦钻研技术，恪守职业道德，自觉地肩负起党和人民的重托和时代赋予的光荣使命，落实好医改的各项工作任务。

总之，我们要充分认识在新形势下继承和发扬白求恩精神的重要性，深刻理解继承和发扬白求恩精神在推动卫生事业科学发展中的地位和作用，进一步增强责任感、使命感，切实把白求恩精神贯彻到全心全意为人民健康服务的工作中。

**继承和发扬白求恩精神，全心全意为人民健康服务**

在新形势下，我们继承和发扬白求恩精神，就是要紧紧围绕深化医药卫生体制改革的工作大局，紧密结合医疗卫生工作者的工作和思想实际，坚持与时俱进，动员和号召广大医疗卫生工作者在医疗卫生服务工作中，继承和发扬白求恩"毫不利己、专门利人""对工作的极端的负责任、对同志对人民的极端的热忱""对技术精益求精"的精神，全心全意为人民健康服务，使这一伟大精神在推动深化医药卫生体制改革中体现出更加鲜明的时代特征。

第一，要继承和发扬毫不利己专门利人的奉献精神，牢固树立宗旨意识。白求恩以自己奋斗的一生，生动诠释了他高尚的精神追求。他在《从医疗事业中清除私利》一文中提出，"让我们把盈利、私人经济利益从医疗事业中清除出去，使我们的职业因清除了贪得无厌的个人主义而变得纯洁起来。让我们把建筑在同胞们苦难之上的致富之道，看作是一种耻辱"。从事医疗卫生服务的人，必须具有仁爱之心和怜悯之情，具有慈善为怀和病人为本的胸怀。每一个医疗卫生工作者都应当把白求恩作为自己行为规范的楷模，像白求恩一样以病人为本，视救死扶伤为天职，把自己的全部聪明才华和毕生精力，奉献于人民的健康事业，清除个人私利，不断提高思想修养，树立正确的世界观、人生观和价值观，把维护人民健康权益放在第一位。

白求恩同志毫不利己专门利人的精神，表现在他对工作的极端负责任。面对繁重的医改任务，每个医疗卫生工作者都要学习白求恩，以对人民健康高度负责的精神，不拈轻怕重，不挑肥拣瘦，勇挑重担，立足岗位，身体力行，积极贯彻党的医疗卫生政策，努力为人民群众提供安全、有效、方便、价廉、满意的医疗服务。

白求恩同志毫不利己专门利人的精神，表现在他对同志对人民的极端热忱。白求恩在晋察冀军区模范医院开幕典礼上曾经说过："一个医生，一个护士，一个护理员的责任是什么？只有一个责任，就是使我们的病人快乐，帮助他们恢复健康，恢复力量。你必须把每一个病人看作是你的兄弟，你的父亲，因为，实在说，他们比父兄还亲——他是你的同志。"医疗卫生工作者要像白求恩同志一样视病人如亲人，对同志对人民满腔热忱，而不是冷冷清清，漠不关心，麻木不仁，在推动工作中心里装着人民，在制定措施时心里想着人民，带着感情为群众热心服务。当前，广大医疗卫生工作者的一项重要任务，就是要以高度的政治责任感和使命感，怀着对人民的极端热忱，努力把中央确定的健全基层医疗卫生服务体系、提高基本医疗保障水平、建立国家基本药物制度、促进基本公共卫生服务逐步均等化等各项惠民利民便民的政策措施落实好，让人民群众切实感受到深化医改的实际成果。

第二，要继承和发扬对技术精益求精的奋斗精神，不断提高服务水平。医疗技术是医生的生命，也是患者的生命。随着人们生活水平的提高，广大人民群众对卫生服务的需求更趋多样化，对医疗技术的要求也越来越高。党的十七大对卫生工作作出了新的战略部署，提出到2020年实现人人享有基本医疗卫生服务的伟大目标。这一目标的实现需要各级医疗卫生机构建立完善的业务技术规范和管理规章，加强服务能力建设、规范服务行为、提高服务质量。需要广大医疗卫生工作者，以白求恩为榜样，发扬爱岗敬业的精神，对工作精益求精，不断加强自身理论知识和实践技能的学习，以精湛的技术解除患者的病痛，满足群众的基本医疗服务需求。

**切实加强组织领导，充分发挥先进典型的作用**

在党中央的大力倡导下，几十年来，全国卫生系统继承和发扬白求恩精神，涌现出了一大批"毫不利己、专门利人"的白求恩式好医生、好护士。他们是我们继承和发扬白求恩精神的生动范例。

在新形势下学习宣传实践白求恩精神的模范，充分发挥典型的示范引导作用，对于教育广大医务工作者树立人民群众健康第一的理念，提高技术水平和服务质量，加强医德医风建设，满腔热忱地为人民群众服务，推动医务工作者学先进、赶先进、当先进，具有十分重要的意义。各级卫生行政部门、医疗卫生机构和广大医务工作者要通过开展继承和发扬白求恩精神的宣传教育活动，用身边人、身边事教育、激励广大卫生工作者，以先进典型为榜样，争创人民满意的医院，争当白求恩式的医务工作者，树立医疗卫生战线的正面形象，鼓舞医务工作者更好地为人民群众服务、为促进社会和谐贡献力量。

各级卫生行政部门和医疗卫生机构要把继承和发扬白求恩精神与学习贯彻党的十七大和十七届四中全会的精神密切结合起来，与落实医药卫生体制改革各项重点任务结合起来，与学习实践科学发展观活动结合起来，与加强卫生系统思想政治工作结合起来，不断提高医疗卫生队伍的思想道德素质，使白求恩精神在广大医疗卫生工作者心中生根、开花、结果！

成立中国卫生思想政治工作促进会白求恩精神研究分会，是适应新形势、新任务的要求，加强和改进卫生系统思想政治工作的一项重要举措。今后，白求恩精神研究分会开展研究的领域扩大了，发挥作用的舞台拓宽了，肩负的责任更重了。希望同志们紧密围绕深化医药卫生体制改革的新形势、新任务，坚持解放思想、实事求是、与时俱进，深入研究白求恩精神的基本内涵和主要特征，深入研究继承和发扬白求恩精神的基本经验，深入研究继承和发扬白求恩精神的有效途径和方式方法，为进一步弘扬白求恩精神，推动深化医改作出新的更大的贡献。

同志们，伟大的事业呼唤崇高的精神，崇高的精神推动伟大的事业，深化医药卫生体制改革需要千千万万白求恩式的模范人物。让我们以科学发展观为指导，继承和发扬白求恩精神，为实现人人享有基本医疗卫生服务的目标而努力奋斗。

（注：作者时任国家卫生部党组书记、副部长，本文标题为编者拟定。）

# 大力弘扬白求恩精神 构建社会主义核心价值观

## 在白求恩精神研究会成立大会上的致辞

高强　2014年1月11日

　　白求恩精神研究会今天在这里隆重举行成立大会，标志着研究会从一个内部分设的学术机构，发展成为全国性的社会团体组织；也标志着在新时期、新阶段，学习、弘扬白求恩精神仍然具有强大的生命力。我代表中国卫生思想政治工作促进会，对研究会的正式成立表示热烈的祝贺，向长期以来孜孜不倦、专心致力于白求恩精神学习、研究和宣传工作的同志们，表示崇高的敬意！

　　白求恩精神研究会的宗旨，是研究白求恩精神的深刻内涵和时代意义，探索新时期弘扬白求恩精神的有效途径和方式方法，宣传和推动白求恩精神实践活动的深入开展。对于白求恩精神，毛泽东同志曾经作出科学的概括，这就是：毫不利己、专门利人，对工作的极端负责，对同志、对人民的极端热忱，其核心价值就是全心全意为人民服务。自从1939年毛泽东同志向全党发出学习白求恩的号召以来，白求恩精神就融入中国共产党的血液之中，成为我党我军的一笔宝贵的精神财富和强大的思想动力，不仅激励广大医疗卫生工作者救死扶伤，忠诚为人民健康服务，对于激发全党和亿万军民的革命热情，战胜日本侵略者、打败国民党反动派，建立新中国，都发挥了积极作用。

　　七十多年过去了，我们国家发生了翻天覆地的变化，一个崭新的社会主义中国屹立在世人面前，也出现了很多新情况、新问题需要我们深入思考。记得有一位前辈学者曾经讲过一段话，很有哲理。他说，人类面临三大问题：第一是人与物之间的问题，第二是人与人之间的问题，第三是人与内心之间的问题。我赞同这个观点，人类的全部活动概括起来也就是这三大问题。人与物之间的问题就是加强经济建设，经济不发展，一切问题都难以解决；人与人之间的问题就是实现公平、和谐，如果社会存在严重的不公平，就不可能稳定；人与内心之间的问题就是个人品德修养，树立正确的人生观、价值观，如果国民没有共同理想信念，国家就不可能凝聚成强大的力量。这三大问题说起来很简单，但真正融合在一起，做到全面、协调、同步发展，却很不容易。在改革开放以前，我们高度重视人的思想建设，教育人们树立正确的人生观、价值观，但没有解决好人与物之间的问题，经济长期贫穷落后，公平没有转化为效率，精神力量也没有转化为物质力量，影响了国家的持续发展。改革开放以来，我们坚持以经济建设为中心，发展社会主义市场经济，国家综合实力大幅增强，人民生活显著改善，社会主义快速发展，国际地位空前提高。事实证明，坚持将解决人与物之间的问题放在第一位是完全正确的。与此同时，也出现了思想文化交流交融交锋，思想意识多元多样多变等问题，人与人之间的差距加大，不够公平、和谐，人们的理想信念也出现了缺失和动摇的问题。

　　我经常在想，政治发动、思想推动和组织行动，历来是我们的一大优势，也是战胜艰难困苦的法宝。在物质匮乏的年代，大家能够心往一处想，劲往一处使，为了美好的明天而节衣缩食、不怕牺牲。现在物质丰富了，生活改善了，为什么人们的思想意识却难以形成共同的理想信念呢？我认为主要原因在于没有将经济建设和思想建设很好地融合在一起，没有处理好发展市场经济与培育和践行社会主义核心价值观的关系。比如，在鼓励竞争、致富、利益的同时，如何倡导先公后私、先人后己的奉献精神；在鼓励扩大消费、拉动经济的同时，如何坚持艰苦奋斗、勤俭建国的方针；

在鼓励一部分人先富起来的同时，如何缩小人与人之间的差距；在严厉打击腐败的同时，如何铲除滋生腐败的土壤，等等。这些问题还没有解决好，也扰乱了人们的思想。早在二十多年前，邓小平同志就尖锐地批评"最大的失误在教育"，但实际情况并没有大的改观。一部分党员干部和工作人员滋生了功利主义、享乐主义的倾向，过分追求个人利益，甚至以权谋私、权钱交易。有些人对于市场经济条件下，还要不要坚持毫不利己、专门利人的白求恩精神，也产生了怀疑和动摇。在医疗服务领域，部分医务人员淡忘了为人民健康服务的宗旨，对工作不是极端负责，对患者不是满腔热忱，有的甚至将医疗服务视为谋取个人利益的手段，医患关系由"生死相依"变成了"利益相争"。出现这些问题，既有医务人员个人道德品质方面的问题，也有管理体制机制方面和政策的误导。现在，政府对公立医院不提供经费保障，要求医务人员靠服务收费发放工资，使医患双方处于利益的对立面，怎么能有效维护群众的利益呢？

令我们高兴的是，以习近平同志为总书记的新一届党中央，狠抓党的作风建设和反腐败斗争，倡导艰苦奋斗、勤俭节约的社会风气，言必行，行必果，有令必行，有禁必止，取得了明显的成果。中共中央办公厅印发了《关于培育和践行社会主义核心价值观的意见》，将爱国、敬业、诚信、友善作为公民个人的价值准则，要求把培育和践行社会主义核心价值观融入国民教育的全过程，落实到经济发展和社会治理之中，形成修身律己、崇德向善、礼让宽容的道德风尚和我为人人、人人为我的社会风气，犹如春风吹来，使我们看到了希望。我们坚持以经济建设为中心，但不能丢掉全心全意为人民服务的根本宗旨；我们弘扬和践行社会主义核心价值观，应当大力学习、弘扬白求恩精神的深刻思想内涵和时代意义，倡导以国为先、以民为重的思想，坚持个人利益服从于、服务于国家利益和人民利益。与此同时，还必须注重经济行为和价值导向有机统一，完善相关政策和制度，形成有利于弘扬社会主义核心价值观的良好政策导向、利益机制和社会环境，防止出现具体政策措施与社会主义核心价值观相背离的现象。在卫生领域，就需要继续深化医药卫生体制改革，改变公立医院的创收机制，由政府建立医院的经费保障机制，切断医务人员收入与医疗服务收费的联系，将注意力转移到关注人民利益的轨道上来，转移到钻研医术、改善服务、提高质量和水平上来，为弘扬白求恩精神提供政策和制度保障。

白求恩精神研究会是专门弘扬践行白求恩精神的全国性社会团体组织，宣传、普及白求恩专门利人的无私奉献精神、极端负责和极端热忱的忠诚服务精神、精益求精的科学务实精神，是我们的光荣使命。希望研究会深入探索学习践行白求恩精神的有效途径和方法，研究有利于弘扬白求恩精神的政策导向和利益机制，组织开展为人民健康服务的公益慈善活动，为医疗卫生领域培育和践行社会主义核心价值观，为形成知荣辱、明是非，有理想、讲奉献的良好风尚作出积极贡献。我相信，在各级党委、政府领导下，经过各会员单位的共同努力，白求恩精神一定能够薪火相传、发扬光大，白求恩传人也一定能够世代不息、人才辈出。

谢谢大家。

（注：作者时任中国卫生思想政治工作促进会会长，曾任国家卫生部部长、党组书记，文章标题为编者拟定。）

# 信仰、仁心与仁术

张启华　2013年3月2日

　　我今天是以一名白求恩崇拜者的身份，来这里谈谈学习白求恩精神的一点体会。

　　在座各位，都是我最崇敬的白衣天使。是你们，守护着人们的健康，造就着人类的福祉。所以，能够跟大家认识，并交流学习白求恩精神的体会，是我莫大的荣幸。非常感谢会议主办者的盛情邀请，感谢你们给我这样一个机会来表达对白求恩医生的深切缅怀。

　　会议主办领导建议我从文化方面，从白求恩精神与社会主义先进文化关系的角度，谈些学习白求恩精神的体会。这个建议本身，对我就有很大启发。

　　确实，在当今时代，文化作为一种"软实力"，相对于经济发展的"硬实力"来说，对国家的前途命运有着更加巨大的影响，在综合国力的竞争中有着越来越重要的地位，越来越成为经济社会发展的重要支撑。

　　文化是个大概念。我们在这里无意给文化下定义，只打一个小比方。比方说，在一个企业里，如果员工不敢做坏事，是因为怕老板，我们姑且把这叫作人治，说明老板厉害；如果员工不是不敢，而是不能做坏事，是因为没机会，那么这可以叫作法治，说明机制厉害；如果员工不是不敢，也不是不能，而是不愿做坏事，是因为不想，那这就可以叫作心治，关键是文化厉害。反过来讲，老板厉害，员工不敢做得不好，做得不好要挨骂，有老板管着；机制厉害，员工不能做得不好，做得不好会挨罚，是制度管着；文化厉害，员工主动努力做得更好，是心甘情愿，是心管着。哪个最厉害？文化最厉害。管理固然重要，机制固然重要，但文化更重要。

所以有人曾说，19世纪是以军事征服世界的世纪，20世纪是以经济征服世界的世纪，而21世纪则是以文化建设新世界的世纪。这很生动地说明了文化决定一个民族、一个国家的命运，文化才是决定一个民族、一个国家是否是一个伟大的民族、伟大的国家的最根本、最内在的因素。所以，从一定意义上可以说，对于一个国家、一个民族而言，经济的发展只能使之强大，只有文化的发展才能使之伟大。

所以会议领导建议从文化角度谈学习白求恩的体会，是非常有意义的。

但是，白求恩精神的文化内涵极其丰富而又深广。在今天上午这样一个时间里，谈些什么，我想结合学习十八大精神，着重谈谈信仰这个问题。

因为我认为，文化的核心，是高尚的理想、情操和价值观。所以我想，白求恩精神最根本、最核心的内容，莫过于他崇高的信仰、坚定的理想信念，及由此而散发出的仁心、仁术的圣洁光芒。


### 信仰，是白求恩精神的灵魂


和在座许多同志一样，我在孩童时代，大约是小学、初中的时候，就读过毛主席写的《纪念白求恩》。从那时起，在我心中就树立起白求恩的崇高形象。在那样一个年纪，就不免想，他为什么会这样？他为什么会放弃优裕生活，不远万里来到正在经历苦难的中国？他为什么在极度的艰难困苦中会那样从容乐观、热情似火，最后把宝贵的生命贡献在中国大地上？

后来慢慢体味到，这个力量，就是信仰。

古今中外，多少仁人志士，甘于奉献，勇于牺牲，就是因为他们有信仰，有理想，有信念。无论是岳飞、文天祥，还是瞿秋白、方志敏，抑或是杨虎城、闻一多，他们都是"以身殉志，不亦伟乎！"（毛主席语）。他们都是为正义、为真理、为信仰而壮烈牺牲，永垂青史。

很难想象一个没有任何信仰的人，能有热情，能有创造，能有奉献的精神，能有自我牺牲的境界。

所以，信仰，是一个人的灵魂，是一种文化的核心。没有信仰的人和没有信仰的文化，都是苍白、无力的。而一个以巨大热情工作、能克服艰难困苦、乐于奉献、敢于牺牲的人，一定是有坚定信仰的人。

让我们聆听白求恩的一段话。来到中国抗战前线后，他说："千百万爱好自由的加拿大人、美国人和英国人的眼睛，都遥望着东方，怀着钦佩的心情注视着正与日本帝国主义作着光荣斗争的中国。……我被派来做他们的代表，我感到无上的光荣。……法西斯在威胁世界和平，我们必须击败他们；他们在阻碍着人类向社会主义前进的、伟大的、历史性的进步运动。正因为加拿大、美国和英国的工人以及抱着同情的人明白这一点，所以他们现在帮助中国来保卫这个美丽可爱的国家。……不仅是为了挽救今日的中国，而且是为了实现明天伟大、自由、没有阶级压迫的新中国。那个新中国，虽然他们和我们不一定能活着看到。但是，不管他们和我们是否能活着看到幸福的共和国，重要的是，他们和我们都在用自己今天的行动帮助她的诞生，使那新共和国成为可能！"

这段话情真意切，从中，我们感受到一颗热情澎湃的心，一个崇高的灵魂，而这种热情，这种崇高，来自一个坚定的信仰，那就是消灭法西斯，建立新中国，建设社会主义、实现共产主义。这就是鼓舞、支撑白求恩的精神力量。消灭法西斯，建立新中国，是当时的奋斗目标；建设社会主义、实现共产主义，是长远的、最终的信仰。

正是为了实现这个目标和理想，白求恩远渡重洋与中国人民并肩抗日，"把中国人民的解放事业当作他自己的事业"，冒着连天炮火在煤油灯下的手术台上抢救伤员，以巨大的热情和无与伦比的坚强意志，勤奋工作，克服万难，最终，他作为一个外国人，把宝贵的生命融入中国大地。

在生命的最后时刻，他为能在中国工作而自豪。他面带笑容地对周围的人说："请转告加拿大人民和美国人民，最近两年是我生平中最愉快、最有意义的时日！""请转告毛泽东，感谢他和中国共产党对我的帮助，在毛泽东的领导下，中国人民一定会获得解放。"

这就是白求恩的信仰，这就是体现在白求恩身上的信仰的力量，这是一名真正的共产党人应该有的信仰。

关于共产党员的信仰，党的十八大报告，作了特别明确的强调。报告在第六部分"扎实推进社会主义文化强国建设"中，首先就提出，"要加强社会主义核心价值体系建设"，用社会主义核心价值体系引领社会思潮，凝聚社会共识。其中，特别强调要"广泛开展理想信念教育，把广大人民团结凝聚在中国特色社会主义伟大旗帜之下"。报告在第十二部分"全面提高党的建设科学化水平"中，首先就提出要"坚定理想信念，坚守共产党人精神追求"。共产党人的理想信念是什么？报告明确指出，就是"对马克思主义的信仰，对社会主义和共产主义的信念"，并指出，"这是共产党人的政治灵魂，是共产党人经受住任何考验的精神支柱"。

当然，共产主义，是共产党人的最高理想、最终目标，即马克思主义创始人提出的，实现全人类的彻底解放，实现共产主义。

现在，人们已经很少说共产主义理想了，觉得遥远而渺茫，似乎是空想。有这种想法，也许与我们党在探索社会主义道路初期犯过的错误有关。

大家都知道，改革开放之前的三十年里，我们走过一段弯路。由于指导思想上"左"的错误，由于对马克思主义一些基本原理作了教条理解，所以一度企图在较低的生产力基础上建立纯粹的、单一的公有制，在社会主义初级阶段实行某些共产主义的原则，导致了严重后果。改革开放以后，拨乱反正，接受教训，认识到我国正处于社会主义初级阶段，应该建立适合生产力状况的生产关系，找到了中国特色社会主义这条正确道路。所以我们要分清楚，不是共产主义理想错了，而是当时对社会所处方位没认识清楚，在社会主义初级阶段实行了高级阶段的政策。在社会主义初级阶段，要实行适合此阶段生产力状况的经济政策，要建设中国特色社会主义，但是，作为共产党人的最高理想、最终目标，依然是共产主义，这个是没有错的。

这就是共产主义与中国特色社会主义的关系问题。

共产主义，是我们党的最高纲领、远大理想，是我们党的政治信仰所在。而我们的当前目标和最低纲领，在今天，就是要建设文明富强民主和谐的中国特色社会主义。最高纲领和最低纲领是统一的，远大理想与当前目标是统一的。没有远大理想，当前目标就没有方向；没有当前目标，远大理想又是空的。所以，彭真同志在改革开放以后讲过一句非常精彩的话，他说，要怀抱共产主义理想建设社会主义。

总之，我们党在不同历史时期，有不同的具体奋斗目标。共产党人实现共产主义的最高理想，是由不同历史时期无数个具体奋斗目标前后相互衔接的总和构成的，并须经过一代又一代人坚持不懈的奋斗才能实现。

在社会主义初级阶段，我们的理想信念，就是党的十六大、十七大提出，这次党的十八大再次特别强调指出的，为全面建成小康社会而奋斗。

白求恩当时的奋斗目标，就是刚才我们念的那段话中所说的，打倒法西斯，建立新中国。为了这个目标，这个信仰，他作为一名加拿大共产党员，加入反法西斯的正义斗争中，先是在1936年到西班牙参加国际纵队，帮助支援西班牙共和军进行马德里保卫战，抗击法西斯主义；中国抗日战争爆发后，他又受加拿大和美国共产党派遣，率领一个三人小组来到中国参加中国的抗日战争，直到献出宝贵生命。

同时，白求恩是一个有长远目标、最终信仰的共产党员。在当时的历史条件下，他是加拿大第一个提出建立公共医疗制度的人。面对当时西方不平等的医疗制度，白求恩痛惜地说："我们面临的是一个社会和政治经济领域的伦理道德问题，而不仅是医学经济学的问题。医疗制度必须被看作社会结构的一部分。提供医疗保障的最好的形式是改变经济体制，消除无知、贫穷和失业。"虽说在当时，白求恩关于建立公共医疗制度的建议，在加拿大不可能实现，但他尽其所能为实现这一理想而作出努力。1936年，白求恩创立了蒙特利尔人民健康委员会，它由一百名医生、护士和社会工作者组成，为最需要医疗救助的人提供帮助。后来，他来到中国，在日记中写道："我不是为了享受生活而来的。什么咖啡、嫩牛肉、冰激凌、席梦思，这些东西我早就有了！但是为了理想，为了信念，我都抛弃了。"

如今，时代发生了巨大变迁，我国政治的、经济的、文化的、社会的以及外部的环境与以往大大不同了。在改革开放和社会主义市场经济条件下，人们的思想观念、价值取向都趋向多元，人与人之间的关系也发生了深刻变化。随着时代发展，我们不能强求人们都有同一个理想追求。但不管什么时代、任何时期，人们的理想信念、奋斗目标有多少变化，有一点是不变的，那就是，一个人的理想追求只有与人民的需求相应，才能显现出自身的价值；只有与时代发展的潮流一致，才能得以实现。

所以，时代变迁，信仰不变。这永远不变的最根本的信仰，就是为了人民。全心全意为人民服务，相信人民、依靠人民、为了人民，是中国共产党不变的宗旨。正如毛泽东在1945年党的七大闭幕词中所说："这个上帝不是别人，就是全中国的人民大众。"人民，永远是共产党人心中的"上帝"。无论是革命战争岁月，还是社会主义建设年代、改革开放时期，无数中国共产党人用自己的汗水、热血甚至生命，所默默践行的，就是这一崇高的信念、理想。

所以，共产党员，在共产主义信仰面前，不要犹豫，不要怀疑。即使不是共产党员，为人民服务就是我们最高的信仰。

这是白求恩精神给我们的最深刻启示。

## 仁心，是白求恩精神的核心

仁心，就是全心全意为人民服务之心，为人民无私奉献的仁爱之心。

有崇高信仰的人，才能拥有这样一颗无私奉献的仁慈博爱之心。对于共产党员来说，仁心，是我们崇高信仰、使命意识的切实表现。

热爱人民、服务人民，是共产党人的最高境界，是共产党人的政治本色。所以党的十八大报告在"全面提高党的建设科学化水平"部分中，在提出"坚定理想信念，坚守共产党人精神追求"之后，紧接着提出"要坚持以人为本、执政为民，始终保持党同人民群众的血肉联系"，强调指出，"为人民服务是党的根本宗旨，以人为本，执政为民是检验党一切执政活动的最高标准。任何时候都要把人民利益放在第一位，始终与人民心连心"。提出要"永远热爱我们伟大的人民"，"面对人民的信任和重托，面对新的历史条件和考验，全党……必须增强宗旨意识，……始终把人民放在心中最高位置"。

白求恩精神的核心，就是毫不利己、专门利人，就是全心全意为人民服务。这就是白求恩医生博大、圣洁的仁爱之心之所在。正如毛泽东当年所赞扬的："从前线回来的人说到白求恩，没有一个不佩服，没有一个不为他的精神所感动。……凡亲身受过白求恩医生的治疗和亲眼看过白求恩医生的工作的，无不为之感动。"

白求恩精神所体现的仁心，首先就是以救死扶伤为天职，对待病人像亲人一样。白求恩说："一个医生的责任就是使病人在快乐中恢复健康，一个优秀的医生，必须具备一颗狮子般的心和一双女人般的手。"他是这样说的，也是这样做的——在战地急救所，白求恩用嘴为一名中国小战士吸出伤口里的脓液；在晋察冀山区，他不分昼夜连续工作四十个小时，接连做了七十多个手术；他看到伤员们冻得瑟瑟发抖，而一名干部却穿着厚厚的棉袄时，当即下令扒下那人的棉袄与伤员的破棉袄对换。

白求恩精神所体现的仁心，还表现为，总是强烈要求到条件最艰苦的地方去。因为他相信，那里更需要他，在那里医生更能发挥作用，更能给战争前线的军民以最直接的帮助。所以，去前线，去条件最艰苦的地方，是白求恩坚定的选择。

白求恩精神所体现的仁心，还表现为廉洁无私。在当时医疗条件差、缺医少药的情况下，白求恩千方百计为八路军争取国际援助和改善战地医疗条件，经常给国际援华委员会写报告、发电报、写信，要求提供经费和物资援助。但很多时候这些要求都会落空，连白求恩个人的需要都难以满足。而当聂荣臻将军按毛主席的要求每个月发给他一百元特别津贴时，他都予以谢绝。他写信给毛泽东说："我自己不需要钱，因为衣食一切均已供给，该款若系加拿大和美国汇给我私人的，请留做烟草费，专供伤员购置烟草及烟纸之用。"他还把一部分生活费用省下来给伤病员买药、买补养品。而此时，他脚上穿着和战士一样的草鞋。

他以自己的勤勉、热情以及精湛的医术，赢得了军民的信赖和爱戴。

正是他崇高的信仰、理想和信念，赋予他崇高的牺牲精神、强烈的责任心和巨大的工作热忱。这就是白求恩作为一名医生的宝贵的仁心。

实际上，白求恩精神所体现出的医者的仁心，是古往今来、古今中外所有优秀的医生都拥有的一种高尚的医德，是世界医学史包括中国医学史中医生职业美德的升华。大家作为医务工作者都很熟悉著名的希波克拉底誓言。这是在古希腊的医圣、欧洲医学的奠基人希波克拉底总结的许多当医生的道德规范基础上形成的。这一誓言在历史发展的岁月中几经修改，但不变的核心的精神，就是"为病家谋幸福"，"把病人的健康和生命放在一切的首位"，"把病人多方面的利益作为我的专业伦理的第一原则"。在我国古代，也有许多具有崇高医德、精湛医术的医生，像扁鹊、华佗、孙思邈等，都具有朴实的人道主义思想，他们强调"医乃仁术"，提倡"悬壶济世"。

所以可以说，医生的仁爱之心，是全人类优秀文明的精华。

与此同时，仁爱之心，也就成为对医者职业的特殊要求。相对于其他职业来说，医生这种职业对仁爱之心有着特别高的要求。这是医生职业道德的特殊性和特殊的重要性。或者说，医生这个职业，是仁爱之心特别直接的表现。

以"毫不利己、专门利人"为核心的白求恩精神，充满着博大的仁爱，承载着深厚的人文关怀，是人类自有医术以来优良医德医风的继承和发展，也是其他各行各业人员学习的高尚职业精神。

## 仁术，是白求恩精神的实现

正因为有这样一颗无私奉献的仁爱之心，才会为了仁爱之心的实现而锐意进取、刻苦钻研，竭尽心力去追求能够为人民服务的本领，终于铸就至精至深的仁爱之术。正所谓："精诚所至，大医乃成。"这话来源于中国古代医圣孙思邈说的"大医精诚"，为后世立下了良医的标准——精湛高超的医术是良医的必备技能，而高超医术来源于良医对人的至诚仁心。至精的医术，使至诚的仁心（仁爱）得以实现，高尚的医德是良医的立身之本。

毛泽东在《纪念白求恩》一文中对白求恩医术的赞美是："对技术精益求精"。他三十多岁就已成为驰名欧美、享誉世界的著名胸外科专家，并从未停止过探索创新的脚步。来到中国以后，在当时医疗器械极度匮乏，医护水平也远远不足的情况下，白求恩一开始就积极组织战地医院，培训医护人员，撰写医护教材，努力充实我们的医学理论，提高我们的医疗技术。同时，就是在当时那样艰苦的条件下，他都从未停止在医学领域里的探索和追求，都能不断有所发明创造。他发明了新的人工气胸器械和肋骨剪，创造了胸膜涂粉法；他发明的战地输血技术，1936年第一次运用，就成功挽救了十二名伤员的生命，被誉为当时军医界最伟大的创举；在中国的抗日前线，为了解决血液及存储问题，他倡议组织了群众性的"志愿输血队"，称为"流动血库"；他针对游击战医疗救护的需要，研制出许多独具特色的医疗器械和外科药物，当时他发明的医用手术器械和创造的医疗方法，在世界医学史上留下了光辉的一页。白求恩在救治成千上万个战士生命的同时，还完成了重要医学著作《游击战争中师野战医院的组织和技术》，这是他一生最后心血的结晶。

　　这就是白求恩医生对技术精益求精的不懈追求。之所以追求"精益求精"，之所以极富开拓创新的精神，是因为白求恩的至深仁爱之心，使他对自己的职业始终怀有高度的热情。

　　白求恩医生离开我们已经七十多年了。虽然过往的历史情境不复存在，但其精神却穿越历史，放射出永恒的光芒。七十多年来，白求恩精神早已深深融入中华民族的精神血液和道德肌体，温暖着、感动着中国人民的心，成为中国人民宝贵的精神财富。

　　今天，在中国特色社会主义伟大事业的发展进程中，涌现出一大批白求恩式的拥有崇高理想信念、具备全心全意为人民服务的仁爱之心和能够为人民服务的本领，身怀高超医术的白衣天使的典范。著名神经外科医生王忠诚院士，就是其中最杰出的代表之一。他的事迹是大家熟知的。他作为中国神经外科事业的开拓者之一，带领中国神经外科从无到有，从小到大，直至步入国际先进行列，解决了一系列神经外科领域公认的世界难题，为医学、为人民，作出了重大的突出的贡献。

　　像王忠诚院士这样，有崇高信仰，有至深仁心，有至精仁术的白求恩式的医生，在中国有千千万万。最近一个时期，中央电视台开展寻找最美医生活动，至今已连续推出多位，其事迹都是感人至深。他们的共同点，一是医德高尚，救死扶伤、扶危助困，理解患者所思，体谅患者苦衷，患者至上，医患和谐，对患者心怀至诚至爱之情；二是医术精湛，且勤学不倦，精益求精，有些乡村医生，无论多大年龄，只要有学习机会，都会孜孜以求。这两点，一是德，二是术，诚于德，精于术，精诚所至，大医乃成。许多医生说：上天安排我成为一名医者，就是要用我的医术和真心为人民服务的，这是我的天职。

　　每次看到这些最美医生的报道，我都非常感动，情不自禁地想，这是什么精神？我想，其实，这就是共产主义精神！所以说，共产主义精神并不是那样遥不可及。作为全国千千万万白衣天使的优秀代表，这些最美医生的高尚医德，他们博爱无私的崇高境界，是对医生这一崇高职责的自觉担当,对医生使命的生动诠释。这些,也正是白求恩精神在现实中的生动体现。

总之,白求恩精神吸收了人类最先进的文化,体现了人类最美好的情怀。白求恩精神与中华优秀传统文化息息相通,是国际共产主义精神在中国大地上绽放的一朵奇葩,是中国人民精神宝库中的一块瑰宝。白求恩精神是世界的,也是中国的,更是社会主义先进文化的重要组成部分。社会主义先进文化正是在吸收人类一切优秀文明成果的基础上发展起来的。所以,白求恩精神赢得了世人的高度礼敬,赢得了历史长久的景仰。白求恩精神中蕴含的坚定理想信念、高尚道德情操、精湛高超仁术,不仅是医生,而且是各行各业都应该学习的榜样。

斯人已去,风范永存;高山仰止,景行行止。

白求恩,是一座不朽的丰碑。他的名字永远镌刻在中国人民的心中。他为之奋斗并且融入生命的伟大理想和事业,薪火相传,后继有人。

(注:作者是中央党史研究室原副主任,本文为作者于2013年3月2日在"弘扬白求恩精神,加强医院文化建设"论坛上的演讲。)

# 白求恩是医学界一面无与伦比的旗帜

## 在全国卫生系统第二届白求恩精神论坛暨中国卫生思想政治工作促进会白求恩精神研究分会成立大会上的讲话

陈昊苏 2010年1月

我谨对中国卫生思想政治工作促进会白求恩精神研究分会成立，表示热烈的祝贺和敬意！

白求恩同志是伟大的国际主义战士、共产主义战士、中国人民最忠实的战友和同志、中国最著名的国际友人。在庆祝中华人民共和国成立六十周年之际，他被评选为"一百名为新中国牺牲的优秀人物"之一；在"中国最有影响力的六十位外国人"排行中名列前茅；在"十大国际友人"的评选中位列第一。在中国走向独立、自由和现代化发展的历史进程中，白求恩作为一个外国人，建立了第一流的影响力。他至今仍然活在中国人的心中。

现在正当白求恩同志在敌后抗日前线为中国人民的解放事业不幸牺牲殉职七十周年。我们自然地回忆起毛泽东主席在著名老三篇之一《纪念白求恩》中所讲过的话："一个外国人，毫无利己的动机，把中国人民的解放事业当作他自己的事业。这是什么精神？这是国际主义的精神，这是共产主义的精神。每一个中国共产党员都要学习这种精神。"

现在，中国正在以更大的规模、更深的程度走向世界。我们很多中国人、中国的共产党人按照白求恩精神的指引，走出国门到世界各地进行各种交流、通商、传播文化、求学，甚至旅游等活动。在平凡的工作岗位上，在疾风暴雨到来的考验时刻、在灾难严峻降临的时刻，这些中国人表现出公而忘私、牺牲自己，体现着为世界各国人民效力服务的精神，这就是白求恩精神的发扬和光大，就是把国际主义和爱国主义精神结合起来，把人类最进步的思想成果与中国的传统文化精神结合起来的表现。

我们在民间外交战线工作的同志，特别推崇我们国家的卫生部门从20世纪50年代开始就不断向非洲国家派遣医疗队。他们是在非常简陋的条件下不顾自己的安危与健康，把最大的热情奉献给所到国家人民的医疗健康的事业中。他们当中的一些人和白求恩一样，在工作岗位上以身殉职，为这些国家的人民做出了一流的服务。

古希腊的希波克拉底以纯洁和神圣的精神，对所有的病人一视同仁，为所有的病人谋幸福。我去过希腊，拜访过供奉希波克拉底的神庙，神庙里每天都要进行希波克拉底誓言的宣读仪式，让我非常感动。非常巧合的是，我刚一回国就赶来参加这个纪念白求恩同志的论坛。我特别赞成大家所说的：白求恩的精神是医学界一面无与伦比的旗帜。

中国医药卫生战线的同志们实践白求恩精神的举动，在世界文明的历史上写下了最光辉的记录。当然，这个记录也不光是在国际的舞台上。在2008年的汶川地震中，我们的医疗卫生工作者奋不顾身走向抗震救灾的最前线，去实施救死扶伤的革命人道主义精神，向我们的祖国、向灾区人民奉献爱心，他们的精神同样与日月同辉，光照人间！

作为中国人民对外友好协会的会长，我也是在中国人民解放事业中成长起来的革命后代。正在用毛主席一贯教导的国际主义精神开展对外交往工作，在民间战线上做我们群众团体应该做的事情。所以，我今天来到这里，向"全国卫生系统第二届白求恩精神论坛"表示支持和祝贺！也要向你们学习，把你们的学习心得体会运用到我们的工作当中去，开展更有成效的民间交往。我们也支持医疗卫生战线的同志开展更大规模的国际合作，对"光大白求恩精神的长效机制"的建议表示赞赏和支持。我还要补充说，当中国人民进行抗日战争的时候，全世界的进步人士都曾经给予中国人民同情和支持。白求恩和柯棣华就是其中有影响力的两面旗帜，还有罗生特、弗莱、马海德、柯列然等一大批国际友人都做了这样的工作。2008年，按照柯列然遗孀的要求，罗马尼亚医生柯列然的遗骨被葬入上海的宋庆龄陵园。如此众多的国际友人，他们都从事着救死扶伤的国际主义和人道主义革命事业，应该把对他们的学习和宣传交织在一起，形成巨大的声势，使各国人民的友谊在新世纪得到延伸和发展，为人类进步与和平事业做出新的推动！我们对外友协对这样的工作有着浓厚的兴趣，我们愿意与卫生工作部门的同志合作进行策划并加以推动。

同样，我也非常赞赏大家所说的"让白求恩精神在中国继续不断地升华"，同样我想再补充一句：让白求恩的赞歌在全世界不断唱响。在和平发展的时代，中国应当对人类进步作出更大的贡献。我期待并且支持同志们在全世界的舞台上为我们的国家争取更大的光荣！

我们对外友协做了一些事情，比如我们组织了以柯棣华命名的医疗队定期到革命老区巡诊。最近我们又与印度合作，组成了中印联合医疗队，互派医生到对方国家去搞医疗工作。另外，我们还组织了到朝鲜、蒙古、柬埔寨、越南、老挝开展的"光明行"行动，为白内障病人进行手术。这些都得到了医疗工作者的大力支持。所有的同志在活动中所表现出的崇高医德也是一种国际主义精神，也是白求恩精神！

我非常期待并支持同志们能在国际舞台上，为我们国家争取更多的朋友，争取更大的光荣，为世界的进步作出更多的贡献！

（注：作者时任中国人民对外友好协会会长，标题由编者拟定。）

# 中加两国人民友谊源远流长的象征

## 在白求恩逝世七十周年纪念大会上的讲话

李小林 2009年1月12日

今年是诺尔曼·白求恩逝世七十周年，也是毛泽东主席《纪念白求恩》一文发表七十周年。今天，我们怀着崇敬的心情在这里集会，隆重纪念这位国际主义战士、中国人民的伟大朋友。在这里，我要特别感谢加拿大国际文化基金会主席吴永光女士及其率领的代表团，感谢他们专程来华参加本次纪念活动。

白求恩是加拿大人民的优秀儿子。1938年春，他不远万里来到中国支持中国的抗日战争，在异常艰苦的条件下与中国人民并肩战斗，直至献出自己宝贵的生命。白求恩在中国生活和工作虽然只有十八个月，但他为中国人民的解放事业作出了杰出的贡献。在他逝世后，毛泽东主席撰写了《纪念白求恩》一文，高度赞扬白求恩伟大的国际主义精神，号召中国人民向他学习。

中国人民永远不会忘记这位伟大的国际主义战士。白求恩逝世后，当地政府在河北省修建了白求恩烈士墓和白求恩纪念馆。七十年来，白求恩的名字传遍了中国大地，他的光辉形象和为中国人民献身的事迹深深铭刻在人们心中，成为中国人民学习的榜样。今天，我们纪念白求恩，就是要学习他团结、合作、勇敢的国际主义奉献精神，学习他追求世界和平、人民友谊和全人类共同发展的坚强信念。

中国人民对外友好协会是以增进人民友谊、推动国际合作、维护世界和平和促进共同发展为宗旨的全国性人民团体。多年来,在发展中加民间友好事业中,对外友协以各种形式广泛宣传白求恩的事迹,积极筹备和参与纪念白求恩的活动。我会多次邀请加拿大白求恩基金会代表团、加中友协代表团、白求恩纪念馆代表团、白求恩亲属团、白求恩传记作者以及其他加拿大朋友来华,安排他们到白求恩当年战斗和工作过的地方参观访问,并分别组派代表赴加出席白求恩纪念馆开幕仪式、白求恩思想研讨会和白求恩塑像揭幕仪式。2000年8月,当白求恩铜像在他的家乡格雷文赫斯特市落成时,江泽民主席在致该市白求恩纪念馆的贺信中指出,"白求恩大夫已成为中加两国人民友谊源远流长的象征。如今,由他亲手播下的中加友谊的种子已结出丰硕的果实"。2009年10月12日,我会与中国国际广播电台和国家外国专家局共同主办"中国缘·十大国际友人"网络评选活动,白求恩以四百六十九万多票当选为中国十大国际友人第一名。

事实证明,无论是从政府层面,还是从民间角度来看,发展中加友好完全符合两国人民的根本利益。我们高兴地了解到,加拿大总理哈珀将于下月访华,相信此访一定能进一步增进中加两国的理解与合作。令人欣慰的是,中国和加拿大人民之间的友好关系近年来也有了新的发展,在两国地方政府间已建立了四十三对友好城市和友好省关系。它们在平等互利的基础上,在经济、贸易、科技、文化、教育等各个领域开展着日益广泛的交流与合作。众所周知,明年将迎来中加建交四十周年,我们愿与加方的新老朋友一道,从战略高度和长远角度出发,以纪念中加建交四十周年为契机,共同创造中加民间友好事业更加美好的明天。我们相信2010温哥华冬奥会和上海世博会将成为促进中加友好新的平台。

今天我们缅怀白求恩的崇高品德,重温毛主席发表《纪念白求恩》的重大意义,就是要以实际行动学习白求恩,弘扬白求恩精神。最后,我想用毛主席《纪念白求恩》中最后的一段话来共勉:"对于他的死,我是很悲痛的。现在大家纪念他，可见他的精神感人之深。我们大家要学习他毫无自私自利之心的精神。从这点出发，就可以变为大有利于人民的人。一个人能力有大小，但只要有这点精神，就是一个高尚的人，一个纯粹的人，一个有道德的人，一个脱离了低级趣味的人，一个有益于人民的人。"

（注：作者时任中国人民对外友好协会副会长，现为中国人民对外友好协会会长，标题由编者拟定。）

# 用白求恩精神培育更多的革命者科学家

## 在白求恩精神研究会成立大会上的讲话

张雁灵　2014年1月11日

　　我曾在白求恩创建的卫生学校工作过，我为自己是白求恩精神研究会的一员感到高兴。这些年来，我积极参与了推动白求恩精神研究会和研究分会的成立工作，我和我的同事们一直把学习白求恩、弘扬白求恩精神看作我们的职责。从崇敬白求恩到努力践行白求恩精神，从熟读毛泽东的《纪念白求恩》到编著过白求恩生平图片画册，访问过白求恩故居，也带领学生们走过白求恩之路，可以说是白求恩精神的信仰者践行者。

　　今天是2014年1月11日，是我最为高兴的一天。我们所期盼的国家级学会组织——白求恩精神研究会正式成立了，这是一个重大的标志性历史事件，将会在中国医疗卫生战线和全社会产生深远的影响，所以特别值得庆贺和纪念。

　　在我们中国甚至全世界，以个人名字命名的纪念组织和学术组织是不多的，在我们中国更是少见。这也从另一个角度说明国家对弘扬白求恩精神的高度重视和殷切期待，说明了白求恩和白求恩精神在中国的历史地位和广泛影响力，也彰显了白求恩精神的思想魅力和薪火相传的历史传承。

　　研究会成为国家一级学会后，赋予了我们更多的社会责任和历史使命。我个人理解，白求恩精神研究会应当始终把研究作为重大课题，但是这种研究不是理论家式的研究，不是为了研究而研究，而是为了解决实际问题去研究，研究的目的全在于应用，这是我们研究工作必须把握的重要指导思想。

联系当前培育践行社会主义核心价值观和医疗卫生战线的实际，我认为白求恩精神研究会应当把引导全社会、特别是坚定医务人员的理想信念作为重要任务。白求恩精神是什么？我认为是信仰、是理想、是追求。现在我们很多人特别是一些领导同志意识不到这一点，没有把坚定信仰看成是带根本性和方向性的重大问题。毛泽东要求全党全军学习白求恩，做"一个高尚的人，一个纯粹的人，一个有道德的人，一个脱离了低级趣味的人，一个有益于人民的人"。什么是高尚，就是要有信仰。毛泽东题词中说，"学习白求恩，学习雷锋，为人民服务"，更是从践行党的宗旨的高度对白求恩精神的深刻内涵作出了科学说明。邓小平对白求恩的理解和学习白求恩精神的要求可谓言简意赅："做白求恩式的革命者，做白求恩式的科学家。"革命者、科学家，这六个字对白求恩的评价非常准确，非常科学。江泽民的题词是"继承和发扬白求恩精神，全心全意为人民服务"，同样强调了弘扬白求恩精神就是践行党的宗旨。现在我们医疗卫生战线出了许多问题，医生队伍出了很多问题，原因是什么，就是因为他不是革命者，不是党的宗旨的践行者。一个医生如果在理想信念方面出了问题，在职业操守方面出了问题，他在医疗方面再有成就也毫无意义，最终都是要淘汰的。白求恩精神研究会在深化研究，开展活动方面还要努力做到与时俱进。随着时代发展，新情况，新问题不断出现，我们对白求恩精神的实质和内涵、价值和意义的认识也要不断深化，我们开展活动的途径和方法也需要不断更新。我们的认识和方法不能停留在过去。我们的研究不能孤立地开展，我们的活动要有时代色彩，为越来越多的人所接受。

开展学习白求恩活动，要和解决当前群众普遍关心的问题结合起来。比如医患关系就是一个比较现实、比较敏感的问题，要使广大医务人员看到，与白求恩相比，我们在极端热忱、极端负责方面，在精益求精方面有很大差距，有很多不足。要构建和谐医患关系，白求恩就是榜样。总之，我们的医改要靠白求恩精神指引方向，我们的医德医风建设要靠白求恩精神提供动力，我们十三亿人民的健康梦要靠白求恩精神武装起来的医疗队伍和医疗社会化目标来实现。通过各方面的努力，让老百姓真正感到白求恩又回来了。

最后，我祝贺白求恩精神研究会越办越好，我相信，新的白求恩精神研究会成立后，在各级领导指导下，在广大社团组织和全社会大力支持下，一定会开创新局面。

（注：作者为解放军后勤部卫生部原部长，时任中国医师协会会长，标题由编者拟定。）

# 让白求恩精神成为全军医务工作者的共同理想和价值追求

## 在白求恩精神研究会成立大会上的讲话

任国荃　2014年1月11日

在全党全军深入贯彻党的十八届三中全会精神、努力向强国梦强军梦开拓奋进的关键时刻，我们在这里隆重召开白求恩精神研究会成立大会，乘改革东风，忆英模风范，谱发展新篇。这既是一次追寻先烈足迹、汲取精神营养、为实现习主席强军目标积蓄正能量的大会，也是一次落实改革精神、突破思想束缚、在新的起点共谋弘扬白求恩精神良策的盛会。在此，我代表总后勤部卫生部和全军卫生系统，向白求恩精神研究会的成立和成立大会的胜利召开，表示热烈的祝贺！向长期以来为弘扬白求恩精神、推动卫生事业科学发展作出重要贡献的各位领导、各位同志，致以崇高的敬意！

七十五年前，在中华民族危难的时刻，白求恩同志发扬国际主义和革命人道主义精神，不远万里从加拿大来到中国，与我军将士并肩奋战，救死扶伤，献出了宝贵的生命，在中国人民心中树立了一座不朽的丰碑。毛泽东等党和国家领导同志都发出号召，要求我们认真学习白求恩同志毫不利己、专门利人，对工作极端负责任、对同志对人民极端热忱、对技术精益求精的精神。

七十五年来，白求恩的名字和事迹代代相传，他的崇高精神鼓舞着中国人民，激励着一代又一代医务工作者接续奋斗。军队卫生系统坚决贯彻执行军委、总部的决策指示，坚持把白求恩精神作为道德风范、思想楷模、行为准则和优良传统，始终着眼保障"能打仗、打胜仗"的使命要求，大力弘扬白求恩不怕牺牲的战斗精神，坚持扭住军事斗争卫勤准备龙头不动摇、大抓卫勤训练不放松、强化战备不松懈，努力培养英勇善战、敢打必胜的精气神；始终着眼满足部队官兵和人民群众的健康需求，大力弘扬白求恩竭诚服务的职业操守，不断深化医疗保障制度改革，完善为部队服务工作长效机制，持续提高医疗服务保障的质量效益；始终着眼加强医德医风建设的现实需要，大力弘扬白求恩无私奉献的思想品德，构建完善医德医风建设的组织领导、教育引导、制度建设和监督检查等机制，把教育说服、制度约束、惩治威慑、环境感染统筹协调起来，真正形成整体推进医德医风建设的合力；始终着眼实现精神文明建设走在社会前列的政治要求，大力弘扬白求恩精益求精的创新精神，紧跟世界医学创新趋势，加快创建研究型医院步伐，着力构建基础研究和实践应用紧密结合的转化医学创新体系，不断提高核心卫勤保障能力。华益慰、张新生、吴孟超、李素芝、陈绍洋和张笋等一大批军队卫生系统的先进典型，在新的历史时期积极传承和弘扬白求恩精神，成为全国、全军学习白求恩的榜样和楷模。

几十年来，曾经与白求恩同志共同战斗过的老前辈、卫生界的老同志，在学习、传承和弘扬白求恩精神的发展进程中作出了重要贡献。2009年，以军队卫生系统同志为主，大家倡导成立了白求恩精神研究分会。在李超林老会长领导下，白求恩精神研究分会紧紧围绕国家和军队医疗卫生工作的中心任务，致力于弘扬白求恩精神的理论研究和实践探索，挖掘白求恩精神的时代内涵，探寻白求恩精神的现实意义，举办了一系列丰富多彩的活动，宣传了一大批事迹感人的典型，取得了许多令人瞩目的成果，受到国家和军队有关部门以及广大医务工作者的充分肯定和广泛赞誉。面对世界范围价值观较量的新态势，面对思想意识多元多样多变的新特点，面对深化国家医药卫生体制改革的新任务，进一步弘扬白求恩精神，对于卫生系统培育和践行社会主义核心价值观，巩固"救死扶伤、发扬革命的人道主义"的共同思想基础和价值追求，具有重要的现实意义和深远的历史意义。今天，白求恩精神研究会正式成立，标志着弘扬白求恩精神进入了一个新阶段，为研究白求恩精神创造了更高的阵地，为发展白求恩精神提供了新的组织保障。希望白求恩精神研究会紧贴医疗卫生工作实际，有针对性地开展弘扬白求恩精神的活动，发挥更实、更大的作用。

军队卫生系统有责任、有义务，一如既往地重视和支持白求恩精神研究会的工作，踊跃参加各项活动，带头学习和弘扬白求恩精神。一是把弘扬白求恩精神作为培育当代革命军人核心价值观的重要内容，努力使白求恩精神成为全军医务工作者的共同理想和价值追求，促进医德医风建设创新发展，进一步围绕强军目标聚焦聚力；二是把遂行医疗保障任务、开展卫勤训练演练和完成日常工作作为弘扬白求恩精神的具体行动，自觉坚持学用一致、学改结合，在学习中践行，在践行中提高；三是以落实党中央、中央军委加强作风建设要求为新起点，大力开展学习白求恩活动，基于医疗任务设置活动项目，基于能力素质完善活动内容，基于时代要求创新活动方法，不断提高为部队官兵和人民群众生命健康服务的效能。

昨日的辉煌历历在目，明天的事业任重道远。我相信，在各级领导和各位同志的重视、关心和共同努力下，在全国、全军卫生系统的积极参与下，在袁永林会长的有力领导下，白求恩精神研究会一定会适应新需求，顺应新期待，拿出新举措，开创新局面。

白求恩精神的旗帜一定会高高飘扬，白求恩精神一定会永放光芒！

（注：作者时任解放军总后勤部卫生部部长。）

# 弘扬白求恩精神　发展先进文化　推进医院科学发展

李清杰　2013年3月2日

　　在全党全军深入学习贯彻党的十八大精神，强势推进医疗卫生事业健康发展之际，我们聚会在历史底蕴厚重的江城南京，围绕用白求恩精神引领先进医院文化、促进医院建设科学发展这一重要主题，集思广益谋良策，广泛交流求共识，这既是传承和弘扬白求恩精神的盛会，也是深入贯彻落实十八大精神的具体举措，必将产生重要而深远的影响。

　　受总后卫生部任国荃部长委托，我和医疗管理局的同志前来参会，感到非常高兴。首先，我代表总后卫生部领导和机关，对论坛的召开表示热烈的祝贺！向长期以来为弘扬白求恩精神、推动医疗卫生事业创新发展作出重要贡献的各位领导、各位同志，表示崇高的敬意！向南京军区联勤部首长、机关和南京总医院的同志们对这次会议给予的大力支持和付出的辛勤劳动，表示衷心的感谢！

　　白求恩精神研究会成立以来，紧紧围绕国家和军队医疗卫生工作的中心任务，致力于倡导并组织对白求恩精神的理论研究和实践探索，深入挖掘白求恩精神的时代内涵，积极探寻白求恩精神的现实指导意义，举办了一系列丰富多彩的活动，宣传了一大批事迹感人的先进典型，取得了许多令人瞩目的成果，受到国家和军队有关部门以及广大医务工作者的充分肯定和广泛赞誉。为筹备好这次论坛，白求恩精神研究会做了大量深入细致的工作，动员会员单位投稿，审定大会交流论文，编辑印发论文集，为会议顺利召开打下了坚实基础。会前我仔细浏览了会议材料，感到本次论坛的论文数量多、质量高、有特色。军内外会员代表结合发展先进医院文化的具体实践各抒己见，有的在理论阐释上有深度有新意，有的结合实际很紧密有见地，有的经验总结很精辟有启迪。本次论坛提出了《关于践行社会主义核心价值观，推进学习白求恩活动常态化的倡议》（征求意见稿），希望大家认真讨论，畅所欲言，为繁荣发展先进医院文化建言献策，使《倡议》最终能够成为针对性、操作性都很强的会议成果。

本次论坛之所以选择在南京总医院举办，主要考虑到医院全面建设成绩突出，在弘扬白求恩精神、发展先进文化方面也走在了全军前列。1995年2月，江主席为南京总医院题词：弘扬白求恩精神，建设现代化医院。在白求恩精神感召下，近二十年来，南京总医院坚持用白求恩精神凝聚智慧力量，激发开拓创新热情，着力构建先进医院文化"八个体系"，成为医院文化建设的样板和示范，也为这次论坛提供了观摩学习的现场。南京总医院文化建设的生动实践和显著成果启示我们，白求恩精神是发展先进医院文化的宝贵精神财富。

刚才，军区联勤部郭德福副部长发表了热情洋溢的致辞，简要介绍了军区卫生系统弘扬白求恩精神、发展先进医院文化的新理念、新思路和新举措，我们感到收获很大，深受启发。中央党史研究室副主任张启华同志作了很好的辅导报告，着眼提高医院软实力，以信仰、仁心和仁术为重点，深刻阐述了白求恩精神与先进医院文化的辩证关系，深入探讨了弘扬白求恩精神、发展先进医院文化的路径选择。张主任的报告信息量大，内涵丰富，既有理论的高度，又有历史的厚度，感染力和感召力非常强。我们更加坚信，文化是民族的血脉，是引领前进方向的旗帜，是凝聚奋斗力量的灵魂。白求恩精神吸收了人类最先进的文化，体现了人类最美好的情怀，与中华民族优秀传统文化息息相通，是社会主义先进文化的重要组成部分，是先进医院文化的深层内核。

党的十八大开启强国强军的新征程，对我国医疗卫生事业发展作出了战略部署，对国防和军队建设提出了新的要求。习主席作出一系列新的指示，提出建设一支"听党指挥、能打胜仗、作风优良"的人民军队的奋斗目标。我们弘扬白求恩精神、发展先进医院文化，就是要认真贯彻落实党的十八大精神和习主席的指示要求，着眼有效履行军队医院担负的使命任务，深刻探讨用白求恩精神引领先进医院文化的主要内容、方法途径和实践抓手，促进医院建设科学发展。下面，围绕如何弘扬白求恩精神、发展先进文化、促进医院科学发展，我讲四点意见，供大家参考。

第一，要着眼保障能打仗打胜仗的使命要求，把弘扬白求恩不怕牺牲的战斗精神作为发展先进医院文化的首要任务。

当前，世界和我国安全形势正在发生复杂而深刻的变化，国际军事摩擦风险增大，局部战争和武装冲突此起彼伏、恐怖主义、跨国犯罪、能源安全、自然灾害等全球性安全问题更加普遍化和常态化。美国等西方国家不断强化对我国的战略防范和遏制，我国周边安全风险和隐患增多。南海争端再度凸显，三十年来的南海平静可能被打破；钓鱼岛争端继续升温，中日双方在政治、经济、军事等方面攻守角逐，国内外舆论错综复杂；国内重大自然灾害频发、分裂势力暗流涌动，非传统安全形势严峻。习主席着眼国家战略全局，提出能打仗、打胜仗是强军之要，集中体现了军队使命职责和根本价值所在，给军队卫勤保障特别是医院建设发展赋予了新的使命任务。能打仗打胜仗是先进军事文化的灵魂，也是军队医院先进文化的发展方向。白求恩精神是中华民族抗击日本帝国主义侵略伟大斗争中诞生的革命精神，是以毛泽东为代表的中国共产党人对白求恩不怕牺牲、无私奉献精神的高度概括和科学总结，是医院文化建设的重要指南。白求恩同志认为，"医生应当到前线去，到伤员那里去；我的战斗岗位应当在前线"。我们弘扬白求恩精神、发展先进医院文化，就要像白求恩同志一样树牢战斗意识，强化"穿上军装，不管你是院士、博士，首先是个战士"的角色定位，切实增强当兵打仗的事业心责任感。要强化战备意识，坚持扭住龙头不动摇、大抓卫勤训练不放松、强化战备不松懈，坚决防止精神懈怠、滋生和平麻痹思想。要坚定打赢意识，积极营造"一切为打赢、一切保打赢"的军队医院文化环境，树立和宣扬想打赢、谋打赢、练打赢的先进典型，培养英勇善战、敢打必胜的精气神。

第二，要着眼满足部队官兵和人民群众的健康要求，把弘扬白求恩优质服务的职业操守作为发展先进医院文化的核心内容。

白求恩同志以医疗为职业，抛开个人利益，到人民群众最需要的地方，去当健康服务的"传教士"，为我们树立了优质服务的不朽丰碑，留下了宝贵的精神财富。我们弘扬白求恩精神、发展先进医院文化，就要像白求恩同志一样强化服务理念，牢固树立官兵至上、服务人民的理念，紧贴健康需求和科技进步，持续提高医疗服务保障的质量效益。要创新服务模式，不断深化军队医疗保障制度改革，积极推行团级干部全军医院门诊就医"一卡通"，完善医疗特殊项目管理办法，深入开展"三好一满意"活动，推进军队医院参与公立医院改革工作。要改进服务质量，积极开展个性化服务，推行个性化诊疗方案；积极开展综合化服务，探索集医疗、预防、保健、康复、心理、营养、锻炼于一体的医疗服务保障新模式。要提高服务标准，建立健全为部队服务工作长效监管机制，深入落实为部队服务工作的政策制度，严格落实部队官兵和老干部住院"零待床"、检查"零审批"、合理医疗"零自费"，不断提升为部队服务工作的质量水平。

第三，要着眼加强医德医风建设的现实要求，把弘扬白求恩救死扶伤的思想品德作为发展先进医院文化的关键环节。

改革开放改变了中国社会的面貌，也改变了人们的价值观念。在建设中国特色社会主义的伟大实践中，形成了富有时代精神的社会主义核心价值体系，同时也在市场经济的经济背景和国门打开的情况下，产生了诸如拜金主义、极端个人主义和利己主义等非马克思主义的价值观。当前，受市场经济和价值观念多元化影响，有的单位片面追求经济利益，把医疗工作与经济效益挂钩，盲目开展合作项目，忽视医疗质量和安全管理；个别医务人员职业道德缺失，对患者生、冷、硬、顶，甚至索要红包、吃拿回扣。这些问题对医患关系造成了极大损伤，激化了医患矛盾，不同程度地影响了一些医院的形象。高尚的医德医风是我军医疗卫生系统的优良传统。革命战争时代，我军形成了以白求恩"毫不利己、专门利人"和对同志极端热忱、对工作极端负责的"两个极端"为核心内容的医德医风。在炮火连天的战场，军队医务人员舍生忘死救治每一个伤病员，和平建设时期，我军医务工作者应继续发扬光大白求恩精神，视伤病员为亲人，以高尚医德和高超医术为伤病员服务。我们弘扬白求恩精神、发展先进医院文化，要积极响应党中央和习主席的号令，把作风建设与学习贯彻党的十八大精神结合起来，与培育当代革命军人核心价值观结合起来，与深入开展"学习贯彻党章、弘扬优良作风"教育活动结合起来，形成常态化长效性工作机制，进一步改进作风、规范权力运行、预防惩治腐败，切实树立求真务实、清正廉洁的行业风气。要加强教育引导，切实把医德医风建设作为事关医疗卫生行业声誉和兴衰，事关党、政府和军队形象，事关人心向背、社会和谐的重大问题，从建院理念、发展思路的高度理清"为谁服务"、"靠什么发展"等现实课题，采取多种方式和途径，加强宣传教育，努力创造医德医风建设的良好环境，形成医德医风建设的浓厚氛围。要加强制度机制建设，大力构建完善医德医风建设的组织领导、教育引导、制度建设、监督检查、奖惩工作和日常养成等机制，从内容和形式、从程序到制度作出详细规定，提出针对性举措，把领导执行力、教育说服力、制度约束力、监督制衡力、惩治威慑力、环境感染力统筹协调起来，真正形成整体推进医德医风建设的合力。要加强监督检查，认真查处以医谋私、医风粗疏、蛮干乱干、违规合作、管理松懈等倾向性问题，严格有偿服务收支两条线管理，严肃查处药材回扣、收受红包等突出问题，进一步规范医疗服务行为，创造良好的医疗环境，以白衣战士的良好形象赢得部队官兵和人民群众的认可和信任。

第四，要着眼实现走在全社会前列的政治要求，把弘扬白求恩敢为人先的创新精神作为发展先进医院文化的时代特征。

白求恩精神诞生于基层，来源于战场，发展于军队，根植于官兵。在白求恩精神哺育下，我军医疗卫生系统涌现出一大批政治坚定、作风优良、医德高尚、技术过硬、官兵至上、恪尽职守的先进典型。以吴孟超"爱党爱国爱民"情怀、华益慰"高尚医德、高超医术"精神、黎介寿"五个特别"风范、黎秀芳"南丁格尔"风格为代表的一批先进模范，激励着广大医务人员，形成"学先进、赶先进、创先进"的生动局面。全国卫生系统也涌现出许许多多的白求恩式先进医务工作者。这些先进典型折射的精神面貌，是医疗卫生系统的宝贵财富，丰富和发展了白求恩精神，成为我们全心全意为人民服务的动力源泉。白求恩同志立足艰苦环境，发明了"白求恩肋骨剪"等器械，创新流动血库、战地输血等技术，至今仍在医学临床闪耀光芒。白求恩同志来到中国贫穷落后农村，并没有降低医疗救治工作的科学要求，注重把科学理论与实际情况结合起来，亲自设计制作换药篮子、土暖水袋、保温送饭桶等简易卫生装备，制造出一些方便实用的医疗器械，为伤病员的火线救治和频繁转移提供了很大的方便。我们弘扬白求恩精神、发展先进医院文化，就要像白求恩同志一样在技术上精益求精和锐意创新，紧跟世界医学创新趋势，坚持面向战场、面向部队、面向现代化，加快研究型医院建设步伐，深化研究型科室、研究型人才、研究型机关规范化建设，不断创新研究型医院诊疗技术、服务模式、运行机制和管理体系，引领医院建设管理和服务保障由经验型向科学型、粗放型向精细型、外延型向内涵型、数量规模型向质量效益型转变，着力构建基础研究和实践应用紧密结合的转化医学创新体系。不断探索疾病的循证化诊断、精细化治疗、健康干预、慢性病防治等新知识新理念；着眼于更多更好地服务患者，研究创新更加安全、方便、价廉、有效的疾病诊治新药物新标准；把防治疾病和促进健康有机融合，推动医学模式由疾病治疗为主向预防、监测和干预为主转变，构建基于现代生命科学技术发展的新体系。

　　当前，我国正处于全面建成小康社会的决定性阶段，经济发展转轨、社会管理转型和医疗服务转变同时进行，医疗卫生事业创新发展的任务繁重而艰巨。希望白求恩精神研究会运用优势，发挥特长，进一步团结带领广大会员单位，密切关注医疗卫生改革发展方向，紧跟医疗卫生工作实际，紧贴人民群众和部队官兵医疗需求，在深化理论探讨、加强工作研究、宣扬先进典型和组织特色活动等方面，进一步更新观念、拓宽思路、狠抓落实，为弘扬白求恩精神、发展先进医院文化、促进医院全面建设作出新的更大贡献。总后卫生部和全军医疗卫生系统将一如既往地支持、配合白求恩精神研究会的工作。

　　同志们，发展先进医院文化事关医院建设的前进方向，事关医院建设的质量效益。学习好、传承好、弘扬好白求恩精神对发展医院先进文化，推动医院科学发展具有重要的现实意义。繁荣发展先进医院文化任重道远，希望通过这次论坛，军队与地方代表互相学习、相互交流、增强共鸣，协调一致地深化拓展白求恩精神的时代内涵，用行动践行精神，用精神构建文化，用文化引领发展，为实现医疗卫生事业科学发展作出新的更大贡献！

　　（注：作者时任解放军总后勤部卫生部副部长，现为解放军总后勤部卫生部部长，本文为作者于2013年3月2日在"弘扬白求恩精神，加强医院文化建设论坛"上的报告。）

# 中国医生亟需补上白求恩精神这一课

钟南山　2012年1月

　　目前一些地方医患纠纷不断，有的医院的医患关系可以说已到了剑拔弩张的地步。近期，广东东莞发生了病人砍死医生事件。在很多患者看来，被砍者是一位非常优秀的老医生。在了解到一些情况后，我提议中国医师协会发表声明，把这一事件调查清楚，给广大医务人员一个交代。我们在帮助医生维权，让医生得到应有的尊重方面，确实还有很多工作要做。

　　同时我也想问问大家，什么场合最容易引发人们的尊重之情？一是宗教场所。不管信奉的是佛教、基督教、天主教，还是伊斯兰教，人们一到教堂、寺庙就会表现得极为虔诚，神圣感油然而生，任何小动作都被视为不敬。二是医院。在绝大多数国家和地区的医院，病人对医生是绝对信任的，对医嘱是基本遵从的，医生怎么说就怎么做。三是课堂。在课堂上，老师怎么教，学生就怎么做。老师都有威严，受到广泛的尊重。

　　为什么这三个职业能受到尊重呢？因为不管是牧师、医师或教师，他们的出发点是为大家服务，他们因付出而获得尊重。现在，我们医疗行业出现的一系列问题，在国外是极为罕见的。比如，广东东莞的这位老医生正低着头写病历，一群人就围上来砍了他几刀。不久前，北京同仁医院的徐文主任被砍一事，人们记忆犹新。

医患关系闹到这个地步，我认为有三方面原因：第一是医疗体制缺乏公益性。尽管我们做了很多努力，但还是不够。2009年全国卫生经费政府投入比例占到27.5%，病人自付占37.5%。估计到2014年，全国医疗经费投入会增加，政府提高到30%，老百姓自付的比例会降到30%左右。如果医疗体制公益性不够，导致医疗服务市场化，老百姓看病要自己掏很多钱，就会引发一系列社会问题。

如何提高政府的医疗投入，是一个世界性难题。要在拥有13亿多人口的中国一下子解决这个问题，我想不太现实。美国在医疗方面的投入已经占到国民经济的15%，依然不能解决所有问题。而2009年的资料显示，我国的医疗开支占GDP的比重只有4.89%。这在世界上是极低的。所以要解决公益性问题，就必须增加政府投入，但同时，我们也要体谅政府，理解国家的渐进性政策。

第二是公平性。目前我国的医疗资源分配不均，大医院技术水平高，但广大的社区基层医院水平差、设备差、基础差，造成广大民众小病一般不看、小病拖成大病；大病在基层医院又看不了，只好都挤到大医院看，看病贵、看病难由此而生。中国的医疗体系好比金字塔，我们的塔尖非常坚硬，但塔基还十分不牢固，而塔体（如县医院）是最差的。在这方面，我主张发挥金字塔尖的带头作用，充分发挥大医院的作用，一家大医院带几个社区医院，并把这项帮扶工作作为医改的业绩来评判，将塔基、塔体建设牢固。

不久前，我参加佛山市第一人民医院的院庆活动，听到医院汇报每年的门诊量增加多少、收入增加多少。但我认为，这没什么值得骄傲的。大医院的门诊量越来越多，是好还是坏？我的看法是，大医院要把所管辖的基层医疗机构都带起来，大医院的门诊量越来越少，疑难病例越来越多，预防工作越做越好，才是正确的方向。

第三，我们不得不承认，由于市场化等多方面的原因，近年来医疗界对人文医学教育抓得很不够。最近医疗行业发生的一些事例说明，医学的人文精神正在沦落。在以市场为主导的影响下，部分医护人员的行为简直是对医生神圣职责的亵渎。

要改善医患关系，医生首先要从自己做起。现在有些医生连起码的底线都没了，给人的感觉是我们所继承和倡导的希波克拉底精神、白求恩精神正在沦落。就像有的人说的，我们的技术不差，能力也不差，差的就是为患者着想的人文精神。

说到底，我们不能等着制度改革，然后再去改善医患关系。如果再不加强医学人文教育，再不提高医生的人文素养，医患关系问题恐怕就很难解决了。

"录音门"事件我就深有体会。大概有30%的病人来找我看病时会带着相机。可能有人只是想拍照留念，但我知道也有人的背包里放了录音笔。对此，我很无所谓。我觉得最重要的是，只要我的心是为病人着想的，就不用担心这些。

当今中国，我们应当倡导怎样的人文医学精神？根据我的体会，最重要的是要真诚信仰和努力践行白求恩精神。一是爱心，就是把伤病员看作是自己的父母和兄弟姐妹，像亲人一样关爱他们，也就是毛泽东讲的极端热忱。二是责任心，白求恩说，"一个医生，一个护士，一个护理员的责任是什么？那责任就是使我们的病人快乐，帮助他们恢复健康，恢复力量"，也就是毛泽东讲的极端负责。三是进取心，绝不满足已有的成就，为救死扶伤，不断攀登新的医学高峰努力学习新知识、探索新领域、钻研新技术、掌握新设备，也就是毛泽东讲的精益求精。做医生，首先应该有这样"三心"。为什么现在很多知名大医院的大专家，对那些风险较大的手术一般都选择不做呢？就因为医疗环境太差，压力太大。但长此以往，中国的医学事业就会止步不前。

我在SARS期间就有过这样的压力。SARS病毒谁都没见过，我们冒了很多险。这件事给我的启发是，不在于治病救人是否成功，只要你努力过，不管成功与否，都能问心无愧。当时我们采取一些手段，有可能成功，但会受到一些谴责，怎么办？最后，我们选择了做，并且成功了。

有一次，我们有一位年轻的女医生到一家医院会诊。当时，一位SARS病人气管切开已经两个多星期了，病情非常严重。这位女医生看了以后，打电话给我："这位病人情况很不好，多器官衰竭。他们希望能转院，我觉得我们可以试试。"我说："你觉得要有希望搏一搏的话，就把他转过来吧。"后来我问这位女医生当时是怎么考虑的，她说："看到病人那渴望活下去的眼神，我心里受不了。作为医生，我就是想救他。"有了这种爱心、责任心和进取心，医生才会懂得做好医患沟通，才会想办法为病人解决问题。

我希望学习践行白求恩精神的最后体现是这样：我们医护人员跟患者不是两方。我们跟患者是一方，另外一方是疾病。我们和患者共同对付疾病。北京协和医院组织了一个淋巴管肌瘤病病友俱乐部。这种病多发生于三十岁到四十岁的女性，病人呼吸功能会逐渐恶化最后衰竭死亡。而这个阶段的女性正处于旺盛的生命期，担负着照顾子女、父母的责任。病人非常绝望，便组织了一个俱乐部互相鼓励。每次俱乐部组织活动，我都能强烈地感受到医生和患者就是一条心。患者对医生是绝对的信任，配合医生开展一些临床试验。甚至有些病人因为得到关怀和鼓励，生命延长了。所以，做医师首先就要学习怎么跟病人心灵相通。一位医生很诚恳地对待病人，病人是看得出来的，他会相信你的！

请不要责怪社会各界对医生不公平。我认为我们首先要从自我做起。我们做好了，我们的爱心、责任心、进取心不断增强，媒体和社会就都会公正地对待医生和医疗行业。作为一名医生，只要觉得有希望，就一定要本着救死扶伤的白求恩精神去救。也许制度优化还需要时间，如今从自我做起才是根本。

（注：作者为中国工程院院士。）

# 我们的信仰是为人类健康服务

王振义

社会上各行各业都有其职业精神，但所有行业的职业精神中都共有两个字，那就是诚信——诚实与信用。很遗憾，当下很多行业都缺乏这种诚信，医疗行业也不例外。北京大学中国社会科学调查中心邱泽奇教授的研究显示，老百姓对就医的总体满意度只有60.3%，对医疗服务的满意度是57.5%。另据权威统计，80%以上的医疗纠纷是由医疗服务态度差引起的。这说明了什么问题？

大家都知道，最近一段时间，医疗纠纷和事故频发。济南一位患者因心梗住院，先后被放进七个心脏支架，花了十多万元，引起社会公众的一片谴责。我就此咨询了一些专业人士，他们表示放进七个心脏支架不是没有可能，但要分时间先后。也就是说，放入七个心脏支架很难简单地说对或不对，这涉及病情病况、患者要求、知情同意及过度医疗等。然而当下，社会舆论对我们医学界非常不利，医生态度生硬、看病马虎、小病大看、索要红包，类似的负面报道每天都有，老百姓的意见也很多。对此，我们应该反思什么？

### 医生要树立正确的人生观和价值观

首先我们来看看医生本身的问题。我觉得，现在有一部分医生思想准备不够，没有认识到医生是一个劳动（包括脑力劳动）强度高、风险大、要有个人牺牲精神的职业。他们只是想当然地以为医生从事公益事业，有社会地位，有较高收入，而没有考虑究竟该怎么做医生，所以无法承受市场经济和物质利益的诱惑。看到别的医生有了小汽车，他们也想有小汽车；看到别人住的房子大，他们就不想住小房子了。归根到底，这些医生缺乏正确的人生观、价值观和世界观。

我们再来看看外部原因。为什么医疗纠纷如此之多？为什么老百姓对医疗界有如此多的情绪？我行医已有六十多年，有一个体会就是社会对医护人员了解不够，对医学本身了解不够。他们不知道医生的劳动强度和精神负担，不知道医生是一个需要终身学习的职业，不知道医学的风险性和复杂性。因此，有的病人要求过高，说："花三千元钱修汽车，两天之后就能上路；花三万元治病，怎么病却越治越严重？"正是在这种不太好的社会氛围下，有的医生选择了"防御性看病"，只要病人及家属提要求，就满足他们。

在医改当中有一个很重要的问题值得注意，那就是舆论环境。社会和媒体要了解和介绍医师职业的性质、难度、强度，多为医生想一想，让医生得到相应的待遇。医生是人，也有人的要求，这一点社会舆论提到的恐怕不多。我年轻时就有这样的体会："人家放假了我不能放假，人家休息了我不能休息。"当然，也有个别病人会在亲见我们的工作状态后感激地说："你们医生真是非常辛苦！为治我这个病，你们花了多少心血啊！"但是，这样的病人毕竟是少数。

### 医生要把解除病人病痛作为最大乐趣和安慰

什么是医师职业精神的核心内容？简单说来，即什么是从医的目标和目的？你做医生干什么？我觉得每位医护人员都要反问一下自己。在这方面，我们有很多榜样。白求恩在1938年已是加拿大收入最高的三十九名医生和世界上最有名的胸外科医生之一，但他选择了参加反法西斯战争的救援工作，最后在中国因手术感染而去世，毛泽东为他写了《纪念白求恩》的文章。从那时起到现在白求恩一直是中国医生的榜样，白求恩精神一直是中国医生的信仰。特雷莎修女接受诺贝尔和平奖时说："我选择了贫穷的人。我代表那些身不披衣、无家可归、体有残疾、双目失明、患有麻风病的人。因为他们感到被人们遗忘，成为社会负担，被社会唾弃。"2011年感动中国十大人物之一的张平宜并不是一位医生，但她深入四川凉山为麻风病人服务，"用爱遮盖上帝的弃儿"。

这些人为什么能够做到毫不利己、专门利人？做到极端负责、极端热忱？只是因为他们有一个信仰。每位医生都应该明确自己学医的目的是什么。在我看来，医生就是为了人类的健康，就要把解除病人的病痛作为最大的乐趣和安慰。我记得白求恩说过："让我们不要对人民说：'你有多少钱？'而是说：'我们怎样才能为你们服务得最好？'"我们的口号应当是："我们是为你们的健康而工作的。"

### 提升职业精神要从医学教育第一课开始

医师职业精神该如何提升呢？这需要一个过程。这是一个自我约束、自我磨炼的过程，而且要从医学教育的第一课开始。记得我上医学院的时候，大学三年级就去平民医院看望那些没有钱治病的人。这帮我们树立了为穷人服务的意识。我的女儿在美国，她曾要求到南美洲为穷人看病。我们的医生就应该到贫穷的地方去看一看、听一听，时时不忘培育自己的爱心。

我常常讲，一个人要从"原我"上升到"自我"，争取达到"超我"。"原我"是指我们每个人都有的天性，比如喜欢吃得好一点。到了"自我"阶段，就有了理性思维。想到多吃会肥胖、不健康，就不吃了。做医生当然也要挣钱养家，但不能用不得当的手段去挣钱。特雷莎修女为我们诠释了何谓"超我"。她愿意离开自己富裕的家庭，去为衣不蔽体的穷人服务。在获得诺贝尔和平奖的时候，她建议主办方取消当天的晚宴，拿省下来的钱去救济穷人。为我们诠释"超我"的杰出医生很多，像白求恩，像吴阶平、林巧稚，等等。

有了正确的职业精神，我们才会不断钻研。因为你看到病人治不好时的绝望，必定要刻苦钻研，进一步提高医疗水平，这样就会解除更多病人的痛苦。有了高超的医疗水平，我们再进一步提升职业精神。这才是一个良性循环。

有了正确的医师职业精神和钻研热忱，我们才有机会获得所期望的成就。我就是在为病人服务的同时，慢慢地有了今天的成就。但当初，我并没有把物质环境的改善和功成名就放在第一位。有人可能会说："你有好的机会，现在得到荣誉了。"其实，我不在乎那些荣誉。我还是和原来一样，只是做了医生该做的事情，并因此得到了很多其他职业得不到的爱。

医生的职业精神还会给你带来爱的回报。今年春节，我收到了一封来自外地患者的信。这位病人找我看病已是二十多年前的事了。他说他现在事业发展得很好，"因为用了您的治疗方法和指导，我活下来了，全家都幸福"。还有一位急性早幼粒细胞白血病的患者，用我们的方法进行治疗，现在已经健康生活了十多年。在这次上海十大感动人物的授奖仪式上，他带着他的父亲、母亲和女儿过来给我授奖。你只有用爱去为他们服务，才能得到爱的回报。这才是医生人生的最高价值，比什么东西都宝贵。

（注：作者为中国工程院院士、上海交通大学医学院附属瑞金医院终身教授、上海血液学研究所名誉所长。）

# 白求恩精神是医药卫生界的光辉旗帜和优良传统

## 在"中国白求恩精神研究会成立大会"上的书面发言

孙隆椿　1997年6月11日

中国白求恩精神研究会成立大会暨第一届理事会今天在北京召开，首先我代表卫生部和全国卫生系统思想政治工作研究会，向大会表示热烈的祝贺！向来自各地的代表致以诚挚的问候。

白求恩的名字在中国家喻户晓，白求恩精神是我们医疗卫生界的光辉旗帜和优良传统，毛泽东同志在《纪念白求恩》一文中，号召全国人民学习白求恩同志对工作极端负责任，对同志对人民极端热忱，对技术精益求精的精神和毫不利己、专门利人的高尚品德。几十年来，伟大的白求恩精神和毛泽东同志的光辉著作，鼓舞和培育了一代又一代卫生工作者，为人民的健康、民族的昌盛、社会的发展作出了积极贡献。

党的十四届六中全会明确提出，要把社会主义精神文明建设摆到更加突出的地位。医疗卫生部门是个特殊的行业，关系到人民群众的身心健康，关系到千家万户的平安幸福。同时，由于医疗工作的特殊性，在医患关系中，医务人员几乎完全起着主导作用。所以，我们要特别强调抓好卫生系统的思想政治工作和精神文明建设，抓好卫生队伍整体素质的提高。我们提倡弘扬白求恩精神，就是从卫生行业的特点出发来开展精神文明建设的，我们要培养出更多的赵雪芳式的医务工作者，通过医疗卫生这个特殊的窗口，把党和政府的关怀送到人民群众中去。

卫生系统正在学习贯彻党中央国务院关于卫生改革与发展的决定，希望中国白求恩精神研究会成立后，旗帜鲜明地宣传和弘扬白求恩精神，开展形式多样的交流和研究活动，为促进卫生系统精神文明建设、促进卫生事业的发展，发挥应有的作用。

最后，预祝大会圆满成功！谢谢大家。

（注：作者时任国家卫生部党组副书记、副部长。）

# 用白求恩精神指导医疗卫生职业道德建设

李超林　2012年9月

为深入贯彻落实党的十七届六中全会精神，增强医疗卫生行业的凝聚力战斗力，更好地调动广大医疗卫生工作者参与改革、投身改革、推动改革的积极性创造性，国家卫生部决定在全国医疗卫生系统开展医疗卫生职业精神大讨论，这是非常及时、非常有意义的事情，对推进医改，加强医疗卫生队伍建设将发挥重要作用。白求恩精神研究会驻会人员进行了认真学习讨论，并组织部分会员单位紧密结合单位实际和行业特点，采取主题征文、专题研讨、座谈交流等形式，对什么是医疗卫生职业精神？怎样概括凝炼医疗卫生职业精神？怎样在深化共识基础上大力宣扬普及医疗卫生职业精神等问题进行了较深入研究。

**概括凝炼医疗卫生职业精神应把握的基本原则**

医疗卫生职业精神的概念，应包含两层含义：第一，它是行业精神，这就要求它具有鲜明的行业特色，必须是医疗卫生行业区别于其他行业特有的精神；第二，它是职业精神，这就要求无论怎样概括凝炼，必须体现医疗卫生行业的职业信仰、职业理想、职业道德、职业操守、职业素养和职业规范。

我们认为，概括凝炼医疗卫生职业精神，应当把握四个原则：一是科学性，必须充分体现以党的创新理论和党的宗旨为指导，以社会主义核心价值观为依据，能够对新时期医疗卫生事业和行业人员思想道德建设有全局性、长远性指导作用；二是继承性，医疗卫生职业精神既是对古今中外优秀医学人文精神的延续发展，更是对我们党九十一年来，特别是建国六十多年来指导卫生工作，发展卫生事业，服务人民健康，培养先进典型等实践活动的总结创新；三是时代性，医疗卫生职业精神要回应时代呼唤和人民心声，要把服务人民健康，和谐医患关系，推进社会进步作为核心要素，把医德医风建设、人文医学教育作为根本任务；四是普遍性，一方面，医疗卫生职业精神是对所有行业人员最基本的职业要求，是不可突破的道德底线；另一方面，它又包含着在道德底线基础上向道德高地升华的空间，是引领医疗卫生及其他行业人员向上向善的精神力量。

## 白求恩精神是医疗卫生职业精神建设的主旋律和永恒主题

我们党创建领导医疗卫生事业的历史和新中国卫生事业蓬勃发展的事实说明，白求恩精神是党领导卫生工作的重要思想基础，是卫生工作、卫勤工作的生命线。不论时代怎样变化、环境怎样改变，对医疗卫生工作而言，白求恩精神始终是管根本、管长远、管方向的思想指南和医疗卫生职业精神建设的主旋律和永恒主题。

首先，白求恩精神是七十多年来医疗卫生战线始终高扬的旗帜。无论是战争年代、建设时期，还是改革开放时期，我们党和广大医务工作者始终把白求恩视为先进性代表和医护人员的楷模，把白求恩精神视为医疗卫生战线的灵魂。毛泽东同志从1938年3月在延安窑洞同白求恩谈话，到1965年8月30日题写"学习白求恩，学习雷锋，为人民服务"，在二十七年时间里，先后七次对全党全军，特别是医护人员学习白求恩提出明确要求。邓小平、江泽民、胡锦涛同志和其他中央领导同志也对学习白求恩、弘扬白求恩精神作过重要题词和深刻阐述。国家卫生部、总后卫生部把评选白求恩奖章获得者和开展"白求恩杯"优质服务竞赛活动作为新时期学习白求恩、弘扬白求恩精神的有效载体。白求恩精神已经成为一种风范、一种楷模、一种准则、一种传统融入医疗卫生战线和广大医务工作者的血脉。

其次，白求恩精神作为先进文化和科学进步的世界观、价值观、人生观，培养了大批先进典型和英模人物。回顾七十多年历史，从柯棣华、巴苏华、马海德、弗莱等国际主义战士，到江一真、钱信忠等新中国卫生事业的开拓者，从黎秀芳、吕士才等英模人物，到新时期涌现出的赵雪芳、吴孟超、华益慰、张新生、刘琼芳等一大批先进典型，无一不是白求恩精神哺育的结果，无一不彰显着白求恩精神教育人、鼓舞人、塑造人的永久魅力。

第三，白求恩精神的普世价值和丰富内涵已被世人公认，它在中国人民和世界人民心中享有越来越崇高的地位。在中国，白求恩的名字已经成为医疗卫生战线最美好形象的代名词，白求恩精神已经成为社会道德最高境界的标识。新的历史时期，白求恩精神随着时代进步和持久传播，受到越来越多西方国家和人民群众的肯定与赞誉。至于第三世界国家的政府和人民群众，他们在新中国半个多世纪的卫生援助、医疗援助中，早已认同了白求恩精神。今天，白求恩精神如植根深厚沃土中的大树，生机勃勃，欣欣向荣；如中国卫生事业的象征和符号，传播友谊，和谐世界。

最后，用白求恩精神指导医疗卫生职业道德建设，是人民群众和医疗卫生行业的强烈呼唤，是医护人员队伍建设的必然选择。从高层决策者到医院管理者越来越意识到，跨过医改深水区，实现医改目标，保障人民健康，和谐医患关系，不但需要经费投入、政策引导，尤其需要良好的职业精神，需要像战争年代和建设时期那样，大力弘扬践行白求恩精神，需要千千万万白求恩式的医护人员。白求恩精神将为医疗卫生战线的改革注入强大动力。

## 医疗卫生职业精神的主要内容和表达形式

医疗卫生职业精神是医疗卫生行业的共同理想和价值追求，是对古今中外医学文化，特别是以白求恩精神为主旋律的中国现代医学人文精神的高度概括和精炼表达。有鉴于此，我们认为医疗卫生职业精神的主要内容和表达方式可以概括凝炼为：救死扶伤、服务人民、热忱负责、精益求精。

救死扶伤。救死扶伤是医疗卫生行业的神圣使命。渗透在中华医学、西方医学中的核心价值理念是拯救生命、扶助伤病。这种价值理念不因国家、种族、出身、信仰、贫富、亲疏等有丝毫改变。它要求医护人员在任何时候、任何情况下，只要有一线希望，一线可能，就不能放弃生命、放弃抢救。面对重大自然灾害、重大社会灾难中的遇险群众，医疗卫生行业必须走在全社会前列。简言之，救死扶伤，践行革命的人道主义，应当成为医疗卫生战线和广大医务工作者的职业信仰和自觉追求。正如白求恩说的："医生的职责就是维护人类的优美无比、精力充沛的生命。"

服务人民。服务人民健康是医疗卫生工作的根本宗旨。毛泽东在多次讲话、题词中都把学习白求恩的出发点、落脚点、归宿点定位于全心全意为人民服务。说明白求恩精神就是医疗卫生战线的为人民服务精神，它在更高层次上体现了中国共产党的宗旨。在改革开放和市场经济大环境下，我们必须旗帜鲜明地坚持医疗卫生事业为人民健康服务的方向不动摇，无论是公立医院还是私立医院、营利性经营还是非营利性管理、有偿服务还是无偿服务，都必须把广大人民群众的生命健康放在第一位。廉洁行医，为群众提供安全、有效、方便、价廉的医疗卫生服务，应当永远是我们坚定的目标。

热忱负责。这是医疗卫生行业，特别是医护人员的基本职业素养。热忱，就是视患如亲，对待伤病员像对待自己的父母兄妹，甚至比父母兄妹还要亲。热忱来自对伤病员的无限同情和深刻理解，表现为时时处处想方设法为他们减轻痛苦、树立信心、延续生命。正如美国著名医生特鲁多所言：对待患者，我们有时会治愈，常常是帮助，总是去安慰，因为帮助和安慰，本身就是医学的组成部分。负责，就是要有高度的事业心、责任心，高标准做好本职工作。要时刻想到医疗卫生事业关系人民健康、患者生命，来不得半点马虎和轻率。每一个岗位、每一个环节、每一次治疗必须尽心尽责、严格程序、一丝不苟。热忱负责既是医疗卫生职业道德的基本规范，也是很高的工作标准和道德标准。毛泽东评价白求恩对同志极端热忱、对工作极端负责，应当成为医疗卫生战线和广大医护人员的不懈追求。

精益求精。精益求精是医疗卫生行业和广大医护人员对待医疗过程、医疗技术、医学科研、医学管理应当秉持的科学态度。精细精密精致，是医学的特征。世界上没有哪一种服务像医学这样精致，这种服务只允许一次成功，不允许重复再来，因为生命是不可重复的。相对于有些行业，医疗卫生行业的"精"有更高的标准，那就是不断创新、不断进步、精中求精、好中更好。这就要求广大医护人员要与时俱进，不可故步自封；要淡泊名利，不可弄虚作假；要矢志攻关，不可浅尝辄止；要争创一流，不可安于现状。当前，我们尤其要大力倡导诚实的科研精神，踏实的学习精神，务实的工作精神，用精益求精的职业信仰，提升医疗卫生工作的服务品质，赢得人民群众的由衷信赖。

（注：作者时任中国卫生思想政治工作促进会白求恩精神研究分会会长，是解放军总后勤部卫生部原副部长，本文原刊《学习白求恩》杂志2012年第3期。）

# 白求恩精神与当代世界

袁永林　2014年10月11日

　　七十五过去了，白求恩并没有因为硝烟散尽而淡出中国人民的视野，也没有因为时代变迁而使后人对他的印象发生改变。在中国、西班牙、加拿大，在亚洲、北美洲、欧洲，白求恩仍然是最具世界影响力的加拿大人。

　　中国人民对白求恩的纪念活动始于晋察冀和延安。其中最具标志性的是毛泽东于1939年12月21日发表的著名文章《纪念白求恩》。在最近三十多年的时间里，这种纪念活动达到高潮。1979年6月，中国改革开放的总设计师邓小平为白求恩国际和平医院题词。1991年，中国卫生部决定在医疗卫生行业开展"白求恩奖章"评选表彰活动。2009年，中国评选出一百名为新中国作出突出贡献的英模人物，六十名影响新中国的外国友人，白求恩名列前茅。在评选"中国缘·十大国际友人"活动中，白求恩以第一名当选。

　　为在全社会大力弘扬和传承白求恩精神，1997年6月，中国前卫生部长钱信忠和解放军总后勤部副部长刘明璞将军发起成立了中国白求恩精神研究会。十七年来，我们和大批矢志弘扬白求恩精神的反法西斯老战士、志愿者一道，组织开展了一系列纪念活动和公益慈善活动，使白求恩精神在大江南北生根开花，在青少年一代中薪火相传。

近年来，围绕他的纪念活动在世界更多地方开展，有关他的研究和著述成果不断涌现，并被翻译成几十种文字在世界各国出版。我们看到，白求恩不仅属于加拿大，属于中国和西班牙，也属于今天的整个世界。我们今天的纪念活动，不仅是中加两国人民的事情，也是具有世界意义的事情，正如加拿大前总督伍冰枝女士所言，白求恩是一个最具世界影响力的加拿大人。

白求恩留给当代世界许多有形的财富，也留下了许多无形的精神财富。随着时光流淌，这笔宝贵的文化遗产更显示出巨大的现实意义。下面，我想从四个方面谈一谈白求恩精神与当代世界这个主题。

## 白求恩是世界和平的捍卫者

白求恩启示我们建设和谐世界，必须反对一切形式的霸权主义、强权政治和恐怖主义。

白求恩认为，任何对法西斯的默许和纵容都是可耻的行为。他坚决反对拿西班牙和中国的利益与德、意、日法西斯做交易。他说："如果法西斯在西班牙、中国取胜，将会助长它在其他国家进行扩张。那么欧洲，然后是加拿大和美国，就会陷入一个恐怖黑暗的时代。"后来的德国入侵波兰和苏联，日本发动太平洋战争，无不证明白求恩深刻的洞察力。

当今世界，和平与发展仍然是时代主题。但威胁世界和平的不稳定、不确定因素很多，霸权主义、强权政治、恐怖主义正在对世界和平构成威胁。我们纪念白求恩，就是要继承他的和平主义思想，坚持要和平不要战争，要发展不要贫穷，要合作不要对抗，推动建设持久和平、共同繁荣的和谐世界。同时对破坏世界和平、动辄诉诸武力或以武力相威胁的行为要予以制止，对一切形式的恐怖主义要坚决反对，中国人民愿同各国人民一道，为人类和平与发展的崇高事业不懈努力。

### 白求恩是国际主义的践行者

白求恩启示我们，国家和民族间的平等相处与相互支援，是世界共同发展进步的强大动力。

白求恩是一名伟大的国际主义战士，他把西班牙人民、中国人民的解放事业看作是自己的事业。在西班牙，白求恩冒着炮火，穿行在国际纵队的战壕里救死扶伤，苏醒后的伤员眼含泪水、用各种语言向他致敬。在北美大陆，白求恩在几十座城市开展募捐演讲，为西班牙人民筹得大批善款。在中国战场，白求恩很快适应了艰苦的作战环境。他把自己当作八路军的一员，不但严格要求自己，而且对医务人员进行严格培训。为解决八路军缺医少药的困难，他一遍遍向世界呼吁，帮助抗战的中国军民。白求恩以完全平等的态度对待中国人民和八路军战士，他告诉人们："你们和我们都是国际主义者，没有任何种族、肤色、语言和民族界限能将我们区别开来。""如果说我们今天帮助了你们，我相信，当我们需要的时候，你们也会来帮助我们。"

今天，中国人民持续了半个多世纪的援外医疗队活动，就是在履行国际主义义务，就是在践行白求恩精神。五十多年来，中国先后向六十六个国家和地区派出医疗队员两万三千人次，累计诊治病人达两亿七千万人次。我们相信，由白求恩播下的国际主义种子已经深深扎根于这个世界，他的国际主义精神必将推动世界各国各民族人民相互支援，共同进步。

### 白求恩是人道主义的先行者

白求恩启示我们，人道主义应当具有最大的包容性，必须把人类的健康权，特别是发展中国家人民的健康权放在第一位。

实现医疗社会化是白求恩最高的人道主义理想。他最初想通过技术进步拯救肺结核患者，但他发现，"外科医生在手术台上治疗的只是肺结核在人体上产生的严重后果，可是治疗不了产生肺结核的社会原因"。在那个时代，医疗现象表现为"医学发达，却健康不足"。因此，他主张要在加拿大实行医疗社会化，并认为这是最人道的医疗制度。

在中国战场，白求恩不顾安危，救死扶伤，创造了许多野战外科纪录。他对伤病员极端热忱、极端负责，把他们看成自己的父兄，甚至比父兄还亲。他告诉医护人员："一个医生是不能从病人面前昂首而过的。"这一教导让晋察冀的医务工作者感动终身，受益终生。

今天，人道主义精神已经成为人类的共识，制止人道主义灾难成为世界各国的职责。我们看到，在爆发战争、瘟疫的地方，有成千上万的军人和志愿者像白求恩那样挺身而出。我们相信，在各国人民的共同努力下，人道主义的光辉一定会普照世界，造福世界。

### 白求恩是高尚道德的示范者

白求恩启示我们，无私利人的奉献精神是感召世人的灯塔，要把道德建设作为推进社会文明进步的奠基工程。

白求恩无私利人的高尚品德贯穿其一生的工作和生活。1926年夏天，他患上了肺结核。这种病在当时如同今天的癌症一样可怕。在特鲁多疗养院，白求恩放弃"静养"疗法，要求医生对他实施"人工气胸疗法"，手术的成功为那一时期的患者，找到了用外科治疗肺结核的方法，这是他为人类健康事业作出的一大贡献。病愈后的白求恩决心为人类福祉作出更大贡献。他在贫民区开展义诊，为不能支付医药费的穷人看病，他发起成立了蒙特利尔人民健康委员会，敦促政府关注穷人的健康问题。

白求恩无私利人的伟大精神集中表现为他不怕牺牲，视死如归的英雄情结。他说："前线就是刺刀见红的地方，那里每一刻都可能成为人生最后的一刻。"白求恩不惧死亡的召唤，抱定不惜牺牲的决心援华抗战，这是中国人民永远不能忘怀的。白求恩无私利人的伟大精神在晋察冀前线为军民敬仰。他把医疗队设置在距火线几公里，甚至不到一公里的地方，只是为了使伤员早一分钟得到抢救，而从不考虑自己的安危。他几乎每天工作都在十八个小时左右，甚至连续三四天不睡觉。他任何时候都对伤病员和蔼可亲，关心备至。毛泽东评价他是"毫无自私自利之心的人"，是一个高尚的人、纯粹的人、有道德的人、脱离了低级趣味的人，有益于人民的人，号召中国人民都要学习他。

白求恩无私利人的伟大品格启示我们，一个社会的进步与发展，不但要靠物质的力量，更要依靠精神的力量和道德的力量，在一定意义上，世界的发展，中国的复兴不能只是经济上的，物质上的，更应当是文化上和道德上的。我们这一代人的一个历史责任，就是让下一代人从精神上富裕起来，从道德上强大起来。让白求恩精神成为当今世界走向文明、和谐、强大的伟大动力。

（注：作者为白求恩精神研究会会长，是解放军总后勤部卫生部原副部长，本文是作者于2014年10月11日在"纪念白求恩逝世七十五周年中国加拿大国际论坛"上的演讲。）

# 让白求恩之花遍地开放

戴旭光　2009年10月31日

　　七十年前一个冬日凌晨，一位伟大战士走完了生命的最后旅程。一个月后，毛泽东主席发表《学习白求恩》一文。从此，一个伟大的名字响彻神州，一种伟大的精神教育和影响了一代又一代华夏儿女。小学时我曾熟背《纪念白求恩》等"老三篇"，参加过地区"活学活用积代会"，白求恩精神至今仍激励着我成长进步。自2001年7月奉命任白求恩军医学院政委开始，我就和白求恩的事业结下不解之缘，也踏上了白求恩精神的认识之路、实践之路和光大之路。

## 不断认识白求恩精神的深刻内涵

　　白求恩精神是共产党人精神宝库的奇葩。从孕育到诞生，白求恩精神就和中华民族的前途命运紧紧地结合在一起，就和中国人民反抗侵略的伟大革命实践紧紧地结合在一起，就和我党我军的中心任务紧紧地结合在一起。1938年初白求恩来到中国，接受了毛泽东、朱德等老一辈革命家的当面教导，尤其在晋察冀战区与聂荣臻、江一真等并肩战斗中，精神受到洗礼，思想得到升华。他说："你们教给了我忘我的精神、合作的精神、克服困难的精神。"面对艰苦条件和生死抉择，他一再表示，"八路军的生活虽然相当苦，但我是为了理想来到这里的，过得很快乐"；"我是来工作的，不是来休息的，你们要拿我当一挺机关枪使用"；"做军医工作就是要和战士在一块，就是牺牲了也是光荣的"。长期的学习思考使我认识到，白求恩精神主要是亨利·诺尔曼·白求恩本人在特定的历史环境中，用非同寻常的言行和生命创造出来的，同时也融进了柯棣华、弗莱等国际友人的英雄思想，融进了八路军和边区人民不屈不挠、无私无畏的革命精神，融进了我们共产党人为共产主义奋斗终生的崇高理想。但对这种精神的概括和提炼，则是以晋察冀边区为代表的广大抗日军民特别是毛主席老人家完成的，是中国共产党人先进精神的浓缩和升华。

白求恩精神同样具有与时俱进的品格。从1939年以来，有关白求恩和白求恩精神的著述可谓浩如烟海，见仁见智。我认为毛主席的概括是最准确、最全面、最深刻，也是最生动的，至今读来仍让人感到精神振奋、信心倍增。毛主席认为，白求恩的精神是国际主义和共产主义的精神，主要内容集中在三个方面：一是"对同志对人民的极端的热忱"的精神；二是"对工作的极端的负责任"的精神；三是"对技术精益求精"的精神。"热忱""负责""精益求精"八个字，可以说是对白求恩精神若干本质方面最具体而又最简括的提炼，"热忱"是坚定的阶级情感，是医者无私的大爱；"负责"是以人为本的强烈使命感，是积极忘我的工作态度；"精益求精"是忠诚事业的科学精神，是对真善美的执着追求。曾有人认为白求恩的时代早已过去，再讲白求恩精神不合时宜，要求"毫不利己、专门利人"是抹杀个人利益。其实，"热忱，负责，精益求精"三个方面，集中反映了共产党人特别是医务工作者忠于使命、服务人民、献身事业的至臻理念、崇高追求和优秀品质，至今仍光芒四射没有过时，而且会随着时代的进步不断丰富和发展。在新的历史起点上弘扬白求恩精神，应当密切联系贯彻落实科学发展观的伟大实践，突出"以人为本"这一核心，全心全意为人民的健康服务；应当继续塑造高品质"白求恩传人"，培养构建和谐社会的浩荡大军；应当牢固树立"精益求精"、"精益求新"的理念，不断拓展白求恩精神的时代内涵。

白求恩依然是医学界一面无与伦比的旗帜。古今中外，医、药、护、技各行业，大家林立，灿若群星，值得我们景仰、效法者不计其数。但我认为，当今中国的医疗卫生战线，白求恩仍然是一个伟岸雄奇、光彩夺目、极具影响力的形象，白求恩精神仍然是一面光华独具、指向胜利、极具感召力的旗帜，而且尚无一人、尚无一种精神能够取而代之或与之比拟。从希波克拉底、盖伦到胡弗兰德、南丁格尔，从扁鹊、华佗到孙思邈、李时珍，虽然都是名医大家，或是朴素人道主义的化身，但都不可能像白求恩那样，有着伟大的国际主义和共产主义理想，都不可能有着代表先进文化前进方向的革命精神和高尚医德。新时期涌现出来的我校老校友姜泗长、华益慰，以及吴孟超、李素芝等医学大家和楷模，都是在白求恩旗帜下成长起来的。在最近的一次网络人物大评比中，白求恩以高出第二名六十多万票的绝对优势，名列"中国缘·十大国际友人"之首。所以，无论是过去还是现在，甚至在未来很长一段时期，白求恩及其精神都是我们医学界难以超越的光辉旗帜，正如恩格斯评价古希腊文明时所说的那样，至今仍是"一种标准和不可企及的典范"。

**探索弘扬白求恩精神的实践之路**

坚定不移地将白求恩的旗帜高高举起。我工作过的白求恩军医学院，与白求恩医科大学、白求恩国际和平医院同根同源，一脉相承，都是由1939年白求恩亲自倡导并参与创建的"白求恩学校"发展而来的。七十年来，不管社会形势怎样变幻，编制体制如何调整，军医学院始终坚持以弘扬白求恩精神为己任，坚定不移地高举白求恩的旗帜。我到任后，学习许多老前辈的榜样，自觉承担起"举好白求恩旗帜、光大白求恩精神、培育白求恩传人、跑好白求恩事业接力棒"的崇高使命，与时任院长的张雁灵同志，带领学院党委一班人以强烈的责任感、使命感和紧迫感，不断开拓创新，积极探索用白求恩精神建院育人的新路子。我们坚持以"弘扬白求恩精神，争做白求恩传人"为院训，概括凝炼并大力培育"热忱负责、精益求精"的院风，扎扎实实地做了一些工作。即便在2003、2004年体制编制调整、学院处于极度艰难时期，我们依然制订并实施了名曰"举旗行动"的内部计划，旨在通过一系列卓有成效的工作，继续高举白求恩这面"旗"，继续浇灌白求恩精神这个"根"，继续绵延白求恩传人这条"脉"，继续巩固中加友谊这座"桥"，让白求恩精神永远传承下去，不断发扬光大。

坚持不懈地将白求恩的精神作为育人之魂。根据军医学院地位、作用、现状和特色，我们把"白求恩传人"的培养目标定位在基层部队"信得过、用得上、留得住"的高素质医护人才上，首创白求恩精神"进入教材、进入课堂、进入学员思想"的育人模式，形成了一套"系统讲授、学科渗透、主题活动、典型滚动"相结合的系统、规范、操作性强的育人体系。通过开设白求恩精神专题课，系统讲解白求恩的生平事迹和精神实质；通过直接渗透、间接渗透、随机渗透、重点渗透，将白求恩精神教育渗透到各门课程的教学中；结合新生入学教育、实习教育、毕业教育及各种纪念日等环节，将白求恩精神寓于各项主题活动中，组织参观白求恩纪念馆、观看《白求恩大夫》影片、开展"以白求恩为表率，比觉悟、比作风、比技术、比奉献"竞赛、举办"白求恩精神永放光芒"主题文艺晚会、"永远沿着白求恩足迹前进"宣誓、"献身国防、扎根基层，争做白求恩传人"主题演讲、"以实际行动践行白求恩精神"主题报告会等系列活动；充分运用赵雪芳、吴登云、石磊、卢鹏、乌兰吉等一大批白求恩传人的典型事迹，对学员进行白求恩精神教育，增强了教育的认同感和说服力，开创了一条行之有效的综合育人路子，形成了一种不怕困难、积极进取、争先创优的校园文化，涌现出一大批热爱边疆、扎根基层、勇于吃苦、乐于奉献的优秀医护人才。

坚韧不拔地将白求恩的事业发展壮大。在弘扬白求恩精神问题上，党委一班人思想很一致，不是把它当作"敲门砖"或权宜之计，而是把它当作一项事业来奋斗。我们先后成立了常设的白求恩研究机构，扩大了研究范围，逐渐发展成为在国内外有一定影响的研究机构。编辑出版了获国家出版奖的《白求恩》和《白求恩军医学院》大型画册，共收集白求恩生前和身后流传于世的珍贵照片两百余幅，撷取白求恩文稿和著述言论一百多条。研制开发了获得全军电教成果一等奖的《白求恩精神光耀千秋》教育系统软件，共录入五百多万字文字资料、三百多幅图像资料、八十多幅题词手迹及十二小时的影视资料，至今仍是规模最大、层次最高、资料最翔实的"大全式"白求恩精神资料库。设计竖立了目前国内唯——尊大型白求恩铜像，也是唯——尊白求恩坐姿塑像。捐资建设了唐县牛眼沟村白求恩希望小学，后来还得到许多老同志和白求恩弟子的关照。在国际交往上，学院几任领导，先后与格雷文赫斯特市市长约翰·克林克先生、加拿大白求恩纪念馆馆长斯考特·戴维森先生、柯棣华印度亲属及许多热心于白求恩的友人互访交流，在科技、学术、教育、文化等领域建立了广泛、稳定的交流培训机制，积极推动白求恩精神走向世界的步伐。我们的工作，先后得到军委总部首长、军内外朋友和国际友人的肯定和赞扬，我们的老校友、总后勤部原副部长刘明璞中将称赞我们是弘扬白求恩精神的"旗手"和"生力军"。

**建立光大白求恩精神的长效机制**

多年来，白求恩其人其事其精神，毛主席文章蕴含的深刻思想，"白研"界和老"白校"前辈们不遗余力弘扬白求恩精神的事迹，一直在激励和鞭策着我。我想，光大白求恩的精神，培育白求恩的传人，延续白求恩的事业，特别是如何建立一套长效机制，既是党政军机关和全社会的事，更是我们这些与白求恩有"血脉"渊源的组织和个人义不容辞的责任。这里，我想把自己一些零星的、未必准确的思考和建议提出来，供大家参考。

一是恢复"香火"传承的门户。众所周知，在高校"兼并洪流"中，地方院校"白求恩"的名字不知不觉地被丢弃了；在体制编制调整中，军队院校"白求恩"的牌子有意无意地被摘掉了；在社会多种思潮激荡中，各行业以"白求恩"命名的机构功能或多或少地被淡化了，这些已经给白求恩精神的弘扬带来了难以估量的损失，已经给白求恩传人的培育带来了难以估量的危害，已经给白求恩事业的延续带来了难以估量的影响。因此，我们要建议政府、呼吁社会，坚决抵制各种"去白化"倾向，恢复白求恩医科大学、白求恩军医学院等"白字头"单位的名号、番号和相关建制编制，以延续好"白求恩门户"的"香火"，保护好承载我党我军优良传统和国际主义、共产主义精神的特有载体。

二是整合"白氏"机构的力量。七十年中，随着白求恩英名及其精神的广为传播，尤其在全国人民学习"老三篇"和建设精神文明的热潮中，以白求恩、柯棣华等人命名的学校、医院、站所、纪念馆、共青团和少先队组织、志愿者式的突击队、"白杯"获得单位、研究机构等，曾如雨后春笋般涌现。尽管相当一段时期以来有所减弱，全国的"白氏"机构、组织和相关单位仍不少于两百家。现在，如何将这些"各自为战"的力量凝聚起来，将点点星火连成片片，以至形成燎原之势，是值得我们认真思考和解决的问题。比如，能否对现有组织和机构进行整合和融合，成立一个具有国家一级学会规格的、能够更好发挥"龙头"作用的白求恩组织，制定基本的规章和制度，理顺自身"体系"及与上下左右、方方面面的关系，依靠党、政府和社会的支持，将零散的行业、部门和组织意志变为集中的国家意志，有效激发和调动热心白求恩事业的社会各界力量的积极性创造性，共同参与到光大白求恩精神的事业中来。

三是丰富"光大"活动的载体。为了进一步强化白求恩在医疗卫生界的独有地位和独特影响，引领医德医风等行业风气建设方向，提升白衣战士、白衣天使的职业境界，促进民族健康事业的科学发展，有必要在光大白求恩精神的"活动"、"载体"或"平台"上下更大的工夫。可否将"白求恩奖章"、"白求恩杯"等评选活动转由白求恩的机构组织实施，国家行政机关予以支持，同时进一步拓展和创造用白求恩命名或与白求恩精神内涵相一致的争先创优活动形式，如以"热忱，负责，精益求精"为主要标准和条件，分别设立医德医风、医务技术、医院管理、终身奉献、国际援助与合作等各类评比项目，逐步完善系列表彰奖励制度。此外，还可创办全国性的白求恩报、白求恩杂志、白求恩网站等系列媒体，为宣传白求恩精神提供广阔的舆论平台；设立全国性的"白求恩日"，届时组织开展大规模的义诊、宣传等活动，进一步扩大白求恩精神的影响；定期举办国内国际白求恩精神研讨会，由"白氏"相关单位"轮流坐庄"承办，不断深化白求恩精神理论的研究和指导等等。

四是壮大"辐射"社会的实力。光大白求恩精神需要满腔热情，应当大力倡导"用白求恩精神宣传白求恩精神"，同时也需要一定而且稳定的经济实力做支撑。可否从持续发展、长远发展的高度，谋划好、建设好、经营好已有的实体，同时采取多种形式、多种渠道、多种融资方式，创办一些医院、医药企业、现代健康咨询机构以及基金会、杂志社等实体，增强自我"造血"功能，为光大白求恩精神的事业提供可靠的物质保障，让白求恩精神更好地辐射全国、走向世界。

我现在工作的第四军医大学，与白求恩军医学院一样，也是一所诞生于抗战烽火中、深受白求恩精神熏陶和影响的八路军卫校，有两所附属医院都是由延安红军中央医院发展而来的，战争年代就与"老白校"互通师资，血脉相连。2004年，白求恩军医学院整编转隶第四军医大学后，我们真正成了"一家人"。在长期的建设发展中，四医大先后形成了"富于理想、勇于献身"的张华精神，"奋不顾身、救死扶伤"的华山抢险精神，"发奋学习、报国为民"的模范学员大队精神，"躬身搭桥、挺身作梯"的育人大师李继硕精神，以及"报效国家、敢于牺牲"的自卫反击精神，"赴汤蹈火、在所不辞"的抗击"非典"精神等，尤其是近年来，又先后凝炼了"生命至上、使命至诚、医术至精、意志至坚"的赴川抗震救灾医疗队精神,"使命高于一切,精准胜于一切,英姿靓于一切,意志坚于一切,团队重于一切"的三军女兵方队精神,"至精至爱、效国效民"的大学精神,以及"精品建校、阳光治校"发展方略,这些都是对四医大优良传统和精神的继承发展,同时也是四医大人在新时期对白求恩精神的传承和光大,白求恩精神早已成为四医大精神宝库的重要内容。今后,我们将一如既往地履行光大白求恩精神的神圣使命,坚持用白求恩精神建校育人,积极申办全军全国的相关活动,热情欢迎致力于白求恩事业的各级领导、各界朋友莅临学校视察指导、共谋"光大"之策,在努力建设"国际先进的研究型军医大学"的同时,也将第四军医大学办成光大白求恩精神的基地、培育白求恩传人的摇篮、延续白求恩事业的沃土,让白求恩之花在华夏大地、在枫叶之乡、在普天之下遍地开放!

（注：作者系第四军医大学政治委员，本文是作者于 2009 年 10 月 31 日在全国卫生系统第二届"白求恩精神论坛暨中国卫生思想政治工作促进会白求恩精神研究分会成立大会"上的讲演。）

# 白求恩精神与红色军医文化建设

高占虎　2012年4月

　　胡总书记在党的十八大报告中强调，必须推动社会主义文化大发展大繁荣，发挥文化引领风尚、教育人民、服务社会、推动发展的作用。在全党全军深入学习贯彻党的十八大精神的新形势下，由总后卫生部主办，白研会和南京军区南京总医院承办的"白求恩精神论坛"隆重举办，这是以实际行动贯彻落实十八大精神的有力举措，对繁荣发展先进军事文化具有十分重要的意义。下面，我围绕"深入学习践行白求恩精神，大力推进红色军医文化建设"谈几点体会。

## 白求恩同志是红色军医的楷模

　　1931年11月，我党在江西瑞金创办了中国工农红军军医学校，毛泽东、朱德为学校确立了培养"政治坚定、技术优良"红色军医的办学方针，第一次提出了"红色军医"的概念，其实质就是"德才兼备、以德为先"。白求恩同志就是红色军医的杰出代表。

　　白求恩同志的"红"，主要体现在：一是对理想信念无比坚定。他把政治凝聚在手术刀里，用手术刀向敌人做无畏的战斗。支撑他的就是坚定的共产主义信念。他说："我是共产党员，我已选定了道路。我辞去胸外科主任的职务来到这里，我断了后路，再不回头了。"他庄严宣誓："我信仰马克思主义，并决心为这个伟大信仰而战斗到最后一刻。"二是对工作极端负责任。他向毛泽东提出："我请求到前线去，到晋察冀根据地去，一个军医的战斗岗位应该是离火线最近的地方。"他带领医疗队冒着枪林弹雨抢救伤病员，毫不犹豫地把自己的鲜血输给伤病员。1938年11月，他到三五九旅参加战地救护，在一座破庙里连续工作四十个小时，做了七十一例手术。1939年10月20日，他原定启程回国募集药品器材，可就在这一天，日寇发动了大规模"冬季扫荡"，他毅然留下参加战斗，在为伤员手术时左手中指被感染，最终献出了宝贵的生命。三是对同志对人民极端热忱。他经常对医护人员说：必须把每一个病人看得比你的兄弟、你的父亲还要亲，因为他是你的同志。"能抢救一个伤员，能为伤病员减轻一分痛苦，就是我们最大的愉快。"他以多救治伤员为最大满足，不知疲倦地为伤病员服务，临终前他在遗书中写道："我唯一的希望就是多有贡献！"

白求恩同志的"专"，主要体现在：一是对技术精益求精。虽然他是世界知名的胸外科大夫，但他从未停止过在医学领域的探索，每次手术前都要细致观察伤情，认真研究手术方案，以求最大限度减少伤残，许多生命垂危的伤员经他的治疗起死回生。朱德同志说："他的技术是高明的，在我军为第一位，但仍精益求精。"二是善于总结创新。为适应恶劣的战争环境，他对怎样手术、怎样转移、怎样救护做了仔细研究，创造了"白求恩疗伤模型"，发明了"消毒十三步法"，设计推广了"卢沟桥"药驮子和"白求恩换药箱"，编写了《游击战争中师野战医院的组织和技术》等二十多种教材。三是重视人才培养。他曾说："卫校应该把第一流的人才集中起来，培训医务干部，这不仅是战争的需要，也是将来建设新中国的需要。""我们对中国人民的帮助，最主要的是培养人才。"他创办晋察冀军区卫生学校，无偿捐赠自己的X光机、显微镜、手术器械等。他创建模范医院，成立"特种外科医院"，为医护人员讲课和手术示范，为我军培养了一大批优秀人才。

### 白求恩精神是培养新时代红色军医的灵魂

学习践行白求恩精神是党中央和中央领导同志的一贯倡导。1939年12月21日，毛泽东写下了《纪念白求恩》一文。1965年8月30日毛泽东又题词："学习白求恩，学习雷锋，为人民服务。"1979年邓小平题词："做白求恩式的革命者，做白求恩式的科学家。"1997年江泽民题词"继承和发扬白求恩精神，全心全意为人民服务"。胡锦涛同志也高度赞扬和倡导白求恩精神。1991年国家卫生部设立的白求恩奖章，是对卫生系统模范个人的最高奖励。白求恩精神所承载的红色基因、精神内涵和价值取向，始终是时代进步的强大动力。

一、学习践行白求恩精神是培育当代革命军人核心价值观的重要途径。白求恩毫无自私自利之心，是一个高尚的人，一个纯粹的人，一个有道德的人，一个脱离了低级趣味的人，一个有益于人民的人。今天，他的伟大精神，已深深融入社会主义核心价值体系建设之中。白求恩用短暂的生命，为我们培育当代革命军人核心价值观树立了一座永远的丰碑。他向我们诠释了忠诚于党的政治信仰，热爱人民的朴实情感，报效国家的崇高理想，献身使命的不懈追求，崇尚荣誉的道德情操。白求恩的崇高品质闪耀着共产主义光辉，是践行当代革命军人核心价值观的楷模。军队卫生战线官兵应当用白求恩精神砥砺品格、升华境界，真正使白求恩精神内化于心、外化于行。

二、学习践行白求恩精神是提高卫勤保障力、履行打赢使命的内在要求。白求恩以支援中国民族解放为己任，为抗日前线提供了有力的医疗保障。他说："做军医就要和战士在一块，哪怕牺牲了也是光荣的。"他是O型血，他把自己作为万能输血者，他说"能输血救活一个战士，胜于打死十个敌人"。我们学习践行白求恩精神，就要始终以国防和军队建设为己任，培育过硬战斗精神，提高保障打赢能力和完成多样化卫勤保障能力。

三、学习践行白求恩精神是加强医德医风建设、促进社会和谐的现实需要。白求恩精神已在中国共产党和中国人民中间形成一种风范、一种准则、一种传统，成为促进社会和谐的巨大道德力量。当前，医疗卫生行业还存在"看病难、看病贵"、部分医务工作者不讲职业道德等现象，医疗责任事故时有发生，影响了社会和谐稳定。解决这些问题，就要践行白求恩精神，强化宗旨意识，按照党的十八大确立的为人民健康服务的方向，勤勉工作，改革创新，为患者提供安全有效方便廉价的医疗服务。

四、学习践行白求恩精神是军医大学办学育人的必然选择。党的十八大报告强调，要"把立德树人作为教育的根本任务"。我们军医大学要培养"对党忠诚、为兵爱民、品德高尚、敬业奉献、追求卓越"的新型军事医学人才。我军在不同时期涌现出以模范军医吕士才、舍己救人的医学生张华、人民的好军医华益慰、模范医学专家吴孟超和我校烧伤医学奠基人黎鳌等为代表的白求恩式的红色军医群体。这说明白求恩精神与红色军医精神一脉相承，有着共同的历史积淀、共同的价值取向、共同的实践基础，都具有跨越时空的强大力量和与时俱进的时代品格，在育人功能上具有高度一致性。学习践行白求恩精神，对于培养德才兼备的红色军医具有根本指导性、鲜明导向性和现实针对性。

## 在弘扬白求恩精神中推进红色军医文化建设

2011年4月，我们在深入学习党史军史校史基础上，提出大力培塑具有时代特征、行业特色、单位特点的红色军医文化。我们认为，红色军医文化是在长期革命建设改革实践中积淀形成的，它以党的创新理论为指导，以理想信念和革命传统为精神支柱，以培养打得赢、不变质的又红又专军事医学人才为目标，是军事医学特色的精神文化、物质文化和制度文化的总和，其灵魂是当代革命军人核心价值观，其功能是铸魂育人。"红色"是党旗、国旗、军旗的颜色，是红五星和八一军徽的颜色，是武装力量卫勤标志红十字的颜色，象征着方向、革命、先进和胜利。红旗、红星、红军、红色医院、红色卫生、红色政权等等，这些以"红"字构成的革命称谓，已经成为一种红色文化，滋润着我党我军的成长壮大。红色军医文化中的"军医"，泛指国防卫生事业和军队医务工作的所有人员。白求恩是红色军医的光辉典范，其精神已经成为中华民族优秀文化的组成部分。我们大力发展先进军事文化，就要把白求恩精神融入红色军医文化体系建设，进一步弘扬主旋律、传播真善美、提振精气神。

一是把握精神内涵，丰富红色军医文化体系。红色军医文化的提出，是传承优良传统、弘扬白求恩精神的具体实践。去年6月，学校赴遵义开展主题教育活动，在红军山瞻仰祭奠革命烈士时，发现了被当地老百姓当作菩萨来祭拜的一尊女红军卫生员铜像，据考证，这是我校钟有煌老校长随红军长征到达遵义时，所在营的卫生员龙思泉，以他为民治病英勇牺牲的事迹为原型塑造的，由此找到了三医大与红色军医的血脉联系。今年年初，校党委按照校园文化建设要系统化、规模化、品牌化的思路，将红色军医文化丰富拓展为红心向党的铸魂文化、红盾为战的使命文化、红医大爱的道德文化、红才辈出的创新文化、红警长鸣的廉政文化、红旗必夺的创争文化、红火和谐的人本文化、红屏闪亮的网络文化、红壤孕育的环境文化、红线严守的安全文化等十大内容体系。通过近两年的培塑实践，红色军医文化得到全校上下的广泛认同。今年3月3日我校新时期红色军医——新桥医院心外科肖颖彬主任出席全军学雷锋先进典型座谈会，通过全军政工网介绍了"做党放心人民满意的红色军医"的体会；4月20日我代表校党委出席全军"发展先进军事文化与培育当代革命军人核心价值观"理论研讨会，介绍了我校培塑红色军医文化的做法，得到总部领导和与会代表肯定；7月13日总后基层文化现场观摩会在我校举办，我们向总后首长、与会代表展示了红色军医文化建设成果。总后刘源政委强调指出，红军是我们的老祖宗，我们是红军的传人。军医大学要培养什么样的人呢？就是红色军医。下一步，我们要加深理解白求恩精神的丰富内涵，把它作为红色军医文化的重要支撑，融入红色军医文化十大内容体系建设之中。

二是创新实践载体，拓展红色军医文化培塑渠道。一直以来，我们将白求恩精神拓展到服务军民、卫勤保障等重大活动中，创建白求恩示范医院，争做白求恩式军医，开展"健康军营行""雪域高原行""边疆海岛行"等活动，举办"红色军医送健康"义诊服务，定期慰问看望老红军、孤寡老人和留守儿童，始终保持姓军为兵服务方向，模范践行我军宗旨。成功研制我国首列卫生列车和系列装甲救护车，圆满完成亚丁湾护航、和平方舟卫勤保障任务、"和平天使—2010"中秘人道主义国际救援联合作业和"合作精神—2012"中澳新人道主义救援减灾联合演练，选派军事观察员参加国际维和行动，使白求恩精神在世界发扬光大。出色完成抗击雨雪冰冻灾害、舟曲泥石流医疗救援行动，特别是在汶川、玉树、彝良抗震救灾中敢于担当、主动作为，两次被党中央、国务院、中央军委授予"全国抗震救灾英雄集体"荣誉称号。我校第一附属医院被重庆市评为白求恩示范医院。

三是建立长效机制，大力推进红色军医文化建设常态化。我们把白求恩精神作为思想政治教育的重要内容，渗透到理论课程和经常性教育之中，扎实推进红色军医文化进课堂、进工作、进基层。开展本科生德育模式研究，根据学员个性特点和不同学习阶段，全程记录学员的思想、心理成长轨迹，把握学员的成长规律，为培养白求恩式的人才队伍作了深入探索。坚持推行风气建设"两月四周"长效机制和领导干部"三省"、机关干部"三励"等制度，营造了风清气正、和谐稳定的浓厚氛围。今年7月，我校修建了白求恩、雷锋和"红医魂"等七尊英模人物和医学名家雕像，进一步发挥了先进文化的熏陶功能。从今年起，我们将利用白求恩诞辰日、毛泽东发表《纪念白求恩》纪念日等时机，广泛开展"学习白求恩精神、做红色军医传人"系列主题活动，不断推动学习白求恩活动的常态化、长效化。

（注：作者系第三军医大学政治委员，本文为作者于2013年3月2日在"弘扬白求恩精神，加强医院文化建设论坛"上的发言。）

# 弘扬白求恩精神  为社会主义建设服务

## 全国首届白求恩精神研讨会上的总结

李九如  王甲午  1991年12月

为了纪念毛泽东光辉著作《纪念白求恩》发表五十二周年，弘扬白求恩精神，中国人民对外友好协会、全国卫生系统思想政治工作研究会、中国卫生宣传教育协会和白求恩医科大学北京校友会于1991年12月在北京联合举办"白求恩精神研讨会"，共有十九个省、市的代表两百人出席了会议，有关领导为会议题词，王平同志到会，韩叙会长致辞，有关领导作了重要讲话。会议共征集了论文两百一十七篇，其中大会上宣读二十五篇，分组会上宣读五十五篇，书面交流四十五篇。这是我国第一次全国性研讨白求恩精神的盛会，对学习和发扬白求恩精神，促进我国社会主义两个文明建设具有重要意义。

### 《纪念白求恩》一文的伟大意义

毛泽东同志《纪念白求恩》是用马克思主义哲学思想对国际主义、共产主义战士白求恩的共产主义精神和道德品质在理论上精辟论述和科学的总结，是一篇共产主义道德的伟大篇章，是毛泽东思想的组成部分。他倡导每一个共产党员，一定要学习白求恩同志这种真正共产主义者的精神，做一个高尚的人，有道德的人，有益于人民的人。这一光辉著作，对于中国共产党和中国人民所起的教育和鼓舞作用是不可估量的，在党的倡导和影响下，白求恩精神不断发扬光大，深入人心。白求恩精神感召和鼓舞了我国革命和建设的几代人，他们全心全意为人民服务，为中国人民的解放事业和社会主义建设事业不怕牺牲、努力奋斗，作出了无私的奉献，取得了一个又一个的胜利，谱写出了光辉的篇章。在当前新的历史时期，更需要学习和发扬白求恩精神，坚定社会主义和共产主义信念，增强抵御国际敌对势力搞和平演变的能力。坚持四项基本原则，坚持改革开放的方针，改变过去在两个文明建设中一手软、一手硬的现象，《纪念白求恩》这一光辉著作，同过去一样将会继续发挥教育和鼓舞人民，保持革命热情，振奋革命精神的重要作用，是具有伟大的深远的历史意义和现实意义的。

**白求恩精神的实质**

会议从白求恩的人生观、价值观、医德观和教育观、技术观等各个侧面探讨了白求恩国际主义和共产主义精神的形成及白求恩精神的实质。认为学习白求恩，就要了解白求恩人生道路的历程，沿着他的成长道路前进。

白求恩精神是这次研讨会重点，大家认为，白求恩精神是永放光芒的，正如毛泽东同志所说，"一个外国人，毫无利己的动机，把中国人民的解放事业当作他自己的事业，这是什么精神？这是国际主义的精神，这是共产主义的精神"。李瑞环同志说："白求恩精神就是国际主义的精神，就是共产主义精神，就是毫无自私自利之心的精神，也就是我们常说的全心全意为人民服务的精神，艰苦奋斗，无私奉献的精神。"聂荣臻同志说，"白求恩同志所迸发出的耀眼的光芒则是以共产主义精神为燃料的"。毛泽东同志指出，白求恩毫不利己的动机来自国际主义精神、共产主义精神。马克思主义告诉我们，有了正确的思维，才能产生正确的动机，有了正确的动机，才会有全心全意为人民服务的行动。白求恩就是在马克思主义理论指导下形成了共产主义的人生观和世界观的，产生了他的革命行动和共产主义精神。在医德规范方面，白求恩精神已经成为人们心目中共产主义道德的典范。人们在学习白求恩精神过程中，也在不断地用共产主义的理论去认识、充实、完善和提炼、升华它。白求恩精神永远放射共产主义的光辉。

关于白求恩精神的主要内涵，大家认为，集中体现在毫不利己、专门利人，表现在他对工作极端负责任，对人民极端热忱的精神；还表现为无私奉献，艰苦奋斗，克服困难的精神。共产主义的最终目的是解放全人类，实现人类社会最完美的理想。全心全意为人民服务，就要发扬毫不利己、专门利人的无私奉献精神和技术精益求精，提高为人民服务的本领。这是白求恩精神的内涵和闪光点，也是他共产主义世界观的体现。现在有人鼓吹商品经济条件下，"价值观念更新"和"重利不重义"的资产阶级道德观念，等等，无疑是背离共产主义精神的。

在中国革命和建设过程中，有许许多多为社会进步、为人民利益作出贡献的志士仁人、革命先烈、战斗英雄、劳动模范，他们的奋斗和牺牲，感召着后人，形成了强大的精神力量。白求恩精神已经汇合到这股力量的洪流当中，成为中华民族之魂的一个组成部分。全心全意为人民服务的精神，集体主义精神，热爱祖国，遵守纪律，团结合作，廉洁行医的精神，等等。白求恩精神同中国人民的风范、传统汇成一体，成为毛泽东思想体系不可分割的组成部分。

关于白求恩精神的评价，大家认为，白求恩是位跨世纪的、扎根于群众的模范，他不仅是一个时代的英雄，而且是人类的楷模；白求恩精神不仅是留给中国人民的精神财富，而且是留给人类的宝贵精神财富；白求恩精神不仅激励亿万中国人民团结、奋发、求实、进取，促进社会主义文明建设，而且促进全世界、全社会人民之间的团结友爱。正如朱德同志说："有朝一日全世界的进步人民也会来纪念他，承认白求恩是第二次世界大战中的世界英雄。"

许多论文着重讨论了白求恩毫不利己、专门利人和无私奉献的精神，认为无私奉献就要正确处理奉献与索取的关系，要坚持奉献第一，索取第二，在奉献与索取的关系上，应该把握个人与国家、眼前利益与长远利益、局部利益与全局利益以及公与私的关系，要先公后私，公而忘私，切不可公私不分，白求恩毫不利己、专门利人，无私奉献的精神，永远是我们学习的榜样。

### 弘扬白求恩精神，加强精神文明建设，改善医德医风

会议对于白求恩精神与社会主义精神文明建设的关系问题，进行了探讨，一致认为，两者是不可分割的整体。社会主义精神文明是建设具有中国特色的社会主义的重要特征之一，也是社会主义现代化建设的根本保证。社会主义精神文明建设的根本任务就是培育有理想、有道德、有文化、有纪律的社会主义公民，提高整个中华民族的思想道德水平和科学文化素质，提高人们的科学文化水平，使人们逐步确立正确的人生观、价值观，建树坚定的共产主义精神支柱，教育和培养一代代德智体全面发展，具有共产主义思想风貌和道德情操的社会主义新人，促进社会主义现代化建设。白求恩同志毫不利己、专门利人的精神，艰苦奋斗、无私奉献的精神，就是共产主义和国际主义的具体体现，是他确立的共产主义人生观、价值观所发出的灿烂光芒。白求恩精神是社会主义精神文明建设的重要内容，是战胜资产阶级思想的有力武器，对于培养政治坚定，技术优良的"四有"新人具有重要的作用。因此，我们必须把学习白求恩精神作为社会主义精神文明建设的任务来抓。

医院是整个社会的一个组成部分，是社会主义精神文明的重要窗口，必须搞好文明建设，保证医院的社会主义方向和改革的健康发展，由于受社会上资产阶级思潮和不正之风的影响，有的医院出现重物质文明、轻精神文明，一手硬、一手软的现象，放松了精神文明建设；另一方面，大家以大量的事实论述了白求恩精神在卫生战线得到不断地发扬经久不衰的主

流。认为经久不衰的原因一是合拍，即白求恩精神体现了我国传统的优良的医德医风，容易被人们接受；二是合情，即白求恩精神集中反映了时代对医德规范的要求，为人民所遵循；三是合理，即白求恩精神是实现共产主义的道德规范，为人们所推崇。因此，在医院改革中要认真学习白求恩精神，提倡全心全意为人民服务和无私奉献精神。加强自我约束机制，正确处理德与钱、义与利的矛盾，竞争与合作的矛盾，经济效益与社会效益的关系，院内外服务的关系，眼前利益与长远目标的关系，克服一切向"钱"看的倾向。无私奉献同改革开放的政策是一致的，我们提倡无私奉献，不是要改变现阶段的各项经济政策，而是要进一步完善社会主义制度，更好地为贯彻"按劳分配"的原则，调动人们的积极性，发展社会生产力，搞好两个文明建设。

**深入学习白求恩加强卫生事业建设**

开展学习白求恩活动，是这次会议的目的。有相当一批论文交流了他们把学习与弘扬白求恩精神的活动同加强医院管理，深化卫生改革，提高医疗服务质量，搞好卫生事业建设结合起来的做法和经验，论述了在当前卫生系统开展这一活动的重要性和深远意义，对如何进一步深入地开展学习白求恩活动，弘扬白求恩精神做了探讨。

大家一致认为，弘扬白求恩精神是我国社会发展和四化建设的需要；是卫生事业发展的需要；是办好社会主义医院和医德医风建设的需要；是加强医院管理的思想保证；是提高医疗服务质量的有效途径。医疗卫生系统在深化改革中，社会上对医院医疗服务质量还不尽满意的情况下，面临着深化改革和纠正行业不正之风，加强医德医风建设，提高医疗质量的艰巨任务，这就尤其需要弘扬白求恩精神，深入持久地开展学习白求恩活动。

学习方式可结合本单位的实际，因地制宜，形式多样，但必须注重效果。与会同志认为：沈阳市、常州市卫生部门结合他们的实际情况，开展

"白求恩杯"竞赛，以"学习白求恩精神，坚持精神文明建设，创建文明医院"等学习白求恩活动的做法和经验，是值得参考和借鉴的。沈阳市在六万多职工中广泛、深入地开展了"白求恩杯"竞赛的群众活动，连续五年，年年竞赛，年年有重点竞赛内容，医院有方案，科室有计划，人人有目标，把创建文明医院，夺取"白求恩杯"列入院长任期目标，把学习白求恩精神同医院改革和实行综合目标管理责任制结合起来。"白求恩杯"竞赛活动，推动了医德医风建设，涌现了一批廉洁奉公文明行医的先进医务工作者和先进集体；保证了医院改革的健康发展。许多医院的实践说明，深入开展学习白求恩活动，必须充分认识弘扬白求恩精神对卫生事业建设的深远意义，把培养"四有"新人，提高医务人员的政治、业务素质，作为开展活动的重点。要坚持正面教育，树立和表彰先进典型，要善于把广泛宣传、大造舆论和扎实的工作结合起来，提高思想认识，认真贯彻党的八中全会精神，把白求恩精神变成自觉的行动，促进两个文明建设。

（注：本文原刊《中华医院管理杂志》，1992；8 [4]，作者李九如曾任国家爱国卫生委员会办公室主任，王甲午时任北京朝阳医院院长。）

# 让白求恩精神代代相传

金有志

  伟大的国际主义战士白求恩殉职六十年了，对一个人来说，这是一个漫长的岁月。但是白求恩的名字，在十二亿中国人民的心目中，依然是那么亲近，那么熟悉，那么崇高。它像一把利剑，插向资本主义、帝国主义，以及一切侵略者压迫者的胸膛。六十年前毛泽东同志高瞻远瞩，发出了学习白求恩的伟大号召，在中国革命战争和社会主义建设事业中，发挥了不可估量的作用，使代代新人茁壮成长，无数英雄人物不断涌现。白求恩是中国民族解放战争中的英雄之一，他和雷锋、焦裕禄、孔繁森、王进喜等无数英雄人物的先进事迹和先进思想构成了中华民族之魂。这就是为什么人们今天仍在呼唤白求恩的原因。

  白求恩精神的精髓是他的科学的世界观和人生观。他是一个真正的辩证唯物主义者和历史唯物主义者，这就决定了他的人生观是积极的，向上的，先进的。我们都知道，在人生观中包括了生死观、幸福观、苦乐观、恋爱观，在这些人生重大问题上，他都处理得很好，表现出一个真正共产党人的高风亮节。一个人没有正确的世界观和人生观，要想做个有益于人民的人是很困难的。所以毛泽东同志说，世界观的转变是一个根本的转变。我们每个人在改造客观世界的同时，总是在不断地改造自己的主观世界，在这方面，白求恩是一个光辉的典范。目前全党开展的"三讲"教育，是延安整风精神的继承和发扬，是在新形势下加强党的建设的重大措施。"三讲"搞好了，我们的党风、军风、民风都会有一个大的进步，将会极大地增强党的战斗力。把《纪念白求恩》这篇著作列为"三讲"的必读文件，意义十分重大。只要把这篇文章读深、读透，并且照着去做，思想建设、作风建设就会取得显著成效。

有人说，白求恩精神过时了，他们认为在市场经济条件下，再提毫不利己、专门利人不合时宜。这是一个很大的谬误，是拜金主义、利己主义的典型表达。白求恩精神产生在20世纪30年代，当时加拿大是一个典型的资本主义国家，1763年沦为英国殖民地，1867年成为英国自治领，1926年获得外交上的独立，所以又带有浓厚的殖民地色彩。在这样一个国度里，从学生、战士、伐木工人等人民群众中成长起来的白求恩，经受了阶级斗争的洗礼，成为无产阶级革命的先锋战士。至今他所要推翻的那个旧社会，还没有死亡，他所向往的新社会还没有实现，怎么能说是过时了呢？而且按照马列主义的哲学观点，一个先进思想是在社会形态变更之前出现的，待到社会形态变更之后，还要保留很长时间。更何况我们要建设的具有中国特色的社会主义，是一个极其复杂的斗争过程，如果没有先进的思想做指导，就会走到斜路上去。我们现在还处在社会主义的初级阶段。物质文明建设和精神文明建设两个轮子必须一起开动。光有高度的物质文明不是社会主义，光有高度的精神文明也不是社会主义，社会主义是高度物质文明和高度精神文明的统一。由此可知，白求恩精神不但在过去发挥过巨大的作用，而且在今后一个相当长的时期还将发挥巨大的作用。

榜样的力量是无穷的，白求恩就是一个崇高的榜样。我们要把白求恩精神看成一面旗帜，使他在社会主义革命和建设中高高飘扬，代代相传。不仅医务人员要学习，而且小学生、中学生、大学生、各行各业的建设者都要学习。正如邓小平同志说的"做白求恩式的革命者，做白求恩式的科学家"。江泽民同志近几年多次指示，要继承和发扬白求恩精神。我们党的三代领导核心，都一致强调，要让白求恩这面旗帜永远飘扬在中华大地上！这对促进全国人民的精神文明建设，有着不可替代的作用。

现在我们正处在世纪之交的重要历史关头，肩负着跨世纪发展的艰巨任务，一定要把白求恩精神弘扬光大，使之成为思想建设的强大武器，反腐防变的强大武器，精神文明建设的强大武器。

（注：本文原刊1999年10月出版的《白求恩精神永放光芒》一书，作者为北京军区卫生部原部长，时任中国白求恩精神研究会常务副会长。）

# 做白求恩式的革命者和科学家

李恒山

半个多世纪以来，在毛泽东同志《纪念白求恩》这篇光辉著作指引下，我国卫生界以白求恩为榜样，涌现了许多白求恩式的白衣战士和数以千万计的先进卫生工作者及医疗卫生单位，推动了我国卫生事业的发展，这是我们卫生界的光荣和骄傲。但是在社会主义市场经济条件下，医疗卫生战线也受到了"拜金主义"等不良思潮的影响，出现了一些行业不正之风，医德医风、医生的职业道德以及救死扶伤的白衣天使形象受到了影响。广大人民群众期待白求恩精神再现，可是有些人却认为学习白求恩精神已经过时。尽管如此，我们的老一代无产阶级革命家和中央领导同志始终坚持毛泽东思想，大力弘扬白求恩精神。1979年邓小平同志题词号召我们，"做白求恩式的革命者，做白求恩式的科学家"。聂荣臻元帅在1990年纪念白求恩诞辰一百周年时题词，"学习白求恩同志的无私奉献精神，搞好社会主义建设"，又在1991年12月为第一届全国白求恩精神研讨会题词"努力学习宣传白求恩精神"。中共中央政治局常委李瑞环同志在纪念白求恩同志逝世五十周年大会上讲，"五十年来，一代又一代的中国人，从毛泽东同志教导当中，从白求恩同志的崇高品格当中，深深体会到：白求恩精神，就是国际主义精神，就是共产主义精神，就是毫无自私自利之心的精神。也就是我们常说的全心全意为人民服务的精神，艰苦奋斗、无私奉献的精神。"改革开放以来，特别是由计划经济转向社会主义市场经济过渡之时，老一辈无产阶级革命家和中央领导都十分重视弘扬白求恩精神。兹根据毛泽东同志《纪念白求恩》光辉著作及中共中央领导同志讲话精神，就医疗卫生工作者怎样做白求恩式的革命者和白求恩式的科学家，提出浅见。

**怎样做白求恩式的革命者**

第一，要像白求恩那样，树立全心全意为人民服务和艰苦奋斗、无私奉献的精神。白求恩同志在艰苦的抗日战争年代里，他的国际主义、共产主义精神和伟大理想，促使他不管环境多么残酷和艰难困苦，在任何时候都毫无自私自利之心，总是为伤病员着想，为抗日战争的胜利着想，全心全意地为人民。他在晋察冀抗日前线时，一次得到前方部队的消息，我八路军已与日寇打起仗来，白求恩同志立即向军首长建议，手术队应以每小时十五里的速度赶到前线，并将手术队设在离作战前线五六里的地方，而不应设在距离战前线二十里的地方。白求恩同志从不考虑个人安危，而是处处为抢救病员着想。这种不怕困难、不怕艰苦、无私奉献、全心全意为人民服务的革命精神，是社会主义建设时期更需要的精神食粮。

第二，学习白求恩同志勇于改革和实事求是的精神。聂荣臻同志称赞白求恩同志实事求是的工作作风："他不说一句空话，也不墨守教条；他最善于把他的进步的科学知识与现实的战争环境与农村条件相结合，他的每一种改革工作的情况设计都是非常切合实际的。白求恩同志不仅是个医学家，还是个改革家，在艰难困苦的战争年代中，他积极想办法改革创造适应当时情况的设备和方法。而我们现在正处于深化改革时期，正需要这种改革创新的精神。"邓小平同志提出："解放思想，就是使思想和实际相符合，使主观和客观相符合，就是实事求是。""改革是社会主义制度的自我完善。""革命是解放生产力，改革也是解放生产力。""过去我们搞改革所取得的一切胜利，是靠实事求是；现在我们要实现四个现代化，同样要靠实事求是。"邓小平理论是毛泽东思想的继承和发展。依据这一理论，探索与开创新时期医疗卫生工作的新途径，学习白求恩同志实事求是和开创改革的精神是非常必要的。

第三，学习白求恩同志认真负责，一丝不苟的精神。毛泽东同志在《纪念白求恩》一文中说："他对工作的极端的负责任，对同志对人民的极端的热忱。"白求恩同志在晋察冀军区后方医院一所工作时，一位从唐县战斗中头部负伤的伤员被送到一所，白大夫迅速检查了伤情后，决定马上为颅骨受伤的伤员进行手术，但是，当时白求恩大夫的脑外科器械却留在五台松岩口村，为了抢救伤员生命，白大夫即刻要求派骑兵连夜送来。在等待送来手术器械之前，白大夫为稳定伤情及预防脑组织感染坏死，他双腿跪在土炕上，弯着腰，耐心细致地给伤员治疗，饭也顾不上吃，连夜工作，直到第二天清晨。当手术器械送来时，白求恩大夫发现送来的医疗手术器械不是所需要的脑外科手术器械，对此，白求恩同志对这一不负责的官僚主义作风给予了严厉的批评，并且报告聂司令员，要求追查其责任。事后军区对后方医院的领导做了严肃的处理。白求恩同志对待前线作战负伤的伤员非常富有同情心和耐心，这表现在他对伤病员的认真检查治疗上。可是我们有些同志却对工作不负责任，官僚主义作风严重。正如毛泽东同志批评的"不少的人对工作不负责任，对同志对人民不是满腔热忱，而是冷冷清清，漠不关心，麻木不仁"。我们在社会主义市场经济条件下，必须坚持全心全意为人民服务的根本宗旨，以白求恩为榜样，牢固地树立为人民健康服务的思想，学习他对工作极端负责任的高尚品德。

**怎样做白求恩式的科学家**

第一，学习白求恩同志实事求是的科学态度。白求恩同志到抗日前线后，看到中国共产党领导的八路军与日本侵略军英勇作战的情况，他考虑的是医院要怎样适应战争的需要，开展对伤员的救护与治疗。根据当时战争的环境特点与需要，首先亲自培训医学人才，训练技术骨干，提高八路军医务人员的医学知识和技术水平。同时，编写了《游击战争中师野战医院的组织和技术》一书。他的著作不仅在晋察冀军区起了指导作用，对共产党领导的各抗日根据地的医院都有一定的积极意义。这是白求恩同志根据当时的具体环境及与敌人作战的特殊需要，以实事求是的科学态度撰写的。当前我们为实现四个现代化，就要认真领会邓小平同志提出的"科学技术是第一生产力"这种实事求是的科学论点。江泽民同志说："解放思想，实事求是是建设有中国特色社会主义理论的精髓，是保证我们党永葆蓬勃生机的法宝。"建设社会主义需要高、新技术，需要提高人们的科学技术水平，要依靠科技进步兴办卫生事业。

第二，学习白求恩同志严谨认真的科学工作作风。聂荣臻司令员称赞："白求恩的统计工作非常精确，从来没有一个医生统计得这样详细，为了说明战伤救治经过，画了很多图解，标记了各种武器、飞机、大炮杀伤的情况。"白求恩同志这种严谨认真的科学工作作风，正是我们当前和今后进行社会主义现代化建设必不可少的优良作风。尤其卫生医务战线更需要这样的作风。

第三，学习白求恩同志的科学思维方法。白求恩同志在晋察冀军区担任卫生顾问期间，当时敌后抗日根据地战斗频繁，环境残酷，伤病员不断增加，医药器材奇缺，卫生技术人员无几，外援断绝。白求恩同志经过认真调查研究，提出许多结合当时当地实际情况的宝贵意见，如动员知识青年和女同志参加卫生工作，自力更生办卫生学校，办卫生材料厂，储备战地救护药品、器材及治疟药品；并建议卫生部严格规章制度和各项管理，卫生领导干部不要脱离医疗实践，及防止官僚主义作风的发生等。由于白求恩同志处处事事想的是伤病员，是边区的军民，聂荣臻同志称他是"大众的科学家和政治家"。当前进行深化改革，仍面临许多困难，需要创新，需要适应社会主义市场经济体制，使医院真正成为全心全意为人民健康服务的场所。像白求恩同志那样，用科学的思维方式和方法，结合当时当地情况，提高医学水平和医疗质量，改善服务态度。

## 把学习白求恩活动推向一个新阶段

李瑞环同志在白求恩逝世五十周年纪念大会上，总结了半个世纪以来，我国开展向白求恩同志学习的经验，提到"由于中国共产党的倡导和毛泽东同志《纪念白求恩》这篇著名文章的影响，白求恩精神已在中国共产党和中国人民间形成一种风范，一种楷模，一种准则，一种传统"。1994年国家卫生部、人事部向山西省长治市人民医院妇产科主任赵雪芳同志授予了一枚白求恩奖章，说明新时代白求恩式的医生已在人民中出现，人们呼唤"白求恩大夫又回来了"。全军卫生系统开展了"白求恩杯"竞赛，全国不少医疗卫生单位掀起了学习白求恩的各种活动。由于中央领导同志的重视及人民的需要，学习白求恩精神必然会结出丰硕成果。为了响应邓小平同志倡导的"做白求恩式的革命者，做白求恩式的科学家"，弘扬白求恩精神，开展学习白求恩的活动，现提出以下倡议：

第一，建立学习纪念白求恩日的活动。1939年12月21日是毛泽东同志发表《纪念白求恩》之日，建议每年该日为纪念活动日。

第二，设立各级白求恩奖。1994年卫生部、人事部给赵雪芳同志颁发了白求恩奖章，这是全国性的；各省、市、自治区、解放军等应设相应的白求恩奖（白求恩荣誉奖）；各单位（医科大学、医学院、医院）也作为一级奖，为白求恩式医生、护士、工作者颁奖。

第三，成立白求恩精神研究会或白求恩纪念委员会。宣传白求恩事迹，弘扬白求恩精神；收集整理白求恩式人员的各种先进事迹；培养选拔白求恩传人；组织开展学习白求恩各项活动，研究交流白求恩精神，促使活动持续深入地发展。

第四，把学习白求恩与学习雷锋等先进人物和党的优良传统密切结合起来。加强对学习白求恩活动的领导，推动弘扬白求恩将神的活动持之以恒。

第五，以邓小平同志建设有中国特色社会主义理论为指导，对于把学习白求恩推向一个新阶段有着极其重要的意义。邓小平同志建设有中国特色的理论是用新的思想和观点继承并发展了马列主义、毛泽东思想，是建设社会主义的指导方针；是探索与开创新时期医疗卫生工作的指导思想；是我们学习白求恩，弘扬白求恩精神的根本保证。医疗卫生事业的发展，建筑、设备、技术等物质条件方面的建设固然重要，但是，社会主义的精神文明建设更为重要。学习和发扬白求恩精神，坚持社会主义办院方向，全心全意为人民健康服务的思想是卫生医疗系统必不可少的重要支柱。邓小平同志强调坚持两手抓、两手硬的方针，从来是重视精神文明建设的，是坚持全心全意为人民服务的宗旨不能变，他强调社会效益为卫生工作的最高准则。李鹏同志在全国人大八届二次会议上所作的政府工作报告中强调"广大医务人员，要发扬救死扶伤的崇高医德，实行优质服务"。江泽民同志1994年在广东考察时说，"任何时候任何情况下，发展物质文明都不应以削弱甚至牺牲精神文明作为代价，而应积极促进精神文明的发展，既满足人民的精神生活需要，又为发展物质文明不断提供动力和智力的支持"。江泽民同志又在党的十四届五中全会召集人会议上提出："建议大家重读《纪念白求恩》，毛主席要求共产党员学习白求恩同志毫无自私自利之心的精神，做一个高尚的人，一个纯粹的人，一个有道德的人，一个脱离了低级趣味的人，一个有益于人民的人。在发展社会主义市场经济条件下，社会环境和战争年代不一样了，毛主席这些话是不是过时了？没有过时，应该更有现实意义。"江泽民和李鹏同志的讲话都是依据邓小平同志建设有中国特色社会主义理论提出的，这更坚定了学习白求恩精神的信心，要把学习白求恩精神作为社会主义精神文明建设的重要内容，在卫生医疗系统中具体落实。

（注：本文原刊1999年10月出版的《白求恩精神永放光芒》一书，作者为原航天部第二设计院院务部部长，时任中国白求恩精神研究会常务副会长。）

# 市场经济与白求恩精神

马祯贵

当今，我国正处在经济体制转变的重要历史时期。在改变传统的计划经济体制，建立社会主义市场经济体制的背景下，人生观、价值观的问题日益突出出来，白求恩精神也经受着冲击和考验。

社会主义市场经济的发展，使我国的经济和整个社会生活发生了巨大的变化。不仅有利于经济的繁荣，科学技术的进步，综合国力的增强，人民生活的改善，而且促使人们开阔视野，更新观念，人们的自主意识、竞争意识增强，工作更加注重实效。从总体上看，职工思想价值取向和对传统精神的认同的主流是好的。然而，另一方面，人们在价值取向上，在传统精神的认同上，在医务界，表现在白求恩精神的继承和发扬上也存在一些不容忽视的问题。与市场经济的发展相伴随，拜金主义、极端个人主义以及一些消极腐败现象有所滋长，使职工的理想、信念、价值取向和白求恩精神的发扬受到冲击。

我们发展社会主义市场经济，尽管具有中国特色，但从总体上讲，它是按市场经济规律运行的，因而具有市场经济的共性。就一般的市场经济而言，它遵循的是商品等价交换原则和价值规律。市场运行机制必然促使商品生产者追求各自的物质利益。在价值取向上，会导致强烈的趋利性，会导致人们普遍关注个人利益，强化价值取向的个性化。对于这一点，我们必须辩证地认识它，既不能把趋利性和个性化的价值取向与拜金主义和极端个人主义等同起来，同时也要看到，在一定条件下又容易转化为拜金主义和极端个人主义。人们总是依据历史条件和客观因素选择自己的价值观和行为目标的。从我国当前的情况来看，新旧体制的交替尚未完成，市场发育尚不成熟，社会分配不公问题比较突出，法规制度不健全，执行起来难以到位，因而导致有些人见利忘义，一切向钱看，淡化或丢弃了为人民服务的宗旨。此类消极腐败现象不仅存在于社会上，也严重地存在于卫生界。在经济效益与社会效益问题上，在个人利益与集体、国家利益的关系上，在金钱与社会公德、职业道德的抉择上，在敬业精神和医患关系上，有些人严重错位，陷入误区。在这些人身上，"白求恩同志毫不利己专门利人的精神"不见了，"对工作的极端的负责任，对同志对人民的极端的热忱"，"对技术精益求精"都成了空话。个别人医德败坏，严重损害了白衣战士的圣洁形象和党的卫生工作声誉，使卫生界成了行风不正的灾区之一。对此，我们必须要有清醒的认识，正视它，下决心解决它。

**在社会主义市场经济条件下，白求恩精神仍需发扬光大**

社会主义市场经济体制是一个完整的概念，包括各种法人经济实体，统一、开放、竞争、有序的市场体系，以及社会主义国家对市场运行的驾驭和宏观调控。党和政府及主管业务部门的宏观调控不仅包括经济手段和必要的行政手段的运用，还包括对人们正确的思想教育和价值导向，这种教育和导向对于保证社会主义市场经济的正确发展方向是必要的，同时它也是宏观调控不可缺少的组成部分。我们党领导社会主义市场经济的根本目的在于发展生产力，增强综合国力，提高和改善人民的物质文化生活，而在生产力诸因素中，人是最活跃的、具有决定性的因素。因而，各级党组织和各级政府在对市场经济进行领导和驾驭的过程中，不但要"见物"，更要"见人",一定要防止单纯经济观点,一定要注意社会主义市场经济的社会主义本质特性,一定要坚持"四项基本原则",一定要用正确的思想教育人、引导人,一定要注意社会舆论的正确导向,一定要注重用传统的革命精神影响青年人。在社会主义市场经济条件下,共产党人坚持为人民服务的价值取向,广大医务工作者身体力行地弘扬白求恩精神,是时代赋予我们的光荣使命。只有这样,才能有利于防止与市场经济共生的趋利性、个性化向拜金主义和极端个人主义的方向下滑,使之向推动社会进步、发展社会经济、净化社会环境、维护社会稳定及整体利益的方向升华,才能彻底纠正行业不正之风。从对人们行为控制的规范来讲,如果说法律、制度、纪律等属于强制性的外在控制规范,那么,通过正确的思想、道德、情操教育以及正确的价值导向来调节人们的行为,引导人们主动地、自觉地约束自己,则是一种内在的、更高层次的控制规范。价值导向正确定位的工作,新时期大力弘扬白求恩精神的思想教育工作,形式上是"务虚"的工作,其效果是形成一种气氛,一种软环境,但它对市场经济的作用却是实实在在的,并在一定条件下能够转化为有形的市场经济效益。同时,潜移默化影响着人们的思想行为,在锻炼人们的世界观方面发挥着重要作用。只有这样,才能从主客观两个方面促使社会主义市场经济朝着健康、文明、有序的方向发展,才能保证卫生事业的发展和医疗改革的顺利进行。

**白求恩精神在市场经济条件下具有新的内涵**

价值是一个特定的社会范畴,在社会发展到某个时期,必然要求形成某种特定的价值观念。在现阶段,共产党人的价值观不能市场化,但需要充实新的内容,注入新的内涵,从而使之与新的社会经济状况相适应,并对后者产生积极的反作用;同样,"白求恩精神"作为一种风范,一种楷模,一种准则和一种传统,在革命战争年代以及社会主义建设时期熏陶和激励过一代一代医务人员。今天,"白求恩精神"并未因历史的尘封而湮没无闻，它不但保留着自己的传统光辉，而且为了适应时代的要求，也在不断发展、丰富内涵，使之成为新时期人们的精神支柱之一。

大力发展社会主义市场经济，是社会发展的必然，也是广大人民群众的根本利益所在。在现阶段，应当把邓小平同志提出的"三个有利于"作为是否体现了为人民服务的基本价值观评判标准和尺度。从这点出发，我们要认清市场取向的改革势在必行。我们不但要经受住市场经济的考验，而且要围绕经济建设这个中心，围绕医疗业务和改革这个中心来弘扬白求恩精神，促进"两个文明"建设。因此，我们必须遵照党的基本路线，把坚持"三个有利于"标准与发扬白求恩精神有机地结合在一起，既要大力发展社会主义市场经济，又要大力弘扬白求恩精神。

在新的历史时期，要正确处理市场经济条件下各种复杂的利益关系，注重集体与个人、整体与局部双方利益的最佳结合，体现二者在社会主义制度下的最终一致性。坚持为大多数人服务，而不是为少数人服务，更不是为个人谋取私利，这绝不是单纯由宏观调控的"硬件"手段所能完成的，必须同时坚持集体主义的价值观，坚持白求恩精神，做一个符合时代要求的新时期有益于人民的人。

在革命战争年代，毛泽东同志曾经高度赞扬了白求恩这种"纯粹的共产党员"精神，并且要求全党的同志学习他的精神，做"一个高尚的人，一个纯粹的人，一个有道德的人，一个脱离了低级趣味的人，一个有益于人民的人"。在纪念中国共产党成立七十二周年座谈会上，江泽民同志又引述了这一段话，要求全党同志在新的历史条件下做一个"纯粹的共产党员"，这无疑具有很强的时代性、针对性和现实意义。当前，市场经济趋于活跃，人们价值观趋于多样化，在这种情况下，共产党员和广大医务工作者尤其需要保持清醒的头脑，校准自己的价值取向，时时用白求恩精神对照检查自己，而决不能因时代变了而丢弃崇高、神圣、有价值的东西，决不能淡漠白求恩精神。恰恰相反，越是改革开放，越要发扬光大白求恩精神，这才算得上一个"纯粹的共产党员"。

## 市场经济条件下更要坚持开展学习白求恩活动

在当前新的历史时期，我们更需要白求恩精神，而且应该号召广大医务人员宣传白求恩精神，号召学习白求恩精神，并以白为榜样做好本职工作，恪守职业道德规范，坚持纠正乱收费、处方、收红包、拿回扣及其他以医谋私等行业不正之风，使群众受益、社会满意。当前，全国医务界正在开展向白求恩式的好医生赵雪芳学习活动。她就是新时代的白求恩式医生，因为在她身上生动地体现白求恩精神。作为一个共产党员，她把自己追求的崇高理想，把全心全意为人民服务的宗旨，化成了为患者优质服务的实际行动；作为一位医生，她以救死扶伤为天职，对技术精益求精，对工作极端负责任，对患者极端热忱；作为医院的一位科主任和党支部书记，她率先垂范，正气凛然地抵制拜金主义和利己主义歪风对医务界的侵蚀，保持了人民医生的纯洁形象；作为一名身患两种癌症的患者，她首先想的不是怎样保住自己的生命，而是如何更好地利用有限的时间保住更多患者的生命和健康。她这种顽强拼搏的献身精神和毫不利己、专门利人的精神不正是白求恩精神的精髓所在吗？不正是白求恩精神的再现吗？赵雪芳同志的确是我们医务界的一面旗帜。树立赵雪芳这面旗帜，学习她的感人事迹，不仅对医务界有现实的针对性，也是当今改革时代的要求，更是白求恩精神的发扬光大。

（注：本文原刊 1999 年 10 月出版的《白求恩精神永放光芒》一书，作者时任北京航天中心医院党委书记、中国白求恩精神研究会常务副会长兼秘书长。）

# "军医的岗位在前线"

## 重温白求恩精神有感

齐学进　2010年1月

　　七十年前，伟大的国际主义战士白求恩同志倒下了，七十年后，他的光辉形象仍然屹立在中国人民心中。七十年来，白求恩精神已经与中华民族之魂融为一体，成为党和人民宝贵的精神财富，是鼓舞我们开拓进取、无私奉献的强大精神力量。在全国上下深入学习实践科学发展观的今天，白求恩精神依然具有深刻的现实意义，依然保持强大的生命力，依然指引着我们前进的方向。

　　作为新形势下"全国百佳图书出版单位"之一，我们军医人深感使命在肩、责任重大。如何培养毫不利己专门利人的高贵品德，如何保持对工作极端负责和对技术精益求精的科学态度，如何陶冶高尚的道德情操，都成为摆在我们面前的紧迫任务。尤其是数字出版已经成为现代信息传播重要形式，并对传统出版业带来挑战的今天，如何适应新的变化，开拓新的思路，打开新的局面，制定新的战略，都需要我们不断地从白求恩同志身上认真学习和总结具有指导意义的崇高精神，汲取宝贵的营养。

　　白求恩是1938年1月带领一支共产主义医疗队来中国工作的。初到延安之时，中央考虑他身份特殊，要求他留在后方工作，可他坚决反对，他说："军医的岗位在前线！"一句朴实无华却意义深刻的话语，折射出一位共产主义战士心系前线、以人为本、全心全意为人民服务的职业道德素养。是的，军医的岗位在前线。我们军医社的岗位在哪里呢？我认为，在图书馆、在书店、在读者家中，在高科技网络上……在任何能够满足读者需求、使读者满意，提高和增进人民健康知识的地方。

基于这种理想，军医社在建社近六十年时间内，始终把为全军服务、为读者服务作为我们的宗旨；在十年时间内，连续保持年均30%的高增长率。特别是从今年以来，我们大力推进了由传统出版向数字化出版的战略转型。如今，我们已经展开了以"军卫Ⅳ号工程"为引领的、包括电子书与纸质书同步出版、全军数字医学图书馆、军医在线健康教育网站、跨媒体知识库、数据库集群等多项数字出版重大工程建设，并已取得一批重要成果。在祖国母亲六十华诞到来之际，我们集全社之力，用近一年的时间策划并制作了国内第一套大型"跨媒体医学丛书"。这套丛书共五十一个品种，从我社多年来积累的一千余种畅销书中精选组成。每一本书既有精选的纸质书内容可读，又有网络语音书可听，还有视频可供观看，特别是当读者在阅读中遇到难懂的医学专业名词时，直接点击它，就可瞬时链接到专业数据库中。进行深度查询和拓展阅读，网络书还可以下载到手机中随身携带。这种经过海量、深度、有机、科学整合后的新型跨媒体出版模式，形成了融书、盘、网、库等多种形态，"读""听""视""查"等多种功能，纸质书、电子书、手机书、网络书、数据库等多种资源为一体的新型出版业态，对于有效解决广大读者对医学读物买不全、查不准、读不懂及传统读物不能听、无影像、携带不便的问题，提供了一条新的解决办法和路径。这种读物不仅具有新颖的阅读感受，而且省事、省时、省钱，这也正是一个以贴近读者需要为最高追求的出版人的责任和初衷，正是我们军医社的岗位职责所在，是白求恩精神在军事医学出版战线的新发扬。

总后卫生部张雁灵部长在"全国卫生系统第二届白求恩精神论坛暨中国卫生政促会白求恩精神研究分会成立大会"上的讲话中要求我们："要大力开展宣传、学习颂扬白求恩精神的活动，让白求恩旗帜高高飘扬。"张部长的讲话，铿锵有力、掷地有声，这不仅是对临床一线广大医务人员的希望，也是对军事医学出版人员的要求。特别是在市场经济的新形势下，更需要我们时时处处以白求恩为榜样，在各种利益和诱惑面前，自重、自省、自警、自励，永葆正确的世界观、人生观、价值观，永远做一个政治上清醒、行动上合格的革命者和出版者。只有这样，才是对我党全心全意为人民服务宗旨和"以人为本"科学发展观理念的最佳诠释，才能无愧于"全国百家图书出版单位"这一光荣称号。

（注：作者时任人民军医出版社社长。）

# 新时期仍要大力弘扬白求恩精神
## 兼论白求恩精神的形成、内涵及现实意义

栗龙池　1999年12月9日

　　1995年9月，江泽民总书记曾在一次会议上，语重心长地说：建议大家重读毛泽东同志的《纪念白求恩》。毛主席要求共产党员学习白求恩同志毫无自私自利之心的精神，做一个高尚的人，一个纯粹的人，一个有道德的人，一个脱离了低级趣味的人，一个有益于人民的人。在发展社会主义市场经济条件下，社会环境和战争年代大不一样了，毛泽东同志这些话是不是过时了？没有过时，应该说更有现实性。今年11月12日是白求恩同志逝世六十周年，12月21日是毛泽东同志的光辉著作《纪念白求恩》发表六十周年。在这两个具有特殊意义的纪念日到来之际，我们再一次重温毛泽东同志的教导和江泽民总书记的重要指示，并对白求恩精神的形成过程、基本内涵以及市场经济条件下弘扬白求恩精神的重大现实意义作一深入探究，对弘扬伟大的白求恩精神，无疑是十分有益的。

### 白求恩精神形成、发展和完善的基本条件

　　家庭的教育影响和青少年时代的坎坷经历，是白求恩精神形成的基础。白求恩1890年3月3日，出生在加拿大安大略省北部小城格雷文赫斯特的

一个牧师家庭里。他的祖父是一名优秀的医生，他的父亲是长老会牧师，母亲也是传教士。祖父对他的影响很大，白求恩常以祖父高明的医术和严谨的工作态度而自豪。生活的艰辛使他当过送报使役、食堂招待员、轮船烧火工、伐木工人和教师。他后来所说的："经过那些日子，青年人的轻浮在我身上显著减少，我学会思考'社会'这个字眼了。"家庭的教育影响与人生的经历，奠定了白求恩为广大劳苦大众服务的思想基础。

资本主义社会反面教育和赴欧洲社会实践的深刻影响，是白求恩精神发展的外部动因。在医疗实践中，白求恩逐步发现在加拿大当时那不合理的社会制度下，医药实际上"是一种奢侈品的买卖"，"人民的健康没有保障"。1935年8月，他出席在苏联列宁格勒召开的国际生理学大会，从社会主义苏联先进的社会制度对人民医疗事业的巨大促进上，看到了医务工作者的真正出路。一年多后，他毅然加入了加拿大共产党。这是白求恩精神发展的一个极其关键和极其重要的外部动因。此后，他又参加西班牙反法西斯主义的正义斗争，并公开发表演讲揭露法西斯的暴行，一个国际共产主义者的思想和行为在西班牙反法西斯斗争中开始显现出来。

中国共产党领导的伟大的抗日战争，是白求恩精神升华和臻于完善的最重要的客观条件和催化剂。1938年白求恩来到中国，他被中国共产党及其领导的广大军民热爱祖国、反抗侵略的斗争精神和团结互助、无私无畏的崇高品德所深深感染、打动，并从中受到教益。他说："在这里，我找到了最富于人性的同志们。""对他们，共产主义是一种生活方式。""这儿的生活相当苦，而且有时非常艰难，但是我过得很快乐。……我万分幸运，能够来到这些人中间，和他们一起工作。"他在逝世前一天给聂荣臻同志的遗书中还写道："最近两年是我平生最愉快、最有意义的时日。"

**白求恩精神的基本内涵**

白求恩同志逝世后，毛泽东同志发表了光辉著作《纪念白求恩》，把白求恩精神高度概括为"国际主义的精神","共产主义的精神","毫不利己、专门利人的精神"等,号召全党向他学习。六十年来,白求恩精神已融入我们民族的血脉之中,成为当代中华民族优秀品格和高尚精神的一个重要组成部分。我理解,白求恩精神的实质和内涵,主要表现在以下几个方面:

为共产主义奋斗终生的坚定信念。青年时期的白求恩,就已经觉察到资本主义制度的弊端,并开始寻觅改造这种制度的途径。1935年他到苏联目睹了社会主义制度的生机和活力,坚定了对共产主义的信仰。来中国后,他为抗日根据地那"又简单,又深刻"的共产主义生活方式激动不已。白求恩之所以能够与中国抗日军民并肩战斗到最后一息,就是因为他坚信共产主义是人类最美好的理想,而且一定能够最终成为全人类的现实。

为全人类求解放而奋斗的博大胸怀。热爱劳动人民,尽力为劳苦大众解除疾苦,这是白求恩朴实的人生品格。经过党的教育和马克思主义的熏陶,白求恩认清了共产党人要以解放全人类为己任的伟大道理,把自己的朴素品格上升为国际共产主义的崇高精神,并毅然漂洋过海,不辞辛苦,先后到达西班牙和中国,把异国人民的解放事业当作自己的事业,成为伟大的共产主义战士。

为人民无私奉献的高尚品德。白求恩作为驰名欧美的胸外科专家,先后获得英联邦皇家外科学会会员、加拿大国家健康部顾问、美国胸外科协会五人理事会理事等头衔,但他丝毫没有以此去谋取任何私利,而是凭借精湛的技术为解除广大患者的痛苦竭尽全力地工作。他同情贫疾交困的下层劳动人民,尽其所能地为他们服务。更为难能可贵的是,他舍弃丰厚的薪金和优越的工作、生活条件,赴西班牙参加反法西斯斗争,特别是来到条件异常艰苦而又危险的中国抗日前线。他始终把使病人恢复健康作为医务工作者最大的责任。他一生恪守这样的信念,毫不利己、专门利人,生命不息,奉献不止。

对工作极端的负责任和对技术精益求精的科学态度。白求恩虽然三十多岁就已经成了著名的胸外科专家,但他从来没有停止过在医学领域里的探索和追求。无论在什么情况下，他都始终保持严谨细致的工作作风和对伤病员极端负责的精神。这是他成为专家、伟人，受到人民群众和广大指战员衷心爱戴的重要原因。

白求恩精神的内涵十分丰富，它超越了国界、民族和肤色，是全人类的宝贵财富，是共产主义精神的缩影。上述几个方面的分析，肯定涵盖不了白求恩精神的全部，我们应不断地对之加以发掘和弘扬。

**弘扬白求恩精神的现实意义**

白求恩从出生到现在已经快一百一十年了，白求恩离开我们也已经整整六十年了。白求恩精神形成、发展和臻于完善的时代已与我们目前的社会状况有了很大的差别。在市场经济条件下，提倡弘扬白求恩精神还合不合时宜？这是一个很值得思考的问题。

从社会主义初级阶段道德建设的方向，看弘扬白求恩精神的必要性。不能否认，在社会主义初级阶段还不能把无偿劳动作为社会的基本道德要求。然而，道德属于意识形态领域的东西，它有其相对独立性和超前性，并反过来影响经济基础的发展变化。我们进行的是社会主义建设，其最终目标是实现共产主义，白求恩精神是共产主义优秀道德一种表现，因而，它已经并且永远成为人们所效法的道德目标，成为引导人们不断向更高的道德目标进步的精神力量。

从市场经济对思想道德的负面影响，看弘扬白求恩精神的紧迫性。在一定程度上和一定范围内，市场经济的负面影响已导致拜金主义、享乐主义和极端个人主义思想的滋长。例如，有的国家公务员假公济私，贪污盗窃，成了社会的蛀虫；有的人在行业活动中，严重缺乏"利他"意识，更谈不上"毫不利己、专门利人"，不遵守职业道德，甚至坑蒙拐骗；个别干部不仅不能做到"对同志对人民满腔热忱"，反而当官做老爷，反而索贿受贿；有的干部在工作上也做不到"极端的负责任"，而是搞形式主义，做表面文章，等等。这种状况恰恰从反面说明了市场经济对白求恩精神的呼唤和要求。那种认为白求恩精神"过时论"的人如果不是有意诋毁，就是政治上无知，或者对现实社会不良倾向的屈从与无奈。白求恩精神产生于资本主义市场经济已经发展到相当程度的加拿大，它的发展和臻于完善，也是在条件异常艰难困苦的抗日战争年代。我们这个党和由她亲自创立的这个社会制度，在过去几十年里能够坚持白求恩精神，今天在社会主义市场经济条件下，继续弘扬白求恩精神不仅是非常必要的，而且是切实可行的，许许多多像李国安、孙茂芳先进模范人物的光辉事迹，已经十分有力地证明了这一点。

从党的三代领导核心的大力倡导，看弘扬白求恩精神的重要性。推崇和倡导白求恩精神，是我们党三代领导核心的一贯思想。白求恩同志去世后，毛泽东同志就发表光辉文献《纪念白求恩》，号召人们要以白求恩为榜样，做"五种人"。1979年，当我国实行伟大的历史转折之际，邓小平同志即发表"做白求恩式的革命者，做白求恩式的科学家"的光辉题词，为新时期学习白求恩赋予了新的内涵。在改革开放的新形势下，江泽民同志又郑重提向白求恩学习，建议大家重读毛泽东同志的《纪念白求恩》。因此，新形势下我们一定要坚持不懈地弘扬白求恩精神，让白求恩精神继续在古老的中华大地上开花、结果，成为推动现代化建设的巨大精神力量。

（注：本文发表在1999年12月9日《解放军报》，第5版，作者时任解放军白求恩军医学院政委，现为白求恩精神研究会常务副会长兼秘书长。）

# 毛泽东与白求恩珍贵历史照片
# 发现始末及初步考证

李深清　2013年6月

　　系列搜集整理白求恩历史资料，是了解白求恩生平业绩、深化白求恩精神研究的基本依据，也是新形势下弘扬白求恩精神的重要任务。近年来，白求恩精神研究会一直把史料研究作为一项基础工作来抓，并取得了一些社会瞩目的成果。

## 一条珍贵的史料线索

　　2013年春天，一位在广州任教的加籍华裔青年，中国名叫铁原，向我们提供一个重要信息：加拿大有个名叫比尔的老人，保存着毛泽东和白求恩在一起的照片！此外，还有白求恩生前写给友人的重要信件及其他珍贵遗物。此事立即引起我们的高度重视。因为，无论是国家档案文献、党史文献、图书资料，还是当年和白求恩一起战斗过的老同志，都不曾发现或听说过有毛泽东和白求恩在一起的照片。我们查阅了当年著名摄影家沙飞、吴印咸等拍摄的所有白求恩的照片，均未有毛泽东和白求恩在一起的画面。我们作为专门研究宣传白求恩精神的社会团体，尽管搜集了大量与白求恩有关的史料，也未获得过毛泽东和白求恩合照的任何信息。如果真有毛泽东和白求恩在一起的照片，不仅对白求恩精神研究会的研究宣传工作，而且对于我国革命史、党史研究，也具有重大意义。

李超林会长认为，弄清这幅照片和相关资料的来龙去脉，白研会责无旁贷。立即安排我前往广州约见铁原。在广州军区总医院大力协助下，铁原向我们提供了这张珍贵照片和其他重要资料的复印件。

这是一张6厘米乘6厘米的黑白照片，虽然年代久远，相纸发黄，稍有划痕，但人物画面依然清晰可鉴：照片是从侧面拍摄的，白求恩和毛泽东坐在一起，两人都向前看，神情专注，好像是在一个集会上听取报告或发言。毛泽东双手托着下巴，身着棉衣，头戴大家熟悉的红军帽；白求恩则身着国民革命军第八路军军服，头戴青天白日徽章加两个纽扣的帽子。他们身后还有其他人的身影。照片左上角可见透着光亮的窗棂。照片背面有白求恩的亲笔签字：毛泽东和白求恩，延安，1938年5月1日；原件文字是英文 Mao tse tung and Bethune Yenan may 1.38。（当时中国人名、地名的英文翻译使用的是威妥玛拼音法，1958年2月11日，全国人大批准颁布《中文拼音方案》后，威妥玛拼音停止使用。）

据铁原介绍，他和比尔是在加拿大伦敦市的公益活动中认识并成为好朋友的，比尔经常说起他的家史和白求恩，"比尔告诉我，白求恩大夫在中国期间，给他的母亲写过很多信件，并在日军包围晋察冀根据地时，也能通过巧妙的方式传递到加拿大。……比尔很希望与中国白求恩精神研究会建立联系，以讲述更多与白求恩大夫以及他的有着中国渊源的国际主义家庭鲜为人知的事迹。他有许多在中国出生的父母亲的遗物，其中包括他父母从中国带回加拿大的清代丝绸袍子，记载他父亲在西班牙内战中作为加拿大志愿军领导的历史资料，以及他在加拿大工人运动中的历史相册和书籍。"

当我将照片复制件带回北京，白求恩精神研究会驻会人员仔细辨认，一致认为这是毛泽东和白求恩在一起的真实照片。但为慎重起见，我们本着对党的历史负责，对社会和后人负责的态度，开始对照片的来历、拍摄的时间、地点等问题开展进一步调查考证。

Mao tse tung and Bethune Yenan may 1. 38

（毛泽东和白求恩，延安，1938年5月1日）

## 一位可敬的加拿大老人

我们首先通过铁原了解比尔的家庭背景，进而了解照片的来历。比尔现年七十一岁，住在安大略省伦敦市，从事物业管理工作，已经退休，至今未婚，也没有亲属，孤身一人。比尔长期热衷于社会救助等公益活动，他的父亲叫塞瑟尔·史密斯，母亲叫丽莲，都是白求恩的挚友。比尔的父亲出生在中国贵阳一个英国传教士家庭，少年时代在山东烟台上学，20世纪20年代在上海加入中国共产党，"参加了反对蒋介石的斗争"，国共关系破裂后来到加拿大，和加拿大共产党一起领导了北美的工人运动，后来又以领导者的身份，带领加拿大志愿军参加了支援西班牙反法西斯国际纵队，白求恩就是国际纵队中负责医疗的重要成员。比尔的母亲和其父亲一样出生在中国，也是20世纪30年代北美共产主义运动的积极分子，她得过肺病，是白求恩为其做手术并治愈了她的病。当西班牙反法西斯事业遭遇挫折时，白求恩一度感到迷惘，比尔的母亲说服白求恩到中国去，告诉他"工农革命的未来在中国"，进而与加拿大共产党及教会组织联络，帮助白求恩筹措到中国的经费和安排通行手续。这是目前了解到的白求恩到中国的最初动因和具体过程（这与史料记载白求恩在美国会见陶行知，并约定到中国的情节是相吻合的）。白求恩在中国抗日前线曾多次给比尔母亲写信，向她介绍八路军抗日情况和他的工作感受，这张和毛泽东在一起的照片，就是白求恩送给比尔母亲丽莲许多照片中的一张。

比尔在给我的来信中说："我七十一岁，我的父母生前参加自20世纪初在上海开始的工人运动及反帝运动。自50年代起，我的工运及反帝信仰，使我付出了很大代价。我为此晚年孤苦伶仃，没有亲人。我希望能通过将父母的遗物转回中国，以使我晚年更安稳，也使这些遗物为中国的下一代人所知。如果我突然去世了，不懂得这些遗物历史价值的人可能会把它们当垃圾清理了。……我父母在20世纪二三十年代共产主义运动里很活跃。我父亲是组织工会的知识分子之一。他领导了西班牙内战中的加拿大志愿军麦肯锡·帕皮努纵队。我母亲说服白求恩到中国去，并且，是我母亲通过她与教会及共产党的联络，主持安排白求恩到中国的资金来源和安全通行手续的。"比尔还说，我的"个人家史，既是我的福分，又是我身上的诅咒。福分，因为它们给予我对这个世界的了解，我仍对父母的信念很执着。诅咒，因为就像一个沉重的十字架压在身上一样"。

我们完全能够想象，长期以来共产主义运动以及活动家在西方世界所遭受的歧视与打压。比尔执着地坚守父母的信念，而且一直珍藏着父母的遗物，至今仍认为应该把白求恩和毛泽东的照片等遗物送给中国。他十分清楚他的这种行为和做法"被边缘化"，知道自己会付出的代价，但是他一辈子心甘情愿，承受着来自各方面的压力，这在当今西方社会确实难能可贵。

### 一个阶段性的重要成果

为了弄清这张照片的真实性和拍摄的时间地点，我们在北京国家图书馆、中央党史研究室查阅了大量资料，同时请中央文献研究室同志帮助查证毛泽东当时在延安重要活动的详细记载。此后又到西安拜访有关学者，特别是到延安干部学院和延安革命纪念馆，与那里的多位专家进行深入探讨，从他们收藏的资料、图片中进行比照研究，取得了阶段性考证成果：一是这张照片的真实性得到确认。我们把这张照片和毛泽东在延安时期特别是1938年拍摄的数十张照片进行比照，其中有不同角度、不同场合的，同时根据着装和神态辨认，可以确认这是毛泽东当时的一张照片。尤其是白求恩在照片背后的签名，与白求恩的其他签名字体高度一致。白求恩十分珍惜这张照片，寄给加拿大最好的朋友丽莲，由于丽莲的影响和珍藏，使得比尔也格外重视保存这张照片，这也从另一个角度证明了照片的真实性和可靠性。

通过这张照片，我们还可以进一步明确，毛泽东和白求恩不止一次会面<sup>①</sup>，因为大家都知道，1938年3月底，毛泽东和白求恩在窑洞有过一次面对面的长谈，但这张照片显然不是他们对话的场景，而是他们共同参加某个活动的照片。二是照片拍摄的时间为1938年4月。根据文献记载，1938年4月期间，毛泽东在延安参加了七次重大的活动，并发表讲话。"五一"这天没有毛泽东活动的记载，白求恩很可能是参加了毛泽东在4月间的一次活动，拍下这一珍贵照片的。另外，关于白求恩离开延安的时间，所见资料多是"五一"之后。据记载：1."医疗队和延安人民共同度过五一节后，经毛泽东批准，白求恩和布朗动身去前线"（引自《国际友人在延安》）；2."当年五一节后，经毛泽东批准，白求恩和布朗从延安出发，巡视陕北和晋察冀根据地战地医院"（引自《陕西省志［第七十九卷］·人物志》）；3."1938年5月2日，白求恩骑着一匹枣红马，率领医疗小分队从延安出发"（引自《抗日战争中的国际友人》）；4."1938年5月2日，白求恩和从河南归德来陕北的布朗一起，从延安出发，前往延安东北面的几个后方医院巡视，并准备从那里东渡黄河去晋察冀边区"（引自《国际友人西北行记》）。三是这张照片很可能是用白求恩自备相机拍摄的，这也是该照片没有在中国被发现的原因之一。据考证，1937年底，白求恩动身来中国之前，专门在加拿大买了一台"柯达莱丁娜Ⅱ型"相机。从这张照片的取景和用光等角度来看，不像是专业摄影师的正式摄影，很可能是白求恩让别人用自己的相机帮助拍摄（后来按照白求恩遗嘱，该相机送给摄影家沙飞）。当时胶卷比较珍贵稀少，白求恩应该是在一段时间拍摄最重要的照片，最后一起洗印，并于离开延安前的5月1日把这张照片寄给他的加拿大朋友丽莲。

白研会认为，这张珍贵历史照片的发现，是毛泽东、白求恩生平年谱上的一件大事，也是白求恩精神研究的一件大事。关于照片拍摄的具体时间、地点以及拍摄人、甚至所用相机等，都可以继续考证。目前照片的原件和其他一些资料、遗物等，都还保存在加拿大比尔手中，他本人也希望

---

① 注：毛泽东自己说他和白求恩只见过一面。

送给中国。白研会准备进一步努力，对这些宝贵资料和遗物作出妥善处理，并在整理、研究方面作出新的贡献。

附：白求恩给丽莲的信（由铁原提供并翻译）

　　致丽莲·塞瑟尔·史密斯太太　　多伦多　　安大略省　　加拿大

　　晋察冀军区总司令部，河北西部，华北，1939年8月15日

亲爱的：

　　我请人从延安、北平，到处都给你寄信，希望你能收到它们。但是好像你从没收到过。在3月和5月，又从北平寄了电报给你，希望你会去那儿。我们这儿从那个城两天很方便就能来到，但我的通信者却只带来了一句话"没有资费了"。然后一些传教士正在回加拿大，我让一个同情者给他们捎了话。整个这段时间我都在河北中部，我们被隔绝了几个月，由于敌人的全方位封锁。

　　现在我准备回家几个月。我需要很多经费来支撑我的工作。我没有得到这些经费。我不知道来自美、加的钱都到哪里去了。我的卫生培训学校有两百个见习医生，每月需要一千美元来运作。

　　我11月离开这里，会在1940年2月底到家的。路途漫长。

　　我发了个电报叫你不要来，待在加拿大。我必须离开这儿，如果你和我有共同想法的话，你可以明年跟我一起回来。

　　我收到的你的最后一封信是七个月前到的。从那以后，没有收到任何来自美、加的消息。

　　上帝，很久啦。我又累又消瘦。也许你看到了也不会喜欢我这老朋友了。

　　再见，亲爱的丽莲。

白

（注：本文原刊《学习白求恩》杂志，2013年第2期，作者现为白求恩精神研究会副会长。）

# 为人民服务与白求恩精神

马国庆　2012年9月

　　白求恩精神研究会、全军医学伦理学专业委员会和二〇八医院举办学术会议，专题讨论"践行为人民服务精神"的课题，这是非常有意义的。印象最深的有三点：第一，二〇八医院的历史就是为人民服务、为官兵服务、为胜利服务、为提升战斗力保障力服务的历史。六十五年来，二〇八医院历经战争、建设、改革开放三个历史时期的考验，始终高举为人民服务的旗帜；第二，二〇八医院践行党的宗旨有很高标准，这就是全心全意、精益求精、极端热忱、极端负责。也就是周总理表扬的"有强烈的为人民服务精神"，他们曾连续三年荣获全军优质服务"白求恩杯"，是军队医疗卫生战线弘扬践行白求恩精神的典型；第三，二〇八医院的经验回答了一个重大问题，那就是在改革开放和市场经济条件下，医疗卫生行业应当坚持什么方向？医疗卫生工作应当坚持什么标准？医务工作者应当具有什么精神的问题。简言之，强烈的为人民服务精神，就是医疗卫生战线必须始终坚持、始终发扬的精神。

　　为人民服务这个命题，最早是1939年2月20日毛泽东在致张闻天的一封信中提出的。当谈到儒家旧道德之勇时，毛泽东指出，"那种勇只是勇于压迫人民，勇于守卫封建制度，而不是勇于为人民服务"。此后，在1942

年的延安"文艺座谈会"上的讲话，在1944年9月8日在张思德追悼会上的讲话，在同一年的10月4日、10月30日、12月15日的讲话中，毛泽东继续阐述这个命题，并第一次在为人民服务前面加上了"全心全意"四个字。1945年4月，在党的七大会议上，毛泽东向全党发出了"全心全意为人民服务"的号召，使之正式成为党的根本宗旨。毛泽东特别看重"全心全意"这四个字，他告诫全党："共产党就是要全心全意为人民服务，不要半心半意，或者三分之二心三分之二意。"

为人民服务是毛泽东一生中题词用语最多的一句话。从1944年11月15日为邹韬奋题词，到1965年8月30日为庐山疗养院护士钟学坤题词，毛泽东题写"为人民服务"五个大字不下数十次。我们党的历代领导集体，都把为人民服务作为一个重大政治问题、立场问题、方向问题、关乎党生死存亡的大问题加以强调和阐述。为人民服务已经成为中国共产党的精神符号，成为中国共产党区别于其他政党的标志，成为中国共产党人的信仰。

毛泽东对医疗卫生战线讲为人民服务，为人民健康服务，讲白求恩精神，有据可查的有七次，特别是1965年8月30日为钟学坤的题词："学习白求恩，学习雷锋，为人民服务。"表达了他对医疗卫生战线的期望，指出了白求恩精神的核心所在。2011年初，中国白求恩研究会李深清、杨善安同志专门就这一题词作了调查考证并取得重要成果。总后卫生部、国家卫生部领导及有关专家学者对这一学术成果给以充分肯定。李超林会长在2011年《学习白求恩》杂志第一期撰文，对白求恩精神的内涵作了深入阐述，他认为："白求恩精神就是医疗卫生战线的为人民服务精神，他在更高层次上体现了中国共产党的宗旨，在实践中表现为毫不利己、专门利人，极端热忱、极端负责，对技术精益求精，全心全意为中国人民和世界人民服务。"

### 怎样理解"毫不利己、专门利人"的共产主义精神？

"毫无自私自利之心"、"毫不利己、专门利人"是毛泽东对白求恩的高度评价，是中国共产党践行为人民服务宗旨的最高体现，也是对"强烈的为人民服务精神"的最好诠释。六十多年来，这个庄严命题从未受到挑战。但进入改革开放以来，随着经济、文化、意识形态多元化影响，这一精神受到质疑，有些理论家撰文，认为这一提法"扼杀人性""违背人性""压抑人性"，提倡"毫不利己、专门利人"，"束缚人的积极性、创造性，不利于人的全面发展和社会进步"。这股思潮在当今社会，特别是青年学生中的影响不可低估，带来的思想困惑久久挥之不去。我们今天把这一争论放在人类进步史的大背景下去思考，是不是能够有一些启发呢？

首先，任何国家、任何民族都需要毫不利己、专门利人、无私奉献的英雄。他们是民族觉醒，国家复兴的中流砥柱。没有他们，任何国家都不能自立于世界民族之林。回顾中华民族现代史，多少英雄甘为国家利益奉献生命，多少英雄为民族解放洒尽热血。戊戌变法的六君子，辛亥革命中黄花岗七十二烈士，中国共产党有据可查的三百多万英烈，他们都是"毫不利己、专门利人"的楷模。正如鲁迅所言："我们自古以来，就有埋头苦干的人，有拼命硬干的人，有为民请命的人，有舍命求法的人……他们是中国的脊梁。"新时期我国年年评选感动中国十大人物，他们都是"毫不利己、专门利人"的榜样。综观世界历史，在争取民族独立，国家解放事业中，各国都产生过无私利国、奉献生命的先行者，中国的孙中山，美国的华盛顿，印度的圣雄甘地，南非前总统曼德拉，都是这样的英雄。没有他们，就没有世界的进步发展。

其次，在科学探索，服务人类实践中，同样有一批无私无畏，舍己利人的英雄。他们为科学献身，为真理流血，为群众舍命。在欧洲有伽利略、哥白尼、居里夫人。在中国有钱学森，有"两弹一星"的英雄群体。在医疗卫生战线，有白求恩、柯棣华、马海德、黎秀芳、吕士才，有新时期涌现的赵雪芳、吴孟超、华益慰、张新生、刘琼芳。他们都是毫不利己、专门利人的榜样。否认人类社会有一群毫不利己、专门利人的革命家、科学家、改革家和平民英雄，首先是对历史的无知、亵渎和背叛。

最后，我们讲"毫不利己、专门利人"，绝不是否认个人利益，而是赞扬肯定那种始终把国家、民族利益放在第一位，为了国家、民族利益不惜牺牲一切乃至生命的英雄行为。不可否认，具有这种精神和行为的人在社会生活中是少数。正因为是少数，他们才能成为众人景仰的英雄，成为引领社会进步的旗帜。我们可能做不到像他们那样无私利人，但我们绝不应当否认他们行为和精神的伦理价值和时代意义。现实生活中，在特定历史条件下，无私利人行为具有一定普遍性。例如在抗击"非典"，抗震救灾中，在执行急难险重任务中，牺牲自己，拯救他人的感人事迹我们人人耳熟能详。普通人群在特定环境中，在正义感召下，同样可以做出无私利人的不平凡壮举，例如最近媒体报道的护士何瑶，司机吴斌等。综上分析，我们可以得出结论，"毫不利己、专门利人"的思想道德境界，是引导人类向上向善的强大动力，心忧天下的先进分子是社会进步的启蒙者和先行者。传递这种精神，有助于升华我们民族的思想道德境界，推动中国社会全面进步。

**怎样理解"极端热忱、极端负责"的服务精神？**

对同志极端热忱，对工作极端负责，是毛泽东对白求恩服务精神的高度概括，也是"强烈的为人民服务精神"的集中体现。这些年来，一些人对"两个极端"提出质疑：认为"极端"是一个无法达到的标准，宣扬"两个极端"是"左"的一套，"侵犯了个人生活空间"。现实生活中，有些人认为，干工作差不多就行了，"两个极端"做不到。

首先应当看到，"两个极端"是一个很高的工作标准和道德标准，也是医疗卫生行业，特别是医护人员应当具备的职业素养。"极端"，绝不是在工作指导、工作方法和工作标准上走极端，通俗地说就是要有一流标准，努力达到自己所能达到的最好工作状态。从这个意义上说，各个服务行业，都应当把"两个极端"作为工作标准和职业追求。

其次，倡导"两个极端"在今天有特别重要意义。一方面有助于提升医护人员的职业素养，另一方面有助于和谐医患关系。什么是极端热忱？就是白求恩讲的视患如亲。什么是极端负责？就是白求恩讲的竭尽全力拯救生命。他说过，你要把伤病员看成是你的父兄，甚至比你的父兄还要亲。如果医生不为伤病员工作，他活着还有什么意义？白求恩能够做到视患如亲，拯救生命，源于他对被压迫无产阶级、贫困群众的无限同情。20世纪30年代，白求恩患上肺结核，在治疗过程中，他发现有富人的肺结核，也有穷人的肺结核。而富人恢复了健康，穷人却死去了。他在美国和加拿大看到，几百万人在生病，几十万人在忍受痛苦，好几万人因缺乏治疗而死去，而这种治疗方法是现成的，只是因为他们付不起钱。为了穷人的利益，他开始向资本主义医疗制度即医疗私有化宣战，发表了影响世界的著名演讲《从医疗事业中清除私利》。他到贫民区义诊，开设免费诊所，穷人对他充满感激。白求恩也因此成为当时医疗行业的叛逆者甚至是"敌人"。实际上，白求恩加入共产党的初衷，就是要改变医疗私有化，他是社会化医疗的倡导者和实践者。今天我们大力倡导弘扬白求恩精神，最重要的是学习他的人道主义精神，学习他的爱心、热心、细心、耐心。我们沈阳军区总医院张新生老院长，是能从头治到脚的全科医生，但人民群众和部队官兵对他最多的称谓却是"当代白求恩，军中白求恩，我们身边的白求恩"，认为他对患者极端热忱，对治疗极端负责，是一位可以生命相托的人。坦率地说，当前医疗卫生行业最缺的不是大师，不是博士，不是大楼，不是先进设备，而是强烈的为人民服务精神，是历久弥新、群众怀念的白求恩精神。这应当是医疗卫生职业道德的灵魂和主旋律。当前全国医疗卫生系统正在开展职业精神大讨论，我们认为，管根本管长远的，就是要让白求恩精神内化于心，外化于行。

当前，医患关系成为社会焦点，成为党和政府高度重视的大问题。

不但人民群众对医德医风现状不满意，医疗卫生行业也对医患关系忧虑不安。化解医患矛盾，治本之策是两条；一是坚持医改公益化、社会化方向，坚决纠正医疗市场化导向，解决好医疗资源合理配置和医护人员待遇问题。二是加强职业道德建设，实现医德医风根本好转。我个人理解，在医患矛盾中，就个案而言，不排除少数"医闹"和个别媒体不实报道引发的纠纷，不排除一些网站为追求眼球效益，设计出有错误导向的问卷调查引发的事件。例如：哈医大血案发生后，有网站以你对王浩被刺死有何感受为题，设计了高兴、愤怒、难过、同情四个答案要网民投票，结果在匿名投票的六千一百六十一人次中，选择高兴的有四千零一十八人次，占到65％，而选择愤怒、难过、同情的，分别只有八百七十九、四百一十和两百五十八人次，激化了医患矛盾。但就总体而言，医患矛盾的主要方面在医不在患。只要我们尽职尽责，尽心尽力，即使产生一些因不可抗拒原因、因医术水平达不到出现的后果，绝大多数患者和家属都能给予理解。我们这些年调查过很多医院，凡是医患纠纷少的，都是白求恩精神教育和医德医风建设卓有成效的。2012年3月，我们在武警新疆总队医院调研庄仕华院长事迹时，了解到这家医院十年做肝胆结石手术十一万例无差错，收到锦旗一万两千面，平均不到十个手术病人就有一个送锦旗。住院患者纷纷向我们反映，他们不收礼物，不收红包，我们只能用送锦旗来表达感恩。在这家医院，没有钱、钱不够的患者，都可以先做手术。有的病人出院后，月月还钱，直到三五年才把账还清。庄院长说：我们这几年从外面"捡回来"免费手术的就有一百四十多人。"桃李不言，下自成蹊"，这家医院从不做广告，但全世界三十二个国家，全国包括台湾在内的所有省市区患者，都慕名而来，预约手术都已安排到两年以后。

综上分析，我们可以得出结论："极端热忱、极端负责"，是全心全意为人民服务的必然要求，是一切行业、一切服务能否赢得人民信赖的根本原因。医疗卫生战线只要大力倡导"两个极端精神"，实现医德医风根本好转，就一定会使医患关系和睦和谐。

## 怎样理解"精益求精、不断创新"的科学精神?

践行党的宗旨,不但需要强烈的为人民服务精神,还需要精湛的为人民服务本领。这就是毛泽东讲的又红又专,邓小平讲的不但要做白求恩式的革命者,还要做白求恩式的科学家,胡锦涛讲的医务工作者要有高尚医德,还要有高超医术。要做到这一点,就必须倡导精益求精、不断创新的科学精神。

当前,浮躁之风在许多领域蔓延。在医疗卫生战线,有的人搞学术,不满足十年磨一剑,总想一年磨十剑,搞学术剽窃,还不以为耻;有的人当专家,不甘心坐冷板凳,热衷于坐飞机满天飞,出名挂号;有的人打着首席科学家、院士候选人的旗号弄虚作假,沽名钓誉,被人揭发后雇凶杀人,被判入狱;还有一些青年学子,搞学术研究,发表论文已习惯于走捷径。所有这些,不但和精益求精的科学精神背道而驰,还严重损害了中国科学界、学术界在世界的公信力。

我们今天建设研究型、创新型医院,攻克前沿技术、核心技术、增强核心竞争力,必须大力倡导精益求精。如果说"精"是对技术、学术的基本要求,那么"精益求精",则是领先潮头的更高要求。唯有精益求精,才能不断创新,从而治愈更多的疾病,拯救更多的生命。从一定意义上说,精益求精不仅是科学精神,也是伦理精神。因为这种精神,不向封建迷信妥协,不向专家权威屈膝,不向弄虚作假低头,不向已有结论让步。他只敬畏生命,向真理致敬。前不久,我们到加拿大白求恩故居访问,看到了他"精益求精"的生动写照,理解了白求恩成为科学家、发明家的真谛。白求恩为了治疗肺结核,把处于实验阶段的气胸疗法用于自身并取得成功;为解决胸外手术难题,他发明了肋钳等器械,至今仍有十多种医疗器械,用他的名字命名;在西班牙,为了降低前线伤员死亡率,他发明了野战输血车,拯救了大批伤员;在中国抗日前线,他创建了有中国特色的野战医院和医学院,发明了简易手术台和简易药箱。毛泽东称赞他是大有益于人民的人，不仅因为他毫无自私自利之心，还因为他用高超医术拯救了成千上万军民的生命。今天，每一个选择了医疗卫生职业的人，都应当以精益求精的态度对待医疗过程、医疗技术、医学科研、医学管理，以诚实的科研精神，踏实的学习精神，务实的工作精神，提升医疗卫生工作的服务品质，赢得人民群众由衷信赖。

总之，为人民服务与白求恩精神，是和谐有机的统一体。白求恩精神是医疗卫生战线的为人民服务精神，为人民服务作为党的宗旨，正是通过白求恩精神、长征精神和延安精神等革命精神实现的。每一个信仰党的理论、党的宗旨的人，每一个白衣战士，都应当像白求恩、张思德那样，像新时期先进分子那样，在自己的岗位上努力践行全心全意为人民服务的精神。

（注：本文原刊《学习白求恩》杂志，2012年第3期，作者现为白求恩精神研究会副会长。）

# 白求恩精神必将从中国走向世界

蔡国军　2012年9月

2012年7月中旬，应加拿大白求恩纪念馆邀请，我有幸随团赴加拿大参加白求恩纪念馆新馆落成典礼，实现了多年来梦寐以求的拜谒伟人故里的夙愿。出访期间，我们一行先后参观了白求恩纪念馆新馆、白求恩故居、蒙特利尔白求恩广场和白求恩母校——多伦多大学，并就有关问题与白求恩纪念馆斯考特·戴维森馆长、政府官员和当地居民进行了探讨交流。通过实地走访、观看录像、互动交流，对白求恩的传奇经历和深邃精神世界有了更深刻了解。

白求恩故居位于加拿大安大略省格雷文赫斯特市，距多伦多市约一百八十公里。该市中心公园广场上矗立着一尊白求恩铜像。我站在铜像前，凝视手握听诊器、脚穿草鞋，健步前行、双目炯炯，栩栩如生的雕像，恍若穿越时空，仿佛看到冒着枪林弹雨，穿行在抗日前线的白求恩大夫。铜像大理石基座两侧镌刻着白求恩不同时期的画像，向世人展示了这位伟人的传奇经历。铜像旁是一块铭刻中英法三国文字的白求恩简介：胸外科及战地医生，发明家，社会化医疗制度的倡导者，艺术家，人道主义者。生于格雷文赫斯特。白求恩在加拿大、西班牙和中国，以他在医疗和追求人类幸福事业中所做出的努力赢得了广泛尊重。这五种身份、八十个字的评价，言简意赅，彰显了加拿大政府和广大民众对白求恩的赞赏。

此时此刻，让人不禁想起七十多年前毛泽东同志在《纪念白求恩》这篇光辉文献中对白求恩的赞誉：一个外国人，毫无利己的动机，把中国人民的解放事业当作他自己的事业，这是什么精神？这是国际主义的精神，这是共产主义的精神，每一个共产党员都要学习这种精神。白求恩同志毫不利己、专门利人的精神，表现在他对工作极端负责任，对同志对人民极端热忱，对技术精益求精。我们大家要学习他毫无自私自利之心的精神，从这点出发，就可以变为大有利于人民的人。一个人的能力有大小，但只要有这点精神，就是一个高尚的人，一个纯粹的人，一个有道德的人，一个脱离了低级趣味的人，一个有益于人民的人。这段话特别是号召大家争做"五种人"，人们已耳熟能详。据有关史料记载，毛泽东与白求恩只见过一面，谈过一次话，这是他对外国友人的最高评价。半个多世纪以来，白求恩的事迹激励影响了一代又一代人，白求恩已成为我国医疗卫生战线的楷模、对外交往的名片，成为我党指导和统领医疗卫生工作的思想基础。

从中加双方对白求恩的评价不难看出，由于政治立场和地域文化差异，二者的侧重点虽略有不同，但两个"五种人"之间却有着内在联系。这种联系，体现在白求恩精神与医疗卫生职业精神的同一性：一是普世性，国际社会对医疗卫生职业精神的要求和期待大体上是相近的，在内涵上有很多共通之处，例如尊重生命、促进公平、救死扶伤的职业价值等；二是民族性，我国悠久的历史文化构筑了丰富的医学人文底蕴，比如知情同意，家庭文化传统浓厚的中国人比较重视患者家属知晓、签字等，而西方国家往往比较重视患者本人知情同意过程，尽管侧重点不同，但都体现了对患者的热忱和尊重；三是实践性，学习白求恩精神贵在践行，而医疗卫生职业精神最终要靠广大医疗卫生工作者落实到医疗卫生服务工作中，体现在医疗实践活动上，从这个意义上讲二者是一致的；四是时代性，白求恩精神就是在中国沃土上，在延安精神沐浴下，在救死扶伤的医疗实践中绽放的绚丽玫瑰，具有鲜明的时代特色，医疗卫生职业精神必须与时俱进，凸显中国特色，才更有生命力。

　　当然，不容置疑，两个"五种人"也有一些差异。按中华民族的传统习俗划分，如果把前者看成"贤士"的行为规范，那么后者要高出一个层次，应视为"圣人"的修炼目标。抛开政治偏见和个人好恶，白求恩的崇高品德和人格魅力在此会聚，必将会得到国际社会和广大民众的广泛认同：信仰坚定、坚韧不拔，他一生追求进步，追求光明，是一个绝不向黑暗势力妥协的斗士，是一个坚定的共产主义者；品德高尚、爱憎分明，对病人，对伤员，他像亲人一样，对敌人，对日本法西斯，他像一挺机关枪、一把利剑，他是以惊人的忠诚、决心、勇气和技能完成那个时代放在人人面前重要任务的英雄；医技高超、善待生命，他是北美名医，对工作极端负责，有一副菩萨心肠，是一个把伤病员生命举过头顶、甘愿用自己生命去换取伤病员生命的人；追求正义、倡导公平，他给穷苦百姓看病从不收取任何报酬，呼吁把营利、私利从医疗体系中清除出去，实行社会化医疗，是社会化医疗制度的先驱和倡导者；崇尚科学、仁爱惠众，他是发明家，研制革新的肩胛骨提升器、肋骨剪和肋骨剥离器、流动输血车、卢沟桥药驮子等，拯救了许多人的生命。另外，他是艺术家，先后创作多幅有影响的艺术作品，并在蒙特利尔创办儿童美术学校，免费为穷人的孩子提供学习机会。

　　加拿大国库委员会主席托尼·克莱门特力主政府拨款两百五十万加元兴建白求恩纪念馆新馆。他在白求恩纪念馆新馆落成典礼上说，白求恩并不只是"毛主义者"或只和中国有关的人物，白求恩是加拿大引为自豪的公共医疗体系的先驱倡导者、失业义诊的创办人，至今仍在使用的"白求恩肋骨剪"的发明者。1972年，白求恩被加拿大联邦政府命名为"加拿大联邦历史上具有重大意义的人物"，其故乡格雷文赫斯特市在1996年成为加拿大国家历史名胜。托尼先生的观点，代表了大多数西方发达国家政府和民众的主流意见，他为我们拓宽国际视野，多视角、全方位研究宣传白求恩，让具有中华民族鲜明特色的白求恩精神走向世界，开启了一扇窗户，提供了一种借鉴。

在人们需求多样化、生活方式多元化的现代社会，世界各国之间联系更加紧密，经济发展全球化更加迅速，资讯传递更加便捷，这为我们在更大范围内宣传弘扬白求恩精神提供了机遇和挑战。一方面，我们要固本强身，坚守信仰高地，在宣传社会主义核心价值观、弘扬主旋律文化方面下工夫；另一方面，还要以"厚德载物"、"海纳百川"的博大胸怀和恢宏气势，承接传统，走向世界，走向未来。在对外交往中，要内外有别，求同存异，广泛联系不同国籍、不同派别、不同信仰的人士，积极投身到宣传践行白求恩精神的活动中来，在拓展研究领域、扩大队伍、建立文化统一战线上做文章，使白求恩精神逐步发展成为联结中外人民友谊、促进中外文化共同发展共同繁荣的桥梁和纽带。

（注：本文刊登在《学习白求恩》杂志，2012年第3期，作者现为白求恩精神研究会副秘书长。）

# 白求恩是怎样加入共产党的？

周国全　2015年3月

1935年11月，白求恩加入了加拿大共产党。当时，法西斯在世界各地大搞白色恐怖，迫害、屠杀共产党员。加拿大不少人认为参加共产党"不可理解"，"是可笑的"，"是傻子"，"是疯子"。白求恩就是在这种情况下，毅然参加了共产党。

他由一个普通知识青年成长为共产主义者，有一个发展过程。这个过程是从他同情劳苦人民开始，为根治"社会病"而升华，受苏联革命建设实践教育而坚定起来的。

1890年3月3日，白求恩出生在加拿大一个牧师家庭。家庭生活靠父亲"并不丰厚"的牧师薪水维持。当他弟弟也上大学后，家庭供他兄弟二人上大学有困难，他不得不利用假日做些被人"看不起"的杂活，挣点钱。他送过报纸，当过锅炉工，到食堂当过侍者，到林场当"工人教师"，白天和伐木工人同吃同住同劳动，晚上教工人识字，帮助工人写家信。他在这些活动中，和广大群众有了广泛深入的接触，对他们的苦难有了深切了解，明白了工人们为什么要背井离乡来到这荒凉的地方？知道了谁的妻子因为丈夫无法养活，带着可怜的孩子背井离乡，是谁的姐妹，因为还不起欠债而饮恨自杀……伐木工人的悲惨命运，激起了白求恩深深的同情。

古人说:"恻隐之心仁之端也。"白求恩就是从同情劳苦大众出发,尽自己所能给予帮助。当伐木工人时,他抢着干重活,使年老体弱工人减轻劳动。大学毕业后挂牌行医时给贫穷病人治疗不收费,甚至给付不起药费的产妇母子送去吃用的必需品。

但是,他个人微薄的精力财力,对庞大的贫病人群真是杯水车薪。对他们想救治又无力救治,这使他的心情痛苦,困惑。

1929年资本主义国家发生空前的经济危机,他注意到世界上有一种"令人不安的矛盾":"几百万人没有衣服穿,而美国却把地里的棉花翻耕入土。几千万人挨着饿,而加拿大却把小麦烧掉。街角上有人讨五分钱买一杯咖啡喝,而巴西却把咖啡往大海里倒。在蒙特利尔的工人区,孩子们由于软骨病而生了罗圈腿,而美国南方的橘子却成车地被毁掉。"他意识到,人们贫病的总根源在于当时的社会制度。

他根据自己的行医实践认识到:穷人和富人得的病和对待病的方法大不一样。穷人营养不良,劳动强度大,身体弱,抵抗力差,容易被感染,被感染了又无钱早诊断早治疗,轻病拖成重病。穷人来看病,总是一边说病情,一边诉说自己的贫困;而富人看病的,却能出很高的诊金。"医生给一个脂肪过多的女人开一服消瘦剂,给一个纵欲过度的先生开一服普通的滋补剂,可以得到一大笔诊金,而且费用收得越高,越能使病人感到药物灵验,医道高明。"在他的诊所里,经常来一些精神疲惫、身子受尽糟蹋的妓女来就诊。他精心地给她们治疗,可是一到华灯初上,她们又走向街头,继续受人糟蹋。

白求恩感叹说:"我对她们又有什么用呢!她们真正的病源不在于生理,而在于贫困。"他发现了一个事实,"最需要医疗的人,正是最出不起医疗费的人"。同样是肺结核,"富人有富人的肺结核,穷人有穷人的肺结核,富人复原而穷人死亡,穷人是因为活不起而死的"。

白求恩深知:医生"只能医治的是人的身体,而不能改变使人易受感染和再感染的外界环境力量。贫穷、低劣的食物、不卫生的环境、和传染病灶的接触、过度的疲劳以及精神紧张，都是我们（医生）所不能控制的。……这仅是医学和医生的过错吗？不是，整个都错了"。他认识到：与其说许多人死于身体的疾病，还不如说是死于"社会病"。要从根本上救治贫病交加的人群，就必须根治"社会病"。怎样根治"社会病"？这就要从社会学、经济学中寻找答案。于是，他就下决心从头学起。

当时，加拿大的媒体正在评介各种政治思潮：威尔逊在巴黎和会上提出的和平纲领、费边的"社会主义"和马克思主义等。白求恩开始研读媒体的评介。他非常认真地写《读报手册》，对媒体经常提到的名词，诸如民主、独裁、工人阶级、资产阶级、资本主义、社会主义、共产主义……尽量找出明确的含义。对不同政治面目的人对同一名词的理解进行对比，对他们争论的论点进行分析，辨别真理与谬误。他从对比中选择了马克思主义，并集中精力学习。他的办公桌上堆满了马克思和恩格斯的《共产党宣言》《资本论》《家庭、私有制和国家的起源》、列宁的《国家与革命》等著作。他如饥似渴地攻读，开阔了眼界，深刻认识了资本主义，明白了许多革命道理。朋友问他："你是要成为共产主义者吗？"他说："不知道，我只知道一点，共产主义者并不是像他的反对者所攻击的那样的人，我不愿意人云亦云地同流合污。"朋友说："当心被扣上红帽子！"他激动地说："如果把凡是不肯同流合污的、人云亦云的人都称作'共产主义者'的话，那么，你可以把我称作是红色分子中最红的一个。"

通过学习，被马克思主义理论武装起来的白求恩更加坚定了。他从心底里发出了行动的口号："与其一个个做手术，还不如到大街上去宣传！"

这喊声，表明白求恩的思想发生了一个由同情群众、救治群众到相信群众、依靠群众、发动群众共同奋斗的飞跃，是他发展道路上的一个重要里程碑。

从此，他更加自觉地走近工人群众。

一天下午，白求恩在蒙特利尔的大街上遇见了失业工人的游行队伍，他们打着"给我们的孩子牛奶，给我们的妻子面包"、"要工作，不要救济"

的横幅，高呼争取自由解放的口号。白求恩奋不顾身地投入工人的游行行列，和工人群众手挽手、肩并肩、昂首阔步地走在一起。两队骑警策马向游行队伍横冲直撞，挥舞警棍向工人劈头盖脸地狠打。他从警察的棍棒下抢救出被扭住胳臂的工人。有一个男人用手蒙着脸，鲜血从手指缝里淌下来。白求恩在骑警的马蹄下救出伤者，为他包扎治疗。

第二天，白求恩走进蒙特利尔的失业工人协会办公室，递上自己的名片，说："我是医生，请你们把受伤的男女送到我这儿来，我一律免费治疗。"

从此以后，白求恩和工人、失业工人经常来往，到他们家里去，到"街道委员会"会见他们的领袖，参加他们的集会，听取他们对失业困境的控诉，和他们一起讨论组织工会问题。白求恩看到，"这些自称社会主义者，共产主义者的人们，对社会现象具有惊人的洞悉力，他们能够透彻而明确地阐明资本主义制度的弊病，而对人类的前途和世界的理想充满无限的信心和高度的乐观情绪。他们穷，但他们不仅仅是为了自己的温饱而斗争，而是为共产主义理想奋斗。"白求恩同情工人、热爱工人，工人也喜欢他，亲切地称他为"白求恩同志"！

1935年夏天，国际生理学大会在列宁格勒召开。白求恩作为加拿大的代表之一参加了大会，但他"不是为了参加一个生理学大会……我是为了更重要的理由而到苏联去的。我主要想看看苏联人怎么生活，其次是看看他们采用了什么办法来扑灭一种最容易扑灭的传染病，那就是肺结核"。他只出席了一次"开幕式"就单独行动了。他参观苏联的医院和疗养院，调查肺结核疗法。他发现，苏联在建国后的十八年内，有将近一半时间用在重建残破的经济上。苏联已将肺结核的发病率减少了50%以上。在苏联有他从来没有见过的讲究的休养所和完备的疗养院。在这儿，产业工人享有公费医疗的优先权。在各诊疗所和疗养院里，一切医疗都是免费的，这是病人的公民权利。国家规定的疾病预防措施里包括从幼年起给儿童施行结核菌素实验。这里有一个大规模的结核病复原制度，他断言是全世界最好的制度。当他在苏联停留已超过两个月限期时，就带着许多书籍、小册子和医学论文回国。

在苏联的两个月，他看到了苏联人民在共产党领导下建设社会主义国家的伟大实践，看到了社会主义的巨大优越性，实践证明了马克思主义理论是真理。苏联活生生的建设实践是一部最有说服力的活教材，牢牢地夯实了他的理想信念，使他更加坚定了为共产主义事业奋斗的决心。

回国几周后白求恩就为贫穷的孩子创办了一所儿童美术学校。学校设在他家里，不收学费，一切开支由他负担。他认为，创办美术学校，只是一个开端，从这事开始就可以做出更大、更多的事情来。

1935年9月20日晚上，蒙特利尔医学团体邀请从苏联归来的学者们介绍观感。白求恩是最后一个发表演讲的人。在他前面演讲的人介绍了生理学大会的盛况和对苏联社会生活的观感。有人吹毛求疵，蓄意贬低苏联，说苏联有没有塞子的污水槽，没有手纸的盥洗室，不通英语的旅游向导，等等。白求恩用产妇分娩的痛苦换来新生儿的事例批驳吹毛求疵、贬低苏联的言论，"苏联正在分娩的过程中，助产士和医生为使婴儿活着，一直忙到现在还没有来得及把肮脏的东西清除掉"。正是"在血污后面存在着社会主义新生命"。"苏联的今天，呈现着……最令人兴奋的景象。否认这个，就是否认我们对人类的信心，而那是不可赦免的罪恶，最终的背叛。"

由救治一个个贫穷病人到救治失业群体，更加显露出力量单薄。为吸引更多的志同道合者参加救治，白求恩于1935年12月，创建了加拿大医疗史上第一个新组织：蒙特利尔人民健康委员会（保健会多次易名，曾叫卫生小组）。它的宗旨是"增进贫苦人民的福利，使最需要医药的人们得到适当的照顾"。有一百多位医生、护士和社会工作者参加了这个组织，大家推举白求恩当书记。

这时，白求恩经受着巨大压力：一方面，反动势力以"红帽子"和白色恐怖威胁他；法西斯暴徒捣毁了他的住宅，用这种威胁手段给他传递信息；另一方面，医务界同事、亲戚朋友对他发出怨恨和不满，纷纷疏远他，乃至反对他。这一切，一个接一个地向他袭来，但是，这些都没有吓住被马克思主义理论武装起来的、亲自感受过苏联社会主义建设实践教育的、亲切体验过工人群众这个强大的阶级基础的白求恩。他就是在这样恶劣的政治环境、人际环境下，于1935年11月毅然加入了共产党，成为一名坚定的共产主义者的。

他入党以后，更是无所畏惧地、大刀阔斧地开展工作。

1936年4月17日，蒙特利尔市外科医学会组织了一个有一百二十八名医生参加的讨论"医药与经济"的会议，白求恩在会上发表长篇讲演，坦率而明确地阐述了一个共产主义者的政治观点和对当前任务的主张。

他强调加拿大的社会制度"是建立在个人主义，竞争和私人利润上面的"，"这个资本制度现在正在经历着一次经济危机——一种致命的、需要全身治疗的疾病"。在"这个'能捞钱且捞钱'的资本主义制度"下，"医业……是一种漫天要价的行业，我们（医生）是以珠宝的价钱出卖面包的，占我们人口50%的穷人买不起，只好挨饿；我们做医生的卖不出去，也倒霉。人民的健康没有保护，我们的经济也没有保障"。摆脱这种状况的"最好方式就是改变产生不健康状况的经济制度，以及消灭愚昧、贫穷和失业"。"实行社会化医疗和废止或限制私人开业就是解决这个问题的现实办法。"他呼吁医界"不单单讨论有趣的病例，而是更多地讨论这个时代的重大问题；医药事业和国家的关系；医生们对人民的责任；以及我们生活在其中的经济和社会制度"。他呼吁医界同仁"把利润、私人经济利益从医务界里取消，把贪得无厌的个人主义从我们的职业中清除。让我们把靠自己同胞的痛苦发财当作可耻的事。让我们组织起来，使政客们不能再像现在这样剥削我们"。

这篇讲演是白求恩第一次系统地公开亮明自己的政治观点和主张。这证明了他进一步成熟，同时也表明了他不怕迫害、不怕孤立的大无畏革命精神。此后，他的行动步伐就更大了。

1936年7月，他发表了一篇宣言：请大家注意魁北克省几十万人所处的悲惨境况，强调指出人民的健康只有由政府负责才能得到保障，并提出了许多切实可行的建议。

7月28日，他又向社会广泛散发了一篇有关社会化医疗制度的"提案"。鉴于加拿大贫苦群众有病无钱求医、医生们借看病捞钱的情况，他早就想改革现行的医疗制度。为此，他考察了许多国家的医疗制度和医疗史，在苏联又潜心考察了社会主义国家的医疗制度，结合加拿大的实际情况，思考新的医疗制度的具体内容。新成立的人民健康委员会定期开会，会议的重要内容之一也是研讨医疗制度。1936年7月初，委员会得知要举行省级选举。他们认为，有必要及时制定一个实行社会化医疗的提案，向各政党的候选人和社会大众发出呼吁，一旦提案被通过，政府和社会就该提供资金，社会化医疗就可能实现。于是，他们就着手起草提案。他们起草的提案的主要内容有：政府从财政税收中筹集资金，把优秀的医生、护士组织成医疗队，分工负责城市人民的健康保护和疾病治疗，所有人员的工资由政府支付；开展全民性的健康保险，使每个公民都能得到医疗照顾；这种照顾，不决定于个人收入多少，而是从实际需要出发。这个提案发出后，社会人士反应很不一致，但总的说是"冷淡"。直到1936年7月西班牙战争爆发后，有人问他提案情况，他愤怒地说："法西斯主义的炸弹把马德里变成废墟，同时将埋葬我们的计划（提案）。"

事实上，这时的白求恩已经顾不上社会化医疗制度了，他开始准备上战场！

（注：本文原刊《学习白求恩》杂志，2015年第1期，作者为《求是》杂志社原秘书长。）

# 学习白求恩，铭记和发展中加人民的友谊

## 在白求恩生平暨纪念白求恩书画作品展开幕式上的讲话

李宁　2012年12月6日

2011年是中国和加拿大建交四十周年，我们在北京宋庆龄故居举办了"白求恩生平展"。之后和加拿大驻华大使馆、白求恩精神研究会一道启动了全国巡展，目前已经在济南、芜湖、南京、西安、广州和桂林进行了巡展，使更多的中国民众进一步了解了中国人民的伟大朋友白求恩，进一步加深了中加友谊。今天，这个展览来到了中国革命军事博物馆，并与弘扬白求恩精神书画展结合起来，具有特别的意义。在此，我谨代表中国宋庆龄基金会，对本次展览的开幕表示祝贺，对出席今天开幕式的朋友表示热烈的欢迎！同时，对为这次展览付出辛苦努力的中国白求恩精神研究会及相关单位表示衷心感谢！

白求恩是加拿大著名胸外科医生，是伟大的国际主义战士，1936年德意法西斯侵犯西班牙时，曾赴前线为反法西斯的西班牙服务。1937年中国的抗日战争爆发，他率领加拿大美国医疗队，于1938年初来中国，3月底到达延安，不久赴晋察冀边区。在不到两年的时间里，他率领着战地医疗队转战多个战场，冒着枪林弹雨，在极端艰难的环境中抢救了成千上万个伤病员，培养了大批的医护人员。由于在一次为伤员实施急救手术时受感染，于1939年11月12日在河北省唐县逝世。白求恩在中国生活工作只有

十八个月，但他为中国革命的胜利作出了杰出贡献，直至献出宝贵生命。白求恩逝世后，延安各界于1939年12月11日举行追悼大会，毛泽东写下了"学习白求恩的国际精神，学习他的牺牲精神、责任心与工作热忱"的挽词，并于1939年12月21日撰写了《纪念白求恩》一文，号召中国人民向白求恩学习。这篇文章在中国几乎家喻户晓，也使白求恩的名字烙在了中国人民的心中。

宋庆龄指出："新中国永远不会忘记白求恩大夫。他是那些帮助我们获得自由的人中的一位。他的事业和他的英名永远活在我们中间。"她十分珍视加拿大人民给予我们的支持与帮助，希望中加友谊地久天长，中加人民世代友好。她曾经说道："中国人民把他（诺尔曼·白求恩大夫）看作是在进步和正义事业中各国同甘共苦的最光辉的典范……一个加拿大人能够在中国成为世界各国人民为反对一切企图奴役别人的人而团结战斗的国际性榜样，这是我们两国的光荣。"1979年，为纪念白求恩逝世和毛泽东主席发表《纪念白求恩》四十周年，中国军事博物馆举办过白求恩展览。当时，时任国家副主席、全国人大常委会副委员长的宋庆龄为展览写下了"白求恩精神光耀千秋"的题词。时至今日，白求恩精神已经超越了时代，超越了地域，超越了民族，超越了意识形态，随着时代的进步，将成为具有永恒意义的全人类精神财富。

今天，我们在中国军事博物馆再次举办"白求恩生平暨弘扬白求恩精神书画展"，跟随着一幅幅图片、一段段文字、一幅幅书画回顾那段难忘的岁月，缅怀融入历史的伟人，不仅仅是向这位深受中国人民爱戴的加拿大友人表达我们崇高的敬意和深切的缅怀，更是要牢记毛泽东主席、宋庆龄名誉主席等老一辈党和国家领导人的嘱托，学习和弘扬白求恩精神，世代铭记和珍惜中加友谊，为中加两国携手并进的美好未来谱写出新的篇章。

（注：作者时任中国宋庆龄基金会秘书长。）

# 弘扬白求恩精神　培育白求恩传人

## 在"纪念白求恩逝世七十五周年中国加拿大国际论坛"上的讲演

季富　2014年10月11日

今年是白求恩逝世七十五周年、毛主席发表《纪念白求恩》七十五周年，也是毛主席在1965年、邓主席在1979年、江主席在1997年，都向中国人民发出过向白求恩学习的号召。我校作为白求恩亲手创建的红色学校，白求恩精神的摇篮学校，七十五年来，十余次搬迁易址，十七次转隶更名，但我校造就白求恩传人的育人方向始终坚定不移；光大白求恩精神的传承努力始终坚持不懈；锤炼白求恩严谨务实的科学作风始终坚韧不拔。先后为部队输送一线卫勤人才六万多人。第一任校长江一真、第四任校长钱信忠成为共和国卫生部部长；学校多次被军委总部表彰为先进单位，"三得"育人经验获全国全军优秀教学成果奖，校团委被评为全国"五四"红旗团委，学员二大队被中央和国务院评为先进集体，女兵方队三次接受党和人民检阅而蜚声国内外。

**主动服务强军目标的重大实践，增强传承弘扬白求恩精神的思想自觉**

一是深刻认识传承白求恩精神的现实意义。我们引导大家深刻认识传承白求恩精神与中国优秀传统文化、社会主义核心价值体系、革命军人核心价值观的一致性，其核心是塑造高尚的人，纯粹的人，有道德的人，脱离低级趣味的人，有益于人民的人。具有白求恩精神特质的女兵方队精神，对当代革命军人来说，其核心就是听党指挥的忠诚之师、能打胜仗的威武之师、作风优良的文明之师的精气神。这种一脉相承、历久弥新的精神内核，正是我们启迪心灵的良言、补钙壮骨的良药、励志铸魂的良方。白求恩精神过去不可缺，现在不可少，将来不可丢。

二是深刻认识生成白求恩精神的历史必然。我们通过持久深入收集白求恩的信函、工作日记尤其是临终遗嘱，努力揭示白求恩精神产生的历史必然性。白求恩所处的时代，反法西斯战争风起云涌，中国人民的处境风雨如晦。白求恩创建的白求恩卫生学校（以下简称"白校"及其附属医院（即和平医院），都是白手起家的；他从事的救治、教学和管理都是在战火中辗转的；他放弃优越条件、舍弃个人幸福，不远万里来到中国，物质条件是极为艰苦的。白求恩始终做到，保持初衷丝毫不改、坚守信仰丝毫不移、高昂斗志丝毫不减、忘我状态丝毫不变。近几年来，我们努力营造严师出高徒的熔炉环境、苦练出精兵的战场环境、严治出干将的艰险环境、苦学出英才的锤炼环境，从而使育人环境得到提升和优化。

三是深刻认识白求恩精神蕴含的强军动力。我们把学习和解读《纪念白求恩》《白求恩言论集》《白求恩遗嘱》，作为新学员入校第一课，并称之为传承白求恩精神的"老三篇"。从中领悟白求恩投身世界反法西斯战场所表现出的坚定信念、道德水准和技术素养，并将其化为践行强军目标的内在动力。比如：只有培塑崇高信仰，才能铸牢对党忠诚的思想根基；只有养成对工作极端负责的态度，才能振兴治校办学的育人事业；只有保持对人民对同志极端热忱，才能凝聚起万众一心的强大力量；只有练就精益求精的技术技能，才能具备打胜仗的过硬本领。从而以投身强国梦、强军梦的实际行动，书写出彩军旅人生。学校三次组队参加国庆阅兵投入一千五百多人、担负上海世博安保八百多人、东盟十三国代表团来访的救灾演练四百多人、美军代表团来访的野战卫勤演示两百多人，做到了完成任务、形象风采、遵规守纪的满意率三个百分之百。

## 着力丰富强军目标的外延内涵，增强传承弘扬白求恩精神的文化自觉

一是广开渠道追寻白求恩足迹。白求恩在中国的二十二个月中，十九个月在聂荣臻领导的晋察冀抗日根据地，足迹遍及贺龙领导的晋绥、吕正操领导的冀中根据地。近年来，我们组织精干力量，赴河北和山西二十五个县乡村，沿白求恩足迹行程四千余公里，接触包括地方党史文献部门和新闻媒体人员共两百多人次，尤其是走访白校老战士、老同志、老干部以及专家教授三百余人次。共收集文字资料九百多万字，收集和拍摄图片两万余张、视频资料二十余小时，征集到珍贵文物六件，弥补了史料空白。

二是多措并举丰富白求恩形象。依托国内、省内、校内及加拿大白求恩研究会，建成《白求恩文选》史料书柜、校史馆、网上史馆等"六个一"的存史载体，同时依托华北烈士陵园、河北唐县纪念馆，投资修缮白校前身晋察冀军区卫校旧址，与我校的西柏坡红色教育基地互补共促，形成史册、馆室、陵园、旧址和教育基地"五合一"的融合式存史格局。河北省民政部门评价，学校珍惜光荣传统走在了全社会前列。

三是总结凝炼白求恩精神内涵。近年来，我们挖掘白校艰难的办学历史，提炼形成边战斗、边救治、边教学的"三边"战斗精神；和平时期拓展形成培养信得过、用得上、留得住的"三得"育人经验；总结国庆首都阅兵历程，形成"使命高于一切，精准胜于一切，英姿靓于一切，意志坚于一切，团队重于一切"的女兵方队精神；2003年、2008年、2010年分别形成抗击"非典"、抗震救灾、上海世博安保精神。在一代代、一次次接力传承中，白求恩精神不断被赋予新的时代内涵。

## 始终注重强军目标的成果转化，增强传承弘扬白求恩精神的育人自觉

一是努力发挥学史明志的激励作用。学校诞生以来，经历战时卫勤保障百余次，参加抢险救灾、应急处突等急难险重任务三十多次。在1941年

秋季的一次反扫荡中，部分师生为掩护伤员突围，在白银坨梯子沟与日军遭遇，激战一昼夜，终因敌众我寡，一百五十余人英勇牺牲，其中大部分是女同志，最大的二十八岁，最小的只有十五岁。面对敌人的屠杀，宁死不屈，高喊"抗战到底，决不投降！"。组织这次转移突围的主要指挥员，时任晋察冀一分区司令员杨成武将军，在回忆录中沉痛写道：梯子沟战斗令我心痛终生！2013年9月，我们与白求恩当年选定的校址所在地唐县牛眼沟葛公村，签订了由我校出资四十万元的修缮协议，完善我校白求恩精神教育基地。2012年9月3日，在纪念中国人民抗日战争暨世界反法西斯战争胜利六十九周年之际，我们与保定市共同组织了冀中抗战纪念园落成揭幕仪式，其主体雕塑就是梯子沟战斗师生的不朽群像，大大激发了青年师生发奋学习，苦练精兵，献身强军实践的壮志豪情。

二是努力发挥效史修身的示范作用。邀请我校杰出教员、特聘辅导员、柯棣华夫人郭庆兰女士，每年来校讲述白求恩、柯棣华的感人事迹；邀请"南丁格尔奖章"获得者李淑君等优秀毕业学员回母校作报告；大力宣扬联合国和平荣誉勋章获得者许丹、全国"巾帼建功标兵"葛志银的先进事迹；编辑《燃烧的蜡烛》、《最美白求恩传人》史册，制作寻访毕业学员专题片，引导师生崇尚荣誉、争当模范。

三是努力发挥鉴史做事的引领作用。白求恩发明了世界上第一个"战地流动输血站""卢沟桥药驮子""万能肋骨剪"等系列医疗装备和器械，创造了野战医院展开和救治技术等六项卫勤成果，对提高八路军战斗力发挥了重要作用。抗日军民盛赞白大夫是战场医生、前线医生、病房医生。以此为镜，我们鲜明提出面向部队育人才、面向战场练技能的教学理念。近年来，我们运用白求恩总结的战场救治经验和战时教学理论，根据现代战争要求，提出了"白金十分钟、黄金一小时"的战场救治理念，得到卫勤专家认可。发挥史志的激励作用、示范作用、引领作用，促进了学校一些大事急事难事的有效解决。为解决期盼多年的安居房问题，仅用六十多天就完成了三百五十四户腾空疏散任务，两年内盖起了八百零二套师团安居住房；解决了长期没有解决的供水、供暖、供气问题；我们还圆满完成应急骤增培训任务。

最后，我想用白求恩临终前的几句话结束今天的发言，他在遗嘱中写道：我唯一的希望就是能多做贡献；请转告加拿大人民和美国人民，最近两年是我生平中最愉快最有意义的时日；请转告毛主席，感谢他和中国共产党给我的教育，我相信中国人民一定会获得胜利！

（注：作者为解放军白求恩医务士官学校政治委员。）

# 白求恩：为国际和平事业献身的英雄

## 在"纪念白求恩逝世七十五周年中国加拿大国际论坛"上的讲演

吴广礼　2014年10月11日

　　七十五年前，白求恩为中国人民的解放事业献出了宝贵生命。从那时起，他的名字在中国家喻户晓，他的精神始终在引领风尚、教育人民、服务社会、推动进步，成为中华民族之魂的组成部分。

　　白求恩国际和平医院与白求恩血脉相连。我院始建于1937年11月7日，时称晋察冀军区八路军后方医院。白求恩到晋察冀之后，即在我院工作。1938年7月，世界和平与进步力量在伦敦召开国际和平会议，决定为支援中国抗战援建一所医疗中心，并定名为"国际和平医院"。不久，大会派何登夫人（伦敦《每日新闻》特邀通讯员）访问中国，并同保卫中国同盟主席宋庆龄商谈援建事宜，决定把"国际和平医院"这个名称授予晋察冀军区八路军后方医院。英国援华会捐款两千四百五十英镑作为国际和平医院的启动资金，并请白求恩担任该院（名誉）院长。1940年1月5日，为纪念白求恩大夫，经中央批准，我院被命名为白求恩国际和平医院。之后在全国解放区，国际和平医院逐步发展成为一个医院网，它拥有八个中心医院和四十二个分院，一万一千八百张床位，直接服务于一亿四千万解放区军民。

　　今天，经过一代又一代白求恩传人的努力，我们医院已经发展成为集医疗、教学、科研、康复、保健、急救、预防为一体的大型现代化综合性三级甲等医院，形成了专科设置齐全、诊疗设备先进、技术优势突出、人才结构合理、医疗环境温馨的发展格局。特别需要提及的是，在白求恩精神哺育下，我院涌现出特等功臣崔志英、"新时期的白求恩"石磊、"白求恩式的好医生"张笋等为代表的一大批白求恩优秀传人，使我院的社会影响力和国际知名度与日俱增。

我很早就读过小说中的白求恩，背诵过毛泽东主席的《纪念白求恩》，看过影视作品中的白求恩，还踏足格雷文赫斯特镇，感受过那里的冬日暖阳。多年来，我经常思考一个问题：向白求恩学习什么？我认为，白求恩最具时代意义和世界影响力的伟大品格，就是他的和平进步思想、国际主义精神和人道主义情怀。

**白求恩是为正义而战的勇士，他的和平进步思想，昭示着信仰的力量**

白求恩有着一颗热情澎湃的心，一个有崇高信仰的灵魂，他坚信只有和平才能给人类带来希望和幸福。当和平受到威胁时，就必须挺身而出保卫和平，并甘愿为之献身。

白求恩敏锐意识到，法西斯不但要毁灭西班牙，而且要将世界拖入战争。如果它们的阴谋得逞，世界将退回到黑暗时代。1936年7月，在德国、意大利法西斯支持下，西班牙殖民军首领佛朗哥发动军事叛乱，反对人民阵线政府。消息传来，白求恩毅然辞去圣心医院胸外科主任的职务，义无反顾地投身到西班牙战场。白求恩在西班牙前线，组建了流动输血站，挽救了一大批战士和平民的生命。1938年1月，为了帮助中国人民抗击日本法西斯侵略，白求恩作出援华抗战的人生选择。他率领的医疗队来到中国解放区战场，与八路军并肩作战，用鲜血和生命捍卫了人类的自由与和平。

七十多年过去了，国际社会发生了巨大变化，但白求恩的和平进步思想仍然具有积极意义。纵观国际形势，和平与发展仍然是时代主题。然而，由于霸权主义、强权政治和新干涉主义的存在，这个世界并不太平。军备竞争、恐怖主义等传统安全威胁和非传统安全威胁相互交织，维护世界和平、促进共同发展依然任重道远。

白求恩国际和平医院始终把维护世界和平作为自己的神圣使命。2006年和2012年，我院奉命组建维和医疗分队，两次赴利比里亚执行国际维和任务，在战争频繁、疾病肆虐的艰苦环境中，我院医务人员以白求恩为榜样，不怕疲劳，不怕牺牲，救死扶伤，无私奉献，将白求恩精神传播到万里之外，将友谊与和平带给非洲人民，受到联合国及利比里亚民众的高度赞赏。

**白求恩是世界反法西斯战士，他的国际主义精神，是鼓舞中国人民抗战到底的强大动力**

白求恩的国际主义，有着鲜明的立场。对法西斯主义，他反对妥协退让；对侵略者的进攻，他反对所谓的"保持中立"。他不但自觉投身于敌后战场，而且利用一切机会和可能，呼吁全世界爱好和平的同志和世界群众支援中国抗战。

今天的中国人民深深懂得，抗日战争的胜利，是同世界所有爱好和平与正义的国家和人民、各种国际和平组织的同情和支持分不开的。在我们最危险的时候，不同肤色、宗教、职业的外国友人来到中国帮助抗日。正是在世界反法西斯联盟的共同努力下，在白求恩、柯棣华、陈纳德、斯诺、罗生特等一大批国际主义战士的帮助下，我们战胜了日本法西斯。历史的经验昭示我们，争取世界和平的使命，不是哪一个国家能够担负的，它需要全世界所有国家和人民共同承担。

当今世界，各国相互依存程度空前加深，要实现合作共赢，就必须具有国际主义的视野和胸怀，破除狭隘观念，超越"你输我赢、你兴我衰"的"零和"思维，在国际主义精神的框架下努力寻求和扩大各方利益会合点，实现双赢和共赢。

白求恩国际和平医院始终把履行国际主义义务作为义不容辞的责任。2009年，以我院医务人员为主组建中国医疗队参加了在加蓬共和国举办的"和平天使"中加联合医疗救援行动。我院医务工作者在诊治该国患者两万多名，做手术三百多例。他们像白求恩一样不远万里，来到非洲，克服许多不曾遇到的困难，以极端热忱、极端负责的精神，治病救人，促进中非友谊，被民众誉为"来自中国的白求恩"。

**白求恩是医疗卫生界的斗士，他的人道主义情怀，闪烁着大爱的光芒**

白求恩精神是一面人道主义旗帜，跨越了国界、种族、信仰。他第一次提出，要把私利从医疗领域清除出去，要把从病人身上获利看作是一件可耻的事情。他还是最早的无国界医生，他的足迹遍布欧洲、亚洲和美洲。今天，白求恩的人道主义精神，正在引领着中加两国乃至世界范围内的人道主义活动。

白求恩大夫对伤病员无比深情。在中国战场，他把伤病员看作是自己的父兄，甚至比自己的父兄还亲。在武汉，他冒着日机轰炸为伤员做手术；在去往延安的路上，他挽救了数百名中国军民的生命；在晋察冀前线，他为上千名八路军伤员做过手术；在冀中齐会战斗中，他创造了六十九小时成功完成一百一十五例手术的世界纪录。白求恩的人道主义，还表现在对法西斯军队伤员的仁慈。在西班牙和中国，他为上百名敌方伤员做手术，对他们给予精神慰藉，使他们最终加入反战行列。

白求恩国际和平医院始终把弘扬人道主义精神作为自己的崇高追求。无论何时何地，始终像白求恩那样全心全意救治病人。我们医院近年来实行的一系列改革，都是为了最大限度地服务好患者，为更多弱势群体提供帮助。我院连续组织"重走白求恩路、老区健康行"活动，沿着白求恩的足迹，为上百万民众义诊、发放药品。今年，我们还深入左权县，走遍了二十三个乡镇的山山水水，深得群众赞誉。

白求恩虽然已离开我们七十五年了，但无论是在广袤的神州大地，还是在辽阔的枫叶之国，白求恩这个伟大的名字正在深入人心。最后，我想引用宋庆龄先生的一句话来结束我的发言，她说："新中国永远不会忘记白求恩大夫。他是那些帮助我们获得自由的人中的一位。他的事业和他的英名永远活在我们中间。"

（注：作者为解放军白求恩国际和平医院院长。）

# 用白求恩精神培养白求恩式的医学人才

## 在"纪念白求恩逝世七十五周年中国加拿大国际论坛"上的讲演

屈英和  2014年10月11日

　　七十多年前，白求恩放弃丰厚的酬劳、舒适的生活和安定的环境，不远万里来到中国，为了中国人民的解放事业，牺牲了自己的生命。毛泽东同志将白求恩对技术精益求精，对工作极端负责任，对人民极端热忱，概括为"无私利人"的白求恩精神。他的精神教育和激励了几代中国人。

### 白求恩精神在我校的历史传承

　　七十五年前，吉林大学白求恩医学部的前身——晋察冀军区卫生学校在河北省唐县正式成立，白求恩曾亲自参加了学校的创建和教学工作。白求恩去世后，学校改名为白求恩学校。之后，学校几经搬迁、几次易名，但白求恩精神一直作为学校的传家法宝薪火相传。2000年，白求恩医科大学与吉林大学合并，现在的吉林大学医学教育仍然始终以继承和弘扬白求恩精神为己任，坚持用白求恩精神培养白求恩式的医学人才。吉林大学白求恩医学部的目标是：以白求恩精神建校育人的理念，培养具有现代意识、国际视野、创新能力的白求恩式卓越医学人才。七十五年来，我校培养了五万多名医务工作者，在祖国每一个需要医务人员的地方，都有白求恩学员辛勤工作的身影，都能看到白求恩精神的传承。

**我校继承与弘扬白求恩精神的具体做法**

长期以来，我校坚持把继承弘扬白求恩精神与各项具体工作结合起来，取得了良好效果。

第一，把白求恩精神与医学人文教育结合起来。医学作为一个特殊学科，是要围绕人文价值去实现医学价值的。只有与人文相结合的医学才能真正为社会和人类服务。白求恩精神本身就是一种人文精神，包含着对事物、事业和他人的根本态度和看法，是医学生价值观和人生观的重要组成部分。我校在低年级医学生开设的"两课"中渗透白求恩精神的教育，在高年级医学生开设的《医院人际关系》、《医学伦理学》等医学人文课程中，以白求恩精神为重要内容对学生进行职业理想教育。使这些课程内容充满白求恩元素和白求恩精神的核心思想，更加生动和鲜活，取得了较好效果。

第二，把白求恩精神与医学生社会实践结合起来。社会实践是高校学生认识自己、认识社会的重要途径，与医学相关的社会实践，不但可以加深学生对专业知识的理解运用，而且可以强化学生对社会医疗体制现状和改革的了解，增强其学习的兴趣和动力。我校成立了白求恩志愿者协会、阳光志愿者协会、天使心志愿者协会等多个社团，每年深入社区、乡镇，开展以送医送药、支教支农、助贫扶困为主要内容的社会实践活动。连续六年组织志愿者小分队到白求恩曾经工作和战斗过的河北唐县，拜祭白求恩墓，参观白求恩纪念馆，并在唐县牛眼沟村开展为期一周的送医送药活动。使同学们在白求恩精神的感召下，坚定了理想和信念，培养了高尚品格和奉献精神。

第三，把白求恩精神与临床实践教学结合起来。临床实践教学是医学生向医生转变的关键环节，也是巩固课堂教学和社会实践成果，加强白求恩精神教育的重要阵地。我校针对当前医疗环境中的常见问题、热点问题开展专题讲座，如"如何做一名白求恩式的好医生"、"医疗纠纷相关问题及防范"等，帮助学生认识和了解一个医生应当具备的职业理想、职业精神和职业素养。同时，针对实习医生制定了《实习医生守则》、《医学生实习管理规定》等制度。组织学生观看《白求恩大夫》《医者仁心》《大医精诚》等故事片，将学习白求恩精神贯穿其中。通过这些举措，使学生们加强了"对技术精益求精，对工作的极端负责任，对人民的极端热忱"的白求恩精神的深入理解，规范了他们在临床实习阶段的行为。

第四，把白求恩精神与培养学生的国际视野结合起来。白求恩是最具世界影响力的加拿大人，在中国、加拿大、西班牙等国，有许多医疗和教学机构以他的名字命名。这不仅因为他是一名著名的外科医生，更因为他具有广阔的国际视野和无私奉献的国际主义精神。作为以白求恩名字命名的国家重点医学人才培养基地，我校致力于培养具有现代意识、国际视野、创新能力的白求恩式卓越医学人才。近年来，我校不断加大对外交流与合作力度。派出大批学生出国研修学习，拓宽学生国际视野；加强与国内外知名高校合作，连续多年举办"白求恩国际医学论坛"，开展广泛的高层次学术交流活动。及时跟踪国内外学术动态；大力发展来华留学生教育，促进中外学生间的人文和医学交流取得较好成效。

第五，把白求恩精神与校园文化建设结合起来。把白求恩精神融入校园文化建设，可让学生时时处处感受白求恩精神的熏陶。我校将医学部、四个附属临床医院以"白求恩"的名字冠名，将临床医学七年制试验班命名为"白求恩医学班"，我们多年坚持评选和表彰"白求恩十大名师""白求恩十大名医""白求恩十大青年标兵"和"白求恩青年文明号""白求恩十佳大学生""白求恩十佳班级""白求恩医学奖学金""白求恩科研计划"等等，使"白求恩"的身影无处不在，激励着医学人努力前行。

我们坚持开展以白求恩精神为核心的主题教育活动，每年新生入学之际，我们用白求恩精神对新生进行人生观、世界观、价值观教育，聘请与白求恩一同工作过或对白求恩精神有深入研究的老同志宣讲白求恩事迹；组织他们参观白求恩医学纪念馆。每年3月3日白求恩诞辰日和11月12日白求恩逝世日，学院都组织开展纪念白求恩的活动，学生还自编自演了话剧《白求恩》，为师生进行多场演出。

在全体师生的共同努力下，我们已经构建了以白求恩医学纪念馆为主阵地，以红色革命传统教育、"白医精诚"名家讲座和白求恩青年志愿者协会等为主线的白求恩精神德育教育基地。

### 新时代需要弘扬白求恩精神

一些人认为，白求恩精神属于过去，市场经济年代讲的是交换和经济利益。在这种思潮影响下，中国一些医院出现医患关系紧张、医院缺少人文关怀的现象。事实上，出现这些问题的原因，恰恰是白求恩精神的缺失。

第一，医疗技术的进步，需要白求恩对技术精益求精的精神。人体是一个极为复杂的系统，人类目前对人体和疾病的认识还很有限，我们目前拥有的诊疗手段也很局限，医疗活动仍然充满高风险和不确定性，等待医生们去探索。这就需要大力弘扬白求恩倡导的科学精神，攻坚克难，永不止步。

第二，医疗质量的提升，需要白求恩对工作极端负责任的精神。在目前技术水平条件下，不是每个病例的诊疗都达到了应该达到的效果。他要求医生在分析、判断、诊治过程的每一个细节上都要尽心尽力，容不得一点儿马虎。中国医师协会的调查显示，90%的医疗纠纷都不是技术因素，而是由于医护人员的责任心和沟通不到位而造成的。因此，提升医疗质量，需要大力弘扬白求恩精神，坚持做到对病人极端负责。

第三，医德医风的改善，需要白求恩对人民极端热忱的精神。白求恩说：我们必须运用技术去增进亿万人民的幸福，而不是去增进少数人的财富。他说：让我们把利润、私人经济利益、贪得无厌的个人主义从我们的职业中清除出去，让我们把靠自己同胞的痛苦发财当作可耻的事情。如果这些闪光的话语和思想变成事实，医德医风建设就会出现一个崭新局面。

（注：作者系吉林大学白求恩医学部党工委副书记。）

# 全国第一枚"白求恩奖章"获得者赵雪芳的成长道路探索

闫培孝　1999年10月

1998年5月31日7时30分，人民的好医生、全国首枚"白求恩奖章"获得者、全国优秀共产党员、全国先进工作者赵雪芳同志的心脏停止了跳动。她永远离开了与她朝夕相处的同志和战友，再也不能为广大患者排除病痛，为家乡的兄弟姐妹提供服务。但是她的音容笑貌却永远留在了人们心中，她所创造的赵雪芳精神将成为激励人们为崇高理想而献身的巨大精神力量，鼓舞着千百万白衣卫士在平凡的岗位上，为了广大人民群众的健康，为了社会经济的发展，为了祖国的繁荣昌盛，默默无闻地耕耘着、奉献着。为了研究探索赵雪芳同志的思想轨迹和赵雪芳精神所蕴含的道德底蕴，更好地弘扬赵雪芳精神，笔者作为赵雪芳精神的见证人，从以下四个方面阐述赵雪芳精神的形成与内涵。

## 共产主义理想的追求者

"患者的欢乐就是我人生的价值。"赵雪芳同志——一个普通的共产党员，一名平平常常的妇产科医生，她毕生追求崇高的理想，崇尚高尚的共产主义价值观。

每个人价值观的形成都是一个历史过程。赵雪芳同志的共产主义价值观与她一生的经历和执着的追求是分不开的。赵雪芳同志1936年12月出生于一个普通的农民家庭，从小饱尝了旧中国的黑暗和残酷，对新中国、对共产党有着深厚的感情。1945年她在边区政府的支持下上学读书。1952年在阳城一中读书时，她积极参加建校劳动，刻苦学习，成为品学兼优的好学生，并加入了中国共产主义青年团。1954年在她十八岁时，向党组织递交了第一份入党申请书。五年后实现了她多年的夙愿，光荣地加入了中国共产党。少年时期的赵雪芳，在党的阳光雨露哺育下，共产主义理想在她脑海中深深扎根，共产主义的人生观、价值观和世界观在她身上萌芽。

如果说人生的少年时期是一个可塑时期，那么，青年时期则是一个人走向成熟的黄金时期。出身于五代行医世家的赵雪芳参加工作后，念念不忘党的谆谆教诲，无论是在"十年动乱"时期，还是在经济体制转轨的今天，她始终用马列主义毛泽东思想武装自己的主观世界，时刻用共产党员的标准作为自己的行为准则。日积月累，逐步形成了马克思主义的世界观，坚定了共产主义的理想和信念，并把全心全意为人民服务的宗旨，化成了为患者优质服务的实际行动。从而，几十年如一日勤勤恳恳地工作，默默无闻地奉献，把救死扶伤、解除患者疾苦作为自己的神圣职责，实践着人生理想的最高境界。三十多年来，她怀着一颗全心全意为人民服务的赤诚之心，先后为数十万名患者解除了病痛。特别是她在膀胱癌、直肠癌、肺癌等多种疾病的折磨下，仍然心系患者，出门诊两千六百多人次，手术两百五十多台次，抢救危重病人五百多人次，带领医疗小分队下乡普查病情一千多人次，以自己的模范行动，忠实地履行了一个人民医生的天职，展示了一个共产党员的高尚品格。

**白求恩精神的实践者**

"时势造英雄。"烽火连天的抗日战争年代，造就了英雄白求恩，也造就了以崇高的理想、坚定的信念、高尚的情操、无私的奉献为内涵的白求恩精神。白求恩以及白求恩精神的出现，鼓舞了当时各抗日根据地全体军民的昂扬斗志，影响了好几代中华儿女，以至于在半个多世纪的岁月里，始终激励着人们投身社会主义革命和建设的蓬勃热情。

白求恩精神具有鲜明的时代特点：一是甘为人民吃苦，不计得失，淡泊名利；二是对技术精益求精，对工作极端的负责任；三是高度的责任意识，在本职岗位上救死扶伤，实行革命的人道主义。赵雪芳同志在平凡的一生中留给人们的精神财富就是白求恩精神的再现。

儿时的赵雪芳受家庭的熏陶，早就认为医生是一种为人类消疾祛病的高尚职业。还在中学读书时，她就认真学习了《为人民服务》、《纪念白求恩》和《愚公移山》等光辉著作，心目中有了崇拜的偶像——张思德和白求恩。考上卫校，步入医学金殿的大门后，她怀着家乡父老的企盼和对儿时志向的执着追求，刻苦学习，刻苦钻研，孜孜不倦地在浩如烟海的医学海洋中畅游。八年的学习生涯，她怀着朴实的情感，实现了她追求知识的渴望。

学校毕业，成为一名医生后，面对病人的痛苦和患者的安危，她更加意识到医生职业的神圣和作为一名医生的责任。在此后三十多年的医疗工作中，赵雪芳同志忠于职守，勤业于精，实践着高尚的服务精神与高超的服务技能的高度统一。她怀着极端负责的精神，为患葡萄胎的年轻孕妇改变过手术方案；她用精湛的医术救过无数个像郎翠英那样生命垂危的患者；膀胱癌手术的当天，一上班她就出现在病房，一一看过术后病人，并为她们包扎好腹带，下过医嘱之后，才放心地走进手术室，躺在手术台上；第二次手术前，她最大的愿望是把已安排的手术全部做完。赵雪芳同志曾对自己的所作所为作出解释："我是一名医生，只要病人需要我，我的工作就不能停止，患者的康复，就是我生命的延续。"这朴实的语言和工作中的实际行动，与白求恩同志一心为伤病员、不顾自己生命安危的行动形成鲜明的呼应，再现着人人敬仰的白求恩精神。

474

### 时代精神的弘扬者

社会在发展，历史在前进。虽然不同的历史发展时期，人们的价值取向不同，但在社会发展的任何时期都存在着一种引导人们价值取向服从于社会价值导向的力量，这种力量就是我们所强调的时代精神。在抗战时期，为了驱逐日寇，人们呼唤"奋勇抗敌，不怕牺牲"的英雄。在建国初期，人们崇尚"勤俭节约，艰苦奋斗"的模范。进入20世纪90年代以来，随着社会主义市场经济的建立，各种精神文化力量相互激荡，各种社会思潮纷然杂陈，公与私的碰撞，集体利益与个人利益的碰撞，冲击着人们的思想，改变着人们的观念。生活在社会大环境中的某些医务人员，受体制转轨时期市场经济产生的负面影响，拜金主义、享乐主义、极端个人主义滋长蔓延。在这样的时代，人们企盼"廉洁自律，无私奉献"的倡导者。赵雪芳同志，作为一名普通的医生，在自己的本职岗位上，以实际行动，演奏着"廉洁自律，无私奉献"这一时代主旋律。赵雪芳同志一家六口人，丈夫是个普通的教师，两人每月的薪金不足千元，除赡养七十多岁的老母亲外，还要扶持三个孩子上学，生活并不宽裕，但是她的精神世界却非常丰富与充实。患者给她送钱她不要，病人给她送物她婉言谢绝。她拿自己的钱为一位农民患者结过账，也曾拿自己的钱为临产妇女买过罐头。在她的行医生涯中，拒礼不收，红包上交的好事数不胜数；捐献衣物，帮助经济困难的患者解燃眉之急的事例不胜枚举。她始终认为，救死扶伤，是医生的神圣天职；治病救人，是医生应尽的义务。医生没有权利也没有理由向病人讨价还价。

赵雪芳同志非常热爱自己的工作，她几十年如一日，兢兢业业，勤勤恳恳，将全部爱心奉献给病魔缠身的患者。她经常加班加点，手术连台，就是在自己两次癌症手术后，仍顽强地站在治病救人第一线。没有加班费，没有补助，更没有怨言，就因为自己是一个医生。她恪守着一个准则：患者的利益高于一切。她重塑着一种形象：医生职业的圣洁。她没有忘记

"为医者，须绝驰骛利名之心，专博施救援之志"这一古训。她始终认为无私奉献对一位医生来说是一种洒脱，一种永恒的魅力。

### 传统美德的继承者

中华民族是一个非常优秀的民族，中华民族的传统博大精深，源远流长。数千年来，人们推崇"厚德载物"，"推己及人"的治理规范，推崇"杀身成仁，舍生取义"的英雄气概，更推崇"鞠躬尽瘁，死而后已"的伟大风骨。中华民族的优秀传统已经积淀成为全民族所认同的价值观、道德观。赵雪芳同志的事迹之所以如此感人肺腑，就像当年的白求恩一样，"没有一个不佩服，没有一个不为他的精神所感动"，正是由于她是一位优秀的传统美德继承者。由于赵雪芳精神有着非常丰厚的道德基础，并在这种道德底蕴中，不时地闪烁着传统美德的光华。

赵雪芳同志出生在医生世家。从小祖父、父亲就教诲她治病救人的道理，赋予她俭朴诚恳、吃苦耐劳的良好品性。所以当她工作后，心里总是装着病人的安危，并为解除患者的病痛辛勤地工作。成名后，仍然不忘一切为了患者，热心地帮助病人熬药、煮饭。赵雪芳同志生长在革命老区，这块曾经培养和造就像李顺达、申纪兰等一大批英雄模范的土地，也造就培养了赵雪芳同志宽厚待人的高尚人格。在赵雪芳同志诊治过的无数患者中，有一位七十多岁的老年妇科病患者，她是一位颇具传奇色彩的红军女战士，她无儿无女，老伴去世多年，长期的孤独生活，使老人变得怪僻，常常莫名其妙地对医生护士发脾气，令人难以接近。但是赵雪芳同志对她却像对待自己的母亲一样，一声声唤她大娘，一次次为她梳头、洗脸，渐渐地，老人变得平易近人、和蔼可亲了。赵雪芳同志不但治好了老人的病，还做了老人的干女儿，使老人愉快地走完了人生最后的旅程。"一辈子能有几回活，活就活出个好人格"，赵雪芳同志将传统道德中"善"、"仁"等美德升华为对劳动人民无尽的爱，将共产主义价值观体现在生活和工作的一点一滴中。在她身上，党的光荣传统、中华民族的传统美德得到了生动的再现。

赵雪芳同志是人民大众中的一员，是一个普通的人。但她作为一个共产主义理想的追求者，白求恩精神的实践者，时代精神的弘扬者和传统美德的继承者，又有着不同于一般人的人生观，有着毫不利己、专门利人，廉洁自律、无私奉献，鞠躬尽瘁、死而后已的精神。正是这种"观念"和"精神"铸造了激励全国人民自觉地投入建设社会主义市场经济大潮中的"赵雪芳精神"，并成为新一代的"白求恩精神"。

（注：本文原刊1999年10月出版的《白求恩精神永放光芒》，作者时任山西省长治市卫生局局长。）

# 从白求恩到华益慰

新华社评论员　2006年7月12日

　　纵然苍天会老、山河会变，有一种精神却如同金子，虽久历风雨依然闪闪发光，这，便是毫不利己、专门利人的精神。在北京军区总医院原普外科主任华益慰身上，就集中体现了这样一种精神。

　　捧读这位模范医务工作者的事迹，我们不禁想起了另一个曾经感动过几代人的名字——白求恩。

　　白求恩、华益慰——一个生于加拿大，一个长于中国；一个殉职于抗日战火，一个奉献在和平时期。虽然，他们国籍不同、经历不同，所处环境也不同，却有着一个共同的称呼——共产党人，有着一个相同的职业——白衣使者。他们以救死扶伤为己任，用高尚的医德和高超的医术为医生这个圣洁的职业做出了楷模，为共产党人这个光荣的称呼增光添彩。

　　为了中国人民的解放事业，白求恩不远万里来到中国，来到抗战前线，直至战斗到生命最后一息。在白求恩精神熏陶下成长起来的华益慰，把病人的健康当作毕生的追求，无论是在高寒缺氧的青藏高原，还是极度危险的抗震救灾一线，哪里有生命的呼唤，他就出现在哪里；哪里的患者需要，他就把最好的医术送到哪里。年过七旬，他还坚持每年做一百多例手术，直到被查出晚期胃癌住进病房的前一天，依然战斗在手术台上……

　　从白求恩到华益慰，医务工作者珍爱生命、心系患者的品德、情操一以贯之；共产党人的广阔胸怀和高风亮节一脉相承：对工作精益求精，对患者满腔热忱，对同事无私帮助……白求恩曾在四个月里行程千里，以精湛的医术救治了上千名伤员；华益慰从医五十六年一直扑在临床一线，挽救了数千名患者的生命，没有发生一起医疗事故。白求恩把手术台设在离火线最近的地方，以减轻伤员的痛苦；华益慰冬天为病人查体时，总是先搓热双手、焐热听诊器，为的是尽量不让病人着凉。白求恩在硝烟战火中创办卫生学校，编写战地医疗教程，手把手培训八路军医务骨干；华益慰甘做人梯，把全部的知识、经验和医术无私地传授给同事和后人，他带出的两百多名学生，许多成了学科带头人。

　　白求恩、华益慰，这两个相隔半个多世纪的共产党人，有着太多的相似。生命垂危之际，白求恩想到的是战火中的八路军伤员，想到的是最后一次尽自己的职责；三次大手术之后，病榻上的华益慰忍着剧痛，留下遗言：死后自愿解剖遗体，以供后人借鉴。他们胸中装着人民，心里想着人民，一生一世造福人民，人民群众也为他们毫无自私自利之心的精神所感动。直到今天，白求恩依然是人们心中圣洁的化身。闻知华益慰病重的消息，成百上千的相识和不相识的人赶到病榻前探望……

　　华益慰的事迹之所以让人动容，华益慰的品格之所以令人钦佩，是因为从他身上，人们看到了白求恩精神的再现与弘扬，看到了一个优秀医务工作者应有的品质和追求，这就是：不但要有高超的医术，还要有高尚的医德。华益慰是军内外知名的医学专家，但从不摆专家的架子，每次就诊都耐心解答病人的每一个问题，认真记下病人的每一处细微变化。在他眼里，病人都是亲人，没有高低之分、贵贱之别。他设身处地地为患者着想，能让病人省一分就省一分。即使休息时间，他也在家中热情接待那些慕名而来的病人。

　　从白求恩到华益慰，半个多世纪的时空跨度是巨大的，我们既要面对"变"，也要恪守"不变"。那就是：不管时代如何发展，环境如何变化，医患关系绝不是赤裸裸的金钱关系，救死扶伤精神绝不能被漠不关心、麻木不仁所取代。党和人民绝不允许有人去损害白衣天使的美好形象、玷污人民医生的神圣称呼！

从白求恩到华益慰，都不是孤立的存在。在他们身后，是千千万万为人民服务的共产党人，是千千万万心系患者疾苦的医务工作者。虽然我们的党群关系、医患关系中还有这样那样不尽如人意之处，但，只要我们像白求恩、华益慰那样，从我做起，努力做一个高尚的人、纯粹的人、有道德的人、脱离了低级趣味的人、有益于人民的人，那么，我们的社会风气和医德医风就会不断向着好的方向发展。让我们像学习白求恩那样，树立起华益慰这面旗帜，学习华益慰的精神——这不仅是广大群众对医德医风的热切呼唤，也是构建和谐社会的时代要求。

# 从白求恩到张新生

贾永　2009年12月22日

　　纵然苍天会老，即便山河会变，总有一些精神始终如同金子，虽久历风雨，却依然闪光。这，就是毫不利己、专门利人的精神。七十一年前的1939年12月21日，毛泽东在他的《纪念白求恩》一文中所高度概括的白求恩精神，便是这样一种精神。

　　有人说，作为伟大的共产主义战士的白求恩是一座精神高峰，只能仰视，难以复制。但是今天，从一位普通中国军医的身上，我们真切感受到了一位与白求恩一样，具有伟大品格和伟大精神的医者。这位医者，就是张新生。

　　白求恩、张新生，一个虽然生长在加拿大的富裕家庭，却不远万里投身异国解放事业；一个出身于中国国民党将门之家，却拒绝随家庭入台，留在大陆。尽管他们人生经历不同，所处时代各异，但通过他们的事迹，我们可以发现他们身上有着太多太多的相似之处。

　　**毫不利己、专门利人**

　　医生之所以被人们称为"白衣天使"，是因为这一职业与生俱来的神圣与高洁。无论是白求恩大夫还是张新生医生，无论是白求恩这位外国共产党员还是张新生这位中国共产党员，他们身上最大的共同点就是，他们都用高尚的医德和高超的医术为医生这一圣洁的职业做了楷模，都用毫不利己、专门利人的精神为共产党人这个光荣称呼增添了光彩。

1938年，正值中国人民的抗日战争最为艰苦的岁月，白求恩放弃优越的生活来到抗日烽火最前线抢救伤员，直至战斗到生命最后一息。这种毫不利己、专门利人的精神，同样闪烁在张新生的生命历程中。1948年，十七岁的张新生拒绝跟随父亲到台湾，独自留在大陆迎接新中国的解放。从此，他的个人理想与国家和民族的命运紧紧连在了一起。六十一年间，无论是身处逆境还是面对顺境，张新生对党的信仰忠贞不渝，对祖国的赤诚痴心不改，对人民的热忱始终如一。

2009年12月5日，沈阳迎来了入冬后的又一场大雪，整个城市被银白色覆盖着。虽然我在采访中很遗憾地没能见到正在三〇一医院接受治疗的张新生老人，但是通过一位位被采访者的描述，我依然能够感受到，这位生命垂危的老人就如同眼前这皑皑白雪一样，圣洁无瑕。

有人说，张新生像华益慰，因为"他是一位值得托付生命的人"；有人说，张新生像黎秀芳、冯理达，把一切都献给了祖国、献给了党。作为一位曾先后采访过华益慰、黎秀芳和冯理达的记者，我能够感受到张新生身上有着他们的影子。但，我个人认为，张新生更像白求恩。用"毫不利己、专门利人"来形容张新生的事迹和精神，似乎再也贴切不过了。

**精益求精，极端负责**

小时候，我不止一次看过《白求恩大夫》这部电影。片中的场景，至今难忘：纷飞的战火中，白求恩连续六十九个小时为一百一十五名伤员做手术，日寇的炮弹在手术台边爆炸，任凭人们怎么劝、怎么拉，他就是不肯转移。白求恩说："一个医生，一个护士，一个护理员的责任是什么？……就是使我们的病人快乐，帮助他们恢复健康，恢复力量。"

由于工作关系，我前些年不仅接触了一些被白求恩从死亡线上救活的八路军老战士，还见到了几位白求恩手把手带出来的我军老一辈医护人员。他们共同的感触是，白求恩严厉得让人可怕，手术中哪怕一丁点儿的马虎都是他绝对不能容忍的。老人们说，白求恩大夫的这种严厉，实际上就是对工作的极端负责任，我们军队医疗界的很多好作风，就是从白求恩大夫那里继承来的。

在沈阳军区，在张新生先后工作过的三所医院，人们谈起张新生，印象最深的，同样是这种精益求精、一丝不苟的作风和精神。人们回忆，从医六十多年，张新生的人生字典里从没有出现过"也行""还可以""差不多"等字眼。他的几位助手说，老人常挂在嘴边的一句话是："人们把生命交给了我，我就要对生命负责，对人民军医这个称谓负责。"

采访过程中，我了解到这样一个故事。

在一次心外科医疗纠纷的鉴定会上，张老逐字逐句对病例进行了分析，毫无遮掩地指出了存在的漏洞与不足。在场的人脸上都挂不住了。负责这个病例的是一名年轻医生。张新生当众质问："你是主治医生？""我是。"医生怯怯地回答。张新生厉声批评："你是主治医生，怎么到现在连应该在左边开刀还是应该在右边开刀都说不清楚？"以近乎苛刻的作风对待每一台手术，以高度负责的态度对待每一位病人。这，就是张新生的工作常态。每一位患者入院，他都谨慎判断；每做完一例手术，他都认真回访；只要发现医生在病情诊治、病历填写上出现模棱两可的情况，他都毫不留情。这样一种对工作极端的负责任，不正是白求恩大夫留给我们的良好作风吗？

人们对当今医疗界多有微词，实际上并不单单针对难以承受的高额医疗费。打开互联网，我们几乎每天都会发现这样那样的医疗事故：把医疗器械遗忘在患者肚子里的有之，把病人的好腿当病腿手术的有之，把小小的感冒当绝症医治的有之……太多太多因工作马虎导致的医疗事故，令人触目惊心。实际上，思想浮躁、作风漂浮又何止在医疗界。在这个喧哗的年代，在这个嘈杂的转型期，我们实在太需要精益求精，太需要一丝不苟，太需要白求恩、张新生身上这种持之以恒的对工作、对事业极端负责任的作风和精神。

### 救死扶伤，高尚医德

无德不成医。医生之德，莫过于对患者的仁爱。白求恩曾痛斥那些"贪得无厌的人"，让医护人员"把靠自己同胞的痛苦发财当作可耻的事情"。他说："你必须把每一个病人看作是你的兄弟，你的父亲，因为，实在说，他们比父兄还亲——他是你的同志。在一切的事情当中，要把他放在最前头。"

张新生把红包、提成和回扣称为医院的"三害"："'三害'不除，医院无宁日，病人无宁日。"他说："医德和医术是医学上的两个轮子，缺一不可。"还在草原深处的野战医院当医生时，张新生就被当地牧民称颂为"比北京的专家还高超的专家"。作为沈阳军区医学专家组组长和沈阳军区总医院主管业务的副院长，张新生无疑有着精湛的医术，但是，令我和众多的采访者所感动的，不仅在于他高超的医术，更在于他高尚的医德。

无论工作多忙，每一次会诊前，张新生都要提前查阅相关文献资料，亲自为病人进行查体，为的是确保对症下药；无论时间多紧，每一次手术前，他都起早来到手术室挑选手术刀，直到选出最锋利的一把，为的是尽可能地减轻病人痛苦。

得知张新生病重的消息，他治疗过的患者从几百里外赶来探望，有的甚至一路追到北京。张新生的事迹之所以使我们为之动容，张新生的品格之所以令我们为之钦佩，张新生的作风和精神之所以让我们为之颂扬，是因为在他身上，我们看到了白求恩事迹的再现与白求恩精神的延续，看到了一位优秀的共产党人、一名优秀的医务工作者应有的品质和情操。

从白求恩到张新生，从战争年代到和平时期，从1939年到2009年，七十年的时空跨度是巨大的，我们既要面对"变"，也要恪守"不变"。那就是：不管时代如何发展，环境如何变化，医患关系绝不是赤裸裸的金钱关系，救死扶伤精神绝不能被漠不关心、麻木不仁所取代，对工作的极端负责任、对同志对人民极端的热忱，这样一种价值取向和人生追求，任何时候都需要继承和弘扬。

**淡泊名利，鞠躬尽瘁**

无论是白求恩还是张新生，他们还有一处相同的地方：视患者生命重于山，视个人名利淡如水。就是这次组织上确定把张新生作为典型来宣传，他本人先是坚决不同意，后经反复劝说，勉强同意后，还再三叮咛，千万不能突出他个人的作用。甚至在病榻上，他还用那种极端负责的精神，删除事迹材料中哪怕是一丝一毫的夸大或拔高。这与那种"出了一点力就觉得了不起，喜欢自吹，生怕别人不知道"的人形成了多么鲜明的对比。这样一种思想境界，同样值得我们学习。

"平生德义人间颂，身后何劳更立碑。"历史，从来都会记住那些应该被记住的名字。七十年过去了，白求恩的名字早已镌刻在每一位中国人的心中。七十年后的今天，我们同样有理由相信，即使张新生的生命会像流星一样划过，但他的名字，无疑将如同恒星，永远留在历史的天幕上。

从白求恩到张新生，并不是孤立的存在。在他们身后，是千千万万为党和人民的事业鞠躬尽瘁的共产党人，是千千万万心系患者疾苦的医务工作者，是千千万万在各行各业恪尽职守的诚实劳动者。虽然，我们的党群关系、医患关系乃至人与人的关系中还有这样那样的不尽如人意，但，只要我们像白求恩、张新生那样，从我做起，努力做一个高尚的人，一个纯粹的人，一个有道德的人，一个脱离了低级趣味的人，一个有益于人民的人，那么，一株小草也会繁衍为广袤的草原，一棵小树也将茂盛为莽莽的森林，一个平凡的生命也能绚丽为光彩的人生。

从这个意义上说，今天我们学习张新生不仅仅是医疗界的事情。无论军队还是地方，无论医学领域还是其他领域，都应该像当年学习白求恩一样，高扬起张新生的旗帜，把他崇高的精神、优良的作风和优秀的品质，内嵌于我们的思想和行动，化作我们孜孜不倦的追求。

（注：本文原刊 2009 年 12 月 22 日《解放军报》，作者系新华社解放军分社社长。）

# 中国人民走向21世纪的宝贵精神财富

## 浅论白求恩精神产生的根据、内涵和核心

陈玉恩　1999年9月

　　白求恩是加拿大人民的优秀儿子，中国人民的忠实朋友，伟大的国际主义战士。在中国人民抗日战争的艰苦岁月里，白求恩不远万里来到硝烟弥漫的抗日战场，献身反法西斯战争事业，不幸以身殉职。白求恩冒着敌人的炮火，以精湛的医术救助抗日军民的事迹代代传颂。白求恩疾恶如仇援助抗战的奋斗精神，忘我工作救助军民的牺牲精神，毫不利己、专门利人的奉献精神，一代代传扬。白求恩精神作为20世纪时代精神的突出显现，成为走向21世纪的中国人民的宝贵精神财富。研究白求恩的模范事迹和崇高精神引起巨大震撼，并由此引发深层次的理论思考，即研究白求恩精神产生的根据、白求恩精神的内涵和核心以及白求恩精神的时代价值，具有重要的历史意义。

### 白求恩的英名为中国人民和全体进步人类所敬仰

　　白求恩的全名是亨利·诺尔曼·白求恩，1890年3月3日出生于加拿大安大略省格雷文赫斯特市一个牧师的家庭，祖父是多伦多的著名外科医生。他的父亲二十一岁时放弃世代相传的医生职业从事经商活动，后来和

美籍英国女传教士结婚，并在妻子的劝说影响下当了牧师。白求恩童年时就萌生出做医生的志愿，把他祖父那块外科医生的铜牌挂在自己卧室门口，并开始做解剖和制作标本的生物实验活动。白求恩进入多伦多大学后，一反父母所信奉的基督教，被达尔文进化论所吸引。白求恩曾做过报童，在读大学期间利用假期的课余时间做过学校食堂侍者，在内河航行的轮船上当过烧火工，在伐木场当过伐木工。1914年7月第一次世界大战爆发，白求恩被迫放弃学业，应征入伍。不久，他在比利时受伤，在法国和英国的医院住了六个月，回国后到多伦多大学继续他的学业，毕业后加入英国海军做医务工作，直到1918年11月第一次世界大战结束。第一次世界大战结束后，白求恩在英国退役，此后在欧洲滞留六年之久，进行科学考察和行医。1923年秋天，白求恩结识了英国女子弗朗西丝·坎贝尔·彭尼，结为伉俪。1924年冬，白求恩夫妇到美国底特律开诊所。此后，白求恩以其高超医术，成为著名的胸外科专家。1935年11月，白求恩加入加拿大共产党。1936年，德意法西斯武装干涉西班牙革命，白求恩随加拿大志愿军奔赴西班牙，参加国际纵队，援助革命，反对法西斯侵略。1937年7月中国抗战全面爆发，白求恩受加拿大共产党和美国共产党的派遣，率领医疗队前来中国。1938年1月，白求恩从温哥华乘船取道香港赴中国内地，3月下旬来到延安。1938年6月白求恩到晋察冀边区工作，1939年10月28日在涞源摩天岭前线抢救伤员时左手中指被碎骨刺破后感染中毒。11月10日白求恩从前线撤退到后方，11月12日清晨5时20分在河北唐县黄石口村逝世。他逝世后，边区军民在唐县军城南关修建了白求恩墓。白求恩在写给聂荣臻司令员的信中表达了强烈的事业心和抗战必胜的信念。他在临终时说："努力吧！向着伟大的路，开辟前面的事业！"1939年11月17日，聂荣臻向白求恩遗体告别。1939年12月21日，毛泽东发表文章《纪念白求恩》。朱德在延安举行的白求恩同志追悼会上发表演讲，称赞道："他达到了革命道德的最高标准。他把他的生命献给了中华民族的解放事业。中华民族将永远怀着敬爱来纪念他，有一天全体进步人类也会敬仰他的英名。"

今年是白求恩逝世六十周年和毛泽东著名文章《纪念白求恩》发表六十周年。河北大学马克思主义理论和思想品德教学研究部利用《思想道德修养》课程，组织大学生参观讨论，并作为期末考试试题，使同学们深受教育，收到规范性系统教育和情景性思想渗透的良好效果。可以想见，白求恩精神将在我国新一代青年中间产生持续性的强烈影响。

## 白求恩精神的突出显现

任何时代都会产生这样一种人：他们以惊人的毅力、决心、勇气和非凡的技能完成时代赋予人们的使命。白求恩就正是这样一种人。白求恩的事迹和伟大人格，为一般人所无可比拟，因而他的事迹具有突出的典型意义和鲜明的时代特色。

按照客观辩证法的运行规律，从现象到本质是事物发展的两个阶段。从白求恩所处时代的时代精神，到白求恩事迹的脱颖而出，是事物发展的两个阶段。白求恩的事迹是时代精神的集中体现，是伟大的时代造就了白求恩这样的模范人物。白求恩的出现，白求恩事迹和白求恩精神的发生、发展和发扬光大，是时代的必然。

我们知道，时代精神属于意识形态范畴，然而又不能混同于一般意识形态。时代精神是特定历史阶段的意识形态，要科学地认识什么是时代精神，就必须科学地分析时代，分析历史，分析特定的历史环境里历史过程的客观内容。时代精神蕴含着一定的社会经济政治关系内容，时代精神集中地反映特定历史阶段的本质，反映新的社会经济形态，新的社会政治力量，新的思想意识的成长和旧的社会经济形态、旧的社会政治力量、旧的思想意识的衰亡过程。时代精神是历史变革顺应历史潮流的意识形态，它不是同社会历史发展趋势相脱离的落伍的社会思潮，而是集中反映了人民群众变革世界的实践要求，集中体现了人民群众利益和愿望的积极能动的意识形态主潮。白求恩生活在帝国主义和无产阶级革命的时代，他以爱国青年的热情参加第一次世界大战，但是他在这场帝国主义战争中目睹战争的罪恶，而感受不到战争的光荣，并经过战争的洗礼成为饱经风霜的人。美国、加拿大社会制度的弊端使他感到不合理，资本主义的经济危机使他深感不安，法西斯势力在德国、意大利、日本的得势，德意法西斯在西班牙动手，日本法西斯对中国的进犯，法西斯匪徒的残暴，使他意识到自己身上肩负的历史责任，那就是援助被法西斯侵略的国家和人民，投入反法西斯主义的光荣斗争，并以他自己的行动帮助新中国的诞生。白求恩的世界观和人生观，经历了从一般的爱国主义到无产阶级国际主义，从革命民主主义到自觉的共产主义，从反法西斯主义到实行革命的人道主义这样一系列的转化过程。这样，白求恩经过苦闷、痛苦、愤恨，几经彷徨，不断地探索、追求、奋斗，终于升华到无产阶级的国际主义、科学的共产主义和革命的人道主义。

按照唯物辩证法的认识规律，从现象到本质是事物发展的两个阶段。从白求恩的模范事迹抽象出白求恩精神的本质，是从认识的感性阶段到认识的理性阶段的深化和认识过程的飞跃。毛泽东在《纪念白求恩》一文中写道："一个外国人，毫无利己的动机，把中国人民的解放事业当作他自己的事业，这是什么精神？这是国际主义的精神，这是共产主义的精神，每一个中国共产党员都要学习这种精神。""白求恩同志毫不利己、专门利人的精神，表现在他对工作的极端的负责任，对同志对人民的极端热忱。每个共产党员都要学习他。""白求恩同志是个医生，他以医疗为职业，对技术精益求精；在整个八路军医务系统中，他的医术是很高明的。""我们大家要学习他毫无自私自利之心的精神。从这点出发，就可以变为大有利于人民的人。一个人能力有大小，但只要有这点精神，就是一个高尚的人，一个纯粹的人，一个有道德的人，一个脱离了低级趣味的人，一个有益于人民的人。"毛泽东所说的国际主义的精神、共产主义的精神、毫不利己、专门利人的精神、毫无自私自利之心的精神、对工作极端的负责任、对同志对人民极端的热忱以及对技术精益求精的精神，就是白求恩精神的内涵。

其核心是毫不利己、专门利人，这是共产主义革命道德的最高标准。

### 白求恩精神是建设有中国特色社会主义的重要精神支柱

白求恩的牺牲精神、工作热忱、责任心均称模范。这不仅为晋察冀边区的众多军民所目睹，并为之佩服，为之感动，而且在各个解放区、抗日根据地以及共产党影响所及的范围内广为流传。

白求恩作为一个外国人，为了帮助中国人民抵抗日本帝国主义侵略，在反法西斯战争中牺牲。他死得其所，死得光荣。按照我们的说法，他的死是比泰山还要重的。白求恩作为一个国际主义战士，他在中华大地上洒下一片深情，一片对苦难的中华民族的深情；一片以自己的行动帮助新中国诞生的深情；一片中华各族人民的永远铭记在心中的深情。

白求恩对工作极端的负责任，对同志对人民的极端的热忱，是他的共产主义革命精神的集中表现。白求恩到达晋察冀边区后，每天工作达十几个小时，在第一周内就检查了五百二十一名伤病员；一个月内为一百四十七名伤员做了手术。白求恩被聘请为军区卫生顾问，他提出"五星期计划"，废寝忘食地工作，建成松岩口模范医院。白求恩在王震旅长指挥的一次伏击战中，连续工作四十八个小时，做手术七十一例，其中包括三名日军伤俘。白求恩在贺龙师长指挥的齐会战斗中，连续工作六十九个小时，抢救伤员一百一十五名。白求恩在临终前还念念不忘要"派一个手术队立刻到前线去"。白求恩舍弃了舒适的生活条件，来到中国最艰苦的抗日前线，与边区军民过着同样的简朴生活。他说："我现在到中国去，那是最需要我的地方，也是我最能发挥作用的地方。"回顾过去，面对现实，展望未来，白求恩高大的形象、崇高的理想、无私的奉献，为中国人民的解放事业甚至献出了宝贵的生命，我们还有什么理由感到无奈、感到彷徨，还有什么理由踌躇徘徊？我们不是要求每个人都成为白求恩式的人物，而是号召大家都来学习白求恩，把白求恩精神作为一份中国人民的宝贵精神财富加以继承、发扬光大。白求恩虽然是外国人，但白求恩精神属于全人类，我们没有任何理由拒绝接受这笔丰厚的精神遗产。

白求恩的崇高道德情操不仅表现为对待医学事业的强烈责任心，还表现为他对爱情、婚姻和家庭生活的高度责任感。1923年秋天，白求恩和弗朗西丝·坎贝尔·彭尼，邂逅相爱并成婚。白求恩结婚三年，因患严重肺结核病，不忍心看到年轻的妻子为自己的疾病忧愁而提出离婚。离婚后，白求恩在特鲁多疗养院说服医生大胆试验"人工气胸疗法"居然获得成功。白求恩病愈出院后，立即发电报和信函给弗朗西斯提出复婚。1929年，他俩在离婚三年后复婚。但复婚不久，白求恩孜孜不倦埋头医学研究事业，弗朗西斯感到这个婚姻不适合自己，提出解除婚姻关系。虽然，白求恩内心十分痛苦，但为了医学事业和妻子的幸福，他还是同意离婚。1938年初，白求恩离开加拿大到中国援华抗日前，曾特意向弗朗西斯辞行。1939年11月他在临终前写给聂荣臻司令员的信中有这样一段附言："请求国际援华委员会给我的离婚妻子拨一笔生活的款子，或分期付给也可以。在那里我对她所负的责任很重，绝不可为了没有钱而把她遗弃了。向她说明，我是十分抱歉的！但同时也告诉她，我曾经是很快乐的。"白求恩与弗朗西斯的悲欢离合，无不是以他所爱的人得到幸福为动机的。

党中央三代领导集体的核心毛泽东、邓小平、江泽民在不同历史时期对白求恩精神的时代价值给予高度评价。在毛泽东之后，邓小平1979年6月题词："做白求恩式的革命者，做白求恩式的科学家。"江泽民1995年9月在党的十四届五中全会上建议重读毛泽东的《纪念白求恩》，并说毛泽东的文章在社会主义市场经济条件下更有现实性。白求恩不畏艰难险阻敢于牺牲的精神；艰苦奋斗无私奉献的精神；毫不利己、专门利人的精神；对工作极端负责、对同志对人民满腔热忱的精神；对技术精益求精勇于创新的精神，正是我们在新的社会环境下所需要学习和发扬的精神。在知识经济时代即将来临，我国正在加快改革开放和现代化建设的新形势下，学习白求恩对技术精益求精的敬业、精业精神，对于我们实施科教兴国战略有着重要的现实意义。这正是今天人民大众的呼声，人民呼唤白求恩精神。这是时代的呼唤，白求恩精神和张思德精神、雷锋精神、焦裕禄精神、孔繁森精神汇成时代的最强音，成为建设具有中国特色社会主义事业的重要精神支柱，从而振奋民族精神，为中华民族的伟大复兴贡献智慧和力量。

（注：作者为河北唐县白求恩纪念馆、柯棣华纪念馆馆长，本文是作者在参加"白求恩医科大学建校六十周年庆祝大会"上的书面发言。）

# 试论白求恩对中国人民抗日战争的重要贡献

闫玉凯  2014年10月

抗日战争爆发后，加拿大国际友人白求恩大夫受加拿大和美国共产党派遣，率领援华医疗队来到抗日战争最前沿。他对工作极端负责，对伤病员满腔热忱，以精湛的医疗技术挽救了千百名八路军战士的生命，培养了大批医务干部，直至奉献出自己宝贵的生命，为中国人民的抗日战争事业作出了卓越贡献。

**倡导科学管理，把西方先进管理经验引入根据地医疗建设**

现代医院管理理论，是随着现代工业生产科学管理理论而发展起来的。抗日战争初期，我军医疗技术、设备和管理等都十分落后。白求恩到晋察冀后，根据"缺技术人才、缺物资保障"的特点，进行了一系列改革。一是将医院系统分类。白求恩到晋察冀抗日根据地后，最先接触的是医院。他着手建设医院，根据不同性质、不同任务将医院分类，有模范医院、军民共建医院、特种外科医院、教学示范医院、师野战医院、卢沟桥流动医院等。不同的医院侧重点不同，编配人员不同，互相补充，共同为抗日军民提供医疗保障。二是建立制度，规范操作流程。白求恩强调医院各级各类人员都要有自己的职责，各司其职，分工明确。他强调工作要有程序，他建立的消毒程序、换药程序、周评比会等都在全区推广。他主张医院首先应该成为讲卫生的模范，禁止乱丢污物，他亲自设计制造了焚烧污物消毒炉，组织了清洁队，以保持环境的清洁；建立了防蝇灭蚊制度等，为战争环境下农村办医院树立了榜样。三是成立民主管理委员会。白求恩根据当时医院管理方面存在的问题和缺点，提出成立民主管理委员会。他认为没有休养员，医院就不存在，战地医院得休养员的支持，获得他们的帮助是非常必要的。他在三分区花盆村休养所开办"外科实习周"时组织了院务委员会，吸收村干部与休养员代表参与医院管理，培养了各级管理人才，同时要求医护人员树立良好的院风，要有忘我的精神、团结合作的精神、克服困难的精神、爱护伤病员精神、刻苦钻研技术的精神。

晋察冀军区参谋长聂鹤亭这样评价白求恩：他根据客观的需要创造了八路军医院的许多新的制度与新方法，克服了过去医院中的弱点，大大减少了伤病员在医疗上的痛苦。

## 规范战伤救治，奠定了游击战争条件下战地救护工作的基础

抗日战争空前残酷，我军伤员复原率一般在60%左右。白求恩在延安见到毛泽东主席时说，"如果手术及时，这类伤员中75%可以复原"。在战斗中，白求恩边实践、边研究、边总结，规范了战伤救治流程，形成了"白求恩疗伤模型"。一是最近原则。为了提高战伤救治疗效，白求恩提出野战医院的医疗队在参与战斗过程中，要尽可能选择靠近前沿火线的位置，尽快、尽早地对伤员急救和护送。二是早期清创。在距离阵地较近的地点开展"初步疗伤"，尽快地为伤员进行简单清创，有效地减少了创伤感染和并发症的发生，降低了残废率和死亡率，改变了认为"伤员只能在后方医院手术，创伤感染不可避免的"观念，推动了八路军战伤救治工作的开展。三是战伤处理三步走。对于骨折的伤员，推广使用托马氏夹板，以保证伤

员转移活动时，伤骨不再错位，减少肢体残废；对于严重失血的伤员，用输血的办法起死回生；严格防止病菌侵袭伤病员。四是战地输血。白求恩从加拿大带来了输血技术，为了抢救伤员，他曾三次献出自己的鲜血。抗日敌后根据地没有血液储存条件，他就采用直接输血法，组织群众输血队，成立"人民血库"。当年一分区医院甘河净村的青年，人人胸前挂有写着姓名和血型的红布条，时刻准备把一腔热血输送给光荣负伤的八路军战士。

**开展难题攻关，因地制宜、推陈出新，不断创新开展实用技术**

白求恩是世界著名的胸外科专家，在业务技术上刻苦钻研，精益求精，并把研究成果和先进技术无私地奉献给八路军。一是制作医疗器械。白求恩在物质和环境极端困难的条件下，善于把丰富的科学知识、现实战争环境和中国农村条件相结合，进行切合实际需要的革新。他看到伤员住在村民家里需要每天挨家挨户换药，就设计了流动换药篮、流动消毒锅；他设计了骨折牵引架、炕上活动架、靠背架、托马氏夹板，自制镊子、剪子、探针、锯子；为解决护理工具，他设计了大小便器、拐杖等；他设计了"卢沟桥"药驮，装卸方便，非常适合山地游击战。二是制定十三步消毒法。在五台县松岩口模范医院，敌后物资十分匮乏，大多数八路军医护人员没有用过显微镜，不了解病菌是伤员的大敌。为了解决消毒问题，严格把守细菌感染关，白求恩提出十三步消毒法。即：对于重复使用的纱布绷带，要经过清水漂洗、石灰水浸泡、温水洗涤、太阳曝晒、沸水蒸煮、装袋、蒸笼等十三个卫生步骤，才可以重新包扎伤员伤口。这些措施，有效地保护了许多伤病员的生命和健康。三是自制药品。敷在伤员伤口上的纱布，由于药物干燥导致纱布和创面粘在一块，换纱布时，往往撕破伤口周围的肉芽，造成疼痛。针对这种情况，白求恩用黄碘、次硝酸铋、石蜡（或香油）混合配成油类剂，取名"毕普"。这种药剂，既可防止创面干燥，又有消毒作用，大大地减轻了伤员换药时的痛苦。为用药方便，白求恩配制了各种浓缩合剂；为方便换药，他自制石膏粉、蒸馏水、酒精、多种药膏和药条；为预防毒气，他自制简易防毒面具和检毒方法。

**精心培育人才，为我军造就大批德才兼备、作风优良的好医生**

抗日战争初期，医务干部数量少，质量低。白求恩给军区首长的报告中说，"当前最主要的一环是培养医务人员"，"运用技术，培养领导人才，是达到胜利的道路"。一是采用切合实际的教学方法。在特种外科实习周，白求恩把科学知识与当时战争环境、农村条件相结合，把医学知识与技术操作相结合，把医院管理与改善服务相结合，重点放在解决实际问题上。独特的教学方法，体现了白求恩的教学思想。他对部长们说："你们都是领导者，只有你们掌握了各种技术，才能正确地指导别人，发现问题，纠正错误。"他对医生们说，"你们要时常问自己一个问题，有没有更好的办法来增强自己的工作能力"。二是倡导创建了晋察冀军区卫生学校。他说："医疗队（指加美援华医疗队）总是要走的，我们留下不走的医疗队，这就是帮助八路军培养技术人才。"据此，他向晋察冀军区聂荣臻司令员建议创办卫生学校，并亲自为卫生学校拟定了教学大纲。他亲自参加制订教学计划，讨论重点课程的备课教案，为办好卫生学校付出了很大心血。在抗日战争和解放战争时期，这个学校招收学员两千一百多名，成为我军培养医务干部的重要基地。三是因地制宜，积极开展教学活动。为了帮助八路军医务人员迅速提高技术，除了通过办班集训、手术示范、手把手传授等方式培养人才外，他还以强烈的使命感和极大的热情，从战争需要出发，先后创办了"模范医院""特种外科医院实习周""卢沟桥流动医院""卫生工作巡视组"，以规范化的医疗现场和实际操作，对各个分区的卫生部长和技术骨干进行技术培训。八路军卫生部部长饶正锡说："我们的医生不仅学得了他的技术，而且学得了他的工作作风与工作精神。"

### 紧贴实战要求，把握游击战争的特点和规律，精心编撰教材

白求恩是北美著名医学家，他一生对临床医学研究大于实验研究，对医学工具和医疗手段的研究，大于他对医学基础理论研究。一是掌握翔实资料，解答技术问题。他来中国不到两年，除了临床医疗工作，就是记录资料，综合分析，他通过参加战场救治，探讨和总结游击战争条件下怎样救治，怎样搬动，怎样治疗和手术。二是深入实践，把握战伤救治规律。在白求恩身边工作的人看到，他有着充沛的精力，思维活跃，不知疲倦的精神令人惊讶和敬佩。尤其在一场场战斗结束之后，他总是照例掏出本子在上面急速地写着，画着，记录和完善战地救护过程中的灵感。三是根据战争需要，编写教材。为了使教学适应战场救护工作的需要，他编写了《初步疗法》《战地救护须知》《十三步消毒法》等教材，极大地提高了抢救效率。尤其是他编写的《游击战争中师野战医院的组织和技术》，长达十四万字、附有一百一十九幅图解。这部军事医学著作，总结了我军抗战以来战伤救护工作的经验，详细介绍了当时属于世界医学前沿的新知识、新技术，对全军乃至整个解放区医疗卫生建设都产生了重大影响。

### 创新服务理念，开创了与我军宗旨使命任务相适应的新医风

白求恩高尚的思想品德，为医务人员树立了榜样。他对伤病员关怀备至，对医疗救护工作无私无畏。他说："医生是为伤病员活着的，如果医生不为伤病员工作，他活着还有什么意义呢？"白求恩是现代医德医风的奠基者，他就"怎样服务、为谁看病"提出过许多观点，对我军医疗卫生工作产生了深刻影响。一是一切为了伤病员的理念。他要求医务人员"在一切事情当中，要把伤病员放在最前头。倘若不把伤病员看得重于自己，就不配在八路军里工作"。二是把病人当亲人的理念。他要求医务人员"必须把每一个病人看作是你的兄弟、你的父亲，因为实在说，他们比父兄还

亲——他是你的同志"。三是哪里有枪声就到哪里去的理念。他要求医务人员"一刻也不要离开伤病员，到前线去，把医药送到前方流血的战士那里去"。四是用技术为人民谋幸福的理念。他要求医务人员"必须运用技术去增进亿万人的幸福，而不是用技术去增加少数人的财富"。这些服务理念，已成为我军医务道德建设的一种风范、一种楷模、一种准则、一种传统，深深铭刻在广大医务人员心中，在各个时期谱写了人民军医爱人民的光辉篇章。

**广泛对外宣传，揭露日本军国主义本质，积极争取国际援助**

白求恩有着坚定的共产主义信仰，在反法西斯战争中，他目睹了日本军国主义的种种劣行，以亲身经历深刻揭露法西斯的本质。他明确指出"如果我们不趁着我们还能制止他们的时候制止他们，他们将来就要把全世界变成一个屠宰场"。一是用亲身经历揭露法西斯暴行。在中国，白求恩用书信和日记的方式记录着自己的工作，记录他的见闻，记录法西斯的残暴行径，记录日本军国主义对中国人民犯下的不可饶恕的罪行。白求恩通过文稿来表达自己的情感，表达自己对法西斯铁蹄践踏下的"无名的死者"的同情，表白"你们为我们牺牲——我们永远牢记"。在《创伤》中他敏锐地告诫人们："军队背后是军国主义者，军国主义者背后是金融资本和资本家，他们是亲兄弟，是同谋犯。"白求恩深刻地揭示"只要他们活着，世界上就不可能有持久和平"，"创伤"正是这些人制造的。二是广泛争取世界援助。白求恩目睹解放区缺医少药的情况，写出一份份报告、书信寄给国际朋友及援华团体，以争取援助。白求恩到五台金刚库时是用十三头牲口运送他随身所带物资，当时的器械药品，足足可以装备两个手术队。1938年7月，在巴黎举行的国际和平运动世界大会上作出援华决议，给五台建立的国际和平医院拨款两千四百五十英镑；1938年12月晋察冀军区收到第一批援助物资；1939年秋天，宋庆龄在香港委托凯瑟琳·霍尔护送两卡车药品物资送到晋察冀军区转交白求恩（路上得知白求恩牺牲的消息）；1940年，聂荣臻司令员接到美国援华委员会发来电报寄赠一千五百张床位的装备经费。三是援助工作在延伸。在我军医疗卫生工作急需国际社会支持的烽火岁月，白求恩的名字无疑就是一面旗帜，起到了与之沟通的桥梁作用。据统计，继白求恩之后，先后有来自加拿大、印度、美国、奥地利、新西兰、德国、日本、捷克等国家的一百五十多名医学专家奔赴解放区，同中国人民一起战斗。加拿大不列颠哥伦比亚省维多利亚医疗援华会和英国的中国运动委员会捐款购买了九套完备的外科设备，包括前线手术工作所用的外科附件包。加拿大维多利亚援华会以白求恩的名义，捐助用来为延安白求恩卫生学校建立一个图书馆的全部款项。保卫中国同盟在香港组织了两次义演，为国际和平医院募集到了三千多港币。

中华人民共和国成立后，我军医疗卫生系统以白求恩为纽带，一直保持着与世界各国医学界的友好往来，从人才、技术和物质等方面争取支持。无论在革命战争年代，还是和平建设时期，这些援助犹如雪中送炭，一定程度上缓解了我军医疗卫生工作面临的困难。

（注：作者为白求恩国际和平医院白求恩纪念馆、柯棣华纪念馆馆长。）

# 第五部分

# 让娜·索维谈白求恩

白求恩是我们的好大使。

让娜·索维
1987年3月18日

（注：让娜·索维时任加拿大总督。）

# 克拉克森谈白求恩

　　从个人职业角度去看，他是一位极特殊的人物，以极特殊的生活方式度过了自己的一生。他的一生，从某种意义上讲，其真谛已超越了国界，已升华到了不仅仅代表着国际主义精神，而实际体现了一种宇宙般的宽阔胸襟。如今这宇宙般的胸怀已为世人所公认。

克拉克森

2000 年 8 月 19 日

（注：摘自克拉克森总督在格雷文赫斯特市白求恩铜像揭幕仪式上的讲话。）

# 一个有益于人民的人

伍冰枝　2012年11月

在中国游击战的中期，诺尔曼·白求恩医生被担架抬着跨越群山之间，他在信中这样写着：

　　我昨天从前线回来。在那里我感觉不适。我无法起床或者做手术……整日（11月8日）无法控制的寒战和发热。体温大约39.6℃，糟糕。我已指示，如果有腹部、股骨或颅骨骨折病例，必须告诉我……第二天（9日），全天更加频繁地呕吐，高烧。第三天（10日）第三团司令要求将我送回去，无法工作。整日在担架上呕吐。高烧，超过40℃。我想，我得了坏疽性发热败血症，或者是斑疹伤寒。无法睡觉，脑子非常清醒。青霉素和阿司匹林，药粉裹敷，安替比林，咖啡因，所有都无效。

　　陈医生今天到这里了。如果我的胃痛缓解，明天将回到华北医院。要走过山间非常崎岖不平的道路。

　　我感觉今天舒服多了。心痛——像高达100℃的开水。明天见，我期待。

白求恩死于次日，1939年11月12日凌晨大约5点。他四十九岁。他孤独地死在一个污秽、被战争撕裂的村庄，被他无法直接交谈的人所围绕。这些看起来与他后来的成就几乎是无法想象的。他后来成为一个全世界最著名的加拿大人，为十三亿中国人所熟知。

这最后一封信中充满了白求恩不顾一切，继续追随毛泽东的八路军，与日本侵略者殊死搏斗的决心。这仅仅是长征后的三年。

共产主义的中国神话起源于长征。1934年，蒋介石领导的国民党将毛泽东和共产党人从中国东南部的根据地驱逐。经过两年难以想象的坚韧反抗，穿越八千公里的战争，他们抵达了中国西北部的黄土高原和延安窑洞。出发时的十万人，仅剩两万。一年以后，1938年3月，诺尔曼·白求恩医生和其他两位外国人抵达，加入中国共产党，此时共产党将他们的注意力从与国民党的国内战争，转到了抗击日本入侵。白求恩在那里仅仅十八个月。但是在此期间，他的功绩达到了如同长征般的神话。

在石家庄的白求恩纪念馆保存了他所有的遗物：撰写的报刊文章、信件、报告和医学文献的便携式打字机——作为这一千三百万中国人中唯一的外国医生，他独自一人留下了大量文献；可以放在马鞍上携带的医疗用品的箱子；听诊器，手表以及一台血压计。纪念馆洁净、通风，具有现代气息。中国的参观者在四周行走，崇敬地相互低语。白求恩受到了中国人的尊敬，他也热爱中国人民。中国人将他神化了。中国人这样认识他：他们热爱他，并将他的急躁视为满腔热忱，将他的倔强视为直率的决心，将他的强势视为不可动摇的承诺。中国人民的苦难、决心和勇气，深深地、持久地打动他的仁慈之心。他的同情心使得他忘我；他被弱者所感动，他的心反而更加开阔并渴望激荡。

如同尤利西斯一样，诺尔曼·白求恩生活在自己的生命旅程中，没有达到其终点。对他的认识是全方位的。

政治哲学家斯坦利·瑞森（Stanley Ryerson），1934—1935年期间在蒙特利尔，是白求恩的马克思主义学习小组的成员。他说，学习小组阅读了格奥尔基·普列汉诺夫（Georgiy Plekhanov）的《论个人在历史中的作用》（*On the Role of the Individual in History*）。普列汉诺夫关于自由和必要性的讨论引起了白求恩的兴趣，之前他的思想一直受宿命论和地狱之火的长老会教义的影响。他已经与蒙特利尔的公共卫生医学小组一起工作，而且他肯定还没有受到普列汉诺夫宣言的激励——

> 在个人以具有哲理的思考，通过英勇的努力而赢得自由之前，他没有完全属于他自己，他精神的痛苦是他向与他对立的外部必要地做出的令人羞耻的告别。但是，只要这个人能抛弃令人痛苦、耻辱的枷锁束缚，他将获得一个崭新、完全的、从未有过的生命；而且他自由的行动变得自觉而无须表达（强调我的）。之后他将成为一个伟大的社会主义者；之后，没有什么能够和将阻止他"如同一场愤怒天神的风暴，打破狡猾的谎言"。

普列汉诺夫引用俾斯麦（Bismarck）完全不同的观点，"我们不能创造历史；我们必须等到历史的形成。我们不能靠灯的热量使水果成熟得更快；并且，我们无法在水果成熟前榨汁，我们只能阻止其生长和放坏它"。

换句话，个人对于历史来说是无法改变任何事情的。但是，白求恩一定在思考，他在亲历的重要事件中，如何在满足医疗需求的同时，发挥其个人的影响。无论是在加拿大志愿者的麦肯齐–帕皮诺（Mackenzie–Papineau）大队成立之前的西班牙国内战争期间，他作为一名反法西斯主义的共和党派别的医生，贡献了其早期创造性技能，还是他从西班牙回来之后迅速关注中国，都源于他正在顺应历史时刻的直觉。他从来没有试图从军事上改变这些事件。他将自己融入这些事件中，并做他所能做的事。他是一个好医生，他意识到通过医学，他可以帮助战争中的其他人。

毛泽东，一个最终改变世界历史的年轻革命领导人，在白求恩去世一个月后赞扬白求恩是向中国人展示了一条真正国际主义路线的伟大外国人。

这是毛泽东对一个外国人绝无仅有的评语。毛提道，他仅见过白求恩一次，但是这位中国领袖对这位去世的加拿大人极为重视。毛向中国人赞扬白求恩，不是出于个人友谊，而是对白求恩在中国历史上的实践和象征性作用的评价。毛泽东的语录被所有中国学生背诵了数十年，几乎每一个成年人都可以在任何时候背诵其中的《纪念白求恩》。

> 白求恩同志是加拿大共产党员，五十多岁了，为了帮助中国的抗日战争，受加拿大共产党和美国共产党的派遣，不远万里，来到中国。去年春上到延安，后来到五台山工作，不幸以身殉职。一个外国人，毫无利己的动机，把中国人民的解放事业当作他自己的事业，这是什么精神？这是国际主义的精神，这是共产主义的精神，每一个中国共产党员都要学习这种精神。列宁主义认为：资本主义国家的无产阶级要拥护殖民地半殖民地人民的解放斗争，殖民地半殖民地的无产阶级要拥护资本主义国家的无产阶级的解放斗争，世界革命才能胜利。白求恩同志是实践了这一条列宁主义路线的。我们中国共产党员也要实践这一条路线。我们要和一切资本主义国家的无产阶级联合起来，要和日本的、英国的、美国的、德国的、意大利的以及一切资本主义国家的无产阶级联合起来，才能打倒帝国主义，解放我们的民族和人民，解放世界的民族和人民。这就是我们的国际主义，这就是我们用以反对狭隘民族主义和狭隘爱国主义的国际主义。
>
> 白求恩同志毫不利己、专门利人的精神，表现在他对工作的极端的负责任，对同志对人民的极端的热忱。每个共产党员都要学习他。不少的人对工作不负责任，拈轻怕重，把重担子推给人家，自己挑轻的。一事当前，先替自己打算，然后再替别人打算。出了一点力就觉得了不起，喜欢自吹，生怕人家不知道。对同志对人民不是满腔热忱，而是冷冷清清，漠不关心，麻木不仁。这种人其实不是共产党员，至少不能算一个纯粹的共产党员。从前线回来的人说到白求恩，没有一

个不佩服，没有一个不为他的精神所感动。晋察冀边区的军民，凡亲身受过白求恩医生的治疗和亲眼看过白求恩医生的工作的，无不为之感动。每一个共产党员，一定要学习白求恩同志的这种真正共产主义者的精神。

白求恩同志是个医生，他以医疗为职业，对技术精益求精；在整个八路军医务系统中，他的医术是很高明的。这对于一班见异思迁的人，对于一班鄙薄技术工作以为不足道、以为无出路的人，也是一个极好的教训。

我和白求恩同志只见过一面。后来他给我来过许多信。可是因为忙，仅回过他一封信，还不知他收到没有。对于他的死，我是很悲痛的。现在大家纪念他，可见他的精神感人之深。我们大家要学习他毫无自私自利之心的精神。从这点出发，就可以变为大有利于人民的人。一个人能力有大小，但只要有这点精神，就是一个高尚的人，一个纯粹的人，一个有道德的人，一个脱离了低级趣味的人，一个有益于人民的人。

毛泽东评价白求恩表里如一，他的贡献在于个人的力量推动了社会的进步。即使在共产主义的环境下，个人也能够创造历史。

白求恩来到中国是出于对法西斯主义的恨，因此决心帮助中国人民抗击日本法西斯。两年前的1936年，他去了西班牙，因为他认为这个合法的共和国不仅是被内部的法西斯，更是被更强大的来自德国和意大利的法西斯所推翻的，是他们支持佛朗哥将军发动了这场军事政变。白求恩从不使用抽象或者象征性的文字，真相是他坚决追随的目标。

毛泽东把歌颂的重点放在白求恩的热情、无私、表里如一和国际主义精神上，希望树立这样一个榜样教育中国人。他没有指望白求恩在中国的贡献给他从西方带来任何利益，他也不需要西方的援助。他就是按照中国人的思维歌颂一个不远万里从加拿大来到这里，为了中国人民的事业而献身，非常了不起的人。

白求恩就是这样一个随着一个冲动的决定而投身于一场结局未知的动荡之中去的典型。除了他建立了医疗救助系统，培训了准医疗队伍，编写了医疗手册，用简单易行的方法救助了前线将士的生命外，我们无从知晓白求恩对中国革命的胜利具体作出了多大的贡献，他属于那些在最绝望的时刻给人带去胜利的希望的人。在西班牙，他发明的流动输血设备拯救了数百人的生命，但和纯粹的人道主义价值相比，这对于共和国的贡献能有多大呢？毕竟共和国失败了，佛朗哥法西斯胜利了。有趣的是白求恩达成了普列汉诺夫所定下的能够改变历史的标准，现有的阶级标准并"无法阻挡一位具备因时因地条件的人才发挥他的特长"。白求恩医术高明，不过输血并不是他的专业强项，但是在1936—1937年西班牙战场的背景下，他出于一个恰当的时机，于是决心发明这一设备。

白求恩决心成为一个对社会有益的人，最初作为医学院学生在边疆学院帮助伐木场不识字的移民工人，后来他成为蒙特利尔的医生在儿童艺术团与贫困的、边缘化的青少年一起工作，还在蒙特利尔人民健康安全小组（后更名为人民健康委员会）做事。

他在绘画和写作方面的才华让他更像一位艺术家，他不可能成为马克思那样的政治人物，因为他不是哲学家或者知识分子那类人。如果他不是后来死在中国，而是回到加拿大，我很难想象他会成为像弗雷德·罗斯（Fred Rose）、蒂姆·巴克（Tim Buck）这样的共产主义者。也许他会加入加拿大皇家医疗队，继续投入海外的反法西斯斗争中去，并为信仰而继续漂泊。

在世界历史的两处十字路口，西班牙和中国，白求恩似乎找到了社会发展的新方向以及如何去影响它们的方法。他要创造历史而不是去无谓地等待。这一点和俾斯麦相反，俾斯麦相信，人们无法创造历史，因为人们置身其中。而白求恩总是在战争看不出任何调停的情况下，投入其中，亲身参与大事件的进程。

　　传记作家拉里·汉纳特（Larry Hannant）的观点认为，尽管白求恩有着急躁易怒的缺点，但是他有能力改变。"尤其是在他生命的最后两年的时间里，这些改变让他受益良多……他无私为人的品格也是在那时候形成的。"

　　白求恩的道德规范和他出生于长老会会员家庭息息相关。虽然他的道德取向也受到其他信仰的稀释，但长老会的伦理标准和道德体系一直是他观察世界的基本出发点。有一次他说："我知道我总是匆匆忙忙的，但这是我诚实的品性。我父亲是一个长老会牧师，他加入了穆迪和桑基福音运动。他们的口号是，'同一代基督徒的世界'。不管人们是否喜欢，这也是我的口号。"白求恩并不是指让人人成为基督徒的具体想法，但革命信仰的力量可以改造人，甚至永远地改变人。因此，体恤苦难和绝望成为他行事的一贯方式。从他青少年开始就能看出，他在边疆学院任教，在第一次世界大战的硝烟中担任担架员等。这些都表明他希望能够更多地照顾其他人类同胞的情怀。

　　黑曾·赛斯（Hazen Sise）——白求恩在西班牙的朋友和同事，认为白求恩一定会为自己在中国被神化而感到兴奋，但同时也会觉得滑稽。这绝不是说他怀疑中国人的诚意，而是因为在他的性格里，他从来没有把自己当作英雄看待。那些认识白求恩的人，比如赛斯，都是在西班牙时处于最艰苦的环境下结识他的人。他们都认为白求恩是一个伟大的人，但白求恩从来不认为自己是超人。赛斯说："白求恩身上洋溢着乐观向上和充沛的活力……当他走进房间，人们能感受到他身上很强的气场……他的另一项能力是将信仰坚定地立足于现实，而不是自我虚无地生活在信仰之下。"

　　每个接触过白求恩的人对他有不同的评价。泰德·艾伦（Ted Allan）与白求恩在西班牙期间关系亲密，他是一位作家，经常以白求恩发言人的身份自居，总感觉精神上他是白求恩的儿子一般，并在他后来的人生岁月中都视自己为白求恩精神的守护者和传承人。不经他的允许，谁也不许查看白求恩的档案。他一度很多年都不让任何人接触白求恩的档案。没有人知道为什么泰德·艾伦认为自己拥有这么做的权利，因为白求恩并没有在遗嘱中说明他是自己的遗嘱执行人。在与一位共产主义战士塞德奈·戈登（Sydney Gordon）共同写作的《手术刀就是武器》（The Scalpel, the Sword）一书中，泰德将白求恩描述成一位英雄。这大部分都是基于周而复20世纪40年代末期所著的一本中文小说。艾伦认为自己是白求恩的唯一继承人和保管人的原因在于，他相信，只要保存有共产主义崇高斗士的遗物，共产主义就绝对不会消亡。其实，白求恩一生当中也相信这样的做法，即个人可以是神话一般的人物，也可以成为其他伟人的守护者。他曾经制作了一个藏书票，上面写着："本书属于白求恩以及他所有的朋友。"他也认为自己的人生同样也属于每一位朋友，他就是他们中的一员。事实证明，白求恩富有活力、专注、果敢，不仅是良友，也是忠诚的盟友。

白求恩1935年成为共产主义战士。这在很多人看来，都是他人生的一个污点。这也是为什么在1971年以前以及在加中建交初期，白求恩都一直为他的祖国所忽视和淡忘的原因。甚至于有人迁怒于白求恩，就是因为他被中国人民所尊崇为英雄。令人惊奇的是，这种反白求恩的情绪在一些人群中蔓延。不少人持"你以为你是谁"的态度，难以接受一个加拿大人居然可以在国外受到那么多人的尊敬。他们认为，白求恩即使伟大，也一定有缺点，并且是自我吹嘘才得以有那么高的地位。但从白求恩的书信及中国人民描述的他的所作所为当中，我们都无法找到白求恩自命不凡的证据。

1971年加拿大与中国建立大使级外交关系之后，大量关于白求恩的电视纪录片、电影和书籍在加拿大涌现，就如同这些作品已经在中国流传了几十年一样的情况。2004年，中国再次制作了为时十三小时的白求恩电视剧。白求恩的人生在生前就已经俘获了许多人的心。第一批有代表性的可以说是20世纪30年代敢于抗争的蒙特利尔的知识分子，他们后来成为现代加拿大的奠基人。蒙特利尔市在一个壮观的广场修建了白求恩的雕像，并为他在蒙特利尔所度过的八年时光感到自豪。很多人认为白求恩是蒙特利尔人，然而，在多伦多和安大略，除了白求恩的出生地格雷文赫斯特小镇外，并没有多少人崇敬和纪念白求恩。关于白求恩的纪念，只有为了纪念加拿大最著名的国际主义外科医生的"国际外科白求恩圆桌"和约克大学多伦多分校的白求恩学院，仅此而已。白求恩从多伦多大学医学院毕业，但我们找不到以他名字命名的纪念碑、讲堂或者广场。同样，我们也无法找到白求恩为边疆学院工作过好几个冬季的伐木场，他曾经在多伦多哈博德街道十九号的住所以及1937年他向三千名群众发表演讲的马西会议厅。这些白求恩曾经经历的重要历史场所，如今都没有留下丝毫的纪念痕迹。也许，1971年10月，当多伦多人和加拿大历史遗迹与纪念碑委员会评估白求恩医学生涯在加拿大医学领域地位的时候认为，白求恩的成就不具有民族历史的重要影响。

但在世界的其他地方，白求恩的影响力要大得多。还没有一个加拿大人的影响力大过白求恩，他的事迹激发了休·麦克伦南（Hugh MacLennan）创作的小说《看了一夜》（*The Watch That Ends the Night*）于1959年出版。虽然休·麦克伦南从未承认，但书中的英雄人物杰罗姆·马特尔医生的原型很明显就是白求恩，他对白求恩在蒙特利尔度过的八年时光非常了解。

小说的情节很简单。男主角乔治·斯图尔特与患有风湿性心脏病的凯瑟琳（作者的妻子也患有这个疾病）结婚了，而凯瑟琳曾经是马特尔的妻子。马特尔于20世纪30年代在蒙特利尔是个很著名的医生。之后，他参加了西班牙内战。"二战"纳粹分子占领期间，他参加了法国地下组织，后来就不见了。据说，他被当成间谍被捕，押到布痕瓦尔德集中营，在那儿被吊死在肉钩上。

小说的开头，马特尔经历了欧洲的法西斯恐怖后突然归来。小说也由此展开。马特尔出生于新布伦兹维克的一个文盲家庭，父亲是伐木场的厨子。在马特尔十岁的时候，父亲就被人谋杀了。他乘了个小小的独木舟，顺着河水逃走了。后来有人见到他在火车站游荡。再后来，他被善良的牧师夫妇收养了。小说最引人入胜的地方就是，马特尔的童年是在荒野度过的，这也许与作者麦克伦南听白求恩说起他青年时期在伐木场生活，以及

514

对安大略北部荒野的描述有关。作者本人是万不可能有这样的经历的。

这与乔治对于30年代的信念与激情到了50年代生生被磨灭的绝望交织在一起。马特尔的归来就像是昔日的梦想、热情，以及对在50年代灰色的加拿大绝不可能的信念的坚持重新回来了。乔治钦佩并忌妒马特尔与当时代截然不同的高大形象。

杰罗姆不能被归入任何一类人，他是人性的代表。虽然他自己从不知道。他比我认识的任何人都缺少正常的社会感。假如他见到了英格兰国王，他对国王唯一感兴趣的就是他也是个人而已。如果国王允许的话，他可能很快就转移话题，或者走开与别人说话去了。他完全感觉不到阶级差异，也没注意到蒙特利尔敏感的阶层差别。我肯定他曾经多次被人冷落，我也同样确信，他自己一次也没有注意过。

马特尔对乔治说过：

> 你必须像蜗牛一样学会在自己身上背一个壳，时不时地你需要躲进壳里去……这个壳就是死亡。你必须爬进死亡里，慢慢等死……当事情无法忍受的时候，你必须自己死去。你的灵魂使你的躯体承受你认为必须承受的。只有面对死亡，你才能重生。这样，你才能看轻一切，包括死亡。你必须对自己说，并且对自己说的话深信不疑：如果我死了又怎么样？如果我被羞辱了又怎样？如果我们所做的一切都是浮云又怎样？你问自己这些话的时候，一定要相信自己心里的回答。这样，你才能生存下去。

他说的这些话是什么意思？马特尔对此是洞若观火的。

> 我不是一个革命者……历史上的革命者都是逆社会潮流，异常孤独……在我看来，属于文明的一分子总是无上的荣耀……只有阻止西班牙的法西斯才能做到……也许我们会输掉这场战争。我知道法西斯

的含义。法西斯根本不是政治，它就是把人类原始的凶狠冲动组织起来而已。

小说家罗伯逊·戴维斯（Robertson Davies）也从未承认，白求恩是马特尔的原型。他在1959年关于《看了一夜》的书评中写道：

> 这本加拿大小说是一大进步……马特尔也许看起来是个真实的人物，也许只是误认为自己的能量能带来很多想法，正如很多类似的人一样。他是一把双刃剑，给人带来鼓舞，也给人带来毁灭……但是作为文学作品，只有作家们敏锐地捕捉到人的感情与行为的细腻，并将之体现在同胞们身上的时候，作品才能传神、成熟。

白求恩的生平似乎为麦克伦南创作一部最伟大的加拿大小说奠定了基础。麦克伦南说过，他希望"写一本基于精神行为而非人物行为的书"。白求恩来自于殖民主义国家加拿大，但他代表的却正好与殖民主义相反。"没有一个作家能跳出个人与社会的差距，除非社会进步了，如桥梁一般跨越了这个距离；除非社会已经与世界融为一体。"白求恩就体现了这种包容的精神。

白求恩具有感召人的力量是因为他虽然身处黑暗中，却代表了光明世界所珍视的一切品质。在中国，他被塑造成另外一种形象，居于破裂之地，不是中国人，但也不是我们当中的任何人。他的性格一直在转变。麦克伦南理解白求恩人生的意义："拥抱一切未知的，只要有可能就采取行动，并勇于接受一切发生在你身上的事情。"

（注：本文选自2012年11月由人民卫生出版社出版的《一个非凡的加拿大人》第一章。作者伍冰枝即是加拿大原总督克拉克森原名。）

# 白求恩已成为中加两国之间联系的重要纽带

## 在"中国白求恩精神研究会成立大会"上的致辞

贝祥　1997年6月11日

今天能够在这里参加中国白求恩精神研究会的成立大会，我感到非常荣幸。

任何一个关心中国的加拿大人都知道白求恩以及他在中国抗战历史中所发挥的作用。我们熟知他人道主义的献身精神和勇于自我牺牲的精神，被写在毛主席著名的文章《纪念白求恩》中而家喻户晓。我们知道他以极大的热情和献身精神为中国人民服务，并牺牲在远离家乡万里的中国。对白求恩医生的纪念，已经变成了我们两国之间联系的重要纽带，滋养着深深扎根于我们人民之间的友谊。

在《纪念白求恩》这篇著名的文章中，毛主席说到白求恩的国际主义精神是反对狭隘民族主义和狭隘爱国主义的国际主义精神。现在，在"冷战"结束后，世界正重新改变着它的面貌。许多新的联盟和新的势力中心正在形成，我们看到这些新的民族主义势力和盲目的爱国主义势力正制造着日益增多的矛盾、战争和痛苦，这使得今天坚持白求恩国际主义精神具有更加重要的意义，并激励我们在解决地域政治冲突中寻求国家间的合作。也正是这种精神，激励着加拿大政府支持国际维持和平与多边解决国家间争端这一准则。我要说，如果白求恩医生还在世的话，他也会支持这种做法的。

白求恩大夫以善于在医学和社会领域中创造和革新，并以新的方法解决难题而闻名。在他来中国之前，就在加拿大国内和西班牙独立战争的战场上基于他在医院里的经验（既作为医生也作为病人），发明了许多新的、其中一些是具有革命性的医疗设备与技术。在加拿大，他很早就认识到国家医疗工作的根本目标之一是保障人民的健康。因此，他热情地倡导建立全国健康保障系统。在当时，他的这种想法遭到了许多其他医生的反对，但他始终坚持自己的观点。最终在他逝世多年以后，他的观点被证实是正确的。正是他首先倡导的这种全民健康保健的原则使得加拿大政府在第二次世界大战以后，建立了加拿大的国家全民医疗保健体系。

诺尔曼·白求恩的成就为我们大家树立了一个很好的典范。无论我们是从事医疗、社会服务、外交、学术研究或经济改革等任何工作，当我们在工作中面对困难的处境时，我们一定要革新，要寻找新的办法来解决已经存在的难题，并与那些与我们观点不同的人交流，这样才能推动人民、国家和文明的事业前进。

为什么白求恩大夫牺牲距今快六十年了，而我们大家对他的怀念仍是如此强烈？最主要的原因是，他那种面对巨大的逆境能坚持自己的信念，并以极大的热情和毫无自私自利的献身精神去实现自己的目标的做法，至今仍强烈地激励和鼓舞着我们每一个人。

最后衷心祝愿，在白求恩精神研究会的活动中，白求恩的这些精神得到发扬光大。

（注：作者时任加拿大驻华大使，文章标题为编者拟定。）

# 一个具有重要历史意义的伟大人物

## 在"纪念白求恩逝世七十五周年中加国际论坛"上的致辞

赵朴　2014年10月11日

　　我很荣幸今天能够来到这里参加诺尔曼·白求恩大夫逝世七十五周年纪念的精彩活动。众所周知，白求恩大夫在中国家喻户晓。作为一个人道主义者，他对中国和加拿大两国人民而言，是具有重要历史意义的伟大人物。

　　我知道有很多人今天安排这个活动，所以我特别感谢主办单位和承办单位的大力支持，因为这样的活动特别重要，它可以使更多的人了解白求恩在中国历史上以及他一生作为医学发明家的作用和为自由而献身的精神。毫无疑问，这将是进一步发展和促进加中两国人民友谊和交流的大好平台。

　　作为加拿大人，我们为拥有这样一位有远见的探险家而感到自豪，同时我们也被白求恩大夫在中国获得的尊重和认可深深感动。明年，我们将共同庆祝加中建交四十五周年，但是，众所周知，我们的关系源远流长。白求恩去世前曾在一封信里写道："在中国的这两年是我一生中最重要、最有意义的两年。有时我稍感寂寞，但在可爱的同志们中间我感到很充实和满足。"

　　的确，加拿大是中国的老朋友，关系日益牢固，最近我们的合作特别好，特别密切——在很多方面，比方说在卫生、教育、能源、环境方面，一个很好的合作典范是我们之间在卫生健康方面的合作。明年我们会共同纪念在这方面合作二十周年。

就像白求恩大夫在为中国人民带来帮助的同时，他也从中国人民那里学习了很多宝贵的东西一样，我们彼此都认识到，加中人民之间同样拥有众多相互学习之处。

最后我要再次感谢加拿大白求恩协会以及所有给予本次活动支持的朋友和合作伙伴，有了你们的帮助，才成就了今天的精彩纪念活动。

谢谢大家。

（注：作者时任加拿大驻华大使。）

# 结果表明，白求恩所走的道路是正确的

李振权　2011年12月6日

今天，我非常高兴来这里参加白求恩生平展开幕式。白求恩大夫是一位伟大的人道主义者，对中国人民和加拿大人民来说，是一位具有重要历史意义的人物。

通过这个展览，我们将有机会看到白求恩大夫在中国生活和工作的照片和文物。而且，还能看到他来中国之前的资料，这部分可能大家了解得少一些。我们希望，通过了解他在加拿大成长、学习和行医的情况，能够更好地理解毛泽东在《纪念白求恩》一文中对他的评价："一个外国人，毫无利己的动机，把中国人民的解放事业当作他自己的事业，这是什么精神？……"

观看这次展览，让我们再次想起白求恩大夫为了遵循他认为正义的道路而表现出来的伟大勇气，尽管这条道路与他当时的社会规范完全相冲突。结果表明，他所走的道路是正确的，而当时的社会传统观念是错误的。

作为加拿大人，能够与这位有远见的先驱者联系在一起，我们感到很自豪，我们也为中国对他表示的尊重和赞誉深受感动。

就在他去世前，白求恩在信中写道，过去的两年（就是他在中国的日子）是我生命中最重要和最有意义的岁月。有时会寂寞，但是在我敬爱的同志们中间，我找到了人生最大的满足。

因此，白求恩大夫也提醒我们：在非常不同的社会之间可以建立友谊与合作。

作为中国的老朋友，加拿大致力于不断发展我们两国之间的合作关系。我们两国在许多方面优势互补，并且在共同关心的问题上日益紧密合作，诸如卫生、能源、环境治理等。

举一个例子，作为一个技术先进、富于创新的国家，加拿大热衷于与中国分享其在公共卫生等领域的技术和政策专业知识，以提高人民的健康和生活水平。正如白求恩大夫明确地表示，他给中国人民带来一些东西，同时也从中国人民身上学到很多东西。我们也认识到，我们应当互相学习。

我最要感谢宋庆龄基金会。宋庆龄基金会的使命是促进中国人民与世界各国人民之间的友好关系。我们非常高兴与他们合作举办本次展览。这个展览已经在济南、芜湖、南京、桂林和广州等地进行了巡展。我们期待着就这一项目及未来其他项目与宋庆龄基金会紧密合作。

同时，我也要感谢中国白求恩精神研究会，他们为成功举办这次展览付出了辛勤劳动，也为巡展活动在南京、桂林等地顺利展开做了大量工作。

（注：作者为加拿大驻华大使馆公使衔参赞，本文为作者出席"白求恩生平暨纪念白求恩书画作品展"开幕式上的讲话。）

# 学习白求恩的奉献和人道主义精神
## 在"中加国际友好光明行义诊活动"开幕式上的讲话

萨拉·泰勒　2015年5月25日

2015年是加中创建关系重要的一年，它不仅是加中建交四十五周年，同时也见证了这两个国家二十年来在卫生领域的交流合作，本年度一系列外交商务学术及文化活动帮助促进了双边关系的发展，这一系列活动也包括这次加拿大盲人协会和加拿大狮子会对河北的访问。

今年是中加建交四十五周年，但加拿大与中国的合作早在此之前就开始了，比如，在20世纪60年代加拿大向中国出口小麦，以及长期在卫生领域的合作。在一百年以前，加拿大的医学传教士就来到了中国，当然也包括诺尔曼·白求恩在30年代来到中国提供医疗援助，而这一切为1970年10月两国正式建立外交关系奠定了坚实的基础。

2014年11月，加拿大总理第三次访问中国，这一访问达成了一系列令人瞩目的合作关系。所以说我们有一个非常积极活跃的关系，我们的合作遍及了不同领域。在所有这些合作中，其中最重要的一项就是作为加中关系支柱之一的卫生领域的合作，两国在卫生领域合作的先驱者是加拿大的一些医学传教士，他们在19世纪的时候就到中国来了。你们知道加拿大喜剧明星大山，他的祖父在一百多年前在你们的邻居省份河南帮助筹建了商丘第一所人民医院吗？当然双方在卫生方面最伟大的模范是诺尔曼·白求恩医生，从此这所医院以白求恩大夫的名字命名。

在这些先驱者的基础上，1995年加拿大卫生部部长和中国签订了双边卫生领域的合作备忘录，在这个备忘录的基础上，在过去的很多年中，有大量的合作交流活动。2014年4月在北京，两国卫生部长进行了第四次加拿大—中国卫生政策峰会，这一峰会在很多领域取得了卓越成绩和卓有成效的交流。包括传染病的预防与治疗、老龄化问题以及卫生系统的改革，也见证了四个合作协议的签署。这个合作包括很多非政府组织，比如加拿大盲人协会和加拿大狮子会，它们都是有名的民间组织。之所以有名，是因为他们在帮助贫穷困难人群方面有突出贡献，现在他们把他们的奉献和人道主义精神带到了中国，并且和中国的合作伙伴一起努力。我非常希望中国市民能够直接受益于这一合作项目，他们在加拿大志愿者的帮助下能够重见光明。

2015年，在中加不断加强人文交流和白求恩医生人道主义精神的鼓舞下，我想以更好的方式来表示对这个周年暨加中建交四十五周年、加中卫生领域交流二十周年的庆祝，我赞赏你们积极主动的工作，我可以确定地说，加拿大政府将会积极努力，继续支持与加强和中国在卫生领域的合作。

最后，我把美好的祝愿送给所有与会人员，同时祝愿此次光明行活动圆满成功。

（注：本文选自加拿大驻华使馆公使萨拉·泰勒女士在"中加国际友好光明行义诊活动"开幕式上的讲话，略有删节，题目为编者自拟。根据录音整理，未经本人审阅。）

# 纪念诺尔曼·白求恩

乐静宜　1999年11月12日

今天，我作为加拿大的代表，在这里参加纪念我的同胞诺尔曼·白求恩的活动而感到高兴和自豪。

在加拿大，白求恩有许多事迹令人难以忘怀，尤其是他的惊人的勇气。

当他得知他患了几乎是不治之症的结核病时，他用自己的身体来做实验，试图找到一种治疗结核病的方法，用这种方法对他进行治疗，简直是将他毁灭。正是这种惊人的勇气，驱使他走上了参加西班牙内战，帮助西班牙人民的道路，并在那里建立了一个流动输血站。

在中国的抗日战争期间，当毛泽东同志请他留在现在以他的名字命名的医院工作时，他却坚持要求去前线为受伤的战士和民工服务。后来，在一次手术中，因血污染而于1939年11月12日去世。

然而，他的事迹已经超出了勇气的范围，在此，我想引用毛泽东主席赞扬白求恩的一段话，白求恩同志毫不利己、专门利人的精神，表现在他对工作的极端的负责任，对同志对人民的极端的热忱……从前线回来的人说到白求恩，没有一个不佩服，没有一个不为他的精神所感动。

在加拿大，我们以白求恩大夫受到如此广泛的纪念和如此真诚的承认而自豪。是他将加拿大的民族精神深化为国际主义精神。当然，他是一位加拿大人，然而更重要的是，他是一位超越国界为人类服务的人。

在许多国家和众多个人太自私而各顾各的时候，白求恩大夫的国际援助和服务精神不应被忘记，而应发扬光大。在他英勇献身六十年后的今天，白求恩大夫的榜样仍然很重要，我们必须牢记。

（注：作者时任加拿大驻华大使馆文化参赞，本文为作者在纪念白求恩逝世六十周年纪念活动上的讲话。）

# 白求恩的名字就是加拿大在中国的代名词

## 在"纪念白求恩逝世七十周年大会"上的讲话

高柏龄　2009年11月12日

　　我很高兴也很荣幸来参加纪念白求恩大夫逝世七十周年活动。许多年来，白求恩的名字就是加拿大在中国的代名词，他的努力使中加两国人民之间的友谊维系至今，因此可以说他功勋卓著。白求恩牺牲前，曾在一封信中写道：过去的两年（在中国度过的）是我生命中最重要、最有意义的时光。虽然有时也感到孤单，但是在这里与我挚爱的同志们为伍，我已达到自己事业的顶峰。

　　明年10月我们要举行庆祝中加建交四十周年活动，四十年来我们双方建立了成体系的多边关系。但是回望我们与中国的关系，其实早在确立正式官方关系之前，我们在民间、教育和商务方面就早有往来。的确，加拿大是中国的老朋友，并且两国在未来关系中也必将一如既往。正如加拿大总理、尊敬的斯蒂芬·哈珀先生所说的"加拿大与中国的密切关系，反映出我们相互尊重和实际合作的需要"。总理哈珀先生将在几周后到中国访问，强调两国在这些方面的长期关系，并在一系列议题上促进合作和展开对话。

　　中加两国以不同的形式相互补充，双边和多边地致力于涉及两国共同利益的事业。从多边的角度讲，加拿大期望中国出席将在2010年6月在安大略省马斯科卡召开的G8和G20峰会，并共同处理紧迫的全球性问题。从双边关系上讲，在像白求恩大夫这样一名医学先驱所从事的健康领域，加拿大和中国也积极合作。最近，2009年6月，我们的卫生部长签署了一个行动计划，寻求和拓展双方共同关注的卫生领域的合作，以推进1995年加拿大与中国签署的卫生合作备忘录。

加拿大在生物医学和其他医疗技术方面处于世界先进水平，同时拥有全面有效的医疗卫生体系，加拿大愿意与中国分享技术和政策方面的优势与经验并积极展开对话，从而增强我们确保和推进各自国家卫生事业的能力。

我非常感动地看到白求恩大夫在中国永垂不朽，中国人民仍将继续尊敬、爱戴他。我要感谢中国人民对外友好协会、加拿大文化促进基金会以及其他合作伙伴共同举办本次纪念活动。

（注：本文根据录音翻译整理，作者时任加拿大驻华使馆文化参赞，标题为编者自拟。）

# 忆白求恩，思念种种

泰德·艾伦　1979年11月

　　白求恩是我生平所认识的、最使我感动的人物。初识他时，我还只有十七岁，因在某文学杂志上发表了一篇短篇小说，他打电话夸奖我，便去看他。这以后，他不断鼓励我，经常邀我去他蒙特利尔的住所，涉足当地艺术界名人的聚会。1937年西班牙反法西斯战争期间，他竟不嫌我年轻，委我任新成立的西班牙加拿大输血站的政治协理员。

　　可惜的是，我却不如他期望的那么成熟，实在胜任不了当年在马德里的艰难岁月中他深为倚重的顾问与助手之责。我们相处得挺热乎，但也不免时有争执，结果无非重归于好，付之一笑就是了。

　　白求恩最喜欢为人富于个性，敏于机智，最讨厌那班只顾掇拾权威词语、从不独立思考之辈。更有一种好为长官的人物，他总要嘲弄一番，引以为乐。

　　他的业绩俱在：肺结核外科手术；西班牙的输血工作；在中国的医道；自我牺牲的模范作用；他诲人之勤，爱人之切，自不待言。但我们也应该看到他自有其不小的缺点，这就是工作时劳逸失调，因此休息睡眠总是不足，经常操劳过度，终于戕害了健康。倘若他今天还在，是不会希望我们忽略他的短处的，他会要我们从中汲取教训。

他教我的东西可多了：在蒙特利尔和西班牙时，他给我开过应读书目，指点我浏览谁家的绘画，谁家的雕塑，何处的建筑杰作。他教我做菜，教我调制色拉凉菜的美味浇头。他同我品评家具、衣着式样，他以十分积极的态度对我写的新闻报道和短篇小说提出意见。总之，我的教育，受惠于他者多矣。

1937年秋，西班牙政府军撤退之际，我在布鲁奈特为坦克所伤，终于下火线返国。他一连几星期为我治疗，确信我会伤愈康复。多亏他的悉心照料，果然平安无事。

这时，他开始谈起他想去中国为反对日本帝国主义的战争效力；埃德加·斯诺的著作给他的影响极大。

这里也许可以添叙一点涉及他友人弗朗西斯的辛酸往事，这样，对他的私史可了解得更全面些。他俩确是深深相爱的，但又无法好好地在一起生活。我们从白求恩的遗书中还可以感到他对她的一种眷恋之情呢。

倘若他今天还在，是会以新中国为豪的，然而他也会经常提醒中国朋友，千万别忘了他们昔日为之苦斗，为之舍身赴义的新世界，这个世界至今仍然有待于从贪婪、剥削和少数特权辈的桎梏下解放出来。

白求恩将在世人的永怀之中，不只因为他是为大众服务而献身的伟大英雄，也因为他曾孜孜渴求而无所畏惧地去探索真理，探索关于他本人，以及关于世界的种种真理。

我爱他，如儿子之爱父亲。我更爱他之为大众景仰的榜样。

（注：本文作者是加拿大作家、白求恩传记体小说《手术刀就是武器》的作者之一。该书自1952年出版以来，已译成包括中文在内的二十种文字，在世界各国发行。）

# 和白求恩在西班牙相处的日子

亨宁·索伦森

1936年秋，诺尔曼·白求恩到达马德里。那时，背后有着希特勒德国和墨索里尼意大利支持的法西斯分子正进攻西班牙政府，引起了欧美进步人士的愤慨。成千上万的人离开本国，去保卫西班牙共和国，白求恩是其中之一。他到时，我已经在马德里一个月了，是加拿大委员会（向西班牙输送必要的医药供应的组织）驻这里的联络员。白求恩热情洋溢地对我说："这里是创造历史的地方！这里是我们要击退法西斯野兽的地方！"我们都是这样想的。当时的口号是"决不让他们通过"，气氛如闪如电，令人激动，人与人之间有一种兄弟般的庄严情感。白求恩到来前，我一直在前线采访，给加拿大的社会主义刊物写文章。他找我谈话，要我参加他的工作，当翻译。于是我们就出去找一个合适的地方，以便他能为这个事业发挥最大作用。我们参观了许多医院和设在阿尔瓦塞特的国际纵队总部。这时，法西斯已经打到西班牙首都的郊区了，他们的宣传机器广播说，马德里已经在进行巷战，共和国政府随时会垮台，但是马德里不投降，一直顶到1939年春天战争结束时。这时，有一天，我们乘火车从阿尔瓦塞特到巴伦西亚。途中，他忽然对我说："我有个主意，你听了说说你的想法。"然后他接着说，根据他从第一次大战得来的经验，如果前线或附近能有输血的条件，那么许多因流血过多致死的伤员是可以得救的。"你知道，亨宁，人血如果放在很低的温度下，能保存几个星期。我们现在要做的，无非是把西班牙所有能搞到手的冰箱都买来，组织献血小组，找医生和护士取血，再用汽车把血送到前方医院去。我知道过去没有人这样做过，可是如果得到西班牙政府的支持，我们是能够做到的。你以为如何？"他征求我的意见，使我受宠若惊，因为我是一点医药知识也没有的人啊。我说："我看这样太好了。"就这样，我们去了巴伦西亚的"红色救济会"——一个相当于红十字会的共产党组织。接见我们的三个人都很年轻，只有二十来岁，但他们善于抓住形势、当机立断的本领却使我们深感惊奇。他们说："如果你们能提供必要的器械，又能有加拿大的支援，我们就在马德里给你们一幢房子作为进行输血工作的总部；另外再派四个医生，还有护士、助理人员，统统归你们领导。"几分钟之内，事情就办妥了。于是白求恩和我便立刻去巴黎买医疗设备。在巴黎我们去了一家专售内外科器械的大商店。白求恩随便指着一种器械说："那是白求恩肋骨剪——我设计的。"我不禁吃了一惊。可是他却不耐烦了。他说："我打算去伦敦。那里人说话我听得懂，事情可以办得快些。"于是，我们来到伦敦买了设备和一辆旅行车。另一位加拿大人，黑曾·赛斯，也在那里参加了我们一伙。我们渡过英法海峡，把车子直驶马德里。他在成天炮轰和空袭之下，组织起了加拿大输血站。马德里的公民们都到这里来为受伤的男女儿童输血。这时的马德里，由于空袭和炮轰不断，有成千上万的人伤亡。

白求恩以他无限的精力，迅速而妥善地组织起了对马德里周围的前方医院和本城医院的血浆供应。此人是无所畏惧的，他常常冒生命危险工作。他总是念念不忘要到战场的最前方去。在瓜达拉哈拉战役中，我们给国际纵队的一名瑞典战士输了血。这是在瓜达拉哈拉城的医院里做的。我们输完血后，白求恩说："咱们到打仗的地方去吧，看看那儿用得上我们不？"他指的是一个意大利师正向马德里进犯的地方，几天后西班牙政府在那里遭到了致命的打击。我们出发，走上直通前线的大路。我们的车上带了一名西班牙医生和一名匈牙利摄影记者加扎·卡拉帕西。路上，白求恩对加扎说:"你还不忙起来!照点炮弹爆炸的好镜头嘛!"大炮在道路两旁不停地轰着。在我们就要接近我方部队时,一个意大利机关枪手发现了我们,向我们开火。白求恩在开车,便命令我们下车,隐蔽起来。我们照办,闪电似的趴在地上,子弹像鸟似的飞过来,离头几英寸。最后,意军枪手一定以为我们都死了,可是我们却没有受一点伤。回到车里,我们发现白求恩座位前边的挡风板上有一个子弹窟窿。这颗子弹是很可能穿过他的心脏的。他只差几秒钟的时间,幸免一死。如果死了,他的生命就达不到以后在中国的光荣境界了。

1937年2月,法西斯拿下了马拉加城,当时白求恩正在西班牙南海岸的阿尔梅里亚城。十五万男女儿童步行逃出马拉加城,希望在距离二百公里以外的阿尔梅里亚找到安全的地方。他们沿途疲惫极了——饥饿,干渴,流血,还不断遭到法西斯飞机轰炸和机关枪扫射,再加上战舰的炮击。道路蜿蜒临海:一边是陡峭的内华达山脉,一边是大海。在这里遭到轰炸炮击,简直无处可逃。

这样的大屠杀真是恐怖。白求恩忠于自己的原则,"到最需要的地方去",便开车奔驰在通向马拉加的公路上,去接运那些迎面而来的逃难人群。当时和他在一起的是赛斯。然而对于后有法西斯追兵的逃难群众,想减少他们的痛苦是显然办不到的。于是白求恩决定用货车尽量把难民运到阿尔梅里亚去。他们俩在三天三夜中冒着法西斯的轰炸和炮火轮流开车,往返于阿尔梅里亚和难民之间。

白求恩似乎不知疲倦为何物。他对别人不耐烦,要求高,然而他首先对自己这样。当他要完成某项任务时,不管需要多长时间,他从不称倦。他以意志控制体力,然后,只要可能,不管在什么地方他都能睡上一觉。我就见过他在铁路站台的沥青堆上纳头大睡。给白求恩当翻译可不是件容易事。他总爱把自己的想法直率地说出来。有一次他对我恼火了,因为他认为我给他翻译得不够有力。他要求高,对周围的人有时便不免粗鲁。但是他对伤员却像慈父般的体贴。在他那充满兴奋的活动中,他常常会一连好几天为他照料过的某个伤员发愁。我和白求恩初见时，对他完全不了解。有一次他和我一起通宵开车，把血浆送到一处遥远的军事哨所去，他跟我谈到了他自己。他是一个成名的医生了，但除医疗之外，他的精力还用在许多方面——有社会工作，也有艺术。他曾度过一段愉快多趣的生活，但他对于所处的社会却越发不满了。他深刻感到，在这样拥有大量财富的社会里，却有人如此之贫困，真是不公道。他在1935年去莫斯科、列宁格勒出席国际生理学大会，他参观了苏联许多医院和诊疗所，印象颇深。回加拿大后，他便投身于马克思主义的学习。他对我说："我在那里找到了长期求之未得的答案。我辞去了医院里胸外科主任的职务，来到这里。我断了后路，再不回头了。我已经选定了道路。我是共产党员。"

白求恩所创建的输血工作进展得挺顺利。1937年夏，西班牙共和国军队接管了这项工作，白求恩便回到加拿大。他在全国到处旅行、演讲。然后，决定去中国为八路军服务。1938年初，他参加了毛泽东的部队，次年11月，在反抗日本法西斯的战斗中献出了生命。

纵观白求恩的一生，似乎是为了他最后的一举进行着长期的准备工作——为了他在中国的生活和工作。他早已在加拿大成名成家了，但他不以这些桂冠为满足。此人性急、热情，却有着对人类的深挚关切。随着年龄的增长，他内心的愤怒也更强烈了——对社会的不公正和对资本主义世界统治阶级的虚伪所发出的愤怒；同时他对缺乏效率、拖拉作风和机会主义不能容忍的感觉也越来越强烈了。在他心目中有一种对未来世界的憧憬：人类都是弟兄，人剥削人的制度消灭了，自私和暴力遭到唾弃。他得出结论说，走向人类最后和最高目标的唯一道路是马克思主义的道路。他要求他的生活能同他的信仰一致起来。他在中国之日，生活极度紧张，辛苦到了难以忍受的程度，但他终于感到，他果然达到了这种和谐合同的善境。

（注：本文作者原籍丹麦，精通多国语言。1936年11月白求恩大夫抵达马德里后，担任白求恩的翻译。白求恩大夫创建的西班牙加拿大输血站成立后，索伦森任联络官。现定居加拿大。）

# 白求恩和中国

马海德　1979年11月18日

11月12日，在中国人民首都北京，在人民大会堂里，隆重举行了白求恩逝世四十周年纪念会。这是一次空前隆重的纪念会。它标志着中国人民对白求恩同志一年比一年更加深切的怀念，中国人民将永远敬爱他！

最近，我重新到过华北地区一个被称为"白求恩家乡"的地方，那里曾是白求恩愉快地工作的地方。他在中国人民最艰苦的也是最关键的时刻，传奇式的为战斗着的中国人民作出了不朽的贡献！那里的人民，清楚地记得白求恩活着时候的情景：那时，强大的日本军队正在各条战线上全面推进。他直接来到延安，又从那里直接出发去晋东北山区前线，为中国革命全心全意地献出了一切。直到今天，他的献身精神和在科学精益求精的精神，仍然是当代千万青年，特别是新长征中决心为四个现代化出力的医药卫生工作者学习、前进的典范！他的国际主义精神对人们是那样的宝贵，他的光辉将与日俱增，像灿烂的星星一样，越照越高！

人们，特别是国外的朋友们，很难想象当年白求恩大夫在光秃秃的五台山区是怎样艰苦奋斗的。他的英勇牺牲，今天就像刻画很深的浮雕一样，四十年来一直鼓舞着人们！

四十年前，我夹在一群医务工作者和别的同志中间，欢迎白求恩医疗队的到来。我们聚集在当时称为肤施城的南门口欢迎他。这座城市就是以后的延安，它就是当年陕甘宁边区人民政府、中国共产党中央委员会和八路军总司令部的驻地。在欢迎他的路上，装点着一幅又一幅标语："欢迎世界闻名的加拿大医生、中国人民的朋友！"欢迎的人们挤满了道路两旁，他们手里都举着写有欢迎口号的纸旗。可惜我当时没有意识到这是一个历史性的时刻！我后悔当时没有记日记。尽管相隔四十多年了，但白求恩他那瘦高个儿、灰头发、大步走向欢迎队伍的形象，仍然深深刻在我的脑海里。这是我第一次见到他，也是中国、加拿大、美国人民的第一次握手！

1938年，白求恩来到中国，武汉是他停留的第一站。接待他的是王炳南同志。一开始，白求恩那种坦荡直率和精力充沛的精神状态，就给王炳南同志留下了很深的印象，他不禁羡慕着：这个瘦高个子的身体里蕴藏着多么大的潜力啊！这就是王炳南同志给当年在武汉中共中央办事处负责的周恩来同志介绍的好医生。周恩来同志在百忙中热情地接待了他，从午夜起和他深谈，直到凌晨！谈话中心是在西班牙和中国的反法西斯战争，在敌后进行游击战的八路军的政府、作战计划和前线的情况，并且给白求恩叙述了战时的概况。周恩来是想让白求恩了解当时在敌后战争的困难，要他对即面临的艰苦斗争有充分的思想准备。他甚至建议白求恩在远离前线的武汉附近短期工作一个时期，使他有个时间来适应生活，适应战时医务工作艰苦的环境。白求恩不加思索地一口回绝了这项建议，直截了当地表示要求上前线去！根据周恩来同志的指示，王炳南安排了白求恩的征程。

白求恩1938年来到延安时，那里正是美丽的春天，中国抗击日本侵略者将届一年。蒋介石的国民党军队正从各战线上撤退，共产党领导的部队不断潜入敌占区组织人民进行长期抗战。人们和欢迎委员会陪送白求恩来到为医疗队准备下的驻地。这是位于延安市中心的八路军后勤部最好的小院。当时，外宾极少，延安还没有宾馆。以后，随着战争的延长，许多外国医务人员踏着白求恩的足迹，来到中国……有外科医生、护士、卫生技术人员，他们来自奥地利、加拿大、德国、印度、日本、朝鲜、马来西亚、菲律宾、苏联和美国。白求恩是其中最早的一个。当时与他同来的有他的手术室护士琼·尤恩和理查德·布朗医生。途中，他遇到过敌机的轰炸，为了迷惑敌机，他让医疗队先过黄河，再"根据地图"抄近路去前线。他在叙述遭遇轰炸的经过时，还给我看了他当时拍摄的几张可怕的照片。他气愤地说，日寇暴行和西班牙的敌人完全一个样！他还给我重述了西班牙内战时他所经历的片断。我们一连几个小时谈论战争、生活和将来。他是一个急性子的人，一个果断的、有脾气的人。我记得，当人们劝他说，目前日本防线很强，必须等一个适当时机才能顺利穿过时，他高声叫着："我不能等到打完仗再去！我是来和你们的勇士们肩并肩战斗的，光阴宝贵啊，同志！"他没完没了地一再跟我说："同志，我们要抢时间……"

白求恩同志最早做的几个手术，是在延安宝塔下、我们的窑洞医院里做的，我和几位中国医生当助手。我们都看到，他是一位十分高明的医生，技术熟练、轻快。他还随时关心着病人，甚是体贴入微。白求恩带来了国外战伤外科医疗和护理方面的最新知识和丰富经验。他对于战地输血、及时抢救战伤手术、休克和出血的急救、输液、止痛、骨折固定、骨髓炎的处理等等，都有渊博的知识和成熟的经验。但是，当我们谈起八路军的战斗情况时，他立即觉察到，这中间还存在着巨大的差别，需要一种几乎完全不同的另一种医学和外科学。当他了解到迅速和机动是游击战术的重要特点时，我们进一步给他介绍了中国医药卫生工作简况和经验：只有紧紧依靠人民，才能得到力量的源泉；依靠人民，才有辅助医务人员；依靠人民，才有搬运伤员和辅助理人员；依靠人民，才能把他们的家当作病房，组织地下医院。我们陪他参观了我们设在窑洞里和农民家里的医院。由此，他懂得了为什么在这样简陋的居住条件——既没有自来水没有电又缺少了必要的设备、几乎是一穷二白的条件下，伤员和当地居民的医疗仍然照常进行。同时，我们让他参观了那里的几所培训学校和训练班。那里，几乎没有什么教学设备，仅有的一点也是手工土制的；没有油印的参考书，只有手抄本和简易的图书设备。我们带他参观了我们中西结合的药厂，在那里生产军民需用的药品，其中有片剂、粉剂和浓缩剂，都是根据传统的中医验方用中草药加工制成的，有退烧药、止泻药、解痛药等等。由此，白求恩大夫逐渐熟悉了这种军民合一的、从20和30年代红军时代发展起来的医疗组织机构。白求恩很快地了解并掌握了抗战进行的规律，弄清楚了如何使医疗机构为之服务。他在参加实际工作中，把他的知识、经验和具体情况逐步结合起来。

白求恩也十分注意军民的卫生保健预防工作。他强调卫生宣传，教育军民养成良好的习惯，以保持军队和人民的健康。白求恩到达前线之后，充分发挥了他那渊博知识和充沛的精力，夜以继日地投入工作，并想方设法推广他的经验。他编写教材、绘制挂图；和木工、铁匠一起研制机动性手术配套设备……他设计的"卢沟桥"马背手术箱，一打开就成了流动手术台，它的箱屉还可以盛装外科器械和材料。在工作、教学和领导流动医疗手术队等活动中，充分说明，白求恩是个敢于设想、有天才的人。在晋察冀解放区工作的短短一年中，白求恩先进的思想、模范的工作，以及他的教学和最新医学的知识、外科知识，与由数以千计中国医药卫生工作者发展起来的医药保健思想和机构，融合成为一整体，建立起了为人民服务和革命人道主义的传统，充满了献身精神和责任感。白求恩在敌后华北山区以及平原解放区工作和活动的故事广泛流传，当年八路军战士高声喊着"白求恩大夫就在我们后边！"的口号，勇敢地冲向敌人的事迹，已为人们熟知，并一直被反复称颂着！

白求恩来到中国时，他的政治见解早已成熟。他经历过贫困、疾病；他熟知政治、社会和社会问题、工人运动、伐木工的板棚和结核病院。在延安窑洞的夜谈中，我们盘坐在土炕上，一边喝茶，一边谈着。他谈到对国际反法西斯斗争的见解。他深深体会到，当时西班牙的反法西斯斗争虽然英勇，但是没有得到应有的效果。这时因为人们对于当时正在形成的德、意、日法西斯阵线的危害性认识不足，尽管我们在国际联盟、各种国际会议上，在报刊上……大喊要求组织反法西斯统一战线，但是仍然没有引起有关方面的重视，没有有效地组织，因而没有能够制止法西斯战争的威胁，爆发了第二次世界大战，无数爱好和平的人民遭受了极大的痛苦。今天，回忆往昔，不禁使我感到，要是白求恩同志今天还活着，面对当前霸权主义者和扩张主义者对世界和平的严重威胁，他一定会大声疾呼要汲取当年的血的教训！今天还活着威胁世界和平的霸权主义者和扩张主义者，爱好和平的各国政府和人民，有必要共同努力，在当代反对侵略、维护和平的斗争中发挥积极作用，为维护世界和平与安全作出贡献。

在1938年中国人民苦难的日子里，白求恩同志看得很清楚，中国是处在反法西斯斗争的最前列。他注意到，尽管当时中国共产党的装备极端落后，却正在领导全国人民反击日本法西斯侵略者。由久经考验的长征战士组成的八路军，是抗日战争的主力军。由于他们前仆后继、英勇奋斗，已经开始扭转战局，有名的平型关大捷和一举击毁日机二十架的战斗，就是最初的、但是关键性的胜利！

白求恩大夫出众的政治修养，使他很快明白了中国当时的政治情况。毛泽东主席在白求恩出发以前，和他作过一次长时间的、热情的谈话。基本上谈的是政治。毛主席向他概括介绍了他将在怎样一个困难的条件下工作；中国共产党在长期抗战中的政策、措施和打算。毛主席向白求恩询问西班牙战争的经验，过去从事的工作，以及他对前方工作的意见。毛主席敦促白求恩积极反映前线医疗工作的情况。白求恩到达前方后的报告都是详尽、生动并具有建设性的。

在华北山区艰苦的战斗经历进一步锤炼了白求恩，使他懂得了如何使自己成为一个更高明的外科专家；成为一个不屈不挠的反法西斯战士；成为一个更加坚强的共产党员！在那里，八路军指战员们，多少工农子弟兵勇敢顽强、坚韧不拔、忘我无私、忠于人民的战斗精神和高度责任感，使白求恩大为感动。当他不得不在麻醉药物严重不足的情况下做手术时，伤员们忍着痛不吭一声；他们对敌人是那么的恨，而对人民又是那么的爱，这一切正使他们真正懂得了为民族生存、为解放全人类而战。白求恩热爱过的人民，怀着无限敬仰和爱戴的心情，把他埋葬在我们身边；他的墓地坐落在今天已成为河北省省会石家庄市的烈士纪念公园里，这个公园也由此而闻名全国。

毛泽东同志在《纪念白求恩》一文中，称赞他是一个真正的共产党员，一个真正的国际主义者，并号召中国共产党全体党员和中国人民都来学习他。这个高举国际主义光荣旗帜的旗手，这个加拿大人民伟大的儿子，将永远是中国人民反对狭隘的民族主义和狭隘的爱国主义的典范！

（注：本文原刊 1979 年 11 月 18 日《健康报》，第 3 版。作者原籍美国，后加入中国国籍，曾任国家卫生部顾问，在延安时期与白求恩一起工作。）

# 一位不平凡的加拿大人
## 在"纪念白求恩逝世七十周年纪念大会"上的讲话

伊恩·鲍梅尔　2009年

　　今天，我非常荣幸能来参加诺尔曼·白求恩医生的纪念会。这位加拿大人士为中国人民鞠躬尽瘁，作出了卓越的贡献。作为加拿大医学理事会的执行理事，我代表理事会会长Oscar Casiro医生和执行理事会的所有成员向大家表示衷心的问候和最美好的祝愿。

　　这是我第二次来到中国，来到北京。上一次是在1986年。就在刚到的几个小时里，我看到了许多令人惊叹的现代建筑和基础设施，亲身体验到了中国二十三年来的巨大变化和飞速发展。此次来华，我还会走进医院，相信中国医疗体系的发展同样会给我留下深刻的印象。

　　在1986年，我极其有幸到北京第二传染病医院做客座教授。作为一个加拿大医生，虽然多多少少知道白求恩大夫的一些事迹，但是，直到同这里敬业的医生护士一起工作的时候，我才更加了解白求恩大夫的非凡成就和他对中国人民无私奉献的伟大意义。从这里每一个医生的身上，都看到他们对白求恩精湛技术和无私奉献的敬仰与渴求。这一切都让我想去对这位不平凡的加拿大人更深一步的了解。

　　我是在麦吉尔大学完成医学课程的，之后又在蒙特利尔皇家维多利亚医院学习。而四十年前，白求恩大夫也正是在这家医院教学生和做胸外科手术的。那时他的同行们都公认他是一个十分优秀的外科医生、出众的导师。他勇于创新，教学言简易懂，乐于接受新点子新方法。比如，他曾患致命的肺结核，通过一种新的外科技术——让肺休息下来，他最终治好了肺结核。之后他继续在蒙特利尔推行这种技术。当时外科手术时间延长会增加感染的风险，白求恩大夫做手术总是手法娴熟，麻利精准。然而，他也不是一个容易相处的人，许多老医生和手法稍慢的医生都说他做事鲁莽，无所顾忌，还有一些人认为他的急躁冲动令人头疼。他被视为叛逆者。

其实，隐藏在他急躁外表下的，是对患者的极大同情，特别是贫苦的患者。比起共事的其他医生，他深知贫穷本身就是致病的一大原因，并寻求以实际的方式来帮助贫苦人民。比方说，作为底特律一家中心的心外科带头人，他为穷人在医院外面设立了免费门诊部。

此外，白求恩大夫还在蒙特利尔的家中为穷孩子开办周六上午免费艺术培训，这也反映出他相信艺术的伟大力量。他酷爱艺术，是颇有造诣的业余艺术家。在我看来，诺尔曼·白求恩本质上就是一个艺术家。他正是从艺术中找到了作为外科医生的生活典型，也是艺术为他求新求变提供了动力。他自己说："伟大的艺术家是肆意的，是随心所欲的，是自然不加矫饰的……艺术家的作用就是打破常规……他是时代的产物，同时也是时代的导师……在这个惧怕变革的世界上，他提倡变革……他是个鼓动者，打破平静，他迅速、急躁、坚定、躁动不安且令人不安。他体现了生命的创造力，是人的精髓。"

白求恩医生不相信私人保健。作为衡量爱心社会标准之一的公共基金医疗系统在加拿大已经广泛采用。而早在几十年前，白求恩大夫就说过："政府应该意识到'保护人民健康'是对人民最根本的责任和义务。"

白求恩大夫相信，只有武力才能使"有钱人放弃金钱和权力"。这也许是他支持西班牙人民抗击法西斯主义的原因；在西班牙内战中，他为共和党人提供医疗服务。他引用前人说过的话：战场上的死亡常常是因为在伤员被运往医院途中失血过多和缺乏救护造成的。之后他付诸行动解决这些问题。正如他的一位同事所写的那样:"一旦他(白求恩)想到某件事,认为值得做,那么他就会立即去做。"白求恩大夫在西班牙发明了有效的非固位输血法和非固位外科救助,而这比美国第一家血库的建立还要早一年。

西班牙共和党的事业在加拿大很受拥护。当白求恩回到加拿大时,这位叛逆医生,这位打破平静者受到了热烈的欢迎。他还被四处邀请为共和党人发表演说,筹集基金。

说到底,白求恩大夫并不是演说家,而是一个面对不公而敢于站起来匡扶正义的人。当日本人侵略中国的时候,他对中国人民的苦难感同身受。在1937年底,他毅然宣布他的下一站将是中国。

白求恩大夫来到中国后,无论是战士还是平民,他一视同仁,无私付出,不知疲倦。这一点,在座的各位比我更了解。从照片中我们可以看到他瘦了很多,老了很多,但从他书信的字里行间,我们可以看到他无穷的精力。在一封信中他写道,他在二十五天做了一百一十台手术。另一封信中他引用一段英国人对医生的描述:"医生要有狮子的心脏和女人的手……既大胆、勇敢、坚强、迅速、果断,又和蔼、善良、周到。"

白求恩预想到战争时间会被拉长,可他的生命却戛然而止。在一次清理伤口时他的手被骨头碎片划伤,进而发展成致命的败血症。从他1939年11月11日的最后一封信中可见,在得知自己严重感染后,他依然要求向他汇报重症病例;信中写着等胃好些了还要重返华北医院。

他自己的一生就像他描述的那样:"(我)暴烈多变,坚定,固执,不能容忍,但是除了这些,我看得到真理、追求真理,尽管这会毁灭我,就像当初毁了我的家一样。"正是他的坚定和他对不公正的不容忍,驱使着他离开闲适的加拿大,不远万里来到中国,同中国人民一起同仇敌忾,抗击侵略。正是这种精神值得我们永远怀念他。

今天,我代表加拿大医学理事会告诉大家:我们为加拿大所有医生制定了医学教育和行医标准。这个标准代表了我们对医生的最高期望。诺尔曼·白求恩医生长期以来受到中国人民的爱戴，对加拿大人来说，他近来也已成为技术精湛、同情慈悲和甘于奉献的榜样。

（注：作者是加拿大医学理事会执行理事，本文根据录音翻译、整理。）

# 让我们都来纪念诺尔曼舅舅

珍妮特·康奈尔

　　1939年在中国逝世的加拿大外科医生诺尔曼·白求恩大夫，是我的舅舅。他去世时，我才十几岁，但是他生前经常来看望我们，我们很熟悉他；音容笑貌，至今记忆犹新。作为一个伟大的人道主义者，他的一生将永远铭记在我们心中。他为理想而献身的精神，是我辈后继者的榜样。

　　他早在少年时期就选定了毕生的努力方向。他的奋斗目标是有朝一日成为出色的外科医生，这个决心从来没有动摇过。他祖父的为人处世给了他很大鼓舞，使他终其一生引为楷模。诺尔曼，也正是他祖父的名字。

　　他求学初期已经显示出一些与众不同的才华，常常使他的父母大为吃惊。有一天，他母亲回家，嗅到从厨房里散发出来的一股异乎寻常的味儿，一经调查，发现原来是年轻的儿子把死狗的骨头用锅放在炉子上煮了，又搁到后院篱笆上在晾晒。他的用意是要研究这小动物的骨骼，因为他不可能搞到一具人体标本。从他立志要当医生的那天起，他就着手在这方面充实自己的知识。

　　他自幼就表现出一种把个人安危置之度外的精神。在他母亲看来，他这种特殊性格几乎已经到了莽撞的地步，因此经常为他担忧；而他父亲却倾向于让孩子从成功或失败中汲取教益。

1914年加拿大卷入了第一次世界大战，当时白求恩正在大学读书。加拿大参战当日，他就应征入伍了，被派到法国去当担架兵，后来因为负伤回国，回到多伦多，伤愈重入大学读医。他毕业后参加了海军，任军舰医官，服役到大战结束。

白求恩大夫行医之始，就险些被肺结核夺去生命，只由于他坚决要求作气胸疗法，才幸免于死。这样，他便只靠一叶肺来度过余生了。或许正是出于这种实际情况，使他意识到，自己的生命可说是借来的，因此，必须在比常人寿命更短的时间内作出更大的贡献才是。

他似乎总是感到有一股紧迫的压力促使他去寻求高明的医疗方法、优质高效的外科器械和先进的外科手术操作规程。如果这些东西手边没有，他就去发明创造，他绝不满足于一般化的或者不够理想的医疗器械和治疗方法。

舅舅的这种精神也感染了我。我总觉得应该更加努力多做工作，不尽全力，心便不安。一旦他认为你已经从切身的经验中有所长进，他是会第一个来肯定你的成绩，来鼓励、赞扬你的。

我十一岁那年，有幸伴随母亲和妹妹在蒙特利尔和舅舅一起度过了一个月的暑假。这件事恰好发生在我一生中最容易留下外界印象的时期，因此，我和白求恩大夫一起度过的这一段光阴，对我有极大的影响。当时他刚应聘为蒙特利尔地区两所医院——位于劳伦斯山的圣·阿加莎疗养院和蒙特利尔市近郊的圣心医院的外科顾问。他去医院巡诊时，常常带着我们一起去。医院工作人员对他如何尊敬和仰慕的情景，至今不忘。我深切记得，每当他因患者的病情感到焦虑时，他往往不顾夜深，离家去院复诊。如果病人仍然使他放心不下，他便留在病床旁，直到确信患者已经脱离险境，方才罢休。

他最喜爱孩子了。他没有儿女，是他毕生一大憾事；所以当他为小病人治病时，总是把一种异乎寻常的关怀和爱抚之情倾注在幼小者身上。我记得某次有一个妇女竟在蒙特利尔大街上，跪下向他道谢，原来他给她的孩子做了一次手术，救了孩子的生命。她付不起医药费；但是对舅舅来说，身为医生，看到一个在不久以前还是奄奄待毙的孩子，现在又欢蹦乱跳起来，这就可以说是他所希望得到的全部报酬了。

白求恩大夫对金钱绝少顾惜。他有钱时，便把大部分用来接济别人。他虽然喜欢过优裕的生活，甚至相当崇尚奢华，但是，只要他能通过工作来实现抱负，那么，不论境遇如何困苦，他也同样能生活得很愉快。

他在医学问题上时常持有大异于传统观念的见解，这些思想不免使他的许多同事为之侧目。但时日推移，在绝大多数问题上都证实了他的思想实在大大超越了他所处的时代。在他的脑海中，保健事业对每一个加拿大人，不论贫富，不论有无能力付费，都应该一视同仁。白求恩大夫当时是肺科专家，所以他对此特别关注。他说过，肺结核有两种害法：一种是阔人的肺结核，另一种是穷人的肺结核，结果总是阔人恢复健康，穷人送命了事。他满腔热忱，想要纠正这种不公平的情况，全力以赴地为实现这个目标而奋斗。令人遗憾的是，当时的时机还不成熟，他和志同道合的朋友竟无不备受讥嘲。他们的理想，至少在若干年内，在他有生之年，原是不可能实现的啊！

于是，他的关注从本国移向了西班牙的反法西斯斗争。他毅然决定要到那里去。我们无可奈何，只得怀着忧郁的心情和他告别。为了追求另一理想，他离开了加拿大。他的西班牙之行的一项丰硕成果是，创立了世界上第一所流动输血站。他搜集血液，用冷藏法储存起来，走上战场为伤员输血，千百人因此得救。他和他的医疗队员们夜以继日地努力工作，最后因为积劳过度，他才返回加拿大来筹集资金，准备继续他的事业。

这时，他的目光又飞到了太平洋彼岸。他了解到中国十分需要医生，于是便在1938年启程赴华。当我们又一次向他道别时，却没有料到竟成永诀。在这场抗日战争中，他仍然不愿意留在中心医院里做手术，而是和英勇的战士们一起跋山涉水。任何一个可以搁得下医疗器械的场所，破庙也罢，茅屋也罢，甚至大野地，都可以辟作他的手术室。

在我的记忆中，他是勤于写作的人，文笔汩汩然，不假思索。罗德里克·斯图尔特在他的近作《诺尔曼·白求恩思想》一书中，多次引述了他的著作。他早年在蒙特利尔和随后在西班牙时，以及他在中国度过的一年半生活中，写作始终没有中辍。他孜孜不倦进行探索，使自己的思想适应形势发展，并向医学界介绍医学领域内的各种进展和新生事物。

我们深知，他在中国度过的岁月无疑是他一生中最愉快的经历。他是和他所热爱的人们在一起工作，帮助他们为实现他所坚信不疑的共同目标而奋战以终。他唯一的遗憾是没有来得及完成他为之献身的工作。现在，他长眠于数千里外，在第二祖国的地下，年去年来，那里的人们永远怀着崇敬的心情纪念他。

我们——诺尔曼·白求恩的亲属，永远感激中国人民；感谢他们在他生前所给他的爱戴和支持，也感谢他们以如此尊敬的心情来缅怀他。今年是他逝世四十周年，让我们大家都来纪念这位伟人，并为进一步实现他的理想——同情和博爱而贡献出我们的全部力量。

祝中加人民的友谊，中国人民和白求恩大夫亲属之间的友谊，万古长青，不断发展！

（注：本文作者是白求恩大夫的外甥女，她的母亲珍妮特·路易丝是白求恩大夫的长姐。）

# 世界痛切地需要他

## 纪念国际主义者诺尔曼·白求恩

路易·艾黎

　　诺尔曼·白求恩是一位新型国际主义事业的先行者，这种国际主义仍然是今天世界上所痛切渴望的。若依世人通常编派给圣贤辈的德行标准来看，他是算不得一个的；但他是甘为同志、战友而贡献一切的共产主义者。他1938年3月到延安，见到了毛主席等领导人，这时另一个国际主义者，也是大夫，叫马海德的，便为他张罗上前线，随后并一直支持他的工作不断。这年8月间，白求恩写信给朋友，信中说："我整天都在动手术，累得很。今天共做十例手术，其中五例伤势严重。……我确实累了，但是我很久以来没有这样愉快过。我很满足，我正在做着我所要做的事。……我能与这些同志相处和一起工作，真是莫大幸福。""对他们来说，共产主义是一种生活方式，而不仅仅是一种空谈或信仰。他们的共产主义简单而又深刻，其自然合拍一如膝骨之运动……"他在前线服务的日子不长，因为第二年他就去世了，是手术中毒染败血所致，那时对付这种病没有好药，终于不治。继承他的事业的是青年印度大夫柯棣华，过不久也去世了。这里，我要说一点关于我的新西兰女同胞，一位叫凯瑟琳·霍尔的护士的事。她当年在河北阜平县主持一家教会卫生所，恰好在白求恩大夫医院的山脚下，俯瞰可及。霍尔曾为白大夫到北平去招募过人手，还办了不少医药用品到根据地。后来，日本军队逮捕了她，押解香港，但她到了香港又飞快地从宋庆龄的保卫中国同盟那里搞到一批医药用品，运去山西。这种国际主义精神，在晋察冀边区的艰苦战斗中着实起了不小的作用。当年此辈，以及随后活跃在那里的国际主义人物中，今天依然健在而工作不倦的还有好几位：印度的巴苏华大夫；来自德意志的汉斯·米勒大夫；还有上文提到出生于美国的马海德，此人为中国的革命事业献出了大好青春。

诺尔曼·白求恩当年先是辞去了优厚的职业（他很早就成了加拿大胸外科名医），前往革命的西班牙，组织血库，救死扶伤。他的国际纵队工作结束后就来中国，为急需医药的八路军服务。他原可以生活得挺优裕的，却选定了另一条路：把一切献给他心中的事业，与荒凉的五台山、穷苦的农民军，同其命运。他1939年11月12日牺牲在这里。

却说那位倾心支持白求恩的凯瑟琳·霍尔，当其垂老之年，重访了中国，带了些许白求恩墓旁的加拿大黑土（旅人携来的）以归。她去了石家庄，这次到中国大致就只做了这一件事；同行的有马海德大夫、米勒大夫和我。那年她已经八十多了，依然一种娟巧的女性仪态，周旋于中国朋友间，还说得一口浑厚的阜平土话。在白求恩纪念会上，她由一个形容鲜洁的少年先锋队员招呼着；我们每人身边也都有这么一个。是啊，年年此日，解放以来没有断过，石家庄市四郊的学童总是纷纷集合在纪念陵园的白求恩墓前，听老师讲述这位伟大战士的事迹；今天，有我们在场，只见他那汉白玉立像掩映在茂树之中，静悄悄地。好啊，让孩子们都知道这些，因为革命还没有结束，还需要不少的牺牲奋斗啊！万万千千寻常人民为革命大业死而后已，白求恩不也正代表着他们吗？须知，外国侵略者还在威胁着中国的边疆，一心想要夺去我们用鲜血换来的革命果实；斗争还在前头。

白求恩来华之初，于中国所知甚少。对他来说，这是一场全新的经历，而这一切又来得何等的猛烈啊！但他以加拿大拓荒者的胸襟，很快适应下来了，真了不起。工作当前，他可说不上是有耐心的人；他那汹汹然的干劲，有时不免弄出些僵局来，好在无人不知他无非只是为了大伙的事业，因此事情总是以和衷共济为收场。人们与他相处日久，敬爱也愈笃。他的英名鼓舞着各国人民加强联系，而在他的故乡加拿大影响尤其深远。他首创并充当第一任领导的国际和平医院，目前设在石家庄，培养大批医务人员，以应国家急需。他的接班人柯棣华大夫也有一个纪念馆在石家庄，就在他的楼下。因之，那里可以说确实是弥漫着国际主义传统的佳话。

今天，这位加拿大伟人磊落忠诚的精神，恰似一盏明灯，临照着世界。当年中国的青年在敌武器精良、给养充分，又有人为之撑腰的情况下不怕牺牲誓死抗击之际，白求恩曾同他们并肩苦斗。他不要薪金，不要报答，他要的只是好药，好器材，好让他为死生与共的战友服务。他造福于同志，又从同志处学到许多东西。

世界上绝大多数人现在都盼望创建一种又新又好的国际关系，都期待出现一个无战祸的新时代。这时，让人们来回味一下白求恩生前所庄严实践了的国际主义，是很相宜的。诺尔曼·白求恩大夫离开我们四十年了。值此忌辰，我们联想到今天人类愿意团结起来为美好的前景而奋斗，就越发感到这个纪念意义之重大。是日也，中国人民又一次对白求恩这位在中华民族危难之际与之融为一体的人物，表达其敬意与爱忱。现在，正是中国的青年后继者应该向白求恩这个光辉榜样认真学习的时刻啊！

（注：本文作者是新西兰作家、诗人；1927年来华后，长期住在中国，从事写作。）

# 此人是无所畏惧的

罗德里克·斯图尔特  1979年11月

要想用几行字描写一个人的性格，如不是太不自量，也是很困难的事。何况对于白求恩这样一个具有多方面性格的人，更是不可能的了！然而，他身上有几个特点却可以作为了解他的某种依据。最突出的是，他是一个自立的人，按照自己的信念，毫不畏惧地行动，不管反对他的人势力有多大。一次，他劝他的妻子说："你要我行我素，别老是想取悦于人。"这就是他在短促、艰险而成绩斐然的一生中所严格遵守的哲理。

和这个主要倾向相通的还有几点：热爱生活，帮助弱者和被压迫者的深挚的责任感，以及一种近乎固执的非改变这周围世界不可的强烈愿望。

当然，他也有缺点。他遇事往往不耐烦，性子急，有时结论下得太快，但是他对这些人类情绪上的通病是引以为憾的，一直想改。

谁又是全好或者全坏的呢？人人都应该通观其一生，盖棺定论而后已。就白求恩来说，他辉煌的业绩远远超过了小节方面的缺点。

1890年3月3日，他生于格雷文赫斯特镇，在安大略省省城多伦多以北一百五十公里。此地邻近许多水深清澈的大湖，四周的石山遍生松树。白求恩一生中最觉得自在的就是这样的自然环境。他进入医校之前，曾在一家伐木场里同新来加拿大的移民一块生活了一年。白天他是伐木工人，

552

和他们并肩干活；晚上就成为他们的教员，教他们学习英语、加拿大历史。

1914年加拿大参战时，他入伍为医疗队员，投入战事不几天，就在法国战场受了重伤，随后又奉命回加拿大完成医学学业。毕业几个月后，他又重返前线，在皇家战舰上担任军医，直到战争结束。

他在英国一直待到20年代初：读完了内科学、外科学；和弗朗西斯·坎贝尔·彭尼结了婚。婚后，他伴着新人作北美之游，到过繁华的工业城底特律。

他到底特律原是想来赚钱出名的。可是不消一年妻子跟他离了婚，自己落得双肺结核，躺在疗养院里。

这却是他生平的一次转折。在他的大胆要求下，他做了一次当时还不太为人习知而且带有危险的胸部手术，病情竟大见好转。这以后，他便反复思考他的生活目的何在。他决定集中精力为战胜结核病而斗争，这是当时全国最致命的疾病之一。他不再想发家致富了。

到了30年代初，他已经是个有名的胸外科大夫了。他还发明了许多外科器械，整个北美和欧洲的医生都在使用这些器械。然而，就在他声名大噪之际，他对生活的其他方面也大感兴趣，他写诗，写短篇小说，学画画。星期六早晨，穷孩子们到他家来向职业的蒙特利尔艺术家学画，学费是白求恩替他们出的。

但是他主要精力仍然是内科和外科。在大萧条的年代里，他识透了一个事实：很多加拿大人是请不起他或别的医生看病的。

他着手解决这个问题的第一步是免费给穷人看病。最后，他得出结论：为全体加拿大人提供足够的医疗照顾，唯一有效的办法是通过医疗社会化制度。30年代时，谁这样主张，谁就要被看作是危险的激进分子的。这挡不住白求恩，但它倒是导致了他逐渐疏远本行，而政治觉悟却不断提高起来。1935年冬天，他加入了共产党。

几个月后，7月间，西班牙爆发了军事叛乱。叛军招来法西斯意大利和纳粹德国的军队、飞机、坦克，要推翻民选政府。

10月，他辞去了职务，去马德里为西班牙政府服务。他在西班牙开创了历史上第一个流动输血站。献血的人献出血，装成瓶子，再装进冷藏卡车里，很快运到前线附近的简易医院。这是一个救了几百条性命的措施，可是这种做法不免使白求恩精疲力竭，难以为继。

1937年5月，他回到北美，准备住四个月，到加拿大和美国各地作讲演旅行，为他的输血工作筹款。

这次旅行非常成功。他曾计划，一旦筹足了款，就回马德里。临到夏末，他却改变了主意。原来在7月间，日本军队开始了对中国的全面入侵。这里也是西班牙啊，更大范围的西班牙！白求恩从这次入侵里看到，人类在走向世界大战的道路上又迈出了一大步。

他决定到中国去。

1938年，他和一位叫作琼·尤恩的加拿大护士离开了加拿大。他们在只有一位八路军向导帮助的情况下，经过六个星期的艰苦行程，才从汉口到了延安。他们到后不久就被招呼到毛主席的住地，进行了那次著名的会见，直至天明。

很快过去了半个月。白求恩一边给抗大的学生演讲，一边在设在窑洞里的几处医院工作。可是延安对于他，正像马德里一样，离战斗太远了，他需要行动。最后，他终于说服中国人把他派到前线去。按照他们的标准，他太老了，受不了游击之苦，但还是勉强作了让步。

他时或骑骡，时或步行，跋涉了一个半月，终于到达晋察冀边区。

在荒凉、险峻的五台山中，白求恩得以大显身手。他有异常的组织才能和通过实例启发人的非凡本领，以及对伤员的全心全意的责任心。

7月间，他给纽约的朋友写信说："日本人从东北面、西面和南面把我们整个包围了。在这个拥有一千三百万人口和一万五千名武装部队的广大区域里，我是唯一合格的医生。"

他以他典型的勇敢作风，建议他的朋友向一位美国医生刘易斯·弗拉德呼吁，要他来和他一起工作。"我们可以在这里工作得非常好。"弗拉德医生一直没有来。由于前方条件极为简陋，曾迫使尤恩留在延安。现在他只得在没有助手的情况下独自工作了。

有一次，他意识到了自己的孤立无援，于是立即决定他该优先做哪些事情。首先，他制订了一项建立有效的根据地医院治疗伤员的计划，这和他的第二个目的——训练医务人员的计划结合得很好。他的第三个需要是钱，这个问题他始终没解决得了。

他找了司令员聂将军谈他的计划。他建议在松岩口村借助一座破庙来办一所医院。聂和延安的领导都反对——因为在游击战中，固定基地绝难保住，但是他们还是向白求恩的心愿让步了。

他一边给伤员开刀，训练医务人员，一边编写基础医学和战地手术的教材。在每天工作十八小时的情况下，他还能挤出时间和当地村民一道盖他亲手设计的医院，制造他亲手发明的器械设备。

9月15日，这所中国人称之为模范医院的医院，在盛大的仪式下揭幕了。

几天后，他率领最近成立的流动医疗队向东去了。不久，日本军队就进入松岩口，残酷地摧毁了这个村子和整个医院。这次野蛮的进攻着实给了白求恩一个教训。

他再没有回松岩口去重建医院。以后的四个月他组织了临时医院，利用农家做病房和手术室。既然不可能有个永久性的医院讲课，他就从边区各个军分区把代表们召集了来，在紧张的三周短训班里，教给他们当医生、护士、护理员所应该掌握的基本技术。然后，这些人再回到各自的地区，去执行同样的训练计划。

在这里，进行正规教学的时间是不多的，他和医疗队随时都要听招呼去做工作。医疗队包括两名白求恩训练出来的医生，一名护士，一名炊事员，两名卫生员，两名助手，一名翻译。一听到有战斗情况，他和医疗队就立刻上马，沿着狭窄的山道前进，到前线附近建立临时医疗站。他们很少距离火线五公里以外。

关于医疗队的佳话可多了，其中给人印象最深的是晋北黑寺一役。当时白求恩搞了一种接力制度，使伤员通过最近的路到医疗队来。他们连续四十个小时，不断接待、治疗了七十一名伤员。最重要的结果是，伤员中整整三分之一的人都迅速康复，在一个月之内重返前线。如果没有白求恩的严密组织和高明的手术，多数人很可能会不治死去或者从此丧失战斗力。白求恩在给聂将军的报告里，总结了几句很快在中国传为名言的话："到伤员那里去！医生坐等病人的时代已经过去了。"

1939年2月，他率领医疗队通过日军封锁线，跨越平汉路，到达冀中平原。他巡视了该区的每一所医院，给它们以帮助；他总是召集起工作人员，公开讨论他们工作中的优缺点。这个地区一如山里，也有战斗。医疗队在这里工作得非常英勇。最有名的一次战斗发生在曲回寺。他们连续六十九个小时为一百一十五名伤员做了外科手术。

6月，白求恩再次通过平汉线。这时他开始认识到自己的局限性：他一个人不可能走遍整个边区；自己最重要的职责应该是训练医务人员。这样做，他需要钱好去购买设备补给。于是他计划要在加拿大进行一次筹款旅行。

他也知道自己需要休息。8月，他给一位加拿大朋友写信说："我的健康还不错——只是牙齿需要检查，一只耳朵已经聋了三个月，眼镜也需要重配了。但是除了这些小毛病和相当瘦之外，我挺好。"

事实是，他的健康很不好。他很弱，很瘦。最使部队领导不安的是，他只吃给普通战士的那一点可怜的配给，多一点也不肯吃。此外是一点小米、鸡蛋、蔬菜（得看能不能都搞到），这就是他的全部伙食。

这是很不够的。中国使他老了二十年。只因他那种无比坚毅的、非做到不可的、非按自己规定的高标准做到不可的愿望，才使他活下来的。

暗地里，在给一位加拿大友人的信中，他承认自己想家。"多么向往咖啡、嫩烤牛肉、苹果馅饼和冰激凌啊，美味的佳肴幻景般地呈现在眼前。书籍——人们还在写作，还在演奏音乐吗？你们还跳舞，喝啤酒，看电影吗？躺在铺着洁白床单的、软绵绵的床上，又是何种滋味？女人照旧喜欢有人爱她们吗？"

他在计划11月份去加拿大前的最后一次巡视中，折回来参加一场战斗，在临近火线、时间紧迫的情况下给伤员做手术。10月28日，他在一次手术中割破了手指。几天后，伤还没愈合时，他又治理了一例头部中剧毒的伤员。

不消几天，他就不能走动了。11月5日，手指肿了起来，人也发烧了。随后，出现了脓疡。

人们把他抬到黄石口村，研究是否该做截肢的紧急手术，因为手臂血液中了毒，正向全身扩散。他知道自己快不行了，就向他们摆手请退。已经太晚了。

1939年11月12日天亮前，医生、护士们噙着眼泪，在床边来回转，看着他，没有办法。5点20分，他的呼吸停止了。

白求恩不幸逝世，他的故土却将他忘了。直到1970年初加拿大和中华人民共和国建立外交关系以前，整整一代加拿大人对这位伟人的英雄业绩竟一无所知。1978年特鲁多总理对中国进行了国事访问归国之后，加拿大政府才买下了白求恩在格雷文赫斯特的诞生故宅，修复如旧。1976年8月30日，白求恩纪念馆作为国家博物馆开放了。出席的贵宾中有中国驻加拿大大使和来自北京的高级代表团。

在他去世的第四十个年头的今天，诺尔曼·白求恩的精神，幸福地长存在天地间的两处。他活在他故乡加拿大人民的心中，也活在他的第二故乡中国人民的心中。

这样的人，历史上能有几个！

（注：本文作者在加拿大多伦多大学任教。从1969年起他着手撰写白求恩的传记，遍访美国、英国、西班牙、中国、墨西哥等国收集资料，于1973年写成《白求恩传》；他还为少年读者撰写了《诺尔曼·白求恩》一书；1977年出版了《诺尔曼·白求恩思想》。加拿大园林处在修复白求恩大夫故居时，曾聘请斯图尔特为顾问。）

# 白求恩：加拿大的骄傲

罗德里克·斯图尔特　1975年4月8日

1973年，我们的总理特鲁多到中国访问，见到了毛主席。他对中国人民对白求恩大夫有着深厚的感情这一事实有深刻的印象。他回国以后，就在当年10月由政府买下了白求恩的故居。这个房子是在白求恩出生以前十二年，即1878年盖起来的。在过去的那些年代，这所房子一直保持得很好。现在政府正准备修复，把它修成白求恩诞生时的样子，除了修复工作以外，还要展出他发明的医疗器材。纪念馆修成后，可能像唐县、石家庄白求恩纪念馆的样子。

我过去的工作，就是找同白求恩相处过的同志交谈。在中国，在西班牙，在加拿大，在英国和澳大利亚找同白求恩认识的人，还找白求恩1919年的学生。我们准备介绍从白求恩出生到1939年在中国逝世的情况。纪念馆从现在开始一年后就可以开馆，到时，我们将邀请唐县的代表参加。这只是简单的情况，这个馆由政府直接管理，全名叫"诺尔曼·白求恩纪念馆"。

在白求恩故居门口，有一段文字，译文为："白求恩（1890—1939）是一个著名的人道主义者，是国际著名的外科手术医生和革命者。白求恩从多伦多大学毕业，在第一次世界大战中就从事医疗工作。1929—1933年，他在蒙特利尔市皇家医院就享有胸外科医生的盛名。他对 1936 年的西班牙的社会和政治问题表示关心，于是，就组织加拿大医疗队帮助西班牙的政府和军队建立了世界上第一个流动输血队。两年以后，他到了中国，作为外科医生，毫不疲倦地工作，并担任了八路军卫生顾问，他安葬在中国石家庄烈士陵园。"

1974 年 10 月份，我荣幸地接待了中国医学代表团，并让他们到白求恩纪念馆参观。当时纪念馆里还很空。

白求恩纪念委员会访华团回国以后，主要是想采取什么最好的办法使白求恩受到加拿大全体人民的赞赏和承认。有一个方法，是从 1966 年开始从北大和马格尔利大学互派教授。他们现在的主要任务是宣传白求恩，想做更多的工作，塑造白求恩形象来帮助学医的学生。另外，有一点你们可能感兴趣的是，在约克利尔大学办了一个白求恩学院，这个学院是 1974 年 1 月 29 日建立的。

白求恩纪念委员会是 1971 年建立的，在蒙特利尔，主要由白求恩生前认识的一些同志组成。它从四年前成立以来，一直存在着问题。最年轻的成员已六十岁了，需要一些年轻人参加。我从你们这边看到一个显著的例子，有八十岁的，七十八岁的，还有年轻的，是受白求恩鼓舞。回国后采取同样的办法，让年轻人也参加，扩大规模，以便老年人不在时，青年人还可以继续。白求恩纪念委员会的经费来源是靠募捐，还可以采取合法手续，像卖点东西，如卖点白求恩的照片等，以取得经费。

平时，因我的住地远离白求恩纪念委员会，有三百五十英里之遥，一般是通过通信了解。1974 年 11 月，举行了白求恩逝世纪念集会，会上有许多社会名流，许多人讲了话。现在他们正计划明年的规划，使人们注意到白求恩参加过西班牙战争。明年是西班牙反法西斯战争四十周年纪念。我一直认为，白求恩在西班牙的作用人们一直没有充分认识到。这是因为，西班牙一直在法西斯的控制之下。这方面，对白求恩来讲，有两个意义：一是在医学历史上组织了流动输血队；二是使白求恩由资产阶级分子变成了共产党员。我想中国政府如果邀请白求恩在西班牙的朋友的话，他们将很愿意接受邀请，目前还有三四个和白求恩一起工作过的大夫在。

对有关白求恩纪念委员会的问题，第一件应该做的，不仅是吸收年轻人，另外从组织上应扩大。第二件应该做的，是中加应互派代表团访问，如西班牙能做到，当然也包括西班牙。第三点是在理论上容易，在实际行动上是困难的，就是使加拿大人民了解白求恩的成就。到目前，关于白求恩的传记只有两本，一个是我写的一本，一个是艾伦写的一本。可能有个想法，组织医学院学生作文比赛，关于写白求恩的比赛。选一些写得好的，组织他们到中国访问，使他们更关心白求恩的生平。

在西班牙和白求恩一起工作过的有四个医生，现在还活着三位。第一个索伦森，是白求恩在西班牙的翻译，今年七十岁，很健康，很想到中国，但他不是有钱人。白求恩到西班牙，他当了翻译，对白很忠实。在唐县纪念馆，见到白求恩在西班牙的照片，站在白求恩旁边的，就是索伦森。他在温哥华工作，不幸的是他年岁那么大了还工作，就是在律师公司工作，他本人不是律师，他也没钱。第二个人是柯尔文·卡利斯，白求恩在西班牙时的摄影师，给白求恩拍了好多照片，此人现住瑞士。我这次去西班牙他给了我许多照片。第三个是美国人，他名字叫路易斯·奥尔特，是个律师。我过去五年一直做这方面的研究，很幸运能见到他们。可以肯定，加拿大政府愿与中国政府交换任何有关白求恩的材料。白求恩的事迹你们记得很清楚，讲了重要的故事，尽管白求恩是加拿大人，但他的名气越来越大；尽管他在中国只待了两年，但他在中国有特别意义。

（注：本文是根据斯图尔特1975年4月8日访问唐县时的谈话记录整理的。）

# 追念和思考

温德尔·麦克劳德

当我敬爱的益友诺尔曼·白求恩逝世四十周年之际，我不禁回顾他的一生，探讨那影响他的发展和形成他的高尚品德的各种因素，追念他所走过的坎坷道路。我常爱把诺尔曼·白求恩的生平比作一株历劫偶存的树苗，在移植到了一个崭新的环境之后，终于长成为花果纷披的参天大树，简直就像一曲神话。相熟的人总是把这树看作"美丽的象征——永恒的喜悦"而长留胸臆。

读了以上的这段话，人们难免要问一问这树的萌芽过程如何，它扎根发育的土壤如何，它的风雨历程又如何。我执笔时深怀着近半世纪来人们对他的共同情感；我将谈到他发展的根由和环境，以及为了适应新的形势，他在性格方面经历了何等的变化。我还要附带提到以他的名字命名、以他的业绩为楷模的一所加拿大学府的情况。

二十年前，加拿大第一大城多伦多市以北几公里外兴起了一所全国规模最大的新型学府，约克大学。全校有全日制和半日制的学生各一万人。它像英国的某些大学那样采用学院制，各学院各有专业和特选的研究项目。校舍足以容纳数百以至上千名学生，包括寄宿生。1971年这所大学创办了它的第七所学院。这个学院何以命名呢？大家提出了十位候选人的名字，而绝大部分学生投票赞同以诺尔曼·白求恩大夫来命名。白求恩学院对社会科学特别关心，着重于用社会科学来解决第三世界发展中的问题。1974年1月，学院新落成的大楼里举行了正式的命名典礼，这是在"中国周"里举办的为时三天的会议的活动之一。到场的有中国驻加拿大大使馆参赞，亨宁·索伦森和现在已故的黑曾·赛斯；后两位于1936—1937年西班牙内战时期曾在白求恩大夫组织的输血站工作。

这个学院除了举办专题讲座和讨论会之外，每隔一两年都要举行一次大规模的会议来研究与白求恩有关的议题。在1979年4月5日至7日举行的白求恩讨论会上，有十八位讲演人和一百多名教授和学生一起讨论了涉及医学政治学的种种问题。我的报告着重介绍白求恩和他对二三十年代保健和医疗问题的见解，以及他所采取的相应措施。在准备讲稿的过程中，我又多次沉浸在往日我所亲历的那种激动、喜悦、振奋的心情之中。

近年来，每当我看到白求恩学院大墙上的"白求恩"这个名字时，看到加中友好协会举行白求恩电影放映会的海报时，特别是当我走过或驾车驶过耸立在蒙特利尔白求恩纪念场上的那尊美丽洁白的塑像时，我的内心不禁交织着骄傲、感激、赞叹，一种深情简直无法形诸笔墨。

诺尔曼在蒙特利尔工作了八年（1928—1936）。我引以为荣的是，在此期间能够和他长年共事。第一阶段（1930—1932），我们同在医院里看肺科病，主要是肺结核；以后我们在这方面还做过更多工作。在第二阶段（1935年12月到1936年9月），他从政治的角度出发致力于改进我们的医疗制度，创建了蒙特利尔人民健康委员会。当30年代的经济危机之际，医疗制度为人数众多的失业者和穷人所提供的治疗是不能令人满意的，魁北克省的情况更是如此。白求恩领导的一批医生、护士、社会工作者和一位牙医、一两位药剂师、一位统计学家，对当时存在的问题进行了研究并提出了相应的建议；他们还就各医院和诊所医务人员的配备问题，收取诊费和药费的问题，以及改进对病人的服务态度等问题，提出了四种不同的解决方案，分发给医生、牙医、护士协会和参加1936年8月省议会选举的近两

562

百名候选人。然而，新上台的政府非常反动，因此并无下文。

我荣幸地参加过健康委员会的工作，并和我们的领导人白求恩一起工作到同年10月。当时佛朗哥的法西斯军队下决心要摧毁西班牙的民主政府，在这种情况下，他出发去西班牙参加反法西斯斗争了。我们当中的某些人在"白求恩社会医疗组"一直工作到1938年5月。我们还从事了一项活动，旨在研究五年来一直生活在贫困线上的二十五个家庭的营养问题，并且把蒙特利尔的贫民之家和小康之家的男孩们的体重和身高作了比较。当时，十五岁的富家子弟的身材要比同岁的穷孩子高出十二厘米，体重偏重近四公斤。

我个人非常感激白求恩大夫的榜样对我的鼓舞；因为我比他年轻十岁，而我的性格和作风又和他迥然不同。我比较谨慎、保守，遇事时多顾虑、犹豫不决，易于陷入枝节问题。他急功激进，没有框框，无所畏惧，当机立断，不拘泥于琐事。泰德·艾伦和塞德奈·戈登在50年代初合著的《手术刀就是武器》一书中，详尽地介绍了白求恩的生平，特别是他在中国的事迹。从那时候起，我在行动上也变得果断一些了，我时常喃喃自责："麦克劳德啊，可别大惊小怪；像白求恩那样干起来吧！"

缅怀白求恩时使我心情激动的第三个原因是，我对他钦佩和仰慕特甚。他的朋辈都知道，他有时要闹点小脾气。他是一个生气勃勃、富有进取心和自发的创新精神的人，经常有新颖的见解，但在意图、愿望和行动之间有时产生矛盾，有时态度不免失之粗鲁；这一点我在下文中还要谈到。他三十六岁那一年得了肺结核，却又出奇地活了过来。他逐步通过新的生活体验，"迅速而又真诚地对每一项造福于人类的新的真知灼见和对社会上的各项难题，都做出自己的反应"。对此，我不能不深为赞佩。这还使我更深入地观察了他的个性、脾气、举止。从1935年底直到他逝世时为止，作为一个共产党员，他表现了"自相矛盾的个性的统一"。

这种惊人的变化并不意味着白求恩从此在每一个问题上都能控制自己的感情，并且都处置得当。尽管如此，中国人民对他是有深刻认识的：他的主要精神表现为对他人的体贴关怀，富于同情，毫不利己，热情地献身于他一生中最伟大、最崇高、最有意义的事业。

他还有许多值得钦佩的才华。他青年时有过特殊的经历，森林伐木工人的生涯使他经受了磨炼。这些经历伴随他逐步地成长为外科医生，而恰好又为他日后在游击战争的环境中担任的职责做了充分的准备。

最后，正当白求恩有资格就任一项会使他扬名于世的要职的时候，中国的战局恶化了。他毅然走上了展现在他所选定的生活大道上的另一段历程。这种历史的巧合使我赞叹不已。在西班牙工作之后，如果他再愿意从事胸腔外科，我确知至少有两位身居要职的美国外科医生愿意推荐他出任优越的职位，但是他拒绝了；在中国人民最需要他运用他卓绝的才智来为他们服务的时刻，他选择了和中国人民并肩战斗的道路。中国人民在延安精神的指引下，于抗击侵略者的同时开始重新建设社会。也正是在延安精神的照耀下，这朵加拿大的奇葩遂得以勃然而作。

青年白求恩是在怎样的生活环境中生长、成熟的呢？他早期生活的背景有助于他成长为一个多才多艺，不无粗犷却是十分朴质，充满创新精神和勃勃信心，对人类极富同情的人。他颇异于北美今日的许多后生；他具有明确的生活目标，有一整套的道德观念，准备献身于艰苦工作而义无反顾。他不被"人皆为己"的私欲所支配；他摆脱了那种曲解个性自由，对家庭、邻人、社会一概都不想尽义务的浅陋哲学的影响。诺尔曼自幼就确立了日后的志向，他要像他的祖父（也叫诺尔曼·白求恩）那样，当外科医生；也许还同样地像他那样当个艺术家。

白求恩的父母为家里三个孩子树立了高尚的道德标准。他们虔诚地信奉宗教的哲理，其中包括《圣经·新约》中的戒谕："像爱护你自己那样地对待他人。"他们恪守的另一信条是：如果路遇长者或有难者请你扶他走一里路，你就应该扶他走两里！白求恩家的孩子们经常对贫病孤苦之家有所馈赠。多年以后，诺尔曼曾在大雪之夜把自己的大衣披在一个在风寒中战栗的穷人身上，这是不足为奇的。1931年，我在维多利亚皇家医院协助他工作时，有一次我们要病人回门诊所去，以便观察他们对一种新治疗法的反应。这时，白求恩知道病人中有几个苦于负担长途跋涉的火车费、汽车费，便出钱资助他们。他对他们的困难如此关切，这也是不足为奇的。贯穿着他一生的这种自我牺牲精神，显然是承袭了他双亲舍己为人的传统。

在通常情况下，他总是对人体贴入微、慷慨大方，易于相处；特别在孩子们身上，他无不倾注满腔的热忱慈爱。这些性格的形成，可能与他幼年时期在安大略省北部边境的拓荒小城里度过的生活有关。在当地的印第安人中，那些体格健壮和行动敏捷的伐木工人和水手给他的童年留下了深刻印象。他们在醉后争吵时，往往要"饱人以老拳"，但是他们的心地是热情的。白求恩十七岁上中学的那一年，从10月起到次年4月，在边远的一个伐木工人营地整整当了一冬的伐木工人，另一年也如此。他经常在晚上为没有受过教育或只受过很少教育的本地工人和移民工人办夜校。暑假，他又去轮船上当水手。除了这段在野外做工的经历外，他还当过小贩和担架兵。后来，二十五岁那年，在法国伊普雷的一场惊心动魄的战斗中负伤而退役。生活经历使得他在遭受压力和失望时，常在言谈举止中有近似的表现，于是就不免引起加拿大城里中上阶层的守陈拘礼之辈的反感了。

另一方面，白求恩时或也表现出与上述作风形成鲜明对照，颇如英国士绅那样的风度娴雅，涵养凝重。他写过一些好诗；他画的一幅画曾在蒙特利尔美术馆举办的一年一度的新作展览会上展出。有一两次，他以外科顾问的身份到维多利亚皇家医院的病房检查需做外科手术的肺结核患者时，竟给人留下了一种典型的英国军官的形象。原因何在？只因他步履矫健，体姿端正，又蓄得一撮军式小髭，望之威严。可是，一个有时像假日狂欢的水手，有时又吼着向手下人发命令的人，怎么可能出现这种风度呢？我想它可能反映了他复杂的人生经历的另一个方面吧。

诺尔曼的母亲原籍英国，嫁到白求恩家，带来了优雅的传统。她曾经几次带着三个孩子回"故国"去探亲访友。虽然泰德·艾伦和塞德奈·戈登（《手术刀就是武器》的两位作者）或罗德里克·斯图尔特（《白求恩传》

的作者）都没有提出可供研究的资料，来说明青年白求恩受到了多少"舒适、优雅的生活"的熏陶。然而可以肯定，第一次世界大战末期他在英国皇家海军当军医的那些日子，以及战后他在伦敦和爱丁堡进修时期，他经常接触到美术馆和芭蕾舞，并且深深地为古老的文明和相应的社交生活所吸引。他正是在这种社交圈子里认识弗朗西斯然后结了婚的。在她身上可能体现了这个北美伐木工人所渴求的那种雍容华贵的气质；而她可能从来没有以同情的态度去理解白求恩性格中的其他重要成分，更没有料到他们的共同生活竟会陷入矛盾重重，终至水火不容的地步。

追溯往事，我们可以认为，白求恩一生中几起明显地带有悲剧色彩的遭遇，实际上有助于他达到伟大的境界。他长期憧憬的外科医生的名誉地位，恰巧在他肺疾发作和婚变突起之际归于幻灭。两年来在底特律取得的外科临床方面的许多成就看来只不过是春梦一场。他做好了迎接新考验的准备。他在疗养院接受治疗期间，一当他意识到自己可能恢复健康的时候，就下决心要掌握胸腔外科的新技术来拯救肺结核患者的生命。根据他在蒙特利尔的长年经验，他发现人民的贫困加上医疗制度上的失当，竟使他的外科术无用武之地——它对肺结核患者收效甚微，也往往为时过晚。从此他转向研究引起经济危机和贫困的社会痼疾。这期间，他访问了苏联；进行了对马克思主义的研究和"良心上的自我反省"，并终于加入加拿大共产党，使他那种不甚协调的个性在内心深处一体化了。他并没有放弃他的许多爱好，只不过是按其轻重缓急重新加以调整而已，其结果，上文已经谈到。

或问：如果白求恩活到20世纪50年代，他又将如何呢？老友中有人担心他是否能安于和平时期协作生活的节奏。但是那些在1936年在蒙特利尔健康委员会与他共事的人，那些目睹他献身于西班牙内战的人，对这样一位目标明确的人的精神和作风都是十分钦佩的。白求恩从巴甫洛夫的生物条件反应论中得出结论：个人的行为和社会的面貌是可以通过有意识的行动来加以改造的。他在中国的贡献和所受到的爱戴使我确信，如果今天他还活在世上，他准会同另一位伟大的外国医生马海德一起，在毛主席、周恩来总理、聂荣臻将军和其他中国同志的领导下，欣欣然、孜孜然致力于中国的建设事业的。

（注：本文作者于20世纪30年代在加拿大蒙特利尔市和白求恩大夫共事多年，参加过白求恩大夫发起的蒙特利尔人民健康委员会的活动，是《白求恩在蒙特利尔》一书的作者之一。）

# 白求恩是实践家

温德尔·麦克劳德　1973年9月5日

　　那是四十三年以前，我从皇家医院刚毕业，当实习大夫。是给实习学生上课外辅导，当时有十二个实习生，我就请白求恩上了一次课。上了一次以后，学生们就再次请求让白求恩来上课。学生们为什么要求白求恩来上课呢？主要是白求恩有打破老框框的作风，像对肺结核的治疗就打破旧方法。

　　白求恩是实践家，他用新法探讨肺结核的治疗，把空气吸入肺里，让肺得到休息，但这样的方法乡下不能实行，因为人们不能经常跑医院。后来，就改成油脂注射，这样可一个月不跑医院，时间隔得长。

　　还有一次，白求恩让我给他当助手，有几个月的时间，每个星期有两三个人下午帮他注射。有一次他责怪了我，是因为我不小心把油洒在了地板上。白求恩不只是医生，而且可以说是科学家，人道主义者，他对病人非常关心。当时，他的政治观还不太明确，三年后我发现他在这方面有了发展。

　　1935年至1936年，白求恩换了工作地点。当时给我一种印象是，白求恩考虑到农村的特点，农村有失业工人，没法治病。1935年底，白求恩到苏联学习马克思列宁主义，学习中他联系到工人的失业现象，就请来十几个医生、护士，还有关心这一工作的公民，组成了一个小组，研究荷兰、美国的经验。我们农村小组，学习研究了医疗方面的问题，就给本省候选人写信，问他们在发展农村医疗方面打算怎么办？后来有了改革，这是不是我们工作的结果，不敢说，但这说明，白求恩不仅研究技术问题，而且研究社会问题，也正因为如此，当西班牙共和国受到打击时，他就到西班牙去了。

刚才未谈到白求恩到中国来的情况。当时，白求恩从西班牙回来，他看到西班牙没有希望了，欧洲将爆发世界大战，日本侵略中国，民族问题突出了。于是，他就从美国等国得到一些援助，绕道到八路军里头来了。

要提到的最后一事，就是关于白求恩死的消息，一星期后加拿大就知道了，在加拿大还开了追悼会。我荣幸地也参加了，当时国民党驻加拿大大使也参加了，加拿大共产党领导人也参加了。

关于白求恩的伟大是慢慢才知道的。白求恩的最后开花结果是在中国，所以我们要向你们学习。我们代表团的责任就是把白求恩的事迹带回去，向国内作介绍，使我们国内像你们一样向白求恩大夫学习。

（注：本文作者是加拿大"白求恩纪念委员会"访华团成员，曾和白求恩一起工作。本文是1973年9月5日访问唐县时的谈话记录。）

# 白求恩和今天的中国

林达光　1979 年 11 月

诺尔曼·白求恩在延安时代的中国之所以推为伟大，不仅因为他的革命热情，还在于他的科学威力。他留给中国人民的影响不仅在于他博大的心灵，还在于他精严的双手。

究其根本，白求恩是以医生为天职的，但他是一个最善于以精湛严格的技术向人类自由、尊严、公正之敌做斗争，向人类生命之敌做斗争的医生。

今天，当中国踏上现代化征途之际，白求恩精神——科学之真谛与革命之真谛相结合的精神——将永远昭示于后来者。

革命和科学不断推动人类进步。但先进工业社会的历史告诉我们，如果没有一种服务于人的理想，科学和技术往往流为鄙俗，乃至沦为社会的公害。

革命之风鼎盛的新社会的历史则告诉我们："如果没有科学和技术，解放人类的宏念有时不免转化为其对立物，走向反面。人们的崇高思想一经煽动，是可以歪曲丑化，堕为愚民政治的空洞口号的，更可怕的是，甚至足以掩护一帮庸官恶吏和权欲熏心的野心家，一任此辈胡作非为，竟将历史前进的车轮颠倒了过来。"

白求恩在世之日，曾从30年代中国革命者学习了他们无私的献身精神；他们当时不顾极端缺乏技术，愤然而起，一心为他们自己，也为子孙后代，争得在健全的社会制度和高明的技术条件下创造美好的物质和精神生活的权利。

在我们时代的历史流光中，白求恩的形象今天显得格外辉煌夺目。他的生平，他的工作，无不说明一个真理：只有那些身心一致要将革命与科学真正熔于一炉的人，才能赢得民心，才能使人民得以既迅速而又稳妥地向他们的解放事业前进；事情不正是这样吗？

（注：本文作者是加拿大麦吉尔大学教授、亚洲问题研究中心主任。）

# 记白求恩故居

马里伦·科塞里  1979年11月

1875年，横贯加拿大的第一条铁路线通到了安大略省多伦多市以北马斯科卡地区一个名叫格雷文赫斯特的小镇。一批又一批的移民，伴随着铁路线和马斯科卡群湖上的汽船，源源涌进了这里。当时甚至还吸引了许多游客也闻风前来观光——晶莹的湖水，蔚蓝的长空，茂密的松林和大片露出地层的前寒武纪地质岩，构成了一派绚丽的景色。

到了1890年，格雷文赫斯特已经是一个拥有两千人口的新兴小城。伐木是当地的主要工业；小城附近有七家生意兴隆的锯木厂，把当地盛产的白松大面积地伐倒，加工后运往他处。在这个蒸蒸日上的小地方，竟有六所教堂、一个公园、一家报社和几项传统性的商业，其中包括布朗氏饮料制造厂。

1889年6月，马尔科姆·白求恩在多伦多诺克斯神学院毕业后，担任了长老会的牧师。他带着妻子和两岁的女儿珍妮特来到了格雷文赫斯特。他全家迁入了具有十年历史的牧师住宅，那是一幢大部分用马斯科卡松木建造的宽敞而漂亮的维多利亚式住宅。这样，小家庭就在这里定居下来，虔诚地致力于增进教友的身心健康。白求恩牧师是一位精力充沛、口才很好的传教士，毗邻的各个教堂经常邀请他去布道。白求恩牧师的祖先中不乏声名卓著的人士，其中有一位安格斯·白求恩，是西北公司的股东，19世纪初年，曾数次远航中国从事皮货贸易。白求恩夫人（原名伊丽莎白·古德温）与白求恩牧师结婚之前，在19世纪80年代间也曾是夏威夷的教会中人。

白求恩一家到达格雷文赫斯特的第二年，发生了一件日后对加拿大和世界历史都有深远意义的事情。1890年3月3日，马尔科姆和伊丽莎白生了一个儿子，这便是亨利·诺尔曼·白求恩。取名诺尔曼，是为了纪念小白求恩的祖父老亨利·诺尔曼·白求恩大夫，他是多伦多三一医学院的创办人之一，在医界享有盛名。

两年后，白求恩夫妇又添了一个儿了，取名为马尔科姆。全家在1893年4月迁往安大略省的比弗顿教区以前，一直住在格雷文赫斯特。以后由于白求恩牧师先后在安大略省境内的几个长老会教区任职，他们一家每隔两三年就得迁居一次。

20世纪70年代初期，中华人民共和国和加拿大建立了外交关系以后，加拿大政府向加拿大联合教会购买了这位杰出的加拿大人士诞生的故居（他的故居兴建于1878年初，原是长老会的牧师住宅，1925年由加拿大联合教会接管）。

为了准备把白求恩大夫的故居恢复到将近八十四年前他诞生时的原貌，事先进行了大量的研究工作。从事这项工作的历史学家受命调查19世纪90年代格雷文赫斯特地区的实况和白求恩家族的历史，并且查考有关当年长老会活动的各种可资比较的史料。此外，还请到许多历史学家和作家提供有关白求恩大夫生平的事迹。

正式动工前，参与白求恩故居修复工作的各方专家筹备了将近三年。多年来故居的许多设施都现代化了。现在，建筑师和工程师先是要使故居恢复到1890年的本来面目。大门廊拆了，改建成一个可以防避风寒的小门廊，并且按照当年的一张照片把它修复成原来的式样。客厅里添了壁炉，闭了几处门道。后楼梯被封闭起来；又扩建了厨房，拆去一堵墙，添了食品室和餐具室。故居里安装的现代化取暖设备和照明设备都必须拆除。对这些现代化的装置和变动都要——做出鉴别，尽可能把它们恢复到1890年的原貌。总之，对故居作了周密的研究和调查后，才开始施工。整幢房子的油漆和墙纸都更新了，复制了最近似于1890年式样的墙纸重新裱糊每一个房间。各房间和故居的外表用当年的漆色重新刷过。

在修复工程进行的同时，历史学家研究了有关白求恩家史和格雷文赫斯特当年的实况。他们查阅了档案和史料，会见了从前的教区居民，白求恩家族的后裔以及和白求恩一家相识的人士，得到了大量有助于修复工作的资料。博物馆的工作人员费尽心机去搜集历时近一世纪，能够反映白求恩老家生活方式的各种家具和艺术品。当年烧木头的炉子和煤油灯也都在搜集之列。白求恩大夫的侄甥们提供了原属马尔科姆和伊丽莎白夫妇的各种用品。

与此同时，规划和设计展览会的一组专家在修复了的故居楼上筹备了一个现代化的陈列馆，用图片和文字介绍了诺尔曼·白求恩大夫一生中的各个时期，包括从他在格雷文赫斯特诞生时起，一直到1939年11月12日在中国不幸早逝时为止的全部光辉事迹。

纪念馆坐落在靠近格雷文赫斯特市中心的一条清静的林荫道上。它有一处绿草如茵的大花园，周围环绕着一道白色的栅栏和许多古老的枫树。参观者穿过双层的正门进入宽敞的门厅。厅内的一张椅子上放着伊丽莎白·白求恩用过的一个用珠子穿成的钱袋，壁龛里放着一辆柳条编制的轻便婴孩车。

穿过一扇门向左是客厅，这是全家主要的起居室。客厅里的家具色彩丰富而又结实耐用，客厅的一端放着一架风琴。当年每到晚上和星期日，全家围聚在光线柔和的煤油灯下，畅谈当天的各种新闻。这时，父亲也许会给孩子们念上一段书，母亲正做一些针线活。客厅里陈列着白求恩家各式各样的用品，房子里挂着、摆着白求恩一家的许多照片。当年，这间宽敞舒适的客厅也是当地教友很理想的聚会场所。

客厅的一侧是全家进膳的餐厅，明晃晃的漆泽在日光中闪烁，祖传的银制器皿光彩夺目。靠墙摆着一台缝纫机，表明主妇当年可能利用餐桌来裁剪和设计服装。餐厅的一角堆满了儿童的玩具，孩子们银铃般的欢笑声似乎隐约可闻。

从餐厅穿过一道门就到了厨房，这是全家生活的中枢。厨房的大部分面积被一个烧木头的大炉子所占去，有两扇小门分别通向餐具室和食品室。全家的食品都贮存在食品室，干净的餐具存放在餐具室。参观者很容易联想到烧着木头的炉子上放着一个铸铁锅，锅里散发出阵阵诱人香味，坐在高脚椅子上的孩子们正等着大嚼一番呢。

从厨房回到前宅，门厅右侧是牧师宽敞的书房，阳光透过两扇窗子照射进来，令人心旷神怡。牧师就在这里处理教会的事务，撰写主日布道的讲稿，会见教友，和他们商谈，并且指导他们去解决各种疑难问题。书架上摆着许多宗教和历史方面的参考书。牧师用的是一张带活动顶盖的大书桌，为他的写作提供了充分的便利。在这间书房和客厅里经常举行小型婚礼，邻居们被邀请来当证婚人，或者请他们来为婚礼弹琴伴奏。

从门厅可以顺着一道花纹精致的木楼梯登楼。一上楼，右侧是主寝室，诺尔曼·白求恩就是在这里诞生的：宽大的房间别具一格，有四扇大窗，两扇向南，一扇朝东，一扇面西。一道松木拱墙把室内一隔为二，半间可能是诺尔曼父母当年的卧室，新生婴儿的摇篮和各种日常必需品放在另外半间。白求恩大夫生平的陈列就从这间房间开始。楼上的其他寝室现在都已经辟为陈列室。陈列室的说明用加拿大的两种法定文字，英文、法文以及中文三种文字写成。

故居的气氛安谧而宁静，参观者只需在当年的这种环境中稍留片刻，就能够联想到诺尔曼是诞生在一个幸福的和生气勃勃的环境之中的。

白求恩纪念馆高度体现了一批技艺卓绝的专家们的匠心。纪念馆全面修复以后，于1970年8月30日正式开放。

中华人民共和国派遣了一个由卫生部副部长率领的高级代表团前来参

加揭幕典礼的庆祝活动。加拿大联邦当局和各省市的许多要人也光临庆贺这一意义重大的盛典。

格雷文赫斯特中学的乐队应邀为揭幕典礼作了情调非常相宜的伴奏，他们演奏的乐曲中包括加中两国的国歌。这次盛典是在一个风和日丽的夏天午后举行的，它集中体现了多年来对一位加拿大的伟人所表达的敬仰，这一点是在场者有目共睹的。从那一天起，数以千计的加拿大人和世界各国的来宾参观了纪念馆。今年是白求恩大夫逝世四十周年，愿我们共同的朋友诺尔曼·白求恩大夫所开创的加拿大和中华人民共和国之间的友谊，与日俱增。

（注：作者时任加拿大格雷文赫斯特白求恩纪念馆的讲解员。）

# 白求恩，我西班牙时的战友

黑曾·赛斯　1973年9月5日

　　我们能到这个地方（中国河北省唐县）来访问感到异常高兴。我们在加拿大的时候，就曾有这个愿望，来见与白求恩一起工作过的朋友。我们感到非常高兴的是，原以为这个地方很远不方便，现在来了非常高兴。

　　大家都记得在三十七年前，法西斯分子将西班牙共和国政府推翻了。在几个星期内，许多人起来斗争，他们认为这个斗争具有世界的意义。在两个月内，在加拿大组成了一个委员会往西班牙送医、送药。就在这个时候，白求恩决定到西班牙去参加这个斗争。他大概是1936年11月的第二个星期内到马德里的。在那里他遇到了一个丹麦人，这个丹麦人西班牙语讲得很好，可是白求恩不懂西班牙语，这个丹麦人就主动要求给白求恩担任翻译。他们参观了西班牙的医院，为反法西斯战争作出了贡献。因为白求恩是有名的外科医生，马德里的医生们都愿意让他做外科医生。他认为还有比这更重要的事情要做，他想组织输血队更为合适。所以在1936年白求恩就与那个丹麦人到了伦敦，我就是在伦敦偶然认识了白求恩，我们在国内并不认识。与白求恩相见，对我来讲就像地震一样，还没有谈到一分钟的话，我就决定与白求恩一起到西班牙去。他并不想劝我到西班牙去，而且是让我好好考虑一下，我考虑了一天一夜，还是决定跟他去西班牙。后来，我们在伦敦待了三天，购买了一些药品就到西班牙去了。在我们坐车经过法国时，感到欧洲空气很紧张，在街上看到工人们握着拳头。后来，我们到了西班牙的首都马德里，建立了输血站。现在看来那时白求恩就实行了提出的自力更生的原则。当时没有现代化的设备，白求恩就拿小瓶子作输血用，并整天睡得很晚，来研究输血。因为他虽是著名的外科医生，但对输血却懂得不多。

当时认识白求恩的一些医生、护士，都知道他有脾气。今天，这里的朋友们没有谈到这一点可能是出于对白求恩的尊敬。白求恩一看到有谁工作不细致就发火，但这个火像夏天的雷雨一样，过去就完了，他还很快给你去道歉，说我不应该这样发脾气。我也经常和白求恩辩论，像猫和狗一样谁也说服不了谁。但不久我就对白求恩产生了尊敬的心情。因为碰到难办的事情，他总是很快就想出办法来。

1936年圣诞，我们发现我们的工作可以进行下去了。有一天，白求恩对我们说："放一天假吧，我们到山上去看看，到马德里西北的小山上看一个医院，让他们看看我们这个输血站对医院还是有用的。"我们在过新年那天爬到华春拉码山上，在法西斯与我们控制的交界的山上滑雪。白求恩总是把自己放在危险境地，然后克服困难，来冒风险锻炼自己。

1937年3月，在一个地方打了一次仗，西班牙共和国第一次打败了法西斯雇佣军，白求恩希望到前方去看看。我们乘自己的车子，结果出去不远就迷了路。白求恩工作非常辛苦，非常努力。他得过肺病，有一个肺失去功能，有时他不得不躺下来休息一两个小时。

我想讲一个故事，就是白求恩如何热爱孩子们，很遗憾，白求恩没有活到现在，没能看到新中国的儿童是多么幸福。

1938年的春天，我到马德里的领导机关去，发现白求恩非常生气，他在发火。后来，我在沙发上看到躺着一个九岁的女孩，死掉了，我看了看小孩从脸颊到胸部有子弹痕迹。当时，西班牙共和国为了照顾我们，让我们住在一所大房子里，这是有钱人的房子。法西斯不断进行袭击，这个女孩子就是她在房顶上遭袭击时被打死的。当时我看到白求恩非常生气和伤心。从这点看白求恩非常喜欢小孩，这也暴露了法西斯肆无忌惮的暴行。

我们多年来一直想到这里（唐县黄石口）来，今天这个愿望终于实现了。我经常想，一个外国人离开自己的家，在国外死去，那将是很孤独的。但到这里一看，看到这样一个漂亮的地方，当时有许多同志这样无微不至地照顾，我想他死去时也为此感到欣慰，而且还拥有这么多朋友。回到加拿大后，我们要告诉加拿大人民，白求恩是如何在小山村里受到尊敬、怀念的。

（注：本文是根据加拿大"白求恩纪念委员会"访华团成员1973年9月5日访问唐县时，作者的谈话记录整理的，题目为编者所加。作者时任加拿大"白求恩纪念委员会"主席。）

# 让我们共同追寻白求恩的足迹

## 在"纪念白求恩逝世七十五周年中国加拿大国际论坛"上的致辞

约翰·杜克斯  2014年10月11日

白求恩大夫伟大，是因为他的奉献、创新和牺牲的精神。虽然他已经故去七十五年了，今天他的精神仍然激励着我和我们国家的人民。为什么呢？因为他把自己全部的精力奉献给病人。在中国不到两年的时间里，他给我们树立了榜样，告诉我们如何去做一个好人，虽然在来中国之前他的生活稍显混乱。中国改变了他，他也同样影响了中国。他的医疗工作挽救了无数病人的生命，他的精神影响教育了无数人的思想。现在，七十五年过去了，他的精神通过以他名字命名的学校和医院照耀中国大地。

在接下来的三天会议中，我们将在一起纪念他。会议过后，我们的团队将会与白求恩国际和平医院和白求恩医务士官学校的朋友们一起重走白求恩路，去追寻他的人道主义足迹。

作为一个加拿大人，我是如此惊叹于我的同胞在中国所做的一切，以及他带给中国人民的深远影响。

能够代表白求恩纪念协会和所有从加拿大赶来参加这次会议的所有人员站在这里致辞，是我莫大的荣幸。

谢谢！

（注：作者是加拿大白求恩协会会长。）

# 白求恩的一生

## 在"纪念白求恩逝世七十五周年中国加拿大国际论坛"上的致辞

斯考特·戴维森　2014年10月11日

首先感谢白求恩医务士官学校，白求恩协会，白求恩精神研究会，白求恩国际和平医院为这次大会的成功做出的努力。谢谢大家。

我来这儿感到非常鼓舞，因为我在白求恩纪念馆工作了很长时间，对他的精神遗产做了很多研究。我在加拿大的工作有时感到是一个人在战壕里战斗。今天到这儿后，我看到这么多人在宣扬白求恩精神，弘扬白求恩精神，对我是很大鼓舞。

加拿大和白求恩的关系是一种恩恩怨怨的关系，就像和他的妻子一样，结了婚又离婚，复了婚又离婚。白求恩是一个具有双重性格的人，他既是一个天才但又充满矛盾和摩擦。白求恩在加拿大的经历和在中国有些不同，他在加拿大的经历充满了波折和动荡。他在中国不到两年的时间是他一生中最愉快的时间。白求恩在加拿大是一个很难相处的人。这张照片是他违背医生的医嘱在肺结核医院里抽烟。他认为正确的事情他就要做，不管这事对他的健康是否有好处。白求恩的妈妈说："白求恩在家是个坏孩子，他在家时令我头疼，不在家时令我心疼。"

白求恩是一个敢于大胆表露自己态度的人。我作为在加拿大的公务人员，经常遇到领导，上级机关，很难像白求恩一样大胆直言。白求恩是一个知道自己需要什么，想做什么的人。他的爷爷是一个医生，他将爷爷的医生牌钉在自己的门上，并告诉父母，他想成为一个医生。他的这种态度在加拿大被看作倔强。到中国后，他这种倔强的性格可以使他完成很多困难的事情。

关于白求恩的去世，中国和加拿大是两种截然不同的反应。很少人知道白求恩在中国所做的事情和他去世的消息。在加拿大除了知道他是个医生外，其他方面了解并不是很多。白求恩对加拿大医疗界提出了很多意见，震惊了当时的医疗界。确实需要像白求恩一样的人震动一下医疗界，改造一下医疗界。在唐县，白求恩去世后，数万人到陵墓进行了吊唁活动。而在加拿大，在他去世几个星期后，他在蒙特利尔的一些朋友才为他举行了一个吊唁仪式。虽然白求恩在中国只待了二十二个月，但为他建造的纪念场馆，仅仅我去过的就有八处之多。加拿大人花了很长时间才认识到白求恩的伟大，第一座在加拿大的白求恩雕像还是中国捐助的。很幸运的是我们有很多中国的朋友帮助我们认识到了白求恩，并纪念他。这是毛泽东主席《纪念白求恩》的书法长卷，它是白求恩医务士官学校在访问加拿大时，送给我们加拿大白求恩纪念馆的礼物。《纪念白求恩》被收入中国中学的课本，而在加拿大还没有统一性的关于白求恩的课程。

很多人想知道为什么白求恩在加拿大鲜为人知。因为在加拿大，共产主义是一个需要低声耳语的词汇。这是个令人害怕，担心的词汇。白求恩一开始鲜为人知是由于，在白求恩刚去世那个时期，共产主义在加拿大是被认为令人恐惧的事。第一本在加拿大出版的书名叫《手术刀就是武器》，把白求恩描述成一个英雄。加拿大很多人都怀疑白求恩是否是个英雄，是否有人可以这么完美。后来加拿大又开始重新思考什么样的人值得我们学习，什么样的人能真正代表这个民族。在白求恩医务士官学校的灯箱里就引述了一些伟人的话，告诉我们行为的标准。加拿大争论了很多年，是不是把白求恩放在他们民族英雄的行列里。当时加拿大还没有认识到国际主义的重要性。

20世纪70年代，加拿大发生了重大变革，可以说是加拿大的青少年时期。20世纪70年代被称为"加拿大的十年"。这张照片是特鲁多访问中国，他想让加拿大成为第一个承认中华人民共和国的西方国家。他决定将白求恩故居改建为白求恩纪念馆。从20世纪80年代，很多中国人移民去加拿大，现在多伦多已有五个唐人街。再过六年，汉语可能成为加拿大第二大语言。中国以外的华人也来到加拿大。这是我工作的纪念馆，现在是我们一年中最忙的季节，同事们都在忙碌地工作，而我在这儿。但他们都训练有素，我相信他们能提供最好的服务。我得到消息，今天的游客量能达到近千人。那么谁来到加拿大白求恩纪念馆访问呢？三分之二的游客是华人，其中有移民和留学生。第二大游客群是来自中国内地的游客。

我们目前的另一项主要工作是告诉加拿大其他人白求恩是谁。我们有新的助手，白求恩精神倡导者代表我们讲白求恩的故事。左面的照片是我们的前总督克拉克女士，她曾访问过白求恩医务士官学校。她主持了第一个白求恩铜像的揭幕仪式，这座铜像坐落于我们市中心，是城市的骄傲。蒙特利尔市花很多钱修复这座铜像，使其成为城市重要的聚集地。这儿成为城市和平示威者的聚集地。最近我们馆又得到来自多伦多的帮助。关于白求恩的书《不死鸟》在多伦多发行了，我参与了部分工作，确保书的准确性和客观性。遗憾的是，作者没有能来到这里，但他让我问大家好。作者是一名教师，他年轻时就开始研究白求恩，认为从白求恩那里可以学到很多，并希望更多的人能了解白求恩。他出版了五本白求恩的书。白求恩在西班牙的反法西斯战争中也作出了很多贡献，我希望有一天西班牙也有这么多人一起纪念白求恩。

加拿大最著名的组织之一是加拿大白求恩协会，协会还要在中国重走白求恩路，并做其他的宣传工作。我们在格雷文赫斯特的工作之一就是确保白求恩的故事准确真实。我们投资二百五十万加币重修了纪念馆，建立了新的游客中心，并修造了新的白求恩雕像。当然，这里还有我们的朋友、学校、白求恩精神研究会和医院的支持和帮助。我们每年有三万多游客访问，他们都惊叹是谁修建了雕像。这是对白求恩很好的纪念和贡献。白求恩鼓励每个人作出最大的贡献。我们可以互相学习，为需要帮助的人做最大的努力，这才是白求恩希望我们后来者所从事的事业。

（注：作者是加拿大白求恩纪念馆馆长。）

# 我们都是白求恩的亲戚

## 在"纪念白求恩逝世七十五周年中国加拿大国际论坛"上的致辞

**罗恩·麦克肯茨**　2014年10月11日

是的，我和白求恩是亲戚关系。我们的家族史可追溯到1800年。我的祖先是加拿大西北部的开拓者，可能是原住印第安人看到的第一批欧洲人。他们都是皮货商人。印第安人将狩猎得来的动物皮毛，如海狸、狐狸和熊的皮毛卖给我的祖先，他们再倒卖到欧洲。

·白求恩的曾祖父也曾是皮货商。也许使你们吃惊的是，他大约在1810年两次来到中国。我不知道他在中国做皮货贸易，是卖还是买，也许在座的有人知道。

然而，更重要的是，我想谈谈关系和亲戚。

我和白求恩的关系是血缘关系，从基因和DNA上讲，我们有一些血缘关系；而你们和白求恩的关系是医学和人生态度的关系——你们与他的关系更大，实际上，你们才是他真正的亲戚。

如果你对医学工作满腔热忱；如果你送医上门，对病人家庭和社区提供医疗救护，你就是白求恩的亲戚。

如果你不断发明医疗器械来帮助病人，你就是白求恩的亲戚。

如果你不断改进护理工作，对工作精益求精，你就是白求恩的亲戚。

今天在这个大厅里有两种类型的白求恩的亲戚：一种是血缘的，一种是现实的、实际的，而我是前者，你们是后者。我也认你们是我的亲戚。

我钦佩你们的选择。

（注：作者系白求恩加拿大亲属，标题为编者自拟。）

# 后　记

　　为纪念中国人民抗日战争暨世界反法西斯战争胜利70周年，中国出版集团于2014年3月着手策划白求恩系列图书出版事宜，并邀请中国白求恩精神研究会撰写和编辑相关著作。《白求恩纪念文集》即是白求恩系列图书中的重要一部。经研究，白求恩精神研究会袁永林会长决定由常务副会长兼秘书长栗龙池负责本书的编辑工作，并邀请白求恩国际和平医院作为主要合作伙伴。在一年多的搜集、整理、编辑过程中，下列人员为本书最终出版做出了贡献。

　　袁永林会长对本书提纲目录做了认真审定并提出了修改意见；栗龙池常务副会长兼秘书长、马国庆副会长对本书的编辑策划和目录编排提出指导性意见，白求恩国际和平医院白求恩柯棣华纪念馆馆长闫玉凯为本书提供了大部分党和国家历届领导人的题词，并筛选出大部分文献、文章。栗龙池、马国庆对文稿进一步充实，并进行了初编。栗龙池对全部文稿进行审校、整理、编辑，对重要人物、史实做了考证核实，为本书的最后定稿做了大量具体扎实的工作。负责本书编辑工作的三联书店李静韬编辑，对编辑工作给予全程指导帮助，并对有关文献的选编提出很好意见，对此表示由衷的感谢。

本书的出版，得益于党的十八大以来良好的舆论环境和出版导向，得益于纪念中国人民抗日战争暨世界反法西斯战争胜利70周年的历史机遇，得益于曾经与白求恩大夫一道战斗和工作过的老前辈、老同志们的大力支持，更得益于中国出版集团即出版界优秀作家队伍表现出来的强烈使命担当和通力合作。衷心希望这本书与一大批反映中国抗战题材的作品一样，能够为弘扬伟大的抗战精神，助力实现伟大中国梦做出应有贡献。

编者　2015年9月